中国质检工作手册

食品安全监管

国家质量监督检验检疫总局　编

中国质检出版社

北　京

图书在版编目(CIP)数据

中国质检工作手册．食品安全监管/国家质量监督检验检疫总局编．—北京：中国质检出版社，2012.12

ISBN 978-7-5026-3698-2

Ⅰ.①中… Ⅱ.①国… Ⅲ.①质量检验—中国—手册②食品安全—安全管理—中国—手册 Ⅳ.①F279.23-62②TS211.6-62

中国版本图书馆 CIP 数据核字（2012）第 243213 号

中国质检出版社出版发行
北京市朝阳区和平里西街甲 2 号（100013）
北京市西城区三里河北街 16 号（100045）
网址：www.spc.net.cn
总编室：（010）64275323 发行中心：（010）51780235
读者服务部：（010）68523946
中国标准出版社秦皇岛印刷厂印刷
各地新华书店经销

*

开本 787×1092 1/16 印张 21.25 字数 497 千字
2012 年 12 月第一版 2012 年 12 月第一次印刷

*

定价 74.00 元

本卷编委会

总 序

历经两年的艰辛编纂，长达1100万字的《中国质检工作手册》系列丛书即将出版。这是新中国成立以来特别是近10多年以来，中国质检事业发展理论和实践成果的集成。无疑，它将在中国特色质检工作体系的构建历程中，成为一个重要的标志。

中国质检事业的发展过程，是一个不断传承和创新的过程。华夏文明就包含着计量、标准、质量……千百年来，其基础性地位从未有所动摇。新中国成立以来，中国质检事业在党的正确领导下，得到了前所未有的长足发展——以2001年国家质检总局成立为标志，逐步走上了规范化、法制化、科学化的轨道。10多年来，已经形成了较为完善的法律法规体系、检验检测体系、标准计量和认证认可支撑体系。这10多年、60多年乃至千百年的积累和沉淀，都需要我们忠实地记录、认真地总结和不断地传承，以此来推动中国质检事业的更好发展。一定程度上，《中国质检工作手册》系列丛书就承担了这样的历史使命。

不仅如此，在质检事业稳定发展的关键时期，《中国质检工作手册》系列丛书的编纂，还具有十分重要的现实意义。党和国家对质检工作更加重视，社会各界对质检系统更加关注，既是机遇，更是考验。我们清醒地认识到，全系统质量安全保障能力与维护质量安全需要还有差距，履行职责不到位、工作程序不规范、技术不精能力不强、内部管理监督不严格等风险还客观存在。解决这些问题，同样是发展和完善中国特色质检工作体系的迫切需要。尤其是在建设发展质检文化的大背景下，《中国质检工作手册》系列丛书首次对质检业务进行了全领域、系统性规范，既有利于从制度层面根本解决问题，也有利于从文化层面提供思想保障。

编纂《中国质检工作手册》系列丛书，是总局党组的一项重要决策，也是一项浩大工程。工作启动以来，从总局机关到基层一线，从行政人员到技术专家，各方面力量积极参与，的确凝集了全系统干部职工包括老一辈质检工作者的聪明才智和心血汗水。我们真切希望，他们的付出能够得到极大尊重，他们的成果能够得到充分利用。我们更真切希望，《中国质检工作手册》系列丛书能够作为一部历史文献，成为弘扬质检文化的重要载体；能够作为一部百科全书，成为传播质检知识的重要渠道；能够作为一部制度汇编，成为提升质检工作水平的重要抓手；能够作为一部精品力作，成为展示质检形象的重要窗口。

由此，欣然作序。

国家质检总局局　　长
党组书记

2012年10月29日

总 前 言

质检工作是经济社会发展的基础性工作。它涵盖质量综合管理与监督、进出口商品检验、进出境动植物检疫、国境卫生检疫、标准、计量、认证认可、生产加工和进出口环节食品安全监管、特种设备安全监察、纤维检验等多项职能，具有技术性强、专业门类多、与经济社会发展和人民群众利益关系密切等突出特点。

新中国成立以来特别是近10多年来，在党中央、国务院的正确领导下，几代质检人不断改革创新发展，初步建立了具有中国特色的质检工作体系。为全面贯彻落实“抓质量、保安全、促发展、强质检”工作方针，帮助质检系统及相关领域人员全面了解质检工作，掌握质检知识，国家质检总局组织编纂出版了《中国质检工作手册》系列丛书（以下简称《手册》）。

《手册》根据质检工作主要职能，分为认证认可监管、标准化管理、质检法治建设、质量管理、计量管理、通关业务管理、卫生检疫管理、动植物检验检疫管理、进出口商品检验监管、进出口食品安全监管、特种设备安全监察、产品质量监督、食品安全监管、执法打假、质检科技和综合管理等16卷。主要介绍和阐述本专业领域所要掌握的相关基础知识；管理工作的方法及流程/程序、案例，工作中常见问题的解决办法；本专业涉及的法律法规、部门规章、标准与技术规范及相关释义，依法管理/监管的实际案例分析；从业人员的职业/执业要求、工作准则及道德修养；工作中经常用到的数据、表格、单证等资料。

《手册》具有3个鲜明特点：一是思想性和创新性。《手册》不是各专业领域文件资料的罗列拼凑，而是对质检工作理论与实践、理念和文化的认真总结。二是权威性和科学性。《手册》全部由各专业领域专家参与编写和审定，内容科学，叙述严谨，资料充实，数据可靠。三是实用性和指导性。《手册》遵循读者需要，恰当采用图表和实例解析等简明扼要的编写方法，体现了质检工作“靠技术执法，凭数据说话”的特点，具有较强的现实指导作用。

《手册》的编纂出版得到了总局党组的高度重视。总局各相关司局和标准委、认监委大力支持配合。执行编委会针对编写、审定、出版环节采取了一系列质量保障措施，力求将《手册》打造成为反映质检工作成果、体现质检工作水平的精品书和常版书。参与组织、编纂和出版工作的人员多达500余人，既有相关职能部门的负责同志，也有关键技术岗位的工作人员，还有重大科研项目的技术骨干。他们在完成本职工作的同时，不辞辛苦，承担了大量的组织、撰稿以及审定工作。特别是许多现已离开质检工作岗位的老领导、老同志，为此付出了艰辛的劳动。在此，谨一并表示衷心感谢。

总编委会

2012年11月16日

前 言

食品质量安全是影响社会发展和人体健康的重大问题。随着社会经济的发展和人民群众生活水平的提高，食品质量安全日益引起了人们的关注。但受社会发展阶段影响，食品行业发展基础仍较薄弱，食品质量安全形势仍然严峻，食品质量安全问题时有发生，不仅给人民群众的生命健康带来了严重的威胁，也一定程度上损害了监管部门的形象，影响了社会的和谐稳定。

食品生产加工环节是保证食品质量安全的重要环节。国家质量监督检验检疫总局历来高度重视食品质量安全工作，严格按照党中央、国务院的要求履行食品生产加工环节监管职责，狠抓食品生产监管基础建设，严把食品生产加工环节的质量安全关，在工作实践中总结建立了以生产许可制度为核心，以监督检查、风险监测、监督抽查、标签监管、召回监管、应急管理为手段的一系列食品安全监管制度，取得了显著成效。

为了进一步总结工作中形成的食品生产监管工作理论和先进经验，提高各级监督管理人员的专业水平和执法能力，充分发挥监管人员在食品质量安全监管体系建设中的基础与核心作用，保障质量安全监督管理工作的有效实施，根据总局《中国质检工作手册》出版计划，在总编委会的主导下，我们组织食品质量安全监督管理机构、检测机构、科研院所的监管人员和技术专家，精心编写了这本《食品安全监管》分册。本书共分为基础知识篇、工作实务篇、标准与规范篇、职业素养和人员管理篇四个部分，全面而系统地阐述了食品、食品添加剂、食品相关产品和化妆品质量安全监督管理的方针、政策、理论和措施，以及监督管理基础知识，特别是突出了监管工作实务和人员素质要求。

本书在编撰中坚持宏观与微观相结合、理论与实际相结合，注重知识架构的系统性、内容设置的协调性、标准法规的准确性、监管需要的实用性，力求内容简洁、条理清晰、深入浅出、通俗易懂。同时，着眼于食品生产发展趋势、发展规律的探索和总结，突出对监管工作新方法、新经验、新制度的思考和研究。本书既可作为各级监管人员、技术检验人员的培训教材，亦可作为基层监管人员、检验检测人员的工作指导用书。

尽管撰稿、审稿和编辑人员付出了辛勤劳动，但完成一本高质量、可读性好的书实非易事。本书可能还存在许多疏漏和不足之处，我们恳请广大读者在阅读后能够提出宝贵意见，以便今后进一步修改完善。

本卷编委会

2012 年 11 月

目　录

基础知识篇

工作实务篇

标准与规范篇

职业素养和人员管理篇

基础知识篇

第1章 食品质量安全基础知识

国以民为本，民以食为天，食以安为先。食物是人类赖以生存和发展的基本物质条件，也是国家安定、社会发展的根本要素。随着我国经济的持续高速发展，在基本解决食品“量”的同时，对食品“质”的要求也越来越引起全社会的关注。

1.1 食品的基本概念

1.1.1 食品和食品安全的概念

1.1.1.1 食品

根据《中华人民共和国食品安全法》（以下简称《食品安全法》）第九十九条：食品，指各种供人食用或者饮用的成品和原料以及按照传统既是食品又是药品的物品，但是不包括以治疗为目的的物品。这沿用了《中华人民共和国食品卫生法》中关于“食品”的定义。

食品的概念随着社会和经济的发展也在不断变化。古人曰：“食，命也。”意思是说，凡是能够延续人体生命的物质，都称为食品。在《现代汉语词典》里，食品是“商店出售的经一定加工制作的食物”。国际食品法典委员会（CAC）的定义为：“食品（food），指用于人食用或者饮用的经加工、半加工或者未加工的物质，并包括饮料、口香糖和已经用于制造、制备或处理食品的物质，但不包括化妆品、烟草或者只作为药品使用的物质。”与上述食品定义相比，在《食品安全法》中，食品的外延进一步扩大，不仅包括经过加工制作的能够直接食用的各种食物，还包括了未经加工制作的原料，囊括了从农田到餐桌的整个食物链中的食物。另外，还包括“按照传统既是食品又是药品的物品，但是不包括以治疗为目的的物品”，这样就将“食品”与“药品”进行了区分。

1.1.1.2 食品安全

根据《食品安全法》第九十九条：食品安全，指食品无毒、无害，符合应当有的营养要求，对人体健康不造成任何急性、亚急性或者慢性危害。

“食品安全”一词最早在1974年由联合国粮农组织提出，其中主要内容包括三个方面。第一，从食品安全性角度看，要求食品应当“无毒、无害”。即指正常人在正常食用情况下摄入可食状态的食品，不会造成对人体的危害。同时“无毒、无害”也不是绝对的，允许少量含有，但不得超过国家规定的限量标准。第二，符合应当有的营养要求。不但应包括人体代谢所需要的蛋白质、脂肪、碳水化合物、维生素、矿物质等营养素的含量，还应包括该食品的消化吸收率和对人体维持正常的生理功能应发挥的作用。第三，对人体的健康不造成任何危害，包括急性、亚急性或者慢性危害。

1.1.2 其他相关概念

1.1.2.1 食品安全与食品质量的区别

食品安全与食品质量，两者既有联系又有区别。食品安全强调食品的无毒、无害，以及食品的营养要求，与生存权紧密相连。食品质量，根据《中华人民共和国产品质量法》（以下简称《产品质量法》）的规定，必须符合保障人体健康和人身、财产安全的国家标准、行业标准；未制定国家标准、行业标准的，必须符合保障人体健康和人身、财产安全的要求。在这一点上，两者都强调对人的生存权、健康权的保障。另外，食品质量还与发展权有关，强调的是满足消费者明确的或者隐含的需要以及社会需要。例如，产品在保证安全的前提下，还需要具有更好的色、香、味和外观形状，在包装上要顺应便捷和环保的要求。

1.1.2.2 新资源食品和转基因食品

新资源食品，根据《新资源食品管理办法》规定，包括：

（1）在我国无食用习惯的动物、植物和微生物；

（2）从动物、植物、微生物中分离的在我国无食用习惯的食品原料；

（3）在食品加工过程中使用的微生物新品种；

（4）因采用新工艺生产导致原有成分或者结构发生改变的食品原料。

转基因食品，指利用基因工程技术改变基因组构成的动物、植物和微生物生产的食品和食品添加剂，包括：

（1）转基因动植物、微生物产品；

（2）转基因动植物、微生物直接加工品；

（3）以转基因动植物、微生物或者其直接加工品为原料生产的食品和食品添加剂。

1.1.2.3 污染物和食品污染

污染物，指食品在生产（包括农作物种植、动物饲养和兽医用药）、加工、包装、贮存、运输、销售、直至食用过程或环境污染所导致产生的任何物质，这些非有意添加入食品中的物质为污染物。

食品污染是在食品生产或食品生产环境内，微生物、化学、物理等各类污染物传入或发生的过程。食品污染大致可分为致病微生物、寄生虫等引起的生物性污染，金属污染物、农药残留、兽药残留、食品添加剂等引起的化学性污染，以及金属碎屑、玻璃碎片等引起的物理性污染（包括放射性污染）三大类。

1.1.2.4 食源性疾病和食物中毒

食源性疾病，指食品中致病因素进入人体引起的感染性、中毒性等疾病。食源性疾病具有三个基本要素，即食物是传播疾病的媒介，引起食源性疾病的病原物是食物中的致病因子，临床症状为中毒性或感染性表现。食源性疾病包括常见的食物中毒、食源性肠道传染病、人畜共患传染病及食物过敏、食源性寄生虫病以及食物营养不平衡所造成的某些慢性非传染性疾病（心脑血管疾病、肿瘤、糖尿病等）、食物中某些有毒有害物质引起的以慢性损害为主的疾病、暴饮暴食引起的急性胃肠炎以及酒精中毒等。

食物中毒，指食用了被有毒有害物质污染的食品或者食用了含有毒有害物质的食品后，出现的急性、亚急性疾病。按病原物质分类，可分为细菌性食物中毒、真菌毒素中毒、动物性食物中毒、植物性食物中毒、化学性食物中毒。

1.1.2.5 食品安全事故

食品安全事故，指食物中毒、食源性疾病、食品污染等源于食品、对人体健康有危害或者可能有危害的事故。

1.1.2.6 食品安全危害和食品安全风险

食品安全危害，指食品中所含有的对健康有潜在不良影响的生物、化学或物理的因素或食品存在状态。食品安全危害包括过敏原。

食品安全风险，指食品安全危害发生的可能性和后果的组合。食品安全风险由三个方面的因素决定：食物中含有对健康有不良影响的可能性、这种影响的严重性以及由此而导致的危害。即食品安全的风险可以看成是概率、影响和危害的函数。

1.1.2.7 食品安全风险分析和食品安全风险评估

食品安全风险分析，是对食品中危害概率和危害发生后的危害后果进行风险评估、风险管理和风险交流的过程。风险分析最早应用于环境危害控制领域。20 世纪 80 年代末，开始应用于食品安全领域。风险分析提供了一种能力，可以将信息转化为知识，知识转化为良好行为规范，进而做出合理和清晰的决定来达到保护健康的目的。

食品安全风险评估，指对食品、食品添加剂中生物性、化学性和物理性危害对人体健康可能造成的不良影响所进行的科学评估，包括危害识别、危害特征描述、暴露评估、风险特征描述等。

1.2 食品的分类

食品是人类食用的物品，包括天然食品和加工食品。天然食品是指在大自然中生长的、未经加工制作、可供人类食用的物品，如水果、蔬菜等。加工食品是指通过一定的工艺进行加工后，生产出来的以供人们食用或者饮用为目的的制成品，如糕点、乳制品、饮料等，但不包括以治疗为目的的药品。质量技术监督部门所监督管理的食品是指加工食品，属于工业的范畴，即以农产品、畜产品、水产品等为原料，经过加工、制作并用于销售的供人食用或饮用的制品。近年来，食品工业发展迅速，其品种多、范围广，虽然我国已有部分食品分类的相关规定，但仍然很难对其做出精确而概括的全部分类。

1.2.1 相关标准中的食品分类

GB/T 7635.1—2002《全国主要产品分类与代码 第 1 部分：可运输产品》中规定，编码体系为层次结构，由五层代码组成：第一层有 5 个大部类；第二层有 39 个部类；第三层有 185 个大类；第四层有 715 个中类；第五层有 538 个小类。加工食品划分在第 0 大部类和第 2 大部类中，共包括 6 个部类，22 个大类，1269 种。其中，第 0 大部类共包括 2 个部类：第 01 部类（种植业产品），第 02 部类（活的动物和动物产品）；第 2 大部类共包括 4 个部类：分别为第 21 部类（肉、水产品、水果、蔬菜，油脂等类加工品），第 22 部类（乳制品），第 23 部类（谷物碾磨加工品、淀粉和淀粉制品、豆制品、其他食品和食品添加剂）和第 24 部类（饮料）。

GB 2760—2011《食品安全国家标准 食品添加剂使用标准》中的食品分类系统，将食品分为 16 个大类，每一类下分若干亚类，亚类下分次亚类，次亚类下分小类，有的小类还可再分为次小类。16 大类为：乳及乳制品，脂肪、油和乳化脂肪制品，冷冻饮品，水果、蔬菜（包括块根类）、豆类、食用菌、藻类、坚果以及籽类等，可可制品、巧克力和巧克力制品（包括代可可脂巧克力及制品）以及糖果，粮食和粮食制品，焙烤食品，肉及肉制品，水产及其制品，蛋及蛋制品，甜味料，调味品，特殊膳食用食品，饮料类，酒类，其他类。

GB/T 4754—2011《国民经济行业分类》中，采用线分类法和分层次编码方法，将国民经济行业划分为门类、大类、中类和小类四级。代码由一位拉丁字母和四位阿拉伯数字组成。食品加工制造分布在 C 门类（制造业）的第 13 大类、14 大类和 15 大类中。第

13大类（农副食品加工业）包括植物油加工，制糖业，屠宰及肉类加工，水产品加工，蔬菜、水果和坚果加工，其他农副食品加工。14大类（食品制造业）包括焙烤食品制造，糖果、巧克力及蜜饯制造，方便食品制造，乳制品制造，罐头食品制造，调味品、发酵制品制造，其他食品制造。15大类（酒、饮料和精制茶制造业）包括酒的制造，饮料制造，精制茶加工。

1.2.2 食品生产许可中的分类

依据GB/T 7635—2002《全国主要产品分类与代码》，结合我国食品加工的行业现状和食品生产监督管理工作的实际情况，在食品生产许可工作中，把加工食品划分为28大类，187小类，525种，这也是质量技术监督部门在日常工作中经常使用的分类方法。

1.2.2.1 粮食加工品

粮食加工品是指以谷物为原料加工制作未经熟制（或不完全熟制）的食品，包括小麦粉、大米和挂面（普通挂面、花色挂面、手工面）。

其他粮食加工品包括谷物加工品、谷物碾磨加工品、谷物粉类制成品。谷物加工品是指以谷物为原料经清理、脱壳、碾米（或不碾米）等工艺加工的粮食制品，如高粱米、小米、糙米、黑米等；谷物碾磨加工品是指以脱壳的原粮经碾、磨、压等工艺加工的粒、粉、片制品，如玉米碴、荞麦粉、燕麦片等；谷物粉类制成品是指以谷物碾磨粉为主要原料，添加（或不添加）辅料，按不同生产工艺加工制作未经熟制（或不完全熟制）的成型食品，如生切面、饺子皮、通心粉、米粉等。

1.2.2.2 食用油、油脂及其制品

食用植物油是以菜籽、大豆、花生、葵花籽、棉籽、亚麻籽、油茶籽、玉米胚、红花籽、米糠、芝麻、棕榈果实、橄榄果实（仁）、椰子果实以及其他小品种植物油料（如核桃、杏仁、葡萄籽等）制取的原油（毛油），经过加工制成的食用植物油（含食用调和油）。

食用油脂制品是指经精炼、氢化、酯交换、分提中一种或几种方式加工的动、植物油脂的单品或混合物，添加（或不添加）水及其他辅料，经乳化急冷捏合（或不经过乳化急冷捏合）制造的固状、半固状或流动状的具有某种性能的油脂制品。包括食用氢化油、人造奶油（人造黄油）、起酥油、代可可脂等。

食用动物油脂是指由动物脂肪组织提炼出的固态或半固态脂类，经过加工制成的食用动物油脂，包括食用猪油、食用牛油、食用羊油等。

1.2.2.3 调味品

调味品是指在饮食、烹饪和食品加工中广泛应用的，用于调和滋味和气味并具有去腥、除膻、解腻、增香、增鲜等作用的产品。

酱油产品包括酿造酱油和配制酱油。酿造酱油是指以大豆（饼粕）、小麦和（或）麸皮等为原料，经微生物发酵制成的具有特殊色、香、味的液体调味品；配制酱油是指以酿造酱油为主体，与酸水解植物蛋白调味液、食品添加剂等配制而成的液体调味品。

食醋产品包括酿造食醋和配制食醋。酿造食醋是指以粮食、果实、酒类等含有淀粉、糖类、酒精的原料，经微生物酿造而成的一种酸性液体调味品；配制食醋是指以酿造食醋为主体，与食用冰乙酸、食品添加剂等混合配制而成的调味醋。

味精产品是指以粮食及其制品为原料，经发酵提纯的含谷氨酸钠的产品，包括谷氨酸钠（99%味精）、味精（强力味精和特鲜味精）。

鸡精调味料产品包括以味精、食用盐、鸡肉/鸡骨的粉末或其浓缩抽提物、呈味核苷酸二钠及其他辅料，添加（或不添加）香辛料和（或）食用香料等增香剂经混合、干燥加工而成，具有鸡的鲜味和香味的复合调味料。

酱类产品包括以粮食为主要原料经发酵酿造而成的各种调味酱，以及以调味酱为主体基质添加各种配料（如蔬菜、肉类、禽类等）加工而成的产品，主要包括甜面酱、黄酱、豆瓣酱等。

调味料产品是指除酱油、食醋、味精、鸡精调味料、酱类外的其他调味品。按其形态可分成固态调味料、半固态（酱）调味料、液体调味料和食用调味油。

1.2.2.4　肉制品

肉制品是指以鲜、冻畜禽肉为主要原料，经选料、修整、腌制、调味、成型、熟化（或不熟化）和包装等工艺制成的肉类加工食品，包括腌腊肉制品、酱卤肉制品、熏烧烤肉制品、熏煮香肠火腿制品、发酵肉制品等。

1.2.2.5　乳制品

乳制品是指使用牛乳或羊乳及其加工制品为主要原料，加入（或不加入）适量的维生素、矿物质和其他辅料，使用法律法规及标准规定所要求的条件，加工制作的产品，包括液体乳、乳粉、其他乳制品（炼乳、奶油、干酪等）。

婴幼儿配方乳粉是指使用牛乳或羊乳及其加工制品（乳清粉、乳清蛋白、脱脂乳粉、全脂乳粉等）为主要原料，加入适量的维生素、矿物质和其他辅料，使用法律法规及标准规定所要求的条件，加工制作供婴幼儿（三周岁以内）食用的婴儿配方乳粉、较大婴儿配方乳粉、幼儿配方乳粉。

1.2.2.6　饮料

饮料是指经过定量包装的，供直接饮用或用水冲调饮用的，乙醇含量不超过质量分数为0.5%的制品，不包括饮用药品。

瓶（桶）装饮用水是指密封于塑料、玻璃等容器中可直接饮用的水，包括饮用天然矿泉水、饮用天然泉水、饮用纯净水、饮用矿物质水以及其他饮用水等。

碳酸饮料（汽水）是指在一定条件下充入二氧化碳气的饮料，包括碳酸饮料、充气运动饮料等具体品种，不包括由发酵法自身产生二氧化碳气的饮料。碳酸饮料（汽水）中二氧化碳气的含量（20℃时体积倍数）应符合相关规定。

茶饮料类产品包括所有以茶叶的水提取液或其浓缩液、速溶茶粉为原料，经加工、调配（或不调配）等工序制成的饮料。不包括以茶作为调味料加工而成的各种茶味饮料。

果汁及蔬菜汁类饮料产品包括所有以各种果（蔬）或其浓缩汁（浆）为原料，经预处理、榨汁、调配、杀菌、无菌灌装或热灌装等主要工序而生产的各种果汁及蔬菜汁类饮料产品，不包括原果汁低于5%的果味饮料。

蛋白饮料类产品包括以乳或乳制品、或有一定蛋白质含量的植物的果实、种子或种仁等为原料，经加工或发酵制成的饮料，包括含乳饮料、植物蛋白饮料、复合蛋白饮料。

固体饮料是指以糖、乳或乳制品、蛋或蛋制品、果汁或植物提取物等为主要原料，添加适量的辅料或食品添加剂制成的固体制品（不包括烧煮型咖啡）。

其他饮料类产品是指乙醇含量不超过质量分数为0.5%的制品，且上述各单元未包括的其他类型软饮料产品，主要包括特殊用途饮料类、咖啡饮料类、植物饮料类（非果蔬类的）和风味饮料类等。

1.2.2.7 方便食品

方便食品包括以小麦粉、荞麦粉、绿豆粉、米粉等为主要原料，添加食盐或面质改良剂，加适量水调制、压延、成型、汽蒸，经油炸或干燥处理，达到一定熟度的方便食品，包括油炸方便面、热风干燥方便面等。

其他方便食品是指部分或完全熟制，不经烹调或仅需简单加热、冲调就能食用的除方便面之外的食品。该类食品包括主食类，如方便米饭、方便粥、方便米粉（米线）、方便粉丝、方便湿米粉、方便豆花、方便湿面等；冲调类，如麦片、黑芝麻糊、红枣羹、油茶等。

1.2.2.8 饼干

饼干是以小麦粉、糖、油脂等为主要原料，加入疏松剂和其他辅料，按照一定工艺加工制成的各种饼干，如酥性饼干、韧性饼干、发酵饼干、薄脆饼干、曲奇饼干等。

1.2.2.9 罐头

罐头是指原料经处理、装罐、密封、杀菌或无菌包装而制成的食品，包括畜禽水产罐头、果蔬罐头、其他罐头。罐头食品应为商业无菌、常温下能长期存放。

1.2.2.10 冷冻饮品

冷冻饮品包括以饮用水、乳品、甜味料、果品、豆品、食用油脂等为主要原料，添加适量的香料、着色剂、稳定剂、乳化剂等，经配料、灭菌、凝冻、包装等工序而制成的产品，包括冰淇淋、雪糕、雪泥、冰棍、食用冰、甜味冰等。

1.2.2.11 速冻食品

速冻面米食品是指以面粉、大米、杂粮等粮食为主要原料，也可配以肉、禽、蛋、水产品、蔬菜、果料、糖、油、调味品等为馅（辅）料，经加工成型（或熟制）后，采用速冻工艺加工包装并在冻结条件下贮存、运输及销售的各种面、米制品。根据加工方式，速冻面米食品可分为生制品（即产品冻结前未经加热成熟的产品）、熟制品（即产品冻结前经加热成熟的产品，包括发酵类产品及非发酵类产品）。

速冻其他食品是指除速冻面米食品外，以农产品（包括水果、蔬菜）、畜禽产品、水产品等为主要原料，经相应的加工处理后，采用速冻工艺加工包装并在冻结条件下贮存、运输及销售的食品。速冻其他食品按原料不同可分为速冻肉制品、速冻果蔬制品及速冻其他制品。

1.2.2.12 薯类和膨化食品

薯类食品是指以薯类为主要原料，经过一定的加工工艺制作而成的食品。薯类食品按加工工艺主要分为干制薯类、冷冻薯类、薯泥（酱）类、薯粉类、其他薯类。

膨化食品包括以谷物、豆类、薯类等为主要原料，采用膨化工艺制成的体积明显增大，具有一定膨化度的疏脆食品。按加工工艺可分为焙烤型、油炸型、直接挤压型、花色型 4 种类型。

1.2.2.13 糖果制品（含巧克力及制品）

糖果包括以白砂糖（或其他食糖）、淀粉糖浆或甜味剂为主要原料制成的固态或半固态甜味食品。

巧克力及巧克力制品是指以可可制品（可可脂、可可液块或可可粉）、白砂糖和/或甜味料为主要原料，添加或不添加乳制品、食品添加剂，经特定工艺制成的固体食品。

代可可脂巧克力及代可可脂巧克力制品是指以白砂糖和/或甜味料、代可可脂为主要原料，添加或不添加可可制品（可可脂、可可液块或可可粉）、乳制品及食品添加剂，经特定工艺制成的在常温下保持固体或半固体状态，并具有巧克力风味（代可可脂白巧克力应具有其应有的风味）及性状的食品。

果冻产品是指以水、食糖和增稠剂等为原料，经溶胶、调配、灌装、杀菌、冷却等工序加工而成的胶冻食品。

1.2.2.14　茶叶及相关制品

茶叶产品包括所有以茶树鲜叶为原料加工制作的绿茶、红茶、乌龙茶、黄茶、白茶、黑茶，及经再加工制成的花茶、袋泡茶、紧压茶共9类产品，包括边销茶。

含茶制品是指以茶叶为原料加工的速溶茶类［含各类固态速溶茶和各类液态速溶茶以及（抹）茶粉等产品］和以茶叶为原料配以可食用的枸杞、红枣、菊花、食用香料等制成的调味茶类。

代用茶是指选用可食用植物的叶、花、果（实）、根茎为原料加工制作的、采用类似茶叶冲泡（浸泡）方式供人们饮用的产品。

1.2.2.15　酒类

酒类即为饮料酒，是指酒精度在0.5%vol以上的酒精饮料。包括各种发酵酒、蒸馏酒和配制酒。

白酒包括以淀粉原料或糖质原料加入糖化发酵剂（糖质原料无须糖化剂），经固态、半固态或液态发酵、蒸馏、贮存、勾调而制成的产品。

葡萄酒、果酒是指以葡萄、各种水果或浆果为原料，经发酵酿制而成的饮料酒。主要品种有葡萄酒、山葡萄酒、苹果酒、山楂酒等。

啤酒产品包括所有以麦芽（包括特种麦芽）、水为主要原料，加啤酒花（包括酒花制品），经酵母发酵酿制而成的，含有二氧化碳的、起泡的、低酒精度的发酵酒。啤酒产品不包括酒精度＜0.5%vol的产品。

黄酒产品是指以稻米、黍米、玉米、小米、小麦等为主要原料，经蒸煮、加曲、糖化、发酵、压榨、过滤、煎酒、贮存、勾兑等工艺生产的酿造酒，8%vol≤酒精度＜24%vol。

其他酒包括配制酒、其他蒸馏酒和其他发酵酒。配制酒是指以蒸馏酒、发酵酒或食用酒精为酒基，以食用动植物、食品添加剂作为呈香、呈味、呈色物质，按一定工艺加工而成，改变了其原酒基风格的饮料酒；其他蒸馏酒是指除白酒外的，以淀粉质、糖质或水果等为原料，加入糖化发酵剂，经发酵、蒸馏制成的产品；其他发酵酒是指以淀粉质、糖质或水果等为原料，加入发酵剂（淀粉质原料需加糖化剂），经发酵制成的产品。主要产品有清酒、米酒（醪糟）、奶酒等。

1.2.2.16　蔬菜制品

酱腌菜是指以新鲜蔬菜为主要原料，经淘洗、腌制、脱盐、切分、调味、分装、密封、杀菌等工序，采用不同腌渍工艺制作而成的各种蔬菜制品的总称。

蔬菜干制品包括所有以蔬菜为主要原料进行选剔、清洗、粉碎、调理等预处理，采用了自然风干、晒干、热风干燥、低温冷冻干燥、油炸脱水等工艺除去其所含大部分水分，添加或不添加辅料制成的产品或以蔬菜干制品为原料经过混合、粉碎、调理等工序制成的产品。蔬菜干制品包括自然干制蔬菜、热风干燥蔬菜、冷冻干燥蔬菜、蔬菜脆片、蔬菜粉及制品等5个小类。

食用菌制品是指以可供人类食用的野生或人工栽培的真菌子实体为原料加工而成的制品，包括干制食用菌和腌渍食用菌。

1.2.2.17 水果制品

水果制品是以水果为原料，经各种加工工艺和方法制成的产品，包括水果干制品和果酱。

蜜饯是指以果蔬和糖类等为原料，经加工制成的蜜饯类、凉果类、果脯类、话化类、果丹（饼）类和果糕类。

1.2.2.18 炒货食品及坚果制品

炒货食品及坚果制品包括以果蔬籽、果仁、坚果等为主要原料，添加或不添加辅料，经炒制、烘烤（包括蒸煮后烘炒）、油炸、水煮、蒸煮、高温灭菌或其他加工工艺制成的包装食品，包括烘炒类、油炸类、其他类。

1.2.2.19 蛋制品

蛋制品包括以禽蛋为原料加工而制成的蛋制品，包括再制蛋类、干蛋类、冰蛋类和其他类。再制蛋类是指以禽蛋为原料，经腌制或糟腌或卤制等工艺加工制成的蛋制品；干蛋类是指以禽蛋为原料，取其全蛋、蛋白或蛋黄部分，经加工处理（可发酵）、干燥制成的蛋制品；冰蛋类是指以禽蛋为原料，取其全蛋、蛋白或蛋黄部分，经加工处理、冷冻制成的蛋制品；其他类是指以禽蛋或上述蛋制品为主要原料，经一定加工工艺制成的其他蛋制品。

1.2.2.20 可可及焙炒咖啡产品

可可制品是指以可可豆为原料，经清理、焙炒、破碎、壳仁分离、研磨、压榨、破碎细粉、冷却结晶等工艺制成的食品，包括可可液块、可可粉、可可脂。

焙炒咖啡是指以咖啡豆为原料，经清理、调配、焙炒、冷却、磨粉等工艺制成的食品，包括焙炒咖啡豆、咖啡粉。

1.2.2.21 食糖

糖产品是指以甘蔗、甜菜或原糖为原料，经提取糖汁、清净处理、煮炼结晶等工序加工制成的白砂糖、绵白糖、赤砂糖，以及经进一步加工而成的冰糖（单晶冰体糖、多晶体冰糖）、方糖、冰片糖等。

1.2.2.22 水产制品

水产加工品是指以新鲜水产品为原料加工制成的产品，包括干制水产品、盐渍水产品和鱼糜制品。干制水产品是以新鲜的鱼、虾、贝类、头足类、海藻类等水产品为原料经相应工艺加工制成的产品；盐渍水产品是指以新鲜海藻、水母、鲜（冻）鱼、为原料，经相应工艺加工制成的产品；鱼糜制品是指以鱼肉为主要原料，添加一定的辅料，经相应工艺加工制成的产品，包括熟制鱼糜灌肠和冻鱼糜制品。

其他水产加工品是指除干制水产品、盐渍水产品、鱼糜制品以外的所有以水生动植物为主要原料加工而成的产品，包括水产调味品、水生动物油脂及制品、风味鱼制品、生食水产品、水产深加工品。

1.2.2.23 淀粉及淀粉制品

淀粉是指以谷类、薯类、豆类为原料，不经过任何化学方法处理，也不改变淀粉内在的物理和化学特性加工制成的食用淀粉，包括谷类淀粉、薯类淀粉和豆类淀粉。

淀粉制品是指以谷类、薯类、豆类或以谷类、豆类、薯类食用淀粉为原料，经清洗、磨碎、分离、和浆、干燥、成型等工序加工制成的淀粉制品，包括粉丝、粉条、粉皮。

淀粉糖是指以谷物、薯类等农产品为原料，运用生物技术经过水解、转化而生产制成的淀粉糖，包括葡萄糖、饴糖、麦芽糖和异构化糖等。

1.2.2.24 糕点

糕点食品包括以粮、油、糖、蛋等为主要原料，添加适量辅料，并经调制、成型、熟制、包装等工序制成的食品，包括烘烤类糕点、油炸类糕点、蒸煮类糕点、熟粉类糕点、月饼。

1.2.2.25 豆制品

豆制品是指以大豆或其他杂豆为原料经加工制成的产品。根据加工工艺的不同分为发酵性豆制品和非发酵性豆制品两大类。发酵性豆制品是指以大豆或其他杂豆为原料经发酵制成的豆制食品，包括腐乳、豆豉、纳豆等产品；非发酵性豆制品是指以大豆或其他杂豆为原料制成的豆制食品，包括豆腐、干豆腐、腐竹、豆浆等产品。

其他豆制品是指以大豆或其他杂豆为原料经加工制成的，包括大豆组织蛋白（挤压膨化豆制品）、豆沙类产品等。

1.2.2.26 蜂产品

蜂蜜是指蜜蜂采集植物的花蜜、分泌物或蜜露，与自身分泌物结合后，经过充分酿造而成的天然甜物质（原料蜜），经过滤、脱水（根据需要）、灌装加工而成的产品。

蜂王浆（别名：蜂皇浆）指工蜂舌腺和上腭腺分泌的，主要用于饲喂蜂王的浆状物质，经过滤、加工制作而成的蜂王浆及蜂王浆冻干品产品。

蜂花粉指蜜蜂采集被子植物雄蕊或裸子植物小孢子囊内花粉细胞而形成团粒状物（原料蜂花粉）经干燥、去杂、消毒灭菌加工制作而成的蜂花粉。

蜂产品制品指蜂蜜、蜂王浆（含蜂王浆冻干品）、蜂花粉、蜂胶的提取物、混合物，或以蜂蜜、蜂王浆（含蜂王浆冻干品）、蜂花粉、蜂胶为主要原料添加其他物质（如食品添加剂、营养强化剂、植物提取物、其他食品等），经科学加工而制成的具有蜂产品基本特性的产品。

1.2.2.27 特殊膳食食品

婴幼儿及其他配方谷粉产品是指以谷物、豆类及其加工制品为主要原料，加入适量的维生素、矿物质和其他辅料，经加工而成的适用于婴幼儿及其他特殊人群食用的食品。该类产品包括适用于婴幼儿食用的婴幼儿补充谷粉、婴幼儿断奶期辅助食品、婴幼儿断奶期补充食品、豆基类婴幼儿配方粉等产品，适用于其他特殊人群（如儿童、中老年等）食用的配方谷粉。

1.2.2.28 其他食品

其他食品是指未纳入上述食品类别的其他加工食品，如糕点预拌粉、食用槟榔等。

1.3 行业现状

1.3.1 发展特点

食品工业承担着为我国 13 亿人提供安全放心、营养健康食品的重任，是国民经济的支柱性产业和保障民生的基础性产业。改革开放 30 多年来，在原料供给充足、市场需求旺盛和科技进步推动等综合作用下，中国食品工业获得快速发展，有力带动了农业、流通服务业及相关制造业发展，对“扩内需、增就业、促增收、保稳定”发挥了重要的作用。总体来看，中国食品工业的发展呈现如下特点。

第一，食品工业的产值不断增长，产品结构得到优化。2011 年，全国规模以上食品企业 31 735 家，实现现价食品工业总产值 78 078.32 亿元，同比增长 31.6%，高出全国工业总产值增速 3.7 个百分点，占全国工业总产值比重 9.1%。在 29 类列入工业统计食品中，有 15 类食品产量增长速度超过二成，26 类增长超过一成，出现全面增长局面。其中，小麦粉产量 11 677.8 万吨，同比增长 24.1%；软饮料产量 11 762.3 万吨，增长 22.0%。此外，中国食品工业的产品结构向多元化、优质化、功能化方向发展，产品细分程度加深，深加工产品比例上升，新产品不断涌现，基本满足了国民对食品营养、健康、方便的要求。

第二，骨干企业发展壮大，产品总体质量水平逐年提高。食品工业进一步向规模化、集约化发展，通过兼并重组、淘汰落后，涌现了一批市场占有率高、带动能力强的骨干企业和企业集团。“十一五”期间，产品销售收入超过百亿元的食品工业企业从 12 家增加到 27 家，其中超过千亿元的企业 2 家。乳制品行业 10 强企业销售收入占全行业的 73.5%；啤酒行业年产 100 万千升以上的 15 家企业集团产量占全行业总产量的 89.6%；饮料行业 10 强企业产量占全行业的 53.9%。“十一五”期间，国家质检总局共抽查了 27 369 家（次）企业的 31 684 种食品，批次抽样合格率开年和期末比提高了 16.7 个百分点，年均提高 4.2 个百分点，总体质量水平稳步提升。

第三，主要食品生产的优势区域布局渐趋合理，企业集群式发展的格局日渐形成。随着各地农产品生产基地和食品消费市场的不断发展，初步形成了一批食品生产企业密集区和多个优势农产品加工产业带。例如，东北及内蒙古东部玉米、大豆加工产业带，华北、东北、西北地区乳制品加工产业带，黄淮海地区优质专用小麦加工产业带，长江流域优质油菜加工产业带，华东、华北、中南、西南的猪牛羊禽肉加工产业带，东南沿海、黄渤海出口水产品加工带以及广西、云南糖料加工产业带。这些产业带的形成，使得主要食品生产呈现出集群式发展的特色和较为合理的区域布局。

1.3.2 存在的问题

中国食品工业虽然取得了很大的进步，但无论是与世界先进水平，还是与全面建设小康社会的要求相比，都还存在一定的距离。中国食品工业存在的主要问题如下。

（1）食品安全保障体系不够完善。第一，我国食品质量标准体系尚不完善，食品卫生标准、食品质量标准、农产品质量安全标准和农药残留标准等标准体系有待进一步整合，不同行业间制定的标准在技术内容上存在交叉矛盾。第二，技术保障能力尚难以满足食品安全监管需要，检测技术相对落后，基层检验机构和人员数量偏少，检测能力需加强。第三，一些食品业主的食品安全管理水平不高，主体责任意识不强，食品加工过程中的质量控制体系不完善，自律意识不强。

（2）产业竞争力弱。首先，食品企业总体规模小，从业主体数量众多、分布面广、规模化程度低，小、微型企业和小作坊仍然占全行业的 93%。其次，企业研发力量薄弱，技术创新不足，配套食品装备发展相对落后。专家指出，中国食品工业整体技术和装备水平比发达国家落后了 20 年左右。最后，产业发展方式仍然较为粗放，不少企业特别是部分中小企业生产初级产品多，高附加值的深加工产品少，资源加工转化效率低，综合利用水平不高，例如，我国玉米淀粉行业原料利用率仅为95%，低于国际先进水平约4个百分点。

（3）食品工业发展带来的伴生风险越来越大，食品安全事件时有发生。随着食品工业的发展，越来越多的新技术、新材料、新资源应用于食品添加物、生产工艺、包装材料及农产品产量提高等方面，对食品和食品相关产品带来了大量的不确定风险，保障食品安全的技术难度不断加大。与此同时，食品安全领域的违法犯罪现象还比较突出，部分食品生产企业诚信缺失，为赚取高额利润不惜铤而走险，三聚氰胺、瘦肉精、塑化剂、地沟油等食品安全事件影响了消费者对食品行业的信任。

1.3.3 发展趋势

随着全球经济日益融合，中国经济的快速健康发展和工业化、城市化及国际化进程的加快，中国食品工业将迎来重要的发展机遇期。在今后相当长的一段时间内，中国的食品工业将主要解决居民“吃得安全，吃得健康”的问题，食品消费已经向着质量、营养、方便、安全的目标转变。第一，食品工业宏观环境将继续改善。党中央、国务院一向高度重视食品工业发展和食品质量安全并将食品安全上升到国家安全的高度，国家在进一步严格市场准入，强化食品质量安全的基础上，努力推动区域经济协调发展，西部大开发、东北振兴、中部崛起及其他区域规划都把食品加工业作为主导产业，食品工业发展的宏观环境逐渐改善。第二，食品消费总量仍将不断增加，商品性消费日益取代自给型消费，工业化食品比重逐步增长。第三，方便食品、绿色食品及有机食品将成为食品消费的主旋律。随着人们生活节奏的加快，使得简便、营养、卫生、经济、即开即食的方便食品市场潜力巨大，方便食品的发展是食品制造业的一场革命，始终是食品工业发展的推动力。与此同时，居民的生活水平和健康意识日益提高，人们的饮食习惯更加合理，更加科学，对食品品质的要求越来越高，绿色食品、有机食品将越来越受到消费者青睐。第四，产品多样化、精细化及营养化将成为食品工业发展的重要特征。随着全面建设小康社会进程的不断加快，居民消费层次的变化以及年龄、文化、职业、民族、地区生活习惯的不同，食品消费个性化、多样化发展趋势越来越明显。如低脂肪、低热量、低糖的休闲食品，高纤维、低脂肪的烘焙食品，口味细分的酱油、食醋、复合调味料等。第五，生物技术、机械化及自动化将在食品工业中得到广泛应用。现代生物技术主要是指基因工程技术、酶工程技术和发酵技术。提高食品生产机械化和自动化程度，是生产安全卫生、高营养价值食品的前提和基本要求，也是实现食品加工企业规模化生产和发挥规模效益的必要条件，食品工业企业应该从传统的手工劳动和作坊式操作中解脱出来，投入资金完善软、硬条件，提高生产的机械化、自动化程度。

近年来，党中央、国务院对食品安全问题高度重视，实施了一系列旨在确保食品安全和质量的行动计划，尤其在《国民经济和社会发展第十二个五年规划纲要》中专门加入了“加强公共安全体系建设”、“保障食品药品安全”的章节，对建立健全食品质量追溯制度、安全应急体系、风险监测评估预警及监管基础设施建设都提出了明确要求。2011年12月31日，国家发展和改革委员会、工业和信息化部发布《食品工业“十二五”发展规划》，从强化食品质量安全、推进产业结构调整、增强自主创新能力、提高装备研制水平、加快企业技术进步、促进产业集聚发展和大力推进两化融合等七个方面对食品工业的发展作出了规划。食品行业正迎来一个前所未有的挑战与机遇并存的快速发展时期。

参考文献

[1] 国家质量监督检验检疫总局食品生产监管司．食品及其相关产品和化妆品质量安全监督管理基础知识［M］．北京：中国标准出版社，2007.

[2] 李援，宋森，汪建荣，刘沛．中华人民共和国食品安全法解释与应用［M］．北京：人民出版社，2009.

[3] 王艳林．中华人民共和国食品安全法实施问题［M］．北京：中国计量出版社，2009.

[4] 谭向勇．中国食品工业现状及发展趋势的研究［J］．北京工商大学学报（自然科学版），2010（1）：1－2，5－6.

[5] 黄泰元．2011年：五大食品行业的流行趋势．中外食品（FOOD GLOBAL INDUSTRY），2011（1）：1－2.

[6] 张艳红．2009年我国食用油产业数据统计与分析［J］．粮油加工，2010（12）：1.

[7] 中华人民共和国国家发展和改革委员会，工业和信息化部．食品工业“十二五”发展规划．2012.

第2章 食品添加剂基础知识

2.1 食品添加剂的基本概念

在我国，现行有效的法律法规和标准中对食品添加剂定义的明确表述主要有三处，具有统一的内涵，在外延的扩展上根据使用的需求而在表述上有所不同。

在2009年6月1日实施的《食品安全法》中定义为："食品添加剂，指为改善食品品质和色、香、味以及为防腐、保鲜和加工工艺的需要而加入食品中的人工合成或者天然物质。"该定义基本沿用了原《食品卫生法》中食品添加剂的概念，增加了"保鲜"工艺需要，并将"化学合成"修改为"人工合成"。

在《食品添加剂生产监督管理规定》（国家质检总局令第127号）中所称食品添加剂是指："经国务院卫生行政部门批准并以标准、公告等方式公布的可以作为改善食品品质和色、香、味以及为防腐、保鲜和加工工艺的需要而加入食品的人工合成或者天然物质。"该定义强调了在中华人民共和国境内生产的食品添加剂必须是经国务院卫生行政部门批准公布的食品添加剂品种，同时要求这之外的其他物质，不得作为食品添加剂进行生产，不得作为食品添加剂实施生产许可。

在GB 2760—2011《食品安全国家标准　食品添加剂使用标准》中定义食品添加剂是指："为改善食品品质和色、香、味，以及为防腐和加工工艺的需要而加入食品中的人工合成或者天然物质。营养强化剂、食品用香料、胶基糖果中基础剂物质、食品工业用加工助剂也包括在内。"该定义明确了营养强化剂、食品用香料、胶基糖果中基础剂物质、食品工业用加工助剂也属于我国食品添加剂范围。

2.2 食品添加剂的分类

食品添加剂的分类方法有多种，可按其来源、作用和功能的不同进行分类。

2.2.1 按来源分类

可分为天然和人工合成两大类。

天然食品添加剂是指利用动、植物或微生物的代谢产物等为原料，经提取所获得的天然物质。天然食品添加剂又分为由动植物提取制得和由生物技术方法（如发酵或酶法）制得两种。

人工合成食品添加剂是指采用化学手段，使元素或化合物通过氧化、还原、缩合、聚合、成盐等合成反应而得到的物质。化学合成食品添加剂又可分为一般化学合成品与人工合成天然等同物，如天然等同香料、天然等同色素等。

2.2.2 按作用和功能分类

可将食品添加剂分为23类。

每种食品添加剂在食品中都具有一种或多种功能作用。按照食品添加剂的作用和功能，有些是为预防食品腐败变质的发生，如防腐剂、抗氧化剂；有些是为改善食品的外观形状，如着色剂、漂白剂、乳化剂和稳定剂；有些是为改善食品的风味，如增味剂、香料等；有些是为满足食品加工工艺的需要，如酶制剂、消泡剂和凝固剂等；还有些是为增加食品的营养价值，如营养强化剂等。

GB 2760—2011《食品安全国家标准　食品添加剂使用标准》附录E列举了食品添加剂功能类别，将食品添加剂分为23类。主要分为酸度调节剂、抗结剂、消泡剂、抗氧化剂、漂白剂、膨松剂、胶基糖果中基础剂物质、着色剂、护色剂、乳化剂、酶制剂、增味剂、面粉处理剂、被膜剂、水分保持剂、营养强化剂、防腐剂、稳定剂和凝固剂、甜味剂、增稠剂、食品用香料、食品工业用加工助剂和其他等23类，共2455种。

2.2.2.1　酸度调节剂

酸度调节剂是指，用以维持或改变食品酸碱度物质。酸度调节剂也称pH调节剂。我国规定允许使用的酸度调节剂主要有柠檬酸、乳酸、苹果酸、酒石酸、乙酸（醋酸）、盐酸、己二酸、富马酸、碳酸钾、碳酸钠（包括无水碳酸钠）、碳酸氢三钠（倍半碳酸钠）、柠檬酸一钠、碳酸氢钾、磷酸三钾、乳酸钙、氢氧化钙、氢氧化钾、*L*（+）-酒石酸等。

2.2.2.2　抗结剂

抗结剂是指用于防止颗粒或粉状食品聚集结块，保持其松散或自由流动的物质。抗结剂往往能吸收过量的水分，涂覆在颗粒表面后能排斥水分或提供水不溶性的物质。我国规定允许使用的抗结剂主要有亚铁氰化钾、硅铝酸钠、磷酸三钙、二氧化硅、微晶纤维素、硬脂酸镁、碳酸镁、滑石粉等。

2.2.2.3　消泡剂

消泡剂是指在食品加工过程中降低表面张力，消除泡沫的物质。我国规定允许使用的消泡剂主要有乳化硅油、高碳醇脂肪酸酯复合物DSA-5、聚氧乙烯聚氧丙烯季戊四醇醚（PPE）、聚氧乙烯聚丙醇胺醚（BAPE）、聚氧丙烯甘油醚、聚氧丙烯氧化乙烯甘油醚、聚二甲基硅氧烷等。

2.2.2.4　抗氧化剂

抗氧化剂是指能防止或延缓油脂或食品成分氧化分解、变质，提高食品稳定性的物质。抗氧化剂主要用于防止油脂及富脂食品的氧化酸败，以及由氧化所导致的褪色、褐变、维生素破坏等。抗氧化剂在使用方面，根据其溶解性可分为脂溶性抗氧化剂与水溶性抗氧化剂。脂溶性抗氧化剂适宜脂类物质含量较多的食品，以避免其中的脂类物质、营养成分在加工和使用过程中被氧化而酸败或分解，使整体食品变味、变质。水溶性抗氧化剂多用于果蔬的加工或贮藏，来消除或减缓因氧化而造成的褐变等变质现象出现。我国规定允许使用的抗氧化剂有主要有丁基羟基茴香醚（BHA）、二丁基羟基甲苯（BHT）、没食子酸丙酯（PG）、*D*-异抗坏血酸钠、茶多酚（维多酚）、植酸（肌醇六磷酸）和植酸钠、特丁基对苯二酚（TBHQ）、甘草抗氧化物、抗坏血酸钙、磷脂、抗坏血酸棕榈酸酯、硫代二丙酸二月桂酯、4-己基间苯二酚、抗坏血酸（维生素C）、维生素E、迷迭香提取物、竹叶抗氧化物等。

2.2.2.5　漂白剂

漂白剂是指能够破坏、抑制食品的发色因素，使其褪色或使食品免于褐变的物质。不同于以吸附方式除去着色物质的脱色剂，漂白剂一般分为氧化型和还原型。我国规定允许使用的漂白剂主要有二氧化硫、焦亚硫酸钾、焦亚硫酸钠、亚硫酸钠、低亚硫酸钠（保险粉）、亚硫酸氢钠、硫磺等，其中硫磺仅限于熏蒸。

2.2.2.6 膨松剂

膨松剂是指在食品加工过程中加入的，能使产品发起形成致密多孔组织，从而使制品具有膨松、柔软或酥脆的物质。膨松剂在和面工序中加入，在焙烤或油炸过程中它受热而分解，产生气体使面胚起发，体积胀大，内部形成均匀致密海绵状多孔组织，使食品具有酥脆、疏松或柔软等特征。膨松剂亦用于水产品、豆制品、羊奶和代乳品。分为碱性膨松剂、酸性膨松剂、复合膨松剂和生物膨松剂。我国规定允许使用的膨松剂主要有碳酸氢钠（钾）、碳酸氢铵、轻质碳酸钙（碳酸钙）、硫酸铝钾（钾明矾）、硫酸铝铵（铵明矾）、磷酸氢钙、酒石酸氢钾、焦磷酸二氢二钠等。

2.2.2.7 胶基糖果中基础剂物质

胶基糖果中基础剂物质（简称胶基）是指赋予胶基糖果起泡、增塑、耐咀嚼等作用的物质。这类物质及其配料组成的混合物能长时间被咀嚼而不改变柔韧性，并不降解成可溶性的物质。胶基是以符合食品添加剂要求的橡胶、树脂、腊类、乳化剂、软化剂、抗氧化剂、防腐剂、填充剂等为主要原料，在一定温度下经挤压、混合、冷却后精制而成的不溶解并呈半晶体化的无营养物质。胶基及其配料分天然的和合成的两大类。天然的主要有各种天然橡胶，如巴拉塔树胶、节路顿胶、糖胶树胶、天然橡胶（乳胶固形物）等；合成的有各种合成橡胶、树脂以及各类软化剂、填充剂、乳化剂等。这些物质的使用应符合 GB 2760附录 D 中的规定，各成分用量在 GB 2760 中有规定者按规定执行，未规定者按生产需要适量使用。

2.2.2.8 着色剂

着色剂是指使食品赋予色泽和改善食品色泽的物质。根据产品来源将食品的着色剂分为合成色素和天然色素两种类型。天然色素大多从一些天然的动植物体中分离而得，其安全性相对较高，但稳定性较差；合成色素却是通过化学合成的方法生产的着色剂，虽然具有色泽稳定、鲜艳、成本低、色域宽的优点，但在合成生产过程中，使用的化工原料及合成过程中的副产物残留等问题，难免对产品的质量增加一些不确定的因素。因此在使用中应严格控制使用的范围和用量。铝色淀是由某种合成色素物质在水溶液状态下与氧化铝混合、被完全吸附后，再经过滤、干燥、粉碎而制成的改性色素。它不仅增高了水溶性着色剂在油脂中的溶解性，同时又提高了耐热、耐光和耐盐的性能。我国规定允许使用的着色剂主要有苋菜红、苋菜红铝色淀，胭脂红、胭脂红铝色淀，赤藓红、赤藓红铝色淀，新红、新红铝色淀，柠檬黄、柠檬黄铝色淀，日落黄、日落黄铝色淀，亮蓝、亮蓝铝色淀，靛蓝、靛蓝铝色淀，叶绿素铜钠（钾）盐，β-胡萝卜素，二氧化钛，诱惑红、诱惑红铝色淀，甜菜红，姜黄，红花黄，紫胶红，越橘红，辣椒红，辣椒橙，焦糖色，红米红，栀子黄，菊花黄浸膏，黑豆红，高粱红，玉米黄，萝卜红，可可壳色，红曲红（红曲米），落葵红，黑加仑红，栀子蓝，沙棘黄，玫瑰茄红，橡子壳棕，多穗柯棕，桑葚红，天然苋菜红，金樱子棕，姜黄素，酸枣色，花生衣红，葡萄皮红，蓝锭果红，藻蓝，植物炭黑，密蒙黄，紫草红，茶黄色素，茶绿色素，柑桔黄，胭脂树橙（红木素/降红木素），胭脂虫红，酸性红，氧化铁红（黑），喹啉黄等。

2.2.2.9 护色剂

护色剂是指能与肉及肉制品中呈色物质作用，使之在食品加工、保藏等过程中不致分解、破坏，呈现良好色泽的物质。护色剂也称发色剂或助色剂，是为增色或调色、加深颜色而加入的物质。护色剂本身没有颜色，但当加入食品后与其中组织成分结合而产生新鲜颜色，以达到改善色泽、调整感官指标的效果。护色剂主要用于肉及肉制品范围的加工使用。主要使用的物质成分为硝酸盐和亚硝酸盐，此类物质具有一定毒性，尤其可与胺类物质生成强致癌物亚硝胺。由于此类添加剂在食品中使用具有防腐作用，尤其在抑制肉毒梭状芽孢杆菌的繁殖、防止肉毒中毒方面有独特的效果，因此被保留使用。我国规定允许使用的护色剂有硝酸钠（钾）和亚硝酸钠（钾）等。

2.2.2.10 乳化剂

乳化剂是指能改善乳化体中各种构成相之间的表面张力，形成均匀分散体或乳化体的物质。乳化剂是通过吸附作用使食品胶体的表面张力急剧下降，从而促使其体系稳定的食品添加剂。在长期的发展过程中，目前已形成了以脂肪酸多元醇酯及其衍生物和天然乳化剂大豆磷脂为主的食品乳化剂体系。食品乳化剂在食品生产和加工过程中占有重要的地位。食品乳化剂能改善食品胶体各构成相之间的表面张力，形成均匀、稳定的分散体或乳化体，从而稳定食品的物理状态，改进食品组织结构，简化和控制食品加工过程，改善风味、口感，提高食品质量，延长货架寿命等。我国规定允许使用的乳化剂主要有蔗糖脂肪酸酯、酪蛋白酸钠（酪朊酸钠）、山梨醇酐单硬脂酸酯（司盘 60）、山梨醇酐三硬脂酸酯（司盘 65）、山梨醇酐单油酸酯（司盘 80）、单硬脂酸甘油酯（单、双、三甘油酯）、木糖醇酐单硬脂酸酯、山梨醇酐单棕榈酸酯（司盘 40）、硬脂酰乳酸钙、双乙酰酒石酸单（双）甘油酯、硬脂酰乳酸钠、氢化松香甘油酯、聚氧乙烯山梨醇酐单硬脂酸酯（吐温 60）、聚氧乙烯山梨醇酐单油酸酯（吐温 80）、聚氧乙烯木糖醇酐单硬脂酸酯、辛、癸酸甘油酸酯、改性大豆磷脂、丙二醇脂肪酸酯、三聚甘油单硬脂酸酯（PEG）、聚甘油单硬脂酸酯、聚甘油单油酸酯、山梨醇酐单月桂酸酯（司盘 20）、聚氧乙烯山梨醇酐单棕榈酸酯（吐温 20）、聚氧乙烯山梨醇酐单棕榈酸酯（吐温 40）、乙酰化单甘油脂肪酸酯、硬脂酸钾、聚甘油蓖麻醇酯、辛烯基琥珀酸淀粉钠、硬脂酸镁、月桂酸单甘油酯、硬脂酸钙、卵磷脂、铵磷脂、山嵛酸单甘酯、柠檬酸单甘酯、不饱和脂肪酸单甘酯、琥珀酸单甘油酯等。

2.2.2.11 酶制剂

酶制剂是指由动物或植物的可食或非可食部分直接提取，或由传统或通过基因修饰的微生物（包括但不限于细菌、放线菌、真菌菌种）发酵、提取制得，用于食品加工，具有特殊催化功能的生物制品。酶制剂是将从生物体中（包括动物、植物、微生物）提取的酶，辅加其他成分后的制品。其中酶则是一类由生物细胞的分解、代谢和产生的具有特殊催化功能的蛋白质。由于使用酶安全无毒，且具有对一些化学反应具有高效、专一而且比较温和的催化作用；同时在使用过程中的副产物较少，对环境的污染远低于传统化学生产工业，因此被广泛用在食品加工、制药工业中。我国规定允许使用的酶制剂主要有木瓜蛋白酶、葡糖异构酶（木糖异构酶）、α-淀粉酶制剂、糖化酶制剂、果胶酶、β-葡聚糖酶、木聚糖酶、蛋白酶、葡萄糖氧化酶、α-乙酰乳酸脱羧酶、真菌淀粉酶、纤维素酶、纤维二糖酶、转移葡萄糖苷酶、乳糖酶、谷氨酰胺转氨酶、磷脂酶、脂肪酶、β-淀粉酶、菊酯酶、溶血磷脂酶等。

2.2.2.12 增味剂

增味剂是补充或增强食品原有风味的物质，也称鲜味剂或风味增强剂。它可使食品美味可口，促进食量。一般增味剂包括天然物种与人工合成者两大类。天然增味剂效果自然风味感比较突出，但其风味存在时间短；人工合成类增味剂味浓保持长久，但其味道单调。我国规定允许使用的增味剂主要有谷氨酸钠、5′-鸟苷酸二钠、5′-肌苷酸二钠、5′-呈味核苷酸二钠、琥珀酸二钠、*L*-丙氨酸、氨基乙酸（甘氨酸）等。

2.2.2.13 面粉处理剂

面粉处理剂是指促进面粉的熟化和提高制品质量的物质。我国规定允许使用的面粉处理剂主要有碳酸镁、偶氮甲酰胺、碳酸钙等。

2.2.2.14 被膜剂

被膜剂是指涂抹于食品外表，起保质、保鲜、上光、防止水分蒸发等作用的物质。被膜剂主要应用于水果、蔬菜、软糖、鸡蛋等食品的保鲜。在某些食品表面涂布一层薄膜，不仅外表明亮、美观，而且可以延长保存期。水果表面涂一层薄膜，可以抑制水分蒸发，防止微生物侵入，并形成气调层，因而可延长水果保鲜时间。有些糖果如巧克力等，表面涂膜后，不仅外观光亮、美观，而且还可以防止粘连，保持质量稳定。我国规定允许使用的被膜剂主要有紫胶（虫胶）、白油（液体石蜡）、吗啉脂肪酸盐果蜡、松香季戊四醇酯、辛基苯氧聚乙烯氧基、聚二甲基硅氧烷、巴西棕榈蜡、硬脂酸（十八烷酸）、脱乙酰甲壳素、聚乙烯醇、普鲁兰多糖等。

2.2.2.15 水分保持剂

水分保持剂是指有助于保持食品中水分而加入的物质。水分保持剂多指用于肉类和水产品加工中增强其水分的稳定性和具有较高持水性的磷酸盐类。磷酸盐在肉类制品中可保持肉的持水性，增强结着力，保持肉的营养成分及柔嫩性。我国规定允许使用的水分保持剂主要有磷酸三钠、六偏磷酸钠、三聚磷酸钠、焦磷酸钠、磷酸二氢钠、磷酸氢二钠（钾）、磷酸二氢钙（磷酸钙）、焦磷酸二氢二钠、磷酸氢二钾、磷酸二氢钾、磷酸氢钙、乳酸钠60%、乳酸钾、甘油等。

2.2.2.16 营养强化剂

营养强化剂是指增强营养成分而加入食品中的天然的或人工合成的属于天然营养素范围的物质。传统的食品并非营养俱全，同时食品中的营养素会在加工、烹调等处理中被破坏，营养强化剂是以增强和补充营养为目的而使用的。营养强化剂主要有维生素类、矿物质类和其他类等。营养强化剂的使用应符合GB 14880—2012《食品安全国家标准 食品营养强化剂使用标准》等相关规定，我国规定允许使用的营养强化剂主要有*L*-赖氨酸、牛磺酸、维生素A、维生素D、维生素E、维生素B_1、维生素B_2、维生素C、烟酸、维生素B_6、维生素B_{12}、维生素K（植物甲萘醌）、胆碱、肌醇、叶酸、泛酸、生物素、硫酸亚铁、葡萄糖酸亚铁、柠檬酸铁、富马酸亚铁、柠檬酸铁铵、柠檬酸钙、葡萄糖酸钙、碳酸钙、乳酸钙、磷酸氢钙、硫酸锌、葡萄糖酸锌、碘化钾、碘酸钾等。

2.2.2.17 防腐剂

防腐剂是指防止食品腐败变质、延长食品储存期的物质。防腐剂主要作用是抑制微生物的生长和繁殖，以延长食品的保存时间。我国规定允许使用的防腐剂主要有苯甲酸及其钠盐、山梨酸及其钾盐、丙酸钙、丙酸钠、对羟基苯甲酸乙酯、脱氢乙酸及其钠盐、乙氧基喹、仲丁胺、桂醛、双乙酸钠、二氧化碳、乳酸链球菌素、过氧化氢（或过碳酸钠）、乙萘酚、联苯醚、2-苯基苯酚钠盐、4-苯基苯酚、2，4-二氯苯氧乙酸、稳定态二氧化氯、纳他霉素、丙酸、对羟基苯甲酸乙（甲）酯钠、单辛酸甘油酯等。

2.2.2.18 稳定剂和凝固剂

稳定剂和凝固剂是使食品结构稳定或使食品组织结构不变，增强黏性固形物的物质。我国规定允许使用的稳定和凝固剂主要有硫酸钙（石膏）、氯化钙、氯化镁、丙二醇、乙二胺四乙酸二钠（EDTA）、柠檬酸亚锡二钠、葡萄糖酸 δ-内酯、谷氨酰胺转氨酶、薪草提取物、六偏磷酸钠、磷酸三钠等。

2.2.2.19 甜味剂

甜味剂是赋予食品以甜味的物质。按来源可分为人工合成甜味剂和天然甜味剂，按化学结构和性质分为糖类甜味剂和非糖类甜味剂。我国规定允许使用的甜味剂主要有糖精钠、环己基氨基磺酸钠（甜蜜素）、异麦芽酮糖、天门冬酰苯丙氨酸甲酯（阿斯巴甜）、麦芽糖醇、山梨糖醇（液）、木糖醇、甜菊糖甙、甘草、甘草酸一钾及三钾、乙酰磺胺酸钾（安赛蜜）、甘草酸胺、L-α-天冬氨酰-N-（2，2，4，4-四甲基-3-硫化三亚甲基）-D-丙氨酰胺（阿力甜）、乳糖醇（4-β-D-吡喃半乳糖-D-山梨醇）、罗汉果甜甙、三氯蔗糖（蔗糖素）、环己基氨基磺酸钙、D-甘露糖醇、赤藓糖醇、N-N［（3，3-二甲基丁基）］-L-α-天门冬氨酰-L-苯丙氨酸1-甲酯（纽甜）等。

2.2.2.20 增稠剂

增稠剂是指可以提高食品的黏稠度或形成凝胶，从而改变食品的物理性状、赋予食品黏润、适宜的口感，并兼有乳化、稳定或使呈悬浮状态作用的物质。增稠剂多为高分子物质，其分子中一般含有较多的、并呈游离态形式的羟基或其他亲水基结构。由于增稠剂在吸水后形成膨胀的胶体结构、松散形态，使液体的黏度、密度比明显增加，从而使原体系溶液中的果肉类的颗粒浮起。因此在果肉饮料加工中增稠剂常作为悬浮稳定剂使用。我国规定允许使用的增稠剂主要有琼脂、明胶、羧甲基纤维素钠、海藻酸钠、海藻酸钾、果胶、卡拉胶、阿拉伯胶、黄原胶（汉生胶）、海藻酸丙二醇酯、罗望子多糖胶、羧甲基淀粉钠、淀粉磷酸酯钠、羟丙基淀粉、乙酰化二淀粉磷酸酯、羟丙基二淀粉磷酸酯、磷酸化二淀粉磷酸酯、甲壳素（几丁质）、黄蜀葵胶、亚麻籽胶（富兰克胶）、田菁胶、聚葡萄糖、槐豆胶、β-环状糊精、瓜尔胶、氧化淀粉、酸处理淀粉、辛烯基琥珀酸铝淀粉、醋酸酯淀粉、海萝胶、乙酰化双淀粉己二酸酯、结冷胶、羧丙基甲基纤维素、皂荚糖胶、沙蒿胶、脱乙酰甲壳素、氧化羟丙基淀粉、磷酸酯双淀粉、聚丙烯酸钠、葫芦巴胶、刺云实胶、普鲁兰多糖、可得然胶等。

2.2.2.21 食品用香料

食品用香料是指能够用于调配食品香精，并使食品增香的物质。在食品中使用食品用香料的目的是使食品产生、改变或提高食品的风味。食品用香料包括天然香料和合成香料。

2.2.2.22 食品工业用加工助剂

食品工业用加工助剂是指有助于食品加工能顺利进行的各种物质，与食品本身无关。如助滤、澄清、吸附、脱模、脱色、脱皮、提取溶剂等。我国规定允许使用的加工助剂主要有硅胶、活性炭、丙酮、1，2-二氯乙烷、乙醇、石油醚、乙酸乙酯、乙醚、1，2-丙二醇、甲醇、六号轻汽油、植物活性炭、氯化铵、氨水、高岭土、硅藻土、氢气、氮气、二氧化碳、丙三醇（甘油）、氢氧化钾、碳酸氢钠、碳酸钾等。

2.2.2.23 其他类食品添加剂

是指上述功能类别中不能涵盖的其他功能的物质。

2.3 行业现状

对于现代化食品加工业而言，食品添加剂是其不可或缺的一部分。食品添加剂行业的健康、快速发展，是推动食品工业技术创新和发展的重要力量。

食品添加剂的消费水平与食品加工业和生活水平紧密相关。全球食品添加剂产业每年以4%～6%的速度高速增长。

据统计表明，全球食品添加剂约有25 000种，其中80%为香料，常用品种约5 000种，如防腐剂（preservatives）、组织成型剂（texturizers）、甜味剂（sweeteners）、抗黏结剂（anti-cakingagents）、香辛料（flavorsandSpices）、保湿剂（humectants）、增香剂（flavorEnhancers）、酶制剂（enzymePreparations）、乳化剂（emulsifiers）、气体（gases）等。目前美国允许直接使用的食品添加剂有2 300种以上；日本允许使用的食品添加剂约有1 100种；欧盟允许使用的有1 000～1 500种。我国批准使用的食品添加剂有2 400多种。

从食品工业发展的历程看，今后若干年将会进入快速发展阶段，未来食品添加剂的研发趋势是天然型、高效安全型等。我国食品添加剂的生产随食品加工业的发展而不断发展壮大。

（1）从产量、产值看

食品工业占中国所有工业产值的比重超过了10%，其在近15～20年期间，一直位于中国工业的前列。从总体看，食品添加剂占我国食品工业的份额约为2%。据不完全统计，目前我国食品添加剂的生产、经营企业约为3 000家，2010年食品添加剂产量达到710万吨，产值近6万亿元，与2009年相比产量增加了11%，产值增幅22%，销售收入达到720亿元，同比增长了12.5%，出口创汇32亿美元。其中，天然色素、焦糖色素和天然提取物色素等着色剂类产品2010年的产品产量为35万吨，销售额达30亿元；乳化、增稠及品质改良剂2010年产品产量达到62万吨，销售额近30亿元；甜味剂2010年总产量约130万吨，比2009年增加11%，其中化学合成高倍甜味剂产量约12万吨，糖醇类甜味剂约为115万吨；防腐、抗氧化剂2010年总产量约24.5万吨，比2009年增加了13%；香精、香料类产品2010年的产量约12.1万吨。其他包括柠檬酸等大宗产品2010年的总产量为447.9万吨。

（2）从企业规模看

由于现阶段我国食品添加剂产品种类涵盖多个领域，生产企业数量多，大部分规模较小，企业技术力量和管理存在差异，新技术、新产品开发能力、科技人才储备及市场中的转向能力均显不足。往往是一个产品有几十个企业生产，而少数用量少、档次高的食品添加剂仍需要进口。以木糖醇为例，我国的产量和出口量均居世界第一，全国有五十多家企业，每家产量仅为300～500吨。而俄罗斯等国，全国只有两三家企业，每个企业的产量大概是3000多吨。生产同一食品添加剂产品的企业数量多，造成资金和设备的重复投入和产品的重复产出，产品的成本普遍居高不下，且大多为精加工产品，科技含量不高，而要开发新品种食品添加剂单靠一两家规模较小的企业是不可能的，既缺乏足够的资金又缺乏足够的技术投入。近年来，食品添加剂行业结构不断完善，从行业的发展趋势来看，已经开始出现企业集中、规模变大的趋势。另外，除了沿海的广东、浙江、江苏、山东等省食品添加剂行业相对发达以外，中部地区的一些省份食品添加剂行业也在蓬勃发展。

（3）从国际贸易看

目前我国食品添加剂总产值已约占国际贸易额的15%，其中柠檬酸、苯甲酸钠、山梨酸钾、糖精、木糖醇、维生素C和维生素E、乙基麦芽酚等品种在国际贸易中已起到举足轻重的作用。而且我国拥有丰富的植物资源，国内的天然甜味剂如甘草提取物、天然色素和天然香料等天然提取物都受到了国际市场的青睐。

第 3 章　食品相关产品质量安全基础知识

3.1　食品相关产品的基本概念

根据《食品安全法》第二条规定，食品相关产品是指用于食品的包装材料、容器、洗涤剂、消毒剂和用于食品生产经营的工具、设备。用于食品的包装材料和容器，是指包装、盛放食品或者食品添加剂用的纸、竹、木、金属、搪瓷、陶瓷、塑料、橡胶、天然纤维、化学纤维、玻璃等制品和直接接触食品或者食品添加剂的涂料。用于食品生产经营的工具、设备，是指在食品或者食品添加剂生产、流通、使用过程中直接接触食品或者食品添加剂的机械、管道、传送带、容器、用具、餐具等。用于食品的洗涤剂和消毒剂，是指直接用于洗涤或者消毒食品、餐饮具以及直接接触食品的工具、设备或者食品包装材料和容器的物质。

《食品安全法》首次在法律层面提出了“食品相关产品”的概念。在 2009 年《食品安全法》出台以前，并没有“食品相关产品”这个说法，与之有关的是《食品卫生法》中提到了“食品容器、包装材料和食品用工具、设备、洗涤剂、消毒剂”。《食品安全法》征求各部门意见时，质检部门提出了“食品相关产品”这个概念，是考虑到一些食品使用不同的接触材料。由于材料不同、使用方式不同、无法用现有的产品概念涵盖，鉴于凡与食品有接触的材料、工具和设备都与食品安全相关，因此提出了“食品相关产品”的定义。这一定义在立法过程中被各方普遍认同，食品相关产品正式写入法律条文中。

在欧盟，食品相关产品统称为食品接触材料和制品，是指预期与食品接触的；或已经接触到食品且预定供作此用的；或可合理地预料会与食品接触，或在正常或可预见的使用条件下会将其成分转移至食品中的材料和制品，包括活性和智能材料。在美国，食品相关产品被定义为间接食品添加剂，指在食品生产、加工、运输过程中接触的物质，以及盛放食品的容器，而这些物质本身并不用来在食品中产生任何效应。食品接触材料出现于食品中，可能是由于这些物质向食品的迁移，或由于意外萃取而出现于食品中。

3.2　食品相关产品的分类

《食品安全法》将食品相关产品分为三大类：用于食品的包装材料和容器；用于食品生产经营的工具、设备；用于食品的洗涤剂、消毒剂。

3.2.1　用于食品的包装材料和容器产品的分类

用于食品的包装材料和容器所涵盖的范围很广，涉及的产品种类繁多，不同的分类角度可形成多样化的分类方法。

根据《食品安全法》的规定，用于食品的包装材料和容器按材质分为：纸、竹、木、金属、搪瓷、陶瓷、塑料、橡胶、天然纤维、化学纤维、玻璃等制品和直接接触食品或者食品添加剂的涂料 13 类。

根据 GB/T 23509—2009《食品包装容器及材料　分类》的规定，食品包装容器和材料的分类遵循以材质为主、形态和功能为辅的分类原则，可分为：塑料包装容器及材料、纸包装容器及材料、玻璃包装容器及材料、陶瓷包装容器及材料、金属包装容器及材料、复合包装容器及材料、其他包装容器及材料、食品包装辅助材料8类，此种分类方法没有包括橡胶类制品。分类情况详见表3-1。

表3-1　用于食品的包装材料和容器产品分类（GB/T 23509—2009）

材质	包装材料类	容器类	辅助材料和辅助物
塑料	塑料膜、塑料片、塑料袋	塑料箱、塑料瓶、塑料杯、塑料盒、塑料罐、塑料桶、塑料筐、塑料盆、塑料碗、塑料盘、塑料复合易拉罐等	辅助材料：黏合剂、油墨、涂料等；辅助物：封闭器（如密封垫、瓶盖或瓶塞）、缓冲垫、隔离或填充物等
纸	纸张、纸板	纸袋、纸箱、纸盒、纸碗、纸杯、纸罐、纸餐具、纸浆模塑制品等	
金属	软质铝箔和硬质铝箔	金属罐、金属桶、金属盒、金属碗、金属盆等	
玻璃		玻璃瓶、玻璃罐、玻璃碗、玻璃杯、玻璃盘、玻璃缸等	
陶瓷		陶瓷瓶、陶瓷罐、陶瓷缸、陶瓷坛、陶瓷盘、陶瓷碗等	
木		木箱、木桶、木盒等	
竹		竹篮、竹筐、竹箱、竹筒等	
搪瓷		搪瓷罐、搪瓷缸、搪瓷盘、搪瓷碗、搪瓷碟、搪瓷釜、搪瓷盆、搪瓷杯、搪瓷锅等	
纤维		布袋、麻袋	
复合材料	纸/塑复合材料、铝/塑复合材料、纸/铝/塑复合材料、纸/纸复合材料、塑/塑复合材料等	纸/塑复合材料容器、铝/塑复合材料容器、纸/铝/塑复合材料容器	

3.2.2　用于食品生产经营的工具、设备分类

根据《食品安全法》的规定，用于食品生产经营的工具、设备可分为机械、管道、传送带、容器、用具、餐具6类。

用于食品生产经营的工具分类见表3-2。

表3-2　用于食品生产经营的工具分类表

材质	工具类
塑料	塑料菜板、塑料刀、塑料叉、塑料勺、塑料夹、塑料吸管、塑料筷、料擦、人力榨汁机等
纸	过滤纸、纸过滤器
金属	金属刀、金属叉、金属勺、金属筷
玻璃	砧板
陶瓷	陶瓷刀、陶瓷勺
橡胶	奶嘴、垫圈、垫片、橡胶管
木	木制菜板、木勺、木筷

续表

材质	工具类
竹	竹制菜板、竹勺、竹筷
搪瓷	搪瓷勺
纤维	
复合材料	线、绳

用于食品生产经营的设备因作业特点及加工对象繁杂，分类方法很多，主要有按功能、原料和产品分类。食品加工用设备分类见表3-3。

表3-3　用于食品生产经营的设备分类表

通用设备	专用设备	成套设备	其他设备
油炸设备	粮食加工设备	乳制品成套设备	环境保障设备
蒸煮设备	乳制品加工设备	饮料成套设备	炊事设备
冷冻设备	豆制品加工设备	肉制品成套设备	生化反应设备
烘焙设备	酿酒设备	烘焙食品成套设备	辐照设备
灌装设备	饮料设备	休闲食品成套设备	
清洗设备	罐头食品设备	粮食加工成套设备	
杀菌设备	调味品设备	油料加工成套设备	
浓缩设备	制糖设备	其他成套设备	
发酵设备	肉制品设备		
成型设备	米面制品设备		
分割设备	方便休闲食品设备		
干燥设备	膨化食品设备		
水处理设备	果蔬加工设备		
混合搅拌设备	油脂加工设备		
压榨设备	屠宰加工设备		
粉碎设备	其他专用设备		
输送设备			
热交换设备			
储运设备分选分离设备			
包装设备			
其他通用设备			

实际上，从食品安全监管工作的角度来看，无论是工具还是设备，食品生产企业的选择使用都应以保证食品安全为前提。因此，用于食品生产经营的工具、设备也可根据材质作为分类的依据，与用于食品的包装材料和容器产品分类基本一致。

3.2.3　用于食品的洗涤剂、消毒剂产品分类

3.2.3.1　用于食品的洗涤剂

根据GB 14930.1—1994《食品工具、设备用洗涤剂卫生标准》，食品用工具、设备用

洗涤剂包括以清洗剂等物质配制而成的专用于清洗食品工具、设备以及蔬菜、水果的洗涤剂。产品主要包括：手洗餐具（果、蔬）用洗涤剂、机洗餐具（果、蔬）用洗涤剂、标明用作餐具、水果、蔬菜洗涤用的洗洁产品以及食品生产经营过程中与食品接触的机械、管道、传送带、容器、用具等所使用的各种形态洗涤剂产品（不含洗涤用酸和碱）。

3.2.3.2 用于食品的消毒剂

根据卫生部《消毒产品分类目录》规定，消毒剂根据用途可分为：用于医疗卫生用品消毒、灭菌的消毒剂；用于皮肤、黏膜消毒的消毒剂（其中用于黏膜消毒剂仅限医疗卫生机构诊疗用）；用于餐饮具消毒的消毒剂；用于瓜果、蔬菜消毒的消毒剂；用于水消毒的消毒剂；用于环境消毒的消毒剂；用于物体表面消毒的消毒剂；用于空气消毒的消毒剂；用于排泄物、分泌物等污物消毒的消毒剂等9类产品。目前，根据《中华人民共和国传染病防治法》和《消毒管理办法》的规定，卫生部门对消毒产品的生产实行卫生许可制度。

用于食品的消毒剂又称为洗消剂，可分为单纯杀菌型和洗涤杀菌型两种配方产品，近年来还出现了加入保护被洗物表面或修补被洗物表面、洗后釉面不留水纹等配方的产品。用于食品的消毒剂通常分为含氯消毒剂和含氧消毒剂两类。

（1）含氯消毒剂

氯和氯的衍生物是有效的卫生消毒剂，有助于保护原食品和加工食品。目前，在净菜和脱水蔬菜水果生产中大都采用以次氯酸钠、“84”消毒液及优氯净等为主的氯制剂，其成本低，但有一定毒性。因此，上述氯制剂逐渐被性能、效果、安全性能更佳的二氧化氯取代。

二氧化氯，在常温常压下为黄绿色气体，水中溶解度为2.9g/L。二氧化氯在低于0.1mg/L时，对人体健康不会有任何不利影响，对皮肤也无致敏作用，因此，它是一种安全、无毒的消毒剂。二氧化氯在极低的浓度（0.1mg/L）下即可杀灭许多细菌繁殖体，如大肠杆菌、金黄葡萄球菌等，且其杀菌效果受环境温度、pH和有机物等的影响较小，因此，它被公认为最新一代广谱、高效的消毒剂。国家卫生部已经批准二氧化氯为消毒剂和新型食品添加剂。

（2）臭氧

臭氧，通常为无色气体，具有特殊臭味，具有强氧化性能，能够杀灭细菌、霉菌等微生物。臭氧广谱灭菌、灭菌速度快，可以直接对食品使用，无残留，无消毒死角，不需要高温处理，可脱臭、除味、脱色，使用简单方便。在臭氧消毒灭菌技术中，臭氧杀菌以10^{-6}mg/L级作用于食品表面，只对食品产生极微弱的氧化作用，不会影响食品内在的物质变化。臭氧易分解，在空气中半衰期为20min～50min，在食品表面不产生残留，对生产设备、装备影响不大。在使用臭氧时，应隔绝人，关闭门窗，消毒结束1h后，臭氧自行分解闻不到臭味时，才可进入消毒环境。臭氧是利用高压放电原理产生的，由于电压高，故不宜在易燃、易爆的地方使用，以免发生危险。

（3）过氧化氢

食品级过氧化氢是无色、无味、透明状液体，呈微酸性，易溶于水，一般以水溶液形式存在，在水中发生作用后分解为水和氧气，具有无毒、无味、无残留的特点。食品级过氧化氢在食品加工和制作过程中应用广泛，可杀灭多种细菌繁殖体、真菌、结核杆菌、细菌芽孢和病毒，且对各种细菌和芽孢的灭菌不产生抗药性，它是一种环保型高效、广谱消毒剂。质量分数过高的过氧化氢溶液和蒸汽对人体具有较强的刺激作用和腐蚀性，对人体健康有损伤。

3.3　行业现状和特点

食品相关产品是个新概念，其涵盖的产品繁杂，涉及的行业多样。仅从食品包装材料制品来看，包括13类材质的产品，涉及塑料、纸、金属、陶瓷、玻璃、竹、木、搪瓷、橡胶、天然纤维、化学纤维、复合材料等制品和直接接触食品或者食品添加剂的涂料等13个行业。每个行业都有自己的独特特性。食品包装被称做是“特殊食品添加剂”，它是现代食品工业的最后一道工序，在一定程度上，食品包装已经成为食品不可分割的重要组成部分。包装作为食品的“贴身衣物”，其在原材料、辅料、工艺方面的安全性将直接影响食品质量，继而对人体健康产生影响。食品包装用的材料构成物质不同，被污染的内装食品的种类也有所不同。食品的种类有含水食品（中性、酸性）、含酒精食品、含油脂食品及干燥食品等。包装材料也有耐水性强的和耐油性强的或与此相反的。这些不同种类的包装材料对食品的抗污染程度也有所不同。每种材质的产品，对于接触不同种类的食品、不同的时间、不同的使用环境而言，食品安全监管的内容也不相同。下面就以塑料、纸、金属、陶瓷等几种主要材质的食品包装制品为例，剖析其可能存在的安全问题主要来源。

3.3.1　食品用塑料制品的安全隐患及预防措施

塑料由于其机械性能、阻隔性能与渗透性、温度适宜性、化学稳定性与卫生安全性等性能突出，不同品种各有所长，因此其发展非常迅速，应用非常广泛，在食品包装材料中一直占有重要地位。但是，塑料包装材料也存在着很多卫生安全方面的隐患。

3.3.1.1　塑料中未聚合的残留单体、反应副产物及塑料降解产物对食品安全存在隐患

塑料又称合成树脂，它由低分子化合物（单体）聚合而成。大多数塑料材料本身无毒无害，如聚乙烯、聚丙烯、聚苯乙烯、聚氯乙烯、聚酯、聚碳酸酯等，但塑料制品中残留单体、材料制备中的副产物以及塑料降解产物等却都是不安全因素。

残留单体：塑料材料在制备过程中会残留有单体，而且残留单体对人体有害。如聚氯乙烯中的氯乙烯单体，聚碳酸酯中的双酚A，尼龙6树脂中的己内酰胺单体，密胺餐具中的甲醛、聚苯乙烯中的苯乙烯单体以及丙烯腈-丁二烯-苯乙烯（ABS）中的丙烯腈等。

反应副产物：塑料在制备过程中会有一些副反应，可能会产生一些不同于残留单体的有毒有害物质。如邻苯二甲酸和乙二醇制备邻苯二甲酸乙二醇酯（PET）时产生的乙醛；聚苯乙烯制备时产生的乙苯以及制备聚氯乙烯时产生的1，1-二氯乙烷等。

降解产物：塑料的降解主要有光降解、化学降解和生物降解，通过降解可产生一些有毒的单体和低聚物。

如果残留单体过多会对人体健康带来危害，这些物质的迁移程度取决于材料中该物质的浓度、材料基质中该物质结合或扩散的程度、包装材料的厚度、与材料接触食物的性质、该物质在食品中的溶解性、持续接触时间及接触温度。在食品包装上使用应对未聚合的游离单体的含量进行严格控制，使用食品级产品。

3.3.1.2　塑料中催化剂、添加剂、加工助剂对食品安全存在隐患

塑料在加工过程中经常需要添加催化剂、添加剂、加工助剂。如聚酯材料生产中使用锑系产品作为催化剂。硬脂酸钙、硬脂酸锌等金属皂类是塑料加工的热稳定剂，同时又是润滑剂。各种着色剂（染料和颜料）可以赋予塑料制品各种色彩外，还有遮光阻隔紫外线

的作用。塑料制品中加入邻苯二甲酸增塑剂作为软化剂和抗氧化剂等。催化剂、添加剂和加工助剂的过量添加或者不正当使用都会给食品安全带来很大威胁，因此食品用塑料包装容器工具等制品所使用的助剂必须满足GB 9685—2008《食品容器、包装材料用添加剂使用卫生标准》。

3.3.1.3 油墨、黏合剂对食品安全存在隐患

油墨和黏合剂均含有大量的有机溶剂，在生产过程中常会用到有机稀释剂。但现在一些生产企业使用比较便宜的苯类溶剂，并缺乏严格的生产操作工艺，使包装材料中残留大量的溶剂残留（常见的有乙酸乙酯、苯、甲苯、二甲苯、甲醇、乙醇、正丁醇、异丙醇等）和苯类物质。其危害主要是它能够通过溶解、渗透、扩散等过程迁移进入袋内食品中，经人体食用而对身体健康产生不良后果。因此，溶剂残留量和重金属的控制对包装食品的食用安全至关重要，尤其是苯系溶剂。使用非苯溶剂油墨如醇溶性油墨、酯溶性油墨、水溶性油墨等，以及使用非苯型溶剂黏合剂、无溶剂黏合剂和水性胶，可以有效地降低苯系溶剂残留或溶剂残留量。

3.3.1.4 使用回收料问题

塑料材料的循环使用是大势所趋，什么样的回收塑料可以再次用于食品包装，如何用于食品包装，都是亟待解决的问题。大量不法企业直接把受到污染的回收材料当成新材料或掺混在新料中生产食品包装制品，就会把重金属等有毒有害的物质带入食品包装，造成食品安全隐患。因此严格控制回收料的使用，也是确保食品包装安全的关键之一。

3.3.2 食品用纸制品的安全隐患及预防措施

纯净的纸是无毒、无害的。但由于原材料受到污染，或经过加工处理，纸和纸板中通常会有一些杂质、细菌和某些化学残留物，如清洁剂、涂料、改良剂等，从而影响包装食品的安全性。

目前，食品包装用纸的安全问题主要有：

（1）原料受到污染，使成品纸制品含有重金属、农药残留等；

（2）原料或成品储存或运输过程受到污染，使纸产品染上大量霉菌、大肠菌群和致病菌等微生物；

（3）包装纸经荧光增白剂处理，纸中含有荧光化学污染物，成为潜在的危害因素；

（4）包装纸涂工业蜡，使其含有过高的多环芳烃化合物；

（5）纸包装产品在加工过程中使用添加剂（如防腐剂、漂白剂、稳定剂、填充剂、抗氧化剂等）、助剂、油墨和稀释剂，不合理使用可造成化学污染（如多氯酚类、重金属）、溶剂残留（如苯、甲苯、二甲苯、乙酸乙酯、乙酸丁酯、异丙酯、正丙酯、正丁酯等）等问题，接触食品后对其造成污染；

（6）包装材料回收或处理不当，使用回收纸加工制造食品包装纸，引入大量的不明有害物质，产生食品安全隐患。

因此，加强原材料、添加剂使用的严格控制，同时注意加工过程控制，防治有害物质的引入和微生物的污染。加强产品质量的检测，重点是卫生安全指标应控制在标准规定范围内。

3.3.3 食品用金属制品的安全隐患及预防措施

不锈钢是由铁铬合金再掺入其他一些微量元素而制成的。用不锈钢食具烹煮食物发现有轻微的镉和镍等微量元素，一般认为检出的重金属含量水平不会造成对人们健康的危

害。但由于不锈钢型号、用途甚多，调查发现某些型号的不锈钢在一定条件下，会迁移出大量的有害金属镉等污染食品，同时不锈钢中的微量金属元素会在人体中慢慢累积，当达到某一限度时，就会危害人体健康，例如镍就是一种致癌物。

铝制品主要的食品安全性问题在于铸铝中和回收铝中的杂质。精铝纯度高，适合用于制造食品用容器、餐具；回收铝杂质含量高，混有铅、镉等有害金属和其他化学物质。

金属罐内涂层潜在的食品安全隐患主要有：

(1) 部分内壁涂层中含有游离甲醛、苯酚及重金属等有害物质；

(2) 国外发现内壁涂层中化学污染物主要包括 BADGE（双酚-A二缩水甘油醚）、NOGE（酚醛清漆甘油醚）及其衍生物。欧盟对食品罐内涂料中的化学污染物主要包括 BADGE、NOGE 及其衍生物进行限制，这些物质会向内容物迁移从而诱发食品安全隐患。

3.3.4 食品用陶瓷制品的安全隐患及预防措施

陶瓷包装的彩釉是硅酸盐和金属盐类物质，着色颜料也多使用金属盐物质。这些物质含有铅、镉等重金属，当烧制质量不好时，彩釉未能形成不溶性硅酸盐，从而使用陶瓷包装时，尤其在酸性条件、温度较高条件下使用时，陶瓷产品中的铅、镉等重金属很容易溶出，污染食品。因此，作为生产企业应当严格按照食品安全国家标准的规定生产食品用陶瓷制品，控制其铅、镉溶出量符合标准规定的限量值。

参考文献

[1] 最新直接接触食品包装材料和容器新工艺、新技术应用与质量卫生环境检测国家标准实施手册 [M]. 香港：中国科技文化出版社，2005.

[2] 国家质量监督检验检疫总局，食品用包装、容器等制品生产许可教程-塑料专业篇 [M]. 中国标准出版社，2006.

[3] 国家质量监督检验检疫总局，食品用包装、容器等制品生产许可教程-纸制品篇 [M]. 中国标准出版社，2007.

[4] 国家质量监督检验检疫总局，食品及其相关产品和化妆品质量安全监督监管基础知识 [M]. 中国标准出版社，2007.

[5] 刘士伟，王林山. 食品包装技术 [M]. 北京：化学工业出版社，2008.

[6] 吴国华. 食品用包装及容器检测 [M]. 北京：化学工业出版社，2006.

[7] 高愿军，熊卫东. 食品包装 [M]. 北京：化学工业出版社，2005.

[8] 王蒙，王明召. PET 塑料的化学降解 [J]. 中国教育技术装备，2011，9：32-33.

[9] 李汉帆，朱建如. 食品容器及包装材料的安全性 [J]. 中国公共卫生管理，2006，2：22.

第4章 化妆品基础知识

4.1 化妆品的概念

4.1.1 国外化妆品定义

“化妆品”按照词义的解释是为“修饰”和“装扮”而使用的制品。在希腊语中化妆品一词为“kosmetikws”，词义是“装饰的技巧”，意思是把人体自身的优点多加发扬，而把缺陷加以掩饰或弥补。只有正确理解化妆品的基本概念，我们才能正确地、卫生地、安全地使用各类化妆品。由于种种原因，目前国际上对化妆品尚无统一定义，但各国依据本国情况颁布的化妆品法规中，对化妆品的定义都很类似，只是管理范围和分类略有不同。目前，世界上大多数国家或地区都将化妆品的定义列入自己国家的化妆品法规或相应的药品法中。

欧盟：化妆品指在人体外表部位（皮肤、毛发、指甲、口唇和外生殖器等）或牙齿和口腔黏膜使用，以达到清洁、加香、改变其外观和（或）起保护作用，保持其状态或消除不良气味的物质或混合物。

美国：除了肥皂之外施用（擦、涂、洒或喷）于人体任何部位的，用于清洁、美化、增强吸引力或改善外貌用途的产品。

日本：（除了准药品外）通过擦、喷或其他类似方式施用于人体的，其目的是用于清洁、美化、提升吸引力或改善外观以及保持发肤的良好状态，且其对人体的作用程度适当的产品。

韩国：在人体上发挥适度效用，用于清洁、美化、提高吸引力、改善外观，或是改善或保养皮肤、头发的物品。

以上几个定义的说法虽不完全相同，但它们有共同之处，概括来说：化妆品使皮肤感到舒适；遮盖某些缺陷；美化面容；使人清洁、整齐、增加神采；护肤、美肤用品，只能用于皮肤表面，不能服用或注射。

4.1.2 我国化妆品定义

我国法律法规规定化妆品不得宣传医疗作用，不得暗示疗效，不得进行虚假夸大宣传，非特殊用途化妆品不得宣传特殊功效。化妆品禁止在其包装、标签、说明书及其他相关材料中宣传或暗示“抗菌、抑菌、除菌”及其他医疗作用。在现行的法律法规及标准中对于化妆品的定义有三种表述方法，主要区别在于使用部位不同。

《化妆品卫生监督条例》（卫生部令第3号）规定：“本条例所称的化妆品，是指以涂擦、喷洒或者其他类似的方法，散布于人体表面任何部位（皮肤、毛发、指甲、口唇等），以达到清洁、消除不良气味、护肤、美容和修饰目的的日用化学工业产品。”口腔黏膜用品及牙齿用品均未包含在内。

《化妆品标识管理规定》（国家质检总局令第100号）规定：“本规定所称化妆品是指以涂抹、喷、洒或者其他类似方法，施于人体（皮肤、毛发、指趾甲、口唇齿等），以达到清洁、保养、美化、修饰和改变外观，或者修正人体气味，保持良好状态为目的的产品。”此规定将牙膏、漱口水等口腔清洁护理用品纳入化妆品的范畴，并对化妆品的功能有了更为详细的描述。

GB 5296.3—2008《消费品使用说明　化妆品通用标签》中规定化妆品的定义：以涂抹、洒、喷或其他类似方式，施于人体表面任何部位（皮肤、毛发、指甲、口唇等），以达到清洁、芳香、改变外观、修正人体气味、保养、保持良好状态目的的产品。此定义中的化妆品不包括口腔黏膜用品及牙齿用品。

4.2　化妆品的分类

化妆品产品花色品种繁多，性状、形态各异，因此很难科学地、系统地进行划界分类。目前国际上对化妆品亦无统一的分类方法，各国的分类也各有不同。通常有按原料分类的；有按产品生产工艺和配方特点分类的；有按产品剂型分类的；有按使用目的和使用部位分类的；也有按消费者年龄、性别分类的等。

我国化妆品分类原则是按产品的功能、使用部位区分。对于多功能、多使用部位的化妆品，以产品主要功能和主要使用部位来划分，现分述如下。

4.2.1　按产品功能分类

按照 GB/T 18670—2002《化妆品分类》，分为清洁类化妆品、护理类化妆品及美容/修饰类化妆品。

4.2.1.1　清洁类化妆品

（1）清洁霜（蜜）

清洁霜（蜜）是以矿物油为主体的清洁用品。主要用于化妆皮肤和过多油脂皮肤的清洁。

（2）洗面奶

洗面奶是目前市场上最为流行的洁肤用品，是一种不含碱性或含弱碱性液体软皂，品种繁多。洗面奶可利用表面活性剂清洁皮肤，对皮肤无刺激并可在皮肤上留下一层滋润膜，使皮肤细腻光滑。主要用于日常普通洁肤及卸除面部淡妆。除清洁外，按作用还可细分为：收敛型的青瓜洗面奶、柠檬洗面奶、芦荟洗面奶；营养型的蛋白洗面奶、人参洗面奶、维生素 E 洗面奶。

（3）卸妆水

卸妆水是以矿物油为主体的卸妆洁肤用品。主要用于卸除面部浓妆及油彩妆，其清洁的机理主要是油溶性，尤其对油彩妆的清洁效果比清洁霜更为显著，但对皮肤的刺激也较强。

（4）磨砂膏

磨砂膏是含有均匀颗粒的洁肤品，在普通的护肤霜中加入 0.1mm～0.2mm 固体颗粒作为摩擦剂而制成。又称磨面膏、皮肤按摩清洁膏、磨面清洁膏。主要用于去除皮肤深层的污垢，通过在皮肤上摩擦可使老化的鳞状角质剥落，去除死皮细胞，使皮肤保持柔润细腻。磨砂膏中常用的固体颗粒有：聚烯烃粉末、椰子果实、杏仁、核桃粉末、苞米粉、谷物粒子粉末、骨粉及矿物粉等。使用磨砂膏不仅能有效地清除皮肤陈腐的角质及污垢，而且还能减淡雀斑、黑斑，并能促进血液循环及新陈代谢。

（5）去死皮膏（液）

去死皮膏（液）是一种可以帮助剥落皮肤老化角质的洁肤用品，当涂抹在皮肤上，其成分中的酸性物质使老化角质细胞溶解，当去掉或除去这些膏液时，可以把溶解的老化角质细胞一起带下来，从而起到净化皮肤的作用。

（6）浴剂（浴盐）

浴剂（浴盐）是一类在洗浴时使用的洁肤类化妆品，包括沐浴剂、泡沫浴、浴盐、浴精、洗发洗身合一香波等，产品有液态、粉末、凝胶状等。市场上销售较多的是：沐浴露、一次性浴液和浴盐。沐浴时使用这些产品可去除身体的污垢和气味，赋予舒适的香气，软化硬水的作用。如在洗浴用化妆品中添加矿物的有效成分或药剂，还可取得治疗和美容的效果。浴盐有粉末和液体两种形态。其主要成分是无机盐、表面活性剂、色素、香精及其他添加成分。

（7）洗发液

洗发液对头发具有较佳的清洗作用。其主要原料为：表面活性剂，有良好的去污能力并产生丰富的泡沫；其他各种添加剂，可增加表面活性剂的去污力及泡沫的稳定性，改善洗发液的洗涤功能，增强调理作用，并与硬水中的钙镁离子相结合，减少垢物黏附在头发上的现象。洗发液按透明度可分为：透明型、珠光型、乳浊型；按功能可分为：调理型洗发液、中性洗发液、油性洗发液、干性洗发液、去屑洗发液等。

4.2.1.2 护理类化妆品

（1）按摩膏

按摩膏是用于按摩皮肤的化妆品，使手与皮肤间具有润滑感。

（2）润肤霜

润肤霜是用以保持皮肤滋润光滑的护肤品，长期使用可使皮肤柔软而有张力。膏霜类润肤品是将相溶的油分和水分经乳化而形成，能给皮肤补充水分和油分，并在皮肤的表面形成薄薄的保护膜，保护皮肤不受外界不良因素的刺激。润肤霜可分为水包油型（O/W型）和油包水型（W/O型）两种。雪花膏（O/W型）和冷霜（W/O型）是两种典型的润肤霜。

1）冷霜

冷霜的外形很像雪花膏，又称护肤脂或香脂。涂抹在皮肤上，因水分蒸发而具有清凉的感觉，故称为冷霜。冷霜含油分较润肤霜和雪花膏多，属于保护和滋润皮肤的油性护肤用品，可防止皮肤干燥、冻裂。主要成分为：白油、凡士林、蜂蜡、液体石蜡、高级醇、双硬脂酸铝、乳化剂、硼砂、苛性碱、水、抗氧化剂、防腐剂和香精等。

2）雪花膏

雪花膏可使皮肤白皙耐寒。使用后滋润而不黏滞。雪花膏的含水量较润肤霜、冷霜都多，约占膏体的70%。可给皮肤补充充分的水分，又因水相是外相，使用后清爽、舒适，当水分蒸发后在皮肤上留下一层薄膜，可抑制表皮水分的进一步挥发，比较适合夏季或油性肤质者使用。雪花膏也可作为化妆前的打底霜使用，可以增加香粉和胭脂等的黏附力，阻止香粉进入毛孔。雪花膏的主要原料：硬脂酸、碱、水、香精等。雪花膏的种类有：碱性雪花膏、酸性雪花膏、中性雪花膏、粉质雪花膏。碱性雪花膏膏体pH为8.0～8.5，对皮肤有滋润作用；酸性雪花膏是以脂肪醇硫酸钠为乳化剂制成的，膏体的pH为5.5左右，呈弱酸性，接近人体皮肤的酸度，除具有一般雪花膏的滋润功效外，还可中和香皂洗脸时残存于面部的微量碱性；中性雪花膏也是以脂肪醇硫酸钠为乳化剂制成的，膏体的

pH 为 7.0 左右，适用于皮肤对酸碱过敏的消费者；粉质雪花膏在膏体中添加了钛白粉，滋润皮肤的同时又能涂白，具有雪花膏和香粉的双重作用，四季均可适用。

3）营养蜜

营养蜜是一种呈黏稠流动状的护肤品，蜜类化妆品含水分高，多为水包油型乳化体，产品质地细腻，黏度如蜜，状如奶液，呈半流动状。涂抹在皮肤上可使皮肤滋润，清爽，且无油腻感，皮肤舒适滑爽，一年四季均可适用。蜜类产品主要有：杏仁蜜、柠檬蜜、润肤蜜、营养蜜、人参珍珠蜜、SOD 蜜等。

4）防晒膏（油、水）

防晒膏（油、水）是用于防止因过强的日光照射（紫外光）而使皮肤受到伤害的护肤品。防晒化妆品涂抹于皮肤上在一定时间内，会有效保护皮肤不受紫外线的伤害。防晒指数的不同，反映了防晒时间的长短。

5）化妆水

化妆水是用于皮肤清洁后补充水分和养分的护肤品。化妆水的种类很多，有使皮肤柔软滋润的润肤型化妆水；有收缩毛孔绷紧皮肤的收敛型化妆水；有清洁脱屑的碱性化妆水；有保湿性强的柔软型化妆水；有补充皮肤营养成分的营养型化妆水。

6）防裂膏

防裂膏是用于防止手足干裂，改善粗糙皮肤，保湿性强的护肤品。

4.2.1.3　美容/修饰类化妆品

美容/修饰类化妆品包括粉底、蜜粉、胭脂、眼影粉、睫毛膏、眼线液、唇膏、眉笔、指甲油等。

（1）粉底

粉底包括粉底霜、粉底液、粉条和粉饼等。这类化妆品具有较强的遮盖性，可掩盖皮肤的瑕疵，改善皮肤质感，使皮肤显得光滑细腻有整体感。

（2）蜜粉

蜜粉主要是固定粉底和定妆，可以减少使用粉底霜后皮肤的油光感，固定妆面不易脱妆。

（3）胭脂

胭脂可以改善肤色使皮肤显得健康红润，涂于适当的部位，可以调整脸形的视觉。

（4）眼影粉

眼影粉是用于眼部的化妆用品，可以改善和强调眼部凹凸结构，并有修饰眼形的作用。

（5）睫毛膏

睫毛膏是用于睫毛的修饰化妆品，可加强睫毛的浓密度和长度，使眼睛显得富有魅力。

（6）眼线液

眼线液是用于修饰眼部轮廓的化妆品。

（7）唇膏

唇膏是用于唇部的化妆品。可以修饰勾画唇形轮廓，增强唇形色彩。唇膏又称口红，是点敷于嘴唇，使其有红润健康的色彩以达到美容效果的产品。它是由油脂和蜡类加入色素制成的，油脂、蜡类和色素是唇部化妆品的主要组分，此外还适量加入粉料、香精和防腐剂或抗氧化剂等。

(8) 眉笔

眉笔是修饰睫毛的化妆品，可以调整眉形强调眉色，使面部看起来更生动。

(9) 指甲油

指甲油是修饰指甲的化妆品。

4.2.1.4 特殊用途类化妆品

这类化妆品包括祛斑霜、粉刺露（液、霜）、除臭粉（霜、液）、染发剂、抑汗霜（液、粉）等。

(1) 祛斑霜

祛斑霜可以抑制黑色素的形成，改善色斑状态，使颜色变浅，面积变小。

(2) 粉刺露（液、霜）

粉刺露（液、霜）是用于治疗粉刺及痤疮皮肤的化妆品，可使角化细胞凝聚作用降低，黑头松动，具有杀菌消炎，使皮肤恢复健康的作用。

(3) 除臭粉（霜、液）

除臭粉（霜、液）具有杀菌和抑制细菌繁殖的作用，用于分泌引起的体臭部位，有较强的收敛性。

(4) 染发剂

染发剂是指能改变头发颜色的制品，根据染色保持的时间长短，染发剂可分为暂时性染发剂、半永久性染发剂和永久性染发剂三类。

4.2.2 按使用部位分类

化妆品按使用部位可分为如下几类。

(1) 护肤用化妆品。用于清洁皮肤，补充皮脂不足，滋润皮肤，促进皮肤的新陈代谢等。这类化妆品如各种面霜、浴剂等。

(2) 毛发用化妆品。用于使头发保持天然、健康、美观的外表，以及修饰和固定发型，包括护发、洗发和剃须用品。这类化妆品如香波、摩丝、喷雾发胶等。

(3) 口唇用化妆品。用于清洁口腔和牙齿，防龋消炎，祛除口臭。这类产品如润唇膏、牙粉、唇线笔等。

(4) 指甲用化妆品。用于修饰容貌，发挥色彩和芳香效果，增进美感。这类产品如指甲油、护甲水、洗甲液等。

(5) 特殊用途化妆品。用于育发、染发、烫发、脱毛、丰乳、健美、除臭、祛斑、防晒等。这类产品如染发剂、丰乳霜、防晒霜等。

4.2.3 按剂型分类

化妆品的剂型变化很灵活，往往同一功能或性质的产品，由于制备配方和生产工艺的变化、改变包装的要求以及使用方面的变化等原因而改变剂型。而且，化妆品剂型与基质及其原料的物理化学性质也有密切的关系。化妆品按剂型可以分为如下几类。

(1) 液体类化妆品。这类化妆品包括水溶性液体化妆品，如透明香波、冷烫液和化妆水等。醇溶性液体化妆品，如香水、古龙水、花露水等。油溶性液体化妆品，如发油、浴油、按摩油、防晒油等。

（2）乳液类化妆品。这类化妆品包括奶液或蜜状乳液，如洗面奶、护发素、润肤乳液、发乳等。含粉悬浮乳液，如液体胭脂、暂时性染发剂、眼线液、睫毛乳液等。

（3）膏霜类化妆品。这类化妆品借助乳化剂或物理方法使油、水两相呈均匀、乳白色软膏状制品。依据配方中油相和乳化剂含量差别，可分为油包水（W/O）型和水包油（O/W）型。这类在一般化妆品中应用较广。油包水型的化妆品包括冷霜、润肤霜、按摩膏、清洁膏和发乳膏等。水包油型的化妆品包括雪花膏、洗发膏、剃须膏、粉底霜和营养霜等。

（4）粉类化妆品。这类化妆品由各种干性粉末原料与各种添加剂混合而成，并以散布法使用这类制品。这类化妆品包括香粉、爽身粉、痱子粉、牙粉和粉状染发剂等。

（5）粉末成型类化妆品。这类化妆品由各种粉末、着色剂和黏合剂等混合后，在金属容器内经压缩成型的制品。型体有块状、棒状等。这类化妆品有粉饼、胭脂、眼影饼等。

4.3　化妆品行业现状

化妆品是日用生活中的消费品，近年我国化妆品行业发展十分迅速，十多年来保持了平均每年 15%的较快增长速度。化妆品工业的发展速度高于国民经济 GDP 的增长速度，保持了多年快速增长的势头。化妆品行业现已初具规模，市场逐步成熟完善。我国化妆品市场销售额也正以平均每年 23.8%～41%的速度快速增长。目前，中国化妆品年销售额达 800 多亿元，居亚洲第二位、世界第八位。专家预测，我国化妆品市场的发展潜力巨大。全国申领生产许可证的化妆品生产企业有 3 000 多家，化妆品品种达到 28 000 多个，化妆品行业发展形势良好。目前，国内化妆品行业向两个方向发展：一是高档化妆品，用于美容修饰或具有特殊功效性能，这些产品在生产中应用了最新的技术和最好的原材料；二是常用化妆品，用于人们每日对皮肤的清洁保养。一些大型化妆品生产企业不但设备好、人员素质高，使用进口原材料，而且质量管理体系完善，具备较强的研发能力，广告宣传力度大，因此化妆品行业整体状况发展良好。但由于我国化妆品行业小型企业数量居多，从业人员素质、生产设备、原辅材料质量都相对较差，导致产品技术含量低，缺乏生产高档化妆品的能力。另外，国内众多消费者还没有树立正确的消费理念，夸大事实的电视广告对产品销售影响很大，这些问题对化妆品行业的发展有相当大的制约。化妆品质量安全一直是大众关注的焦点之一。近年来，媒体对染发剂产品安全性的置疑；对祛斑美白类化妆品汞含量超标；洗发液产品中二噁烷；爽身粉产品中石棉等报道就充分说明了这一点。我国化妆品存在的主要质量安全问题是：滥用抗生素和激素、超量添加限制使用的化学有害物质、微生物超标、产品不具备包装中标注的功效性能等。造成这些质量问题的原因很大程度上是我国的化妆品产品质量标准落后，对安全性指标控制不严，功效成分（如美白、抗皱等）未进行质量控制，在这些方面加强对化妆品生产企业的监管仍然很重要。

工作实务篇

第5章 食品安全监督管理综述

5.1 食品质量安全法律法规概述

5.1.1 法律简介

5.1.1.1 《中华人民共和国食品安全法》（中华人民共和国主席令2009年第9号）

（1）发布时间

2009年2月28日中华人民共和国第十一届全国人民代表大会常务委员会第七次会议通过，自2009年6月1日起施行。

（2）主要内容

全文共十章、一百零四条，对食品安全监管体制、食品安全风险监测和评估、食品安全标准、食品生产经营、食品检验、食品进出口、食品安全事故处置、监督管理、法律责任等各项制度进行了补充和完善。

（3）立法目的

为保证食品安全，保障公众身体健康和生命安全，制定本法。

（4）适用范围

食品生产和加工，食品流通和餐饮服务；食品添加剂的生产经营；用于食品的包装材料、容器、洗涤剂、消毒剂和用于食品生产经营的工具、设备（以下称食品相关产品）的生产经营；食品生产经营者使用食品添加剂、食品相关产品；对食品、食品添加剂和食品相关产品的安全管理。

5.1.1.2 《中华人民共和国消费者权益保护法》（中华人民共和国主席令1993年第11号）

（1）发布时间

1993年10月31日中华人民共和国第八届全国人民代表大会常务委员会第四次会议通过，自1994年1月1日起施行。

（2）主要内容

全文共八章、五十五条，对消费者的权利、经营者的义务、国家对消费者合法权益的保护、消费者组织、争议的解决、法律责任等作出规定。

（3）立法目的

为保护消费者的合法权益，维护社会经济秩序，促进社会主义市场经济健康发展，制定本法。

（4）适用范围

消费者为生活消费需要购买、使用商品或者接受服务，其权益受本法保护；经营者为消费者提供其生产、销售的商品或者提供服务，应该遵守本法；经营者与消费者进行交易；农民购买、使用直接用于农业生产的生产资料，亦参照本法执行。

5.1.1.3 《中华人民共和国产品质量法》（中华人民共和国主席令1993年第71号）

（1）发布时间

1993年2月22日中华人民共和国第七届全国人民代表大会常务委员会第三十次会议

通过，自1993年9月1日起施行。

（2）主要内容

全文共六章、七十四条，对产品质量的监督、生产者销售证的产品质量责任和义务、损害赔偿、罚则等作出规定。

（3）立法目的

为加强对产品质量的监督管理，提高产品质量水平，明确产品质量责任，保护消费者的合法权益，维护社会经济秩序，制定本法。

（4）适用范围

在中华人民共和国境内从事产品生产、销售活动，必须遵守本法。

5.1.1.4 《中华人民共和国行政许可法》（中华人民共和国主席令2003年第7号）

（1）发布时间

2003年8月27日中华人民共和国第十届人民代表大会常务委员会第四次会议通过，自2004年7月1日起施行。

（2）主要内容

全文共八章、八十三条，对行政许可的设定、行政许可的实施机关、行政许可的实施程序（申请与受理、审查与决定、期限、听证、变更与延续、特别规定）、行政许可的费用、监督检查、法律责任做了规定。

（3）立法目的

为规范行政许可的设定和实施，保护公民、法人和其他组织的合法权益，维护公共利益和社会秩序，保障监督行政机关有效实施行政管理，根据宪法，制定本法。

（4）适用范围

行政许可的设定和实施适用本法。

5.1.2 行政法规简介

5.1.2.1 《中华人民共和国食品安全法实施条例》（中华人民共和国国务院令2009年第557号）

（1）发布时间

2009年7月8日国务院第73次常务会议通过，自2009年7月20日起施行。

（2）主要内容

全文共十章、六十四条。进一步落实企业作为食品安全第一责任人的责任，强化各部门在食品安全监管方面的职责，将食品安全法中关于食品安全风险监测和评估、食品安全标准、食品生产经营、食品检验、食品进出口、食品安全事故处置、监督管理、法律责任中一些较为原则的规定具体化。

（3）立法目的

为了更好地实施《中华人民共和国食品安全法》，制定本条例。

（4）适用范围

县级以上地方人民政府履行食品安全法规定的职责；加强食品安全监督管理能力建设，为食品安全监管工作提供保障；建立健全食品安全监督管理部门的协调配合机制，整合、完善食品安全信息网络，实现食品安全信息共享和食品检验等技术资源的共享。食品生产经营者应该依照法律、法规和食品安全标准从事生产经营活动，建立健全食品安全管理制度，采取有效的管理措施，保证食品安全。食品安全监督管理部门应该依照食品安全法和本条例的规定公布食品安全信息，为公众咨询、投诉、举报提供方便；任何组织和个人有权向有关部门了解食品安全信息。

5.1.2.2 《关于加强食品等产品安全监督管理的特别规定》（中华人民共和国国务院令2007年第503号）

（1）发布时间

2007年7月25日国务院第186次常务会议通过，自2007年7月26日起施行。

（2）主要内容

全文共二十条，要求生产经营者应当对其生产、销售的产品安全负责，不得生产、销售不符合法定要求的产品，明确了各监管部门对不再符合法定条件、要求的生产经营者的处罚形式，进一步强调了部门之间分工、协作及责任落实的问题。

（3）立法目的

为了加强食品等产品安全监督管理，进一步明确生产经营者、监督管理部门和地方人民政府的责任，加强各监督管理部门的协调、配合，保障人体健康和生命安全，制定本规定。

（4）适用范围

本规定所称产品除食品外，还包括食用农产品、药品等与人体健康和生命安全有关的产品。对产品安全监督管理，法律有规定的，适用法律规定；法律没有规定或者规定不明确的，适用本规定。

5.1.2.3 《乳品质量安全监督管理条例》（中华人民共和国国务院令2008年第536号）

（1）发布时间

2008年10月6日国务院第28次常务会议通过，自2008年10月9日起施行。

（2）主要内容

全文共八章、六十四条，加强了从奶畜养殖、生鲜乳收购、乳制品生产、乳制品销售等全过程的质量安全管理，加大对违法生产经营行为的处罚力度，加重监督管理部门不依法履行职责的法律责任。

（3）立法目的

为了加强乳品质量安全监督管理，保证乳品质量安全，保障公众身体健康和生命安全，促进奶业健康发展，制定本条例。

（4）适用范围

本条例所称乳品，是指生鲜乳和乳制品。乳品质量安全监督管理适用本条例；法律对乳品质量安全监督管理另有规定的，从其规定。

5.1.2.4 《中华人民共和国工业产品生产许可证管理条例》（中华人民共和国国务院令2005年第440号）

（1）发布时间

2005年6月29日国务院第97次常务会议通过，自2005年9月1日起施行。

（2）主要内容

全文共七章、七十条，规定了工业产品生产许可制度实施的产品范围，生产许可证的申请和受理、审查与决定，对生产列入目录产品的企业以及核查人员、检验机构及其检验人员的相关活动进行监督检查及相关法律责任等问题。

（3）立法目的

为了保证直接关系公共安全、人体健康、生命财产安全的重要工业产品的质量安全，贯彻国家产业政策，促进社会主义市场经济健康、协调发展，制定本条例。

（4）适用范围

国家对生产下列重要工业产品的企业实行生产许可证制度：乳制品、肉制品、饮料、米、面、食用油、酒类等直接关系人体健康的加工食品；电热毯、压力锅、燃气热水器等可能危及人身、财产安全的产品；税控收款机、防伪验钞仪、卫星电视广播地面接收设备、无线广播电视发射设备等关系金融安全和通信质量安全的产品；安全网、安全帽、建筑扣件等保障劳动安全的产品；电力铁塔、桥梁支座、铁路工业产品、水工金属结构、危险化学品及其包装物、容器等影响生产安全、公共安全的产品；法律、行政法规要求依照本条例的规定实行生产许可证管理的其他产品。

5.1.3 部门规章和规范性文件

（1）《食品生产加工企业质量安全监督管理实施细则》（国家质检总局令第 79 号，2005 年 9 月 1 日起施行）

（2）《工业产品生产许可证管理条例实施办法》（国家质检总局令第 80 号，2005 年 11 月1 日起施行，2010 年 4 月 21 日修订）

（3）《食品标识管理规定》（国家质检总局令第 102 号，2008 年 9 月 1 日起施行，2009 年 10 月 22 日修订）

（4）《食品添加剂生产监督管理规定》（国家质检总局令第 127 号，2010 年 4 月 4 日起施行）

（5）《国家质量监督检验检疫总局食品生产许可管理办法》（国家质检总局令第 129 号，2010 年 4 月 7 日起施行）

（6）《食品召回管理规定》（国家质检总局令第 98 号，2007 年 8 月 27 日起施行）

（7）《关于印发〈乳制品生产企业落实质量安全主体责任监督检查规定〉的通知》（国质检食监〔2009〕437 号，2009 年 9 月 27 日起施行）

（8）《关于印发〈关于依法规范食品加工企业的指导意见〉的通知》（国质检食监联〔2009〕470 号，2009 年 10 月 12 日起施行）

（9）《关于印发〈食品生产加工企业落实质量安全主体责任监督检查规定〉的公告》（国家质检总局公告第 119 号，2009 年 12 月 23 日起施行）

5.1.4 其他相关法律法规及规范性文件

（1）《中华人民共和国标准化法》（中华人民共和国主席令第 11 号，1989 年 4 月 1 日起施行）

（2）《中华人民共和国计量法》（中华人民共和国主席令第 28 号，1986 年 7 月 1 日起施行）

（3）《中华人民共和国进出口商品检验法》（中华人民共和国主席令第 67 号，2002 年 10 月 1 日起施行）

（4）《中华人民共和国进出口商品检验法实施条例》（中华人民共和国国务院令第 447 号，2002 年 12 月 1 日起施行）

（5）《中华人民共和国认证认可条例》（中华人民共和国国务院令第 390 号，2003 年

11 月 1 日起施行）

（6）《中华人民共和国标准化法实施条例》（中华人民共和国国务院令第 53 号，1990 年 4 月 6 日起施行）

（7）《定量包装商品计量监督管理办法》（国家质检总局令第 75 号，2006 年 1 月 1 日起施行）

（8）《关于印发〈食品工业企业诚信体系建设工作指导意见〉的通知》（工信部联消费〔2009〕701 号，2009 年 12 月 28 日起施行）

（9）《关于印发〈委托检验行为规范（试行）〉的通知》（国质检监〔2010〕第 358 号，2010 年 6 月 29 日起施行）

（10）《产品质量监督抽查管理办法》（国家质检总局令第 133 号，2010 年 12 月 29 日起施行）

（11）《卫生部关于印发〈食品相关产品新品种行政许可管理规定〉的通知》（卫监督发〔2011〕25 号，2011 年 3 月 24 日起施行）

（12）《关于印发〈关于加强食品安全风险信息管理工作方案（试行）〉的通知》（国质检食函〔2009〕361 号，2009 年 6 月 11 日起施行）

（13）《关于开展食品包装材料清理工作的通知》（卫监督发〔2009〕108 号，2009 年 11 月 6 日起施行）

（14）《关于做好食品添加剂生产许可和监管衔接工作的通知》（卫监督发〔2011〕64 号）

（15）《关于加强食品添加剂监督管理工作的通知》（卫监督发〔2009〕89 号，2010 年 9 月 24 日起施行）

（16）《食品添加剂新品种管理办法》（卫生部令第 73 号，2010 年 3 月 30 日起施行）

5.2　食品监督管理体制概述

5.2.1　食品监管协调机构

1. 机构名称

国务院食品安全委员会。

2. 成立时间

根据《食品安全法》规定，为贯彻落实《食品安全法》，切实加强对食品安全工作的领导，国务院食品安全委员会于 2010 年 2 月 6 日成立。

3. 参与部门

国务院食品安全委员会作为国务院食品安全工作的高层次议事协调机构，由国家发展和改革委员会、科技部、工业和信息化部、公安部、财政部、环境保护部、农业部、商务部、卫生部、工商总局、质检总局、粮食局、食品药品监管局等 15 个部门参加。

4. 主要职责

分析食品安全形势，研究部署、统筹指导食品安全工作；提出食品安全监管的重大政策措施；督促落实食品安全监管责任。国务院食品安全委员会设立国务院食品安全委员会办公室，具体承担委员会的日常工作；组织贯彻落实国务院关于食品安全工作方针政策，组织开展重大食品安全问题的调查研究，并提出政策建议；组织拟订国家食品安全规划，并协调推进实施；承办国务院食品安全委员会交办的综合协调任务，推动健全协调联动机制，完善综合监管制度，指导地方食品安全综合协调机构开展相关工作；督促检查食品安全法律法规和国务院食品安全委员会决策部署的贯彻执行情况；督促检查国务院有关部门和省级人民政府履行食品安全监管职责，并负责考核评价等。

5.2.2 食品监管部门

我国食品监管部门主要有7个：卫生行政、质量监督、工商行政、食品药品监管、农业部门、商务部门、工业和信息化等部门。

1. 卫生行政部门

卫生行政部门主要负责承担食品安全综合协调、组织查处食品安全重大事故的责任，组织制定食品安全标准，负责食品及相关产品的安全风险评估、预警工作，制定食品安全检验机构资质认定的条件和检验规范，统一发布重大食品安全信息。

2. 质监部门

（1）国家质检总局主要负责统一管理、领导全国实施食品、食品添加剂、食品相关产品、化妆品的质量安全监督管理工作：拟订国内食品、食品添加剂、食品相关产品、化妆品生产加工环节质量安全监督管理的工作制度，制定并公布有关规章、规范性文件；负责统一制定审查人员、检验人员资格管理制度并组织实施；负责制定承担食品检验任务的检验机构的基本条件和取得资格的程序及管理规定，并审定省级以上（含省级）承担食品检验任务的检验机构；统一公告承担检验任务的检验机构名单、取得《食品生产许可证》企业名单和撤销《食品生产许可证》企业名单等有关信息；制定《生产许可证》证书、生产许可标志的式样及使用办法，统一印制生产许可证；负责对《生产许可证》审查、发证工作的监督检查，组织对无证生产销售违法行为的查处，受理生产许可证工作的有关投诉，处理生产许可证争议事宜；承担生产加工环节的食品、食品添加剂、食品相关产品、化妆品生产许可、监督检查、风险监测管理工作；组织并指导地方质量技术监督部门监督国内食品、食品添加剂、食品相关产品生产加工企业实施召回制度；按规定权限组织调查处理相关质量安全事故。

（2）各省、自治区、直辖市质量技术监督局按照国家质检总局统一部署，负责本辖区食品、食品添加剂、食品相关产品、化妆品质量安全监督管理的组织实施工作：组织开展有关规章、规范性文件和《实施细则》等的宣传贯彻工作；审定本辖区承担食品检验工作的市（地）级、县级检验机构，并报国家质检总局备案；组织开展《生产许可证》审查人员、检验人员培训工作；按照国家质检总局统一部署组织实施食品、食品添加剂及食品相关产品生产许可工作，负责审核批准食品、食品添加剂及食品相关产品生产许可并向符合规定条件的企业颁发生产许可证；公告获得生产许可证的企业名单，并通报相关部门；组织受理《生产许可证》的申请，并组织审查企业生产必备条件；负责企业生产条件审查结论的审核、汇总，统一向国家质检总局报送符合发证条件的企业名单；组织实施对食品、食品添加剂及食品相关产品生产企业及产品的监督管理；组织实施对无证生产销售等违法行为的查处；受理本辖区食品、食品添加剂、食品相关产品、化妆品生产许可证工作的有关投诉，处理有关生产许可争议事宜。

（3）市（地）级质量技术监督局按照国家质检总局和省级质量监督部门的统一部署，具体承担以下工作：组织辖区内有条件的检验机构申请承担相关检验工作；指导、监督经批准承担检验工作的检验机构开展工作；受理《生产许可证》申请、组织审查组审查申请取证企业的生产必备条件等，提出审查意见，报省级质量技术监督部门；负责实施对食品、食品添加剂及食品相关产品生产企业及产品的监督管理；组织对无证生产销售等违法行为的查处；受理食品、食品添加剂、食品相关产品、化妆品生产许可证工作的有关投诉，处理生产许可争议事宜。

（4）县级质量技术监督局按照上级质量技术监督部门部署，具体承担以下工作：进行辖区内食品、食品添加剂、食品相关产品、化妆品生产企业保证产品质量必备条件的登记。按照国家质检总局的统一部署，在省级质量技术监督局的具体安排下，开展本辖区相关生产加工企业保证产品质量必备条件的专项调查，建立食品生产加工企业质量档案；在省级、市（地）级质量技术监督部门的组织下，参与申请取证企业生产必备条件审查工作；本地经济比较发达、食品生产加工企业较多、食品质量检验能力较完备的县级检验机构，可以提出承担相关委托检验工作的申请，经市（地）局推荐、省局审批后，在批准范围内承担相应委托检验工作；负责本辖区食品、食品添加剂、食品相关产品、化妆品生产加工企业及其产品的监督管理工作，对生产企业的违法行为依法实施查处。

3. 工商行政管理部门

工商行政管理部门主要负责流通环节食品安全监督管理，拟订流通环节食品安全监督管理的具体措施、办法；组织实施流通环节食品安全监督检查、质量监测及相关市场准入制度；承担流通环节食品安全重大突发事件应对处置和重大食品安全案件查处工作。

4. 食品药品监督管理部门

食品药品监督管理部门主要负责制定化妆品和消费环节食品安全监督管理的政策、规划并监督实施，参与起草相关法律法规和部门规章草案；负责消费环节食品卫生许可和食品安全监督管理；制定消费环节食品安全管理规范并监督实施，开展消费环节食品安全状况调查和监测工作，发布与消费环节食品安全监管有关的信息；负责化妆品卫生许可、卫生监督管理和有关化妆品的审批工作。

5. 国家发展和改革委员会及工业和信息化管理部门

国家发展和改革委员会及工业和信息化部门要加强食品工业和食品添加剂生产的行业管理，制定产业发展政策，指导食品和食品添加剂生产企业诚信体系建设。

5.2.3　县级以上地方人民政府

1. 食品安全监管职责的法律规定

中国地域面积庞大，区域差异显著，食品安全监督管理是一项复杂的系统工程。随着社会发展，生产力水平的不断提高，人民群众对食品安全日益重视，食品安全已经不仅仅是一个简单的安全问题，更是关系国家和谐稳定的社会问题。鉴于地方政府在食品安全管理中的关键地位和重要性，《食品安全法》第五条规定："县级以上地方人民政府统一负责、领导、组织、协调本行政区域的食品安全监督管理工作，建立健全食品安全全程监督管理的工作机制；统一领导、指挥食品安全突发事件应对工作；完善、落实食品安全监督管理责任制，对食品安全监督管理部门进行评议、考核。"确立了由县级以上各级地方人民政府对所辖行政区域的食品安全监督管理工作统一负责的工作机制，以充分发挥县级以上各级人民政府在食品安全监督管理机制中的作用。

2004年就已有相关规定《关于进一步加强食品安全工作的决定》（国发〔2004〕23号）对地方各级人民政府的职责提出了要求："建立健全食品安全组织协调机制，统一组织开展食品安全专项整治和全面整顿食品生产加工业；进一步搞好与有关监管执法部门的协调和配合，加强综合执法、联合执法和日常监管，尤其要解决执法监督中的不作为和乱作为问题，切实落实责任制和责任追究制，明确直接责任人和有关责任人的责任，一级抓一级，层层抓落实，责任到人；坚决克服地方保护主义，增强大局意识，不得以任何形式阻碍监管执法，决不能充当不法企业和不法分子的保护伞。”各级人民政府应当按照《食品安全法》和国务院有关规定，切实承担起统一负责、领导、组织、协调本行政区域的食品安全监督管理工作的职责。

2. 具体职责

《食品安全法》规定：“县级以上地方人民政府依照本法和国务院的规定确定本级卫生行政、农业行政、质量监督、工商行政管理、食品药品监督管理部门的食品安全监督管理职责。有关部门在各自职责范围内负责本行政区域的食品安全监督管理工作。上级人民政府所属部门在下级行政区域设置的机构应当在所在地人民政府的统一组织、协调下，依法做好食品安全监督管理工作。”县级以上地方人民政府统一负责、领导、组织、协调本行政区域的食品安全监督管理工作，其具体职责的工作内容主要包括三个方面：一是建立健全食品安全全程监督管理的工作机制。为了达到最大程度地保证食品安全的目的，必须将食品安全监督管理贯穿于从种植养殖环节，到食品生产、流通、餐饮、消费的全过程，采取各种有效措施保证各个环节的食品安全工作。二是统一领导、指挥食品安全突发事件应对工作。三是完善、落实食品安全监督管理责任制，对食品安全监督管理部门进行评议、考核，以利于国务院有关部门和各级人民政府依法履职，保证政令畅通。

5.2.4 县级以上卫生行政、农业行政、质量监督、工商行政管理、食品药品监督管理部门

县级以上地方人民政府依照《食品安全法》和国务院的规定确定本级卫生行政、农业行政、质量监督、工商行政管理、食品药品监督管理部门的食品安全监督管理职责。有关部门在各自职责范围内负责本行政区域的食品安全监督管理工作，并应当加强沟通、密切配合，按照各自职责分工，依法行使职权，承担责任。

5.3 食品质量安全制度概述

5.3.1 生产许可制度

《食品安全法》第二十九条明确：国家对食品生产经营实行生产许可制度。《食品安全法》第四十三条明确：国家对食品添加剂的生产实行许可制度。国务院《工业产品生产许可证管理条例》及国家质检总局《工业产品生产许可证管理条例实施办法》、《实行生产许可证制度管理的产品目录》明确了对食品相关产品、化妆品实行生产许可管理。凡是生产加工列入生产许可目录内产品的生产企业，都必须具备保证质量安全的必备生产条件，按规定的程序获得生产许可证。未取得生产许可证，不得生产经营。

5.3.2 监督检查制度

依据《工业产品生产许可证管理条例》第三十六条的有关规定：生产许可证主管部门负责对生产加工列入生产许可目录内产品的生产企业以及核查人员、检验机构及其检验人员的相关活动进行监督检查。监督检查制度是国家法律法规授权的政府部门对食品生产加工企业依法实施监督管理的一项重要制度，是质量技术监督部门督促生产加工企业落实质量安全主体责任，保障质量安全的重要措施。

5.3.3　风险监测制度

《食品安全法》第十一条规定：国家建立食品安全风险监测制度。为了对质量安全问题做到早发现、早研判、早预警、早处理，不断提高产品质量安全监管工作的针对性和有效性，国家建立食品安全风险监测制度，对食品、食品添加剂中生物性、化学性和物理性危害进行风险评估。

国务院卫生行政部门会同国务院有关部门制定、实施国家食品安全风险监测计划。省、自治区、直辖市人民政府卫生行政部门根据国家食品安全风险监测计划，结合本行政区域的具体情况，组织制定实施本行政区域的食品安全风险监测方案。

5.3.4　监督抽查制度

《食品安全法》第六十条规定：县级以上质量监督、工商行政管理、食品药品监督管理部门应当对食品进行定期或者不定期的抽样检验。

《产品质量法》第十五条规定：国家对产品质量实行以抽查为主要方式的监督检查制度。根据监督抽查的需要，可以对产品进行检验。质量技术监督部门依法对在中华人民共和国境内生产、销售的产品实施有计划地随机抽样、检验、公布结果，对不合格企业及产品进行处理。

监督抽查分为由国家质量监督检验检疫总局组织的国家监督抽查和县级以上地方质量技术监督部门组织的地方监督抽查。

5.3.5　标签监管制度

《食品安全法》第二十条规定：食品安全标准应当包括与食品安全、营养有关的标签、标识、说明书的要求。第四十二条规定：预包装食品的包装上应当有标签。第四十七条规定：食品添加剂应当有标签、说明书和包装。

凡在国内市场销售给最终消费者的国产（包括出口转内销）和进口预包装食品及其相关产品都应具有标签。《预包装食品标签通则》（GB 7718）则涵盖了直接向消费者提供的、非直接向消费者提供的预包装食品，但不适用于散装食品和食品储运包装标识以及现制现售食品的标识。

5.3.6　召回监管制度

依照《产品质量法》、《食品安全法》、《国务院关于加强食品等产品安全监督管理的特别规定》等法律法规的相关规定，对于存在危及人体健康和生命安全的食品实行召回监管制度。对于有证据证明对人体健康已经或可能造成危害的食品，由企业主动收回，或者责令企业收回，或者由执法部门强制收回的质量安全控制措施。

5.3.7　应急管理制度

为了有效预防、及时控制和消除突发公共卫生事件的危害，保障公众身体健康与生命安全，国务院发布了《突发公共卫生事件应急条例》、《国家突发公共事件总体应急预案》、《国家突发公共事件医疗卫生救援应急预案》等相关法律法规。其中规定国务院组织制定国家食品安全事故应急预案，国务院有关部门依据各自职责制定相应的应急预案。县级以上人民政府应当根据有关法律、法规的规定和上级人民政府的食品安全事故应急预案以及本地区实际情况，制定本行政区域的食品安全事故应急预案，并报上一级人民政府备案。食品生产经营企业应当制定食品安全事故处置方案，定期检查本企业各项食品安全防范措施的落实情况，及时消除食品安全事故隐患。

5.3.8 行政处罚制度

《食品安全法》及《食品安全法实施条例》、《行政许可法》、《工业产品生产许可证管理条例》等法律法规均明确规定，对违反有关食品、食品添加剂、食品相关产品、化妆品生产、经营法律法规规定的单位和个人，应依法实施法律制裁进行行政处罚。行政处罚是保障行政机关有效实施行政管理，维护公共利益和社会秩序，保护公民、法人或者其他组织的合法权益手段之一。行政处罚的种类主要有：警告、罚款、罚没违法所得及罚没非法财物、责令停产停业、暂扣或者吊销许可证以及法律法规规定的其他行政处罚。

5.3.9 法律责任制度

法律责任制度是国家法律法规规章规定的具体的各种法律责任的总和。它没有专门的法律予以规定，而是分别规定在不同的法律法规规章之中以“法律责任”、“罚则”等表述出现。法律责任制度是我国法律制度的重要组成部分，是国家依法设定的，由国家机关实施的管理社会措施之一，是法律贯彻执行的基本保障。

第 6 章　生产许可制度

6.1　制度概述

《食品安全法》规定：国家对食品生产经营实行许可制度。从事食品生产应依法取得食品生产许可。《食品安全法》同时规定：国家对食品添加剂的生产实行许可制度。《工业产品生产许可证管理条例》规定：食品相关产品、化妆品实行生产许可管理。

生产许可制度是行政许可的一部分。行政许可是指行政机关根据公民、法人或者其他组织的申请，经依法审查，准予其从事特定活动的行为。《行政许可法》规定，为保证公共安全、人身健康、生命财产安全及经济宏观调控、生态环境保护等特定活动，可依法设定行政许可。食品、食品添加剂、食品相关产品和化妆品质量安全关系千家万户的平安和人民的身体健康、生态环境保护，对其实行生产许可是十分必要的。

生产许可的要求是：从事食品、食品添加剂、食品相关产品和化妆品生产的企业，必须具备保证产品质量安全的基本生产条件，按规定程序获得生产许可证，方可从事该产品的生产；没有取得生产许可证的企业不得生产该产品，任何企业和个人也不得销售无证产品。

生产许可制度是保证食品、食品添加剂、食品相关产品和化妆品质量安全的基础和核心。

6.2　生产许可管理的产品范围

6.2.1　食品生产许可的产品范围

《食品安全法》规定，国家对食品的生产实行许可制度。食品生产许可的产品包括粮食加工品；食用油、油脂及其制品；调味品；肉制品；乳制品；饮料；方便食品；饼干；罐头；冷冻饮品；速冻食品；薯类和膨化食品；糖果制品（含巧克力及制品）；茶叶及相关制品；酒类；蔬菜制品；水果制品；炒货食品及坚果制品；蛋制品；可可及焙炒咖啡产品；食糖；水产制品；淀粉及淀粉制品；糕点；豆制品；蜂产品；特殊膳食食品；其他食品 28 大类。具体类别详见表 6－1。

表 6－1　食品生产许可管理的食品类别

序号	食品分类名称	食品类别
1	粮食加工品	小麦粉
		大米
		挂面
		其他粮食加工品
2	食用油、油脂及其制品	食用植物油
		食用油脂制品
		食用动物油脂

续表

序号	食品分类名称	食品类别
3	调味品	酱油 食醋 味精 鸡精调味料 酱类 调味料产品
4	肉制品	肉制品
5	乳制品	乳制品 婴幼儿配方乳粉
6	饮料	饮料
7	方便食品	方便食品
8	饼干	饼干
9	罐头	罐头
10	冷冻饮品	冷冻饮品
11	速冻食品	速冻食品
12	薯类和膨化食品	膨化食品 薯类食品
13	糖果制品（含巧克力及制品）	糖果制品 果冻
14	茶叶及相关制品	茶叶 含茶制品和代用茶
15	酒类	白酒 葡萄酒及果酒 啤酒 黄酒 其他酒
16	蔬菜制品	蔬菜制品
17	水果制品	蜜饯 水果制品
18	炒货食品及坚果制品	炒货食品及坚果制品
19	蛋制品	蛋制品
20	可可及焙炒咖啡产品	可可制品 焙炒咖啡
21	食糖	糖
22	水产制品	水产加工品 其他水产加工品

续表

序号	食品分类名称	食品类别
23	淀粉及淀粉制品	淀粉及淀粉制品 淀粉糖
24	糕点	糕点
25	豆制品	豆制品
26	蜂产品	蜂产品
27	特殊膳食食品	婴儿及其他配方谷粉产品
28	其他食品	

6.2.2 食品添加剂生产许可的产品范围

《食品添加剂使用标准》(GB 2760—2011)、《食品营养强化剂使用标准》(GB 14880—2012)和卫生部公告规定了我国允许使用的食品添加剂共分23大类2 314个品种,目前有食品安全国家标准或卫生部指定标准的食品添加剂品种有465种,具体详见表6-2。

表6-2 有食品安全国家标准或卫生部指定标准的食品添加剂品种

序号	食品添加剂品种名称	序号	食品添加剂品种名称
1	柠檬酸	22	磷酸三钠
2	乳酸	23	磷酸二氢钙
3	*dl*-酒石酸	24	磷酸氢钙
4	*L*(+)-酒石酸	25	焦磷酸二氢二钠
5	*L*-苹果酸	26	焦磷酸钠
6	*DL*-苹果酸	27	乳酸钠(溶液)
7	冰乙酸(冰醋酸)	28	磷酸
8	冰乙酸(低压羰基化法)	29	六偏磷酸钠
9	碳酸钾	30	硫酸钙
10	柠檬酸钾	31	乳酸钙
11	柠檬酸钠	32	*L*-乳酸钙
12	富马酸	33	磷酸三钙
13	磷酸三钾	34	柠檬酸一钠
14	碳酸氢三钠(倍半碳酸钠)	35	乙酸钠
15	盐酸	36	富马酸一钠
16	氢氧化钠	37	亚铁氰化钾(黄血盐钾)
17	碳酸钠	38	二氧化硅
18	氢氧化钙	39	硅铝酸钠
19	氢氧化钾	40	滑石粉
20	碳酸氢钾	41	微晶纤维素
21	磷酸二氢钾	42	硅酸钙

续表

序号	食品添加剂品种名称	序号	食品添加剂品种名称
43	叔丁基-4-羟基茴香醚	79	偶氮甲酰胺
44	二丁基羟基甲苯（BHT）	80	苋菜红
45	没食子酸丙酯	81	苋菜红铝色淀
46	茶多酚	82	胭脂红
47	植酸（肌醇六磷酸）	83	胭脂红铝色淀
48	特丁基对苯二酚	84	柠檬黄
49	甘草抗氧物	85	柠檬黄铝色淀
50	抗坏血酸钙	86	日落黄
51	*L*-抗坏血酸棕榈酸酯	87	日落黄铝色淀
52	迷迭香提取物	88	亮蓝
53	*D*-异抗坏血酸钠	89	亮蓝铝色淀
54	*D*-异抗坏血酸	90	新红
55	抗坏血酸钠	91	新红铝色淀
56	维生素E（*d*）-α-醋酸生育酚	92	诱惑红
57	山梨酸	93	诱惑红铝色淀
58	山梨酸钾	94	赤藓红
59	羟基硬脂精（氧化硬脂精）	95	赤藓红铝色淀
60	二氧化硫	96	β-胡萝卜素
61	硫代二丙酸二月桂酯	97	天然β-胡萝卜素
62	连二亚硫酸钠（保险粉）	98	甜菜红
63	焦亚硫酸钠	99	紫胶红色素
64	无水亚硫酸钠	100	辣椒红
65	焦亚硫酸钾	101	焦糖色（亚硫酸铵法、氨法、普通法）
66	亚硫酸氢钠	102	红米红
67	硫磺	103	栀子黄
68	碳酸氢铵	104	菊花黄
69	酒石酸氢钾	105	黑豆红
70	复合膨松剂	106	高粱红
71	硫酸铝钾	107	可可壳色素
72	硫酸铝铵	108	红曲米（粉）
73	羟丙基淀粉醚	109	红曲红
74	山梨糖醇液	110	天然苋菜红
75	聚葡萄糖	111	姜黄色素
76	碳酸氢钠	112	叶绿素铜钠盐
77	碳酸钙	113	萝卜红
78	碳酸镁	114	二氧化钛

续表

序号	食品添加剂品种名称	序号	食品添加剂品种名称
115	喹啉黄	150	乳化硅油
116	辣椒橙	151	α-淀粉酶制剂
117	番茄红素（合成）	152	糖化酶制剂
118	蔗糖脂肪酸酯	153	果胶酶制剂
119	酪蛋白酸钠	154	真菌 α-淀粉酶
120	蒸馏单硬脂酸甘油酯	155	α-葡萄糖转苷酶
121	山梨醇酐单硬脂酸酯（司盘 60）	156	α-乙酰乳酸脱羧酶制剂
122	山梨醇酐单油酸酯（司盘 80）	157	纤维素酶制剂
123	单、双硬脂酸甘油酯	158	食品工业用酶制剂
124	辛癸酸甘油酯	159	5’-鸟苷酸二钠
125	聚氧乙烯木糖醇酐单硬脂酸脂	160	呈味核苷酸二钠
126	木糖醇酐单硬脂酸酯	161	甘氨酸（氨基乙酸）
127	改性大豆磷脂	162	L-丙氨酸
128	山梨醇酐单月桂酸酯（司盘 20）	163	5’肌苷酸二钠
129	山梨醇酐单棕榈酸酯（司盘 40）	164	5’尿苷酸二钠
130	双乙酰酒石酸单双甘油酯	165	食品用石蜡
131	三聚甘油单硬脂酸酯	166	食品级白油
132	聚氧乙烯（20）山梨醇酐单硬脂酸酯（吐温 60）	167	吗啉脂肪酸盐果蜡
133	聚氧乙烯（20）山梨醇酐单油酸酯（吐温 80）	168	紫胶（虫胶）
134	果胶	169	松香季戊四醇酯
135	卡拉胶	170	巴西棕榈蜡
136	藻酸丙二醇酯	171	蜂蜡
137	松香甘油酯和氢化松香甘油酯	172	硬脂酸（十八烷酸）
138	乳酸脂肪酸甘油酯	173	三聚磷酸钠
139	乙酰化单、双甘油脂肪酸酯	174	磷酸氢二钾
140	硬脂酸钙	175	磷酸二氢铵
141	硬脂酸镁	176	磷酸氢二钠
142	硬脂酰乳酸钙	177	磷酸二氢钠
143	硬脂酰乳酸钠	178	L-赖氨酸盐酸盐
144	丙二醇脂肪酸酯	179	牛磺酸
145	聚甘油脂肪酸酯	180	左旋肉碱
146	乳糖醇	181	维生素 A
147	铵磷脂	182	维生素 B_1（盐酸硫胺）
148	聚甘油蓖麻醇酯	183	维生素 B_2（核黄素）
149	琥珀酸单甘油酯	184	维生素 B_6（盐酸吡哆醇）
		185	维生素 C（抗坏血酸）
		186	维生素 D_2（麦角钙化醇）

续表

序号	食品添加剂品种名称	序号	食品添加剂品种名称
187	烟酸	224	苯甲酸钠
188	叶酸	225	丙酸钙
189	乳酸亚铁	226	丙酸钠
190	柠檬酸钙	227	对羟基苯甲酸乙酯
191	葡萄糖酸钙	228	乙氧基喹
192	生物碳酸钙	229	乳酸链球菌素
193	食品营养强化剂 煅烧钙	230	稳定态二氧化氯溶液
194	*L*-苏糖酸钙	231	丙酸
195	乙酸钙	232	过氧碳酸钠
196	葡萄糖酸锌	233	液体二氧化碳
197	天然维生素 E	234	纳他霉素
198	乙二胺四乙酸铁钠	235	双乙酸钠
199	胆钙化醇	236	脱氢乙酸钠
200	d-α 醋酸生育酚	237	硝酸钠
201	植物甲萘醌	238	亚硝酸钠
202	氰钴胺	239	亚硝酸钾
203	烟酰胺	240	对羟基苯甲酸甲酯钠
204	泛酸钙	241	二甲基二碳酸盐
205	硫酸镁	242	葡萄糖酸-δ-内酯
206	氧化镁	243	氯化钙
207	硫酸亚铁	244	氯化镁
208	富马酸亚铁	245	乙二胺四乙酸二钠
209	氧化锌	246	环己基氨基磺酸钠（甜蜜素）
210	柠檬酸锌	247	异麦芽酮糖
211	碘化钠	248	木糖醇
212	碘化钾	249	甜菊糖甙
213	*L*-肉碱酒石酸盐	250	甘草酸一钾盐（甘草甜素单钾盐）
214	食用硫酸镁	251	乙酰磺胺酸钾
215	二十二碳六烯酸油脂（发酵法）	252	天门冬酰苯丙氨酸甲酯（阿斯巴甜）
216	花生四烯酸油脂（发酵法）	253	赤藓糖醇
217	碘酸钾	254	三氯蔗糖
218	叶黄素	255	糖精钠
219	5’-胞苷酸二钠	256	*D*-甘露糖醇
220	5’腺苷酸	257	阿力甜
221	肌醇	258	明胶
222	*L*-硒-甲基硒代半胱氨酸	259	羧甲基纤维素钠
223	苯甲酸	260	褐藻酸钠

续表

序号	食品添加剂品种名称	序号	食品添加剂品种名称
261	β-环状糊精	298	丁香酚
262	田菁胶	299	覆盆子酮
263	瓜尔胶	300	丙酸苄酯
264	琼脂（琼胶）	301	丁酸丁酯
265	亚麻籽胶	302	异戊酸乙酯
266	结冷胶	303	苯甲酸乙酯
267	黄原胶	304	苯甲酸苄酯
268	羟丙基甲基纤维素（HPMC）	305	肉桂醇
269	刺云实胶	306	γ-十一内酯（桃醛）
270	罗望子多糖胶	307	草莓醛（杨梅醛）
271	香兰素	308	乙基香兰素
272	天然薄荷脑	309	枣子酊
273	丁酸乙酯	310	丙酸乙酯
274	冷磨柠檬油	311	庚酸乙酯
275	乙酸异戊酯	312	甲基环戊烯醇酮
276	茉莉浸膏	313	麦芽酚
277	桂花浸膏	314	柠檬醛
278	己酸乙酯	315	苯乙醇
279	乳酸乙酯	316	乙酸苄酯
280	生姜（精）油（蒸馏）	317	丁酸异戊酯
281	亚洲薄荷素油	318	异戊酸异戊酯
282	桉叶素含量80%的桉叶油	319	己酸烯丙酯
283	肉桂油	320	丁酸苄酯
284	香叶（精）油	321	α-戊基肉桂醛
285	留兰香油	322	松油醇
286	中国薰衣草（精）油	323	四甲基吡嗪
287	乙基麦芽酚	324	三甲基吡嗪
288	2-甲基-3-呋喃硫醇	325	2，3-二甲基吡嗪
289	2，3-丁二酮	326	甲基吡嗪
290	大茴香脑（天然）	327	2-乙酰基噻唑
291	正丁醇	328	4-甲基-5-（β-羟乙基）噻唑
292	麝香草酚	329	乙酸芳樟酯
293	环己基丙酸烯丙酯	330	苯甲醇
294	八角茴香（精）油	331	广藿香（精）油
295	γ-壬内酯	332	丁酸
296	山楂核烟熏香味料Ⅰ号、Ⅱ号	333	己酸
297	羟基香茅醛	334	杭白菊浸膏

续表

序号	食品添加剂品种名称	序号	食品添加剂品种名称
335	甲位己基肉桂醛	361	2，6-二甲基-5-庚烯醛
336	1，8-桉叶素（单离）	362	2-甲基-4-戊烯酸
337	乙酸乙酯	363	芳樟醇
338	*N*，2，3-三甲基-2-异丙基丁酰胺	364	乙酸松油酯
339	食用单宁酸	365	二氢香芹醇
340	*d*-核糖	366	*d*-香芹酮
341	辛酸乙酯	367	*l*-香芹酮
342	棕榈酸乙酯（十六酸乙酯）	368	α-紫罗兰酮
343	甲酸香茅酯	369	苯氧乙酸烯丙酯
344	甲酸香叶酯	370	二氢-β-紫罗兰酮
345	乙酸香叶酯	371	二氢香豆素
346	乙酸橙花酯	372	氧化芳樟醇
347	己醛	373	乳化香精
348	正癸醛（癸醛）	374	食品用香精　[液体、浆（膏）状、粉末]
349	乙酸丙酯	375	咸味食品香精 [液体、浆（膏体）状、粉末]
350	乙酸2-甲基丁酯	376	硅藻土
351	异丁酸乙酯	377	活性白土
352	异戊酸3-己烯酯（3-甲基丁酸3-己烯酯）	378	硫酸锌
353	2-甲基丁酸3-己烯酯	379	高锰酸钾
354	2-甲基丁酸2-甲基丁酯	380	异构化乳糖液
355	γ-己内酯	381	咖啡因
356	γ-庚内酯	382	氯化钾
357	γ-癸内酯	383	食品级微晶蜡
358	δ-癸内酯	384	月桂酸
359	γ-十二内酯	385	复配食品添加剂
360	δ-十二内酯		

注：《食品营养强化剂使用标准》（GB 14880—2012）已发布，并于2013年1月1日起实施。

6.2.3 食品相关产品生产许可的产品范围

依据《工业产品生产许可证管理条例》和《关于公布实行生产许可证制度管理的产品目录的公告》（2010年第90号），国家对直接接触食品的材料等食品相关产品实行许可制度。《食品安全法》规定，食品相关产品分三类，即用于食品的包装材料、容器、工具；用于食品生产经营的设备；洗涤剂和消毒剂。卫生部门对消毒产品的生产实行卫生许可制度。目前启动生产许可管理的食品相关产品包括食品用塑料包装容器工具等制品、食品用纸包装容器等制品、工业和商用电热食品加工设备、压力锅、餐具洗涤剂等五大类。具体品种详见表6-3。

表6-3 启动生产许可管理的食品相关产品类别和品种

序号	产品类别	产品单元		产品品种
1	食品用塑料包装容器工具等制品	1. 非复合膜袋	1	聚乙烯自粘保鲜膜
			2	商品零售包装袋（仅对食品用塑料包装袋）
			3	液体包装用聚乙烯吹塑薄膜
			4	食品包装用聚偏二氯乙烯（PVDC）片状肠衣膜
			5	双向拉伸聚丙烯珠光薄膜
			6	高密度聚乙烯吹塑薄膜
			7	包装用聚乙烯吹塑薄膜
			8	包装用双向拉伸聚酯薄膜
			9	单向拉伸高密度聚乙烯薄膜
			10	聚丙烯吹塑薄膜
			11	热封型双向拉伸聚丙烯薄膜
			12	未拉伸聚乙烯、聚丙烯薄膜
			13	夹链自封袋
			14	包装用镀铝薄膜
			15	普通型双向拉伸聚丙烯薄膜
			16	双向拉伸聚酰胺（尼龙）薄膜
		2. 复合膜袋	17	耐蒸煮复合膜、袋
			18	双向拉伸聚丙烯（BOPP）/低密度聚乙烯（LDPE）复合膜、袋
			19	双向拉伸尼龙（BOPA）/低密度聚乙烯（LDPE）复合膜、袋
			20	榨菜包装用复合膜、袋
			21	液体食品包装用塑料复合膜、袋
			22	液体食品无菌包装用纸基复合材料
			23	液体食品无菌包装用复合袋
			24	液体食品保鲜包装用纸基复合材料（屋顶包）
			25	其他类多层复合食品包装膜、袋
		3. 片材	26	食品包装用聚氯乙烯硬片、膜
			27	双向拉伸聚苯乙烯（BOPS）片材
			28	聚丙烯（PP）挤出片材
			29	其他类食品包装用片材
			30	食品包装用复合片材
		4. 编织袋	31	塑料编织袋
			32	复合塑料编织袋
		5. 容器	33	聚乙烯吹塑桶
			34	聚对苯二甲酸乙二醇酯（PET）碳酸饮料瓶
			35	聚酯（PET）无汽饮料瓶

续表

<table>
<tr><th>序号</th><th>产品类别</th><th>产品单元</th><th colspan="3">产　品　品　种</th></tr>
<tr><td rowspan="11">1</td><td rowspan="11">食品用塑料包装容器工具等制品</td><td rowspan="6">5. 容器</td><td colspan="2">36</td><td>聚碳酸酯（PC）饮用水罐</td></tr>
<tr><td colspan="2">37</td><td>热灌装用聚对苯二甲酸乙二醇酯（PET）瓶</td></tr>
<tr><td colspan="2">38</td><td>软塑折叠包装容器</td></tr>
<tr><td colspan="2">39</td><td>包装容器　塑料防盗瓶盖</td></tr>
<tr><td colspan="2">40</td><td>塑料奶瓶、塑料饮水杯（壶）、塑料瓶（坯）</td></tr>
<tr><td colspan="2">41</td><td>其他类塑料瓶盖</td></tr>
<tr><td rowspan="5">6. 食品用工具</td><td colspan="2">42</td><td>密胺塑料餐具</td></tr>
<tr><td colspan="2">43</td><td>塑料菜板</td></tr>
<tr><td colspan="2">44</td><td>一次性塑料餐饮具</td></tr>
<tr><td colspan="2">45</td><td>其他类一次性塑料餐饮具</td></tr>
<tr><td colspan="2">46</td><td>其他类塑料餐具</td></tr>
<tr><td rowspan="21">2</td><td rowspan="21">食品用纸包装容器等制品</td><td rowspan="8">1. 食品用纸包装</td><td colspan="2">1</td><td>非热封型茶叶滤纸</td></tr>
<tr><td colspan="2">2</td><td>热封型茶叶滤纸</td></tr>
<tr><td colspan="2">3</td><td>鸡皮纸</td></tr>
<tr><td colspan="2">4</td><td>食品羊皮纸</td></tr>
<tr><td colspan="2">5</td><td>半透明纸</td></tr>
<tr><td colspan="2">6</td><td>玻璃纸</td></tr>
<tr><td colspan="2">7</td><td>食品包装纸</td></tr>
<tr><td colspan="2">8</td><td>食品包装纸板</td></tr>
<tr><td rowspan="13">2. 食品用纸容器</td><td rowspan="3">纸袋</td><td>9</td><td>纸袋纸</td></tr>
<tr><td>10</td><td>淋膜纸袋</td></tr>
<tr><td>11</td><td>涂蜡纸袋</td></tr>
<tr><td rowspan="3">纸罐</td><td>12</td><td>纸板类罐</td></tr>
<tr><td>13</td><td>圆柱形复合罐</td></tr>
<tr><td>14</td><td>其他复合罐</td></tr>
<tr><td rowspan="2">纸杯</td><td>15</td><td>淋膜纸杯</td></tr>
<tr><td>16</td><td>涂蜡纸杯</td></tr>
<tr><td rowspan="3">纸餐具</td><td>17</td><td>纸板餐具</td></tr>
<tr><td>18</td><td>淋膜纸餐具</td></tr>
<tr><td>19</td><td>纸浆模塑餐具</td></tr>
<tr><td rowspan="2">纸盒</td><td>20</td><td>纸板盒</td></tr>
<tr><td>21</td><td>淋膜纸盒</td></tr>
<tr><td rowspan="5">3</td><td rowspan="5">工业和商用电热食品加工设备</td><td>1. 商用箱式电烤炉</td><td colspan="2">1</td><td>电烤箱、分层烘炉、电焗炉等</td></tr>
<tr><td>2. 商用旋转电烤炉</td><td colspan="2">2</td><td>卧式旋转烤炉、立式旋转烤炉等</td></tr>
<tr><td>3. 商用热风电烤炉</td><td colspan="2">3</td><td>箱式热风炉、旋转热风炉等</td></tr>
<tr><td>4. 商用烧烤炉</td><td colspan="2">4</td><td>羊肉串烤箱、烧烤架、多士炉等</td></tr>
<tr><td>5. 商用电炸炉</td><td colspan="2">5</td><td>固定式电炸锅、西式电炸炉、炸薯条机、油水分离炸炉等</td></tr>
</table>

续表

序号	产品类别	产品单元	产品品种	
3	工业和商用电热食品加工设备	6. 商用电热铛	6	电饼铛、电扒炉、滚动烤肠机等
		7. 商用电平锅	7	多用烹饪平底锅、爆谷机等
		8. 商用电炉灶	8	电灶台、电磁灶等
		9. 商用电蒸锅	9	蒸饭箱、蒸汽发生器等
		10. 商用电煮锅	10	固定式电煮锅、夹层式煮锅、煮浆锅等
		11. 商用电开水器	11	储水式开水器、沸腾式开水器、饮料加热器等
		12. 工业电烤炉	12	隧道炉、热风炉、摇篮炉、旋转炉等
4	压力锅	1. 不锈钢压力锅	1	最小规格～20cm 22cm～24cm 26cm～28cm 30cm～最大规格
		2. 铝压力锅	2	最小规格～20cm 22cm～24cm 26cm～28cm 30cm～最大规格
5	餐具洗涤剂	1. 餐具（含果蔬）用洗涤剂	1	手洗餐具用洗涤剂
			2	机洗餐具用洗涤剂
		2. 食品工业用（含复合主剂）洗涤剂	3	机械用洗涤剂
			4	管道用洗涤剂
			5	传送带用洗涤剂
			6	容器用洗涤剂
			7	用具用洗涤剂

6.2.4 化妆品生产许可的产品范围

化妆品生产许可的产品包括一般液态类；膏霜乳液类；粉类；气雾剂及有机溶剂类；蜡基类；其他等六大类。具体种类详见表6-4。

表6-4 化妆品生产许可管理的产品类别

序号	化妆品单元	类别	序号	化妆品单元	类别
1	一般液态类	护发清洁类 护肤水类 染烫发类 啫喱类	3	粉类	散粉 块状粉
			4	气雾剂及有机溶剂类	气雾剂类 有机溶剂类
2	膏霜乳液类	护肤清洁类 发用类	5	蜡基类	
			6	其他	

6.3 生产许可程序

行政许可程序是指行政许可的实施机关从受理行政许可申请到作出准予或不予行政许可

可等决定的步骤、方式和时限的总称。从更广义的理解，行政许可程序也包括获证企业的变更、延续、注销等程序。在生产许可工作中制定明确的实施程序，是规范各级质监部门行政许可行为、防止滥用权力、保证严格依法行政的重要环节和手段，能有效保证行政许可决定的正确性、行政管理活动高效便民和促进公众的参与。

按照《行政许可法》、《食品安全法》及《食品安全法实施条例》、《工业产品生产许可证管理条例》及《工业产品生产许可证管理条例实施办法》、《食品生产许可管理办法》等有关法律法规的规定，食品、食品添加剂、食品相关产品和化妆品的生产许可工作程序主要环节为：申请、受理与审查、现场核查、决定是否准予食品生产许可（对食品生产企业）、生产许可检验、决定是否准予生产许可（对食品添加剂、食品相关产品和化妆品）公告等。同时也规定了生产许可的延续、变更、注销等内容。

食品、食品添加剂、食品相关产品和化妆品的生产许可流程图见图 6－1。

6.3.1 申请与受理

企业申请是生产许可实施程序的启动阶段。生产许可是依申请的行政行为，其启动权在公民、法人或者其他组织。新设立或已设立生产企业拟从事食品、食品添加剂、食品相关产品和化妆品的生产活动；已设立并已取得相应生产许可资质的企业，生产许可即将期满拟继续从事食品、食品添加剂、食品相关产品和化妆品的生产活动的，就必须提出生产许可申请。不提出生产许可申请的，质监部门不应对其审查，也不能擅自准许其从事相应的生产活动。

6.3.2 申请生产许可的条件

（1）设立食品生产企业应在工商部门预先核准名称，已设立的食品生产企业应有合法有效的营业执照。食品添加剂、食品相关产品和化妆品生产企业应有合法有效的营业执照。

（2）有与生产产品的品种、数量相适应的专业技术人员。

（3）有与生产产品的品种、数量相适应的生产条件和检验检疫手段。

（4）有与生产产品的品种、数量相适应的技术文件和工艺文件。

（5）有健全有效的质量管理制度和责任制度。

（6）产品符合食品安全国家标准或《食品安全法》规定的标准，化妆品应满足现行国家标准或有关行业标准及已备案的企业标准要求。

（7）符合国家产业政策。

（8）法律、法规规定的其他要求。

以上条件是审查的依据。任何单位和个人不得另外附加任何许可条件。

6.3.3 申请材料内容

6.3.3.1 食品生产企业应提交的材料

（1）食品生产许可申请书。

（2）申请人的身份证（明）或资格证明复印件。

（3）拟设立食品生产企业的《名称预先核准通知书》。已设立的企业应提交合法有效的营业执照及复印件。

（4）食品生产加工场所及其周围环境平面图和生产加工各功能区间布局平面图。

（5）食品生产设备、设施清单。

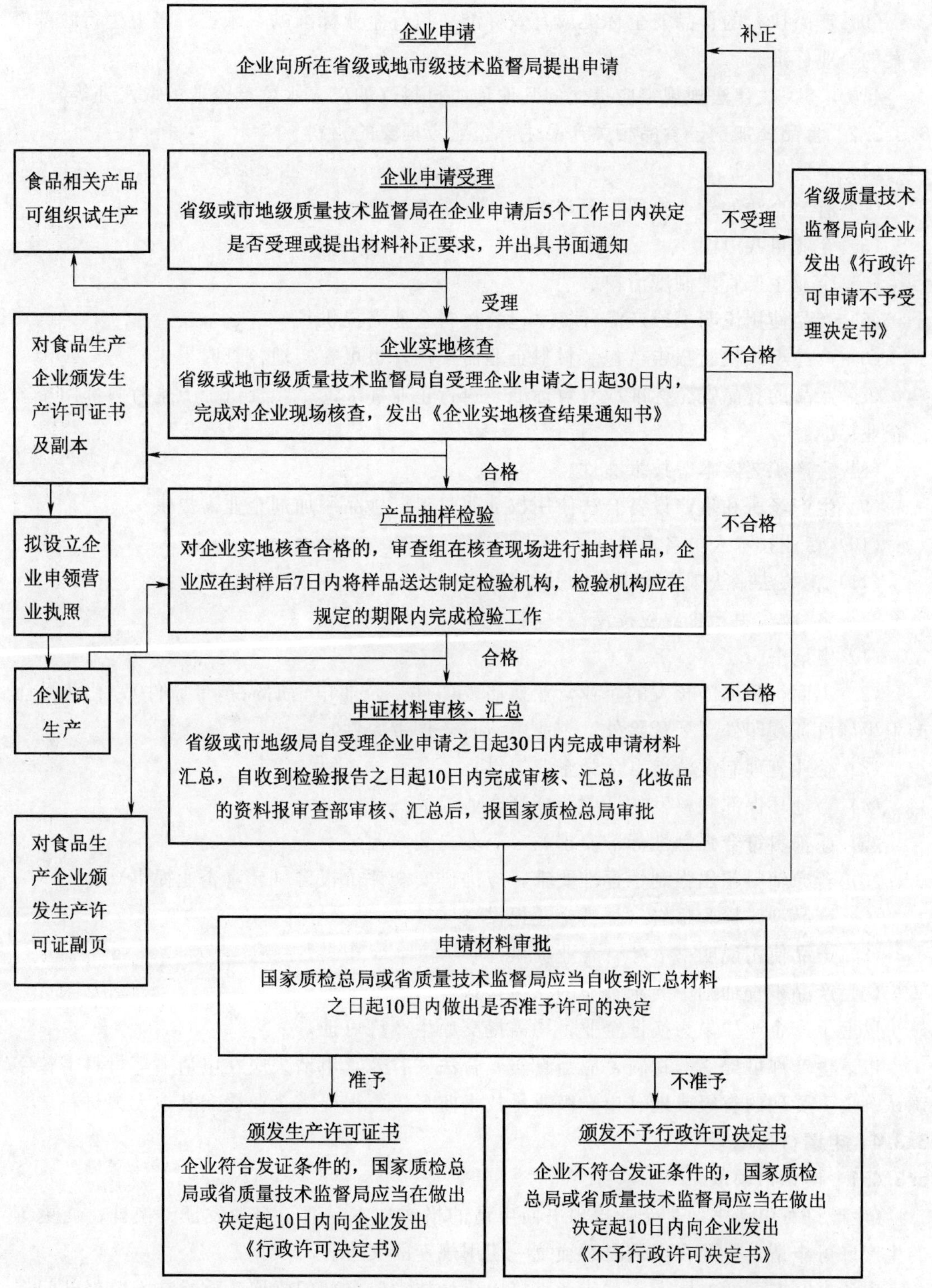

图6-1 食品、食品添加剂、食品相关产品和化妆品生产许可流程图

（6）食品生产工艺流程图和设备布局图。

（7）食品安全专业技术人员、管理人员名单。

（8）食品安全管理规章制度文本。

（9）产品执行的食品安全标准或有效标准；执行企业标准的，须提供经卫生行政部门备案的企业标准。

（10）相关法律法规规定应提交的其他证明材料（如矿泉水生产企业的取水证等）。

6.3.3.2 食品添加剂、食品相关产品生产企业应提交的材料

（1）申请书。

（2）有效合法的营业执照的复印件。

（3）企业自我声明。

（4）企业生产管理制度清单。

（5）产品使用说明书或产品标签（包装材料企业需提供）。

（6）产品型式检验报告（包装材料企业需提供，也可在实地核查时提供）。

（7）产品的食品安全标准或有效标准。执行企业标准的，须提供经卫生行政部门备案的企业标准。

（8）生产工艺文本等技术文件。

（9）生产场所和生产设备合法使用权证明材料（食品添加剂企业需提供）。

（10）专业技术人员名单。

（11）相关法律法规要求提供的其他证明材料。

6.3.3.3 化妆品生产企业应提交的材料

（1）申请书。

（2）工商行政部门核发的企业营业执照复印件（企业申请时需携带原件）；化妆品生产卫生许可证复印件（牙膏除外。企业申请时需携带原件）。

（3）企业管理制度清单（牙膏企业提供）。

（4）当地环保部门核发的证明（牙膏企业提供）。

（5）原辅料符合强制性标准要求的《企业自我声明》。

（6）若原辅料超出强制性标准要求，应提供安全评价报告（牙膏企业提供）。

（7）产品型式检验报告（牙膏企业提供）。

（8）产品使用说明书（牙膏企业提供）。

（9）产品审查细则中要求补充的其他材料。

以上生产企业如果为换证企业，均需提交原生产许可证。

申请生产许可提交的材料，应当真实、合法、有效，申请人应在申请书等材料上签字确认。负责受理的省级或地（市）级质量技术监督局不得要求企业提交其他无关材料。

6.3.4 申请材料填写

6.3.4.1 申请书领取

《生产许可申请书》是企业提出书面申请的格式文本，适于企业发证、换证、变更等的生产许可申请，企业在申请时必须统一使用规定的文本。

申请书文本可通过网上下载或者直接向质量技术监督部门索取。质量技术监督部门提供申请书时，不得收取企业的任何费用。

6.3.4.2 申请书填写

申请书必须用钢笔填写或打印，字迹应清晰整齐。每个栏目均应填写，内容应正确、真实。每份申请书都应盖章。申请书及附件的内容要求准确无误，对产值、产量、利润、

规格、型号等项目填写不得虚假。申请书及附件涂改无效，对已填报项目有需要更改时，要重新填报。

凡申请书及附件填写不符合要求的，质量技术监督部门在受理审查时，应要求企业补正，凡企业隐瞒有关情况或者提供虚假材料申请生产许可的，经查实后，将不予受理，并给予警告，在3年内不受理企业同一产品的生产许可申请。

6.3.4.3 其他申请材料

其他申请材料（例如：型式检验报告、产业政策证明、环保证明、矿泉水生产企业的取水证明等）同样应真实、有效、合法。企业应注意采取有效措施，提前准备其他申请材料，以免贻误取证工作。

6.3.4.4 申请方式

企业一般向所在地的地（市）质量技术监督局提出书面申请（食品添加剂、食品相关产品、化妆品及食品的个别产品需向省级质量技术监督局提出），提交的申请材料一式三份。

6.3.4.5 实行“八公开”

按照行政许可法的要求，承担申请受理的质量技术监督部门应遵照公开、便民的原则，在网站等地方将项目名称、审批依据、申请条件、受理单位、审批程序、审批期限、收费标准、审批结果向社会公布，实行“八公开”。

6.3.5 申请的受理

受理是行政机关对公民、法人或者其他组织提出的申请进行形式审查后，认为其申请事项依法属于本机关职责范围，申请材料齐全、符合法定形式，对其申请予以接受的行为。食品生产许可受理部门为省级或（地）市级质量技术监督局，食品添加剂、食品相关产品和化妆品生产许可的申请受理部门一般为省级质量技术监督局。申请受理部门应在受理申请的办公场所，将有关生产许可工作的依据、条件、程序、期限、收费、需要提交的全部材料的目录、申请书示范文本以及投诉和咨询电话公示。

6.3.6 申请材料审查

受理许可申请的质量技术监督部门要安排专人对申请材料进行认真、严格审查。

在确定是否受理申请时，受理部门只对企业提交的申请材料目录及材料格式进行书面审查，不审查申请材料的实质内容，也不审查申请企业是否具备取得生产许可的条件。企业申请材料审核原则要求是：申请材料必须完整，符合相关法律法规和生产许可管理的规定。

受理单位对企业申请的审查主要内容是：

（1）申请生产许可产品是否确属生产许可证发证目录中的产品；

（2）是否按照要求提供了符合规定数量、种类申请材料；

（3）申请书是否填写正确，是否有明显的计算、书面错误以及类似错误；

（4）填写的企业名称、企业公章、企业营业执照名称、相关附件中的名称等是否一致；

（5）营业执照中的经营范围是否包含申请领证产品，营业执照是否经过年检且在有效期内；若是工商部门的预先核准，应查看是否合法、有效；

（6）如需提供型式检验报告，应查看是否合法、有效；

（7）法律法规要求申请生产许可应提供的其他要求材料（如产业政策、环保、取水证明等）是否齐全；

（8）申请生产许可的产品是否符合《产品审查细则》规定的其他特殊要求。

6.3.7 对企业申请的处理

质量技术监督部门对企业申请材料审查后，根据具体情况有以下处理方式。

6.3.7.1 准予受理

对申请材料齐全、符合法定形式、符合产品《审查细则》要求的，应当准予受理，并自收到企业申请材料之日起5日内向企业发送《受理决定书》。

6.3.7.2 不予受理

出现下列情况之一的，企业申请不予受理，并自收到企业申请之日起5日内向企业发送《不予受理决定书》。

申请产品不需要取得食品、食品添加剂、食品相关产品和化妆品生产许可的，应即时告知申请人不受理。

申请事项不属于生产许可主管部门职责范围的，应即时告知申请人不受理，并告知申请人向有关行政部门申请。

根据行政许可法等有关法律法规的规定，申请企业违法受到惩罚，在惩罚期内，申请同一产品的生产许可，不予受理。

6.3.7.3 要求补正

申请材料不齐全或者不符合法定形式的，应当当场或者在5日内一次告知申请人需要补正的全部内容，逾期不告知的，自收到申请材料之日起即视为受理。企业应在20日内补正。逾期未补正的，视为撤回申请。

受理或者不予受理生产许可申请的《决定书》，应当出具加盖本质量技术监督局的专用印章和标明日期的书面凭证。

6.3.8 现场核查

许可机关受理申请后，应当依照有关规定组织对申请的资料和生产场所进行核查（以下简称现场核查）。

现场核查应当由许可机关指派2～4名核查人员组成核查组并按照有关规定进行，企业应予以配合。

6.3.9 许可决定

（1）经现场核查，生产条件符合要求的，依法作出准予生产的决定，向申请人发出《准予食品生产许可决定书》，并于做出决定之日起10日内颁发设立食品生产企业食品生产许可证书。

（2）经现场核查，生产条件不符合要求的，依法作出不予生产许可的决定，向申请人发出《不予食品生产许可决定书》，并说明理由。

6.3.10 许可检验

生产企业应当按规定实施许可的品种申请生产许可检验。

6.3.11 审核汇总

组织核查的省级、市（地）级质量技术监督局及审查机构按照有关的审查通则、审查细则的要求对企业申报材料、审查组提交的审查文书及检验报告进行汇总并审核。主要是审核企业材料是否齐全、审查材料是否规范有效，检验报告的检验项目和判定原则等是否有效、合规，企业申请条件和产品质量是否达到规定的要求，企业申报的产品是否符合相关的法律法规和产业政策等。对食品相关产品及牙膏的生产企业还必须填写《审查意见书》。审核结束，按照合格、不合格分别填写待发证企业登记表、企业审查不合格登记表。

食品：市（地）级质量技术监督局应在受理后 30 日内将材料报省级质量技术监督局。

化妆品：组织审查部门应在受理 30 日内报审查部或审查中心。

省级、市（地）级质量技术监督局应将企业的申请书及申请材料、核查记录、核查报告和检验报告等原始材料存档备查，档案材料的保存时限为 4 年（食品添加剂、食品相关产品为 3 年，化妆品为 5 年）。

6.3.12　复核与决定

省级质量技术监督局对上报的企业申请材料应进行复核。复核内容包括：核实核查工作是否符合规定的程序和时限；产品检验机构是否具有相应的资格；企业申报材料是否符合规定的要求；参与核查的人员是否符合规定的资质要求。在此基础上，核对企业编号，依照《行政许可法》、《工业产品生产许可证管理条例》、《食品生产许可管理办法》、《食品添加剂生产许可工作公告》、《工业产品生产许可证管理条例实施办法》、有关的审查通则和审查细则等有关法律法规的规定，对合格和不合格企业材料及复核意见进行审定，并自收到材料之日起 20 日内做出是否准予许可的决定。

对准予许可的，应自作出准予许可决定之日起 10 日内向企业发放《生产许可证书》正、副本；不准予许可的，应自作出不准予许可决定之日起 10 日内向企业发出《不予行政许可决定书》。化妆品企业的材料报审查中心复核，由国家质检总局发证。食品企业资料审核后，省级质量技术监督局向企业发放《食品生产许可证》副页。

6.3.13　许可时限

根据《行政许可法》、《工业产品许可证管理条例》及其实施办法等有关法律法规的规定，食品、食品添加剂、食品相关产品和化妆品生产许可的决定期限，为自省级或者市（地）级质量技术监督局受理企业申请之日起 60 日（不包括产品检验的时间）。生产许可的期限以工作日计算，不含法定节假日。

6.3.14　证书发放

6.3.14.1　发放方式

对作出准予许可决定的企业发放《生产许可证书》正、副本，证书上加盖国家质检总局或者省级质量技术监督局的公章，证书生效日期为作出准予许可决定的日期。全国许可证审查中心负责化妆品生产许可证证书的填写打印，并将证书发（寄）给省级质量技术监督局，再由省级质量技术监督局发给申证企业。食品、食品相关产品生产许可证由省级质量技术监督局填写打印发放。

6.3.14.2　生产许可证证书式样

生产许可证证书是生产企业获得合法生产资格的证明文件，分为正本和副本，具有同等法律效力，生产许可证证书由国家质检总局统一印制，式样见附件 3。

在生产许可证证书正本，载明企业名称、住所、生产地址、产品名称、证书编号、发证日期、有效期。生产许可证证书副本还载明获证产品信息，生产基地和企业监督检查记录等，其中获证产品信息应与生产基地对应，集团公司的生产许可证证书还应载明与其一起申请办理的所属单位的名称、生产地址和产品名称。企业监督检查记录包括变更记录、日常监督检查情况、重大质量事故、企业自查情况记录等。

6.3.14.3 生产许可标志

企业食品生产许可证标志用“企业食品生产许可”的拼音“qiyeshipin shengchanxuke”的缩写“QS”表示，并标注“生产许可”中文字样。其统一制定式样详见附录6.1。从2010年6月1日起，新获得食品生产许可的企业应使用企业食品生产许可证标志。之前取得食品生产许可的企业在2010年6月1日起18个月内可以继续使用原已印制的带有旧版生产许可证标志包装物。

食品添加剂、食品相关产品和化妆品生产许可证标志由“企业产品生产许可”拼音qiyechanpin shengchanxuke的缩写“QS”和“生产许可”中文字样组成。标志主色调为蓝色，字母“Q”与“生产许可”四个中文字样为蓝色，字母“S”为白色。标志的制定式样详见图6-2。

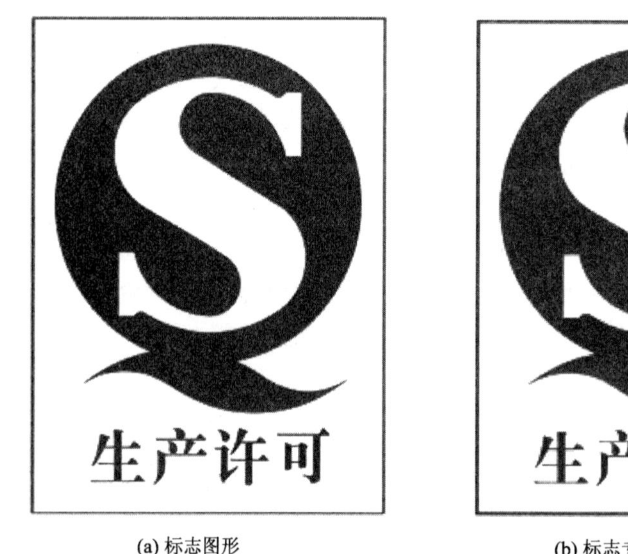

(a) 标志图形　　(b) 标志专用色(彩)图

图6-2　生产许可证（QS）标志式样及颜色要求

自2010年6月1日起，之前取得工业产品生产许可证的企业在2010年6月1日起18个月内可以继续使用原已印制的带有旧版生产许可证标志包装物。

生产许可证标志由企业自行加印（贴）。企业使用企业生产许可证标志时，可根据需要按式样比例放大或者缩小，但不得变形、变色。

6.3.14.4 生产许可证书编号

食品生产许可证编号：由英文字母QS和12位阿拉伯数字组成：QS×××× ×××× ××××。前四位是受理机关编号，中间四位是产品类别编号，后四位是获证企业编号。

食品添加剂、食品相关产品生产许可证编号：由发证省份的简称和大写汉语拼音XK加十位阿拉伯数字组成，如“赣XK16-204-00024”。“赣”为省份的简称，XK代表许可，数字的前两位（××）代表行业编号，中间三位（×××）代表产品编号，后五位（×××××）代表企业生产许可证编号。

化妆品生产许可编号：采用大写汉语拼音 XK 加九位阿拉伯数字编码组成，即 XK ××-××× ××××。其中，XK 代表许可，数字前两位（××）代表行业编号，中间三位（×××）代表产品编号，后四位（××××）代表企业生产许可证编号。

6.3.14.5 生产许可证标志和编号的要求

企业必须在其产品或者包装、说明书上标注生产许可证标志和编号，标注生产许可证标志和编号的位置应当易于识别和查验。根据产品的不同特点，企业取得的生产许可证标志和编号，应首先在其产品上标注；其次应在其包装或者说明书上标注；也可以在其他产品、包装、说明书上同时标注。不属于列入目录管理的产品和属于列入目录管理而未取得生产许可证的产品不能在其产品或包装、说明书上标注生产许可证标志和编号。

不同类型的产品，其生产许可证标志和编号所标注的部位，应严格按照该产品发证产品审查细则的规定执行。例如：根据食品用塑料包装、容器、工具等制品的特点，建议将其生产许可证标志和编号所标注的部位为包装的外包装或容器的底部。

任何单位和个人不得伪造、变造生产许可证证书、标志和编号。取得生产许可证的企业不得出租、出借，或者以其他形式转让生产许可证证书、标志和编号。

6.3.14.6 生产许可公告

发证结束，省级质量技术监督部门负责统一通告省级发证的企业名单，国家质检总局负责公告国家局发证企业名单。公告内容包括：获得生产许可证的产品名称、获证企业名称、企业地址、生产许可证编号、发证日期、生产许可证有效期。

公布获证企业名录，是生产许可证制度实施的重要环节，不仅是获证企业的需要，也是产品质量安全监督管理和广大消费者消费的需要。根据获证企业名录，各级质量技术监督局组织无证查处工作，可以限制和制约无证企业的生产和销售，提高生产许可证制度实施的有效性，保护获证企业的合法权益，保护消费者的消费安全，维护正常的市场经济秩序。

6.3.15 生产许可费用

6.3.15.1 收费依据

根据《工业产品生产许可证管理条例》第六十七条的规定：质量技术监督部门办理食品、食品添剂、食品相关产品和化妆品生产许可证的收费项目依照国务院财政、价格主管部门批准的文件执行，并应当公开透明。

6.3.15.2 收费项目

按照国务院财政、价格部门的规定，食品、食品添加剂、食品相关产品和化妆品生产许可收费项目为：对企业进行实地核查的审查费、产品检验费。

审查费按照《财政部、（原）国家计委关于调整工业产品生产许可证审查费等收费项目归属部门等问题的通知》（财综〔2002〕19 号）规定执行。具体为：一个企业申请一个发证产品单元 2 200 元，同一个企业每增加一个发证产品单元增收 20%，即 440 元。

对于一次申请不同类别产品或不同次申请的，应按规定分别缴纳审查费。

产品质量检验费根据国务院或省级价格、财政部门批准的收费标准执行。

6.3.15.3 费用缴纳

企业在提交申请并被受理的同时，向省级或地（市）级质量技术监督局缴纳审查费。在进行产品质量检验时，直接向检验机构缴纳产品检验费。

6.3.15.4　费用收支

省质量技术监督局发证产品的收费由省质量技术监督局代收并全额缴入省级国库，省质量技术监督局开展食品、食品添加剂、食品相关产品和化妆品生产许可所需经费纳入省级国家财政预算。

产品检验费由承担检验任务的产品质量检验机构在进行产品检验时向受检企业收取，并按照财务隶属关系缴入同级财政专户，支出由有关机构按照批准的预算安排使用。

6.4　实地核查办法

食品、食品添加剂、食品相关产品和化妆品的生产许可中对企业的审查包括现场（实地）核查和产品检验。

现场（实地）核查的组织：食品由省级或市（地）级质量技术监督局负责组织实施；食品添加剂、食品相关产品由省级质量技术监督局负责组织实施；化妆品由省级质量技术监督局负责组织实施，核查资料报全国工业产品生产许可证办公室化妆品审查部。牙膏由全国牙膏产品市场准入审查机构负责组织实施。

现场（实地）核查过程主要步骤：编制核查计划、组成审查组、实施现场（实地）核查。

6.4.1　编制核查计划

对已受理企业的核查计划由核查组织单位负责编制，计划应包括：被核查企业名称、地址、联系电话、申证单元名称、审查组成员名单、计划完成时间及相关要求。核查计划应贯彻合理、高效的原则，不得随意改动。核查计划应提前5日通知企业、有关质量技术监督局和审查组。

未列入核查计划的企业，不得进行核查。

6.4.2　组成审查组

现场（实地）核查由审查组具体负责。审查组由二至四名核查人员组成。技术专家可参加审查工作，但仅提供技术咨询，不参与审查结论的决策。

核查计划和审查组确定后，组织单位应通知审查组长；明确审查任务，提出审查要求，发放审查工作材料，包括：核查计划、企业申请材料、现场（实地）核查依据、廉洁信息反馈表、其他材料（核查有关表格、抽样单、封条等）。

6.4.3　现场（实地）核查

核查前，审查组长应主持召开审查组预备会，内容包括：介绍核查任务、宣布核查进度安排、确定成员分工、明确核查要点、重申工作纪律和审查员工作守则。

现场（实地）核查工作程序包括：召开首次会议、对企业必备条件进行审查、召开审查组会议、与企业沟通、召开末次会议、产品抽样。审查时间不超过2天。

审查组按照规定的程序开展审查工作，食品审查应以2010年国家质检总局公告第88号（2010－08－23）发布的《食品生产许可审查通则》和相关食品的《审查细则》为依据开展审查。食品添加剂审查应以2010年国家质检总局公告第81号（2010－08－05）发布的《食品添加剂生产许可审查通则》、食品添加剂标准为依据开展审查。化妆品审查应以全国生产许可证办公室2001年12月21日发布的《化妆品产品生产许可证换（发）证实施细则》为依据开展审查。牙膏审查应以国家质检总局2006年8月23日发布的《牙膏产品生产许可实施细则》为依据开展审查。食品相关产品审查以国家质检总局发布的有关产品的《审查细则》为依据开展审查。

审查组对企业现场（实地）核查结果负责，并实行组长负责制。

6.4.3.1　召开首次会

参加人员：审查组全体成员，被审查企业的领导及其有关人员，由审查组长主持。

会议内容：介绍审查组成员，核对企业基本情况，说明审查的依据、方针、分工、程序、方法、审查结论及判定等，告知企业的权利和义务，说明审查纪律，并由企业领导简介企业情况。

6.4.3.2　现场（实地）核查

核查是整个审查的中心、重点，应给予高度重视。审查员根据各自的分工，依据核查项目及内容，对企业生产条件逐一进行详细的检查评价，并核对企业申请书填写内容，做好核查记录。记录要准确、具体，不宜表述为："××制度不完善"等，应表述为："××制度中××工艺缺××规定"等。

6.4.3.3　审查组会

应在核查基本结束后召开。内容包括：核对、确认核查记录，保证完整性，统一核查意见，形成核查记录和核查结论。对不同意见的部分，应在采取充分交流、沟通的基础上，由审查组长确定结论。若有技术专家参加，应充分听取技术专家的建议和意见，但技术专家对审查结论无表决权。

6.4.3.4　与被审查企业管理层沟通

审查组在末次会前，应就核查的基本符合项（含不符合项）、核查报告及核查结论等重大事项与被审查企业的管理层交换意见，认真听取企业的反馈意见，进行必要的说明、解释。若发现问题、不足，及时改正。必要时，重新召开审查组会，以确保审查的结论正确、准确、科学。对审查结论为不符合的企业，尤其要注重与企业的沟通。

6.4.3.5　末次会

参加会议人员与首次会相同。由审查组长主持。

会议内容：重申核查的方针、依据等政策，通报核查情况，宣布核查结论。完成企业应该核实、签字、盖章的手续。

食品生产企业的特殊规定如下。

食品生产企业现场（实地）核查结论为合格；或者核查结论为基本符合，在 10 日内完成整改，且经当地县级质量技术监督部门确认、签字的，许可机关应向企业送达准予生产许可决定书和食品生产许可证及副本。

除不可抗力外，由于申请企业的原因导致现场核查无法在规定期限内实施的，按现场核查不合格处理。

拟设立的食品生产企业必须在取得食品生产许可证书并依法办理营业执照工商登记手续后，方可根据生产许可检验的需要组织试产食品。按规定实施许可的食品品种向生产许可机关申请生产许可检验。

对已设立的食品企业、食品生产许可证延续换证，审查工作和许可检验工作可同时进行。

现场（实地）核查不合格的，不再抽样，核查终止。

6.4.4 核查结果报告和通知

由省级质量技术监督局及审查部组织审查的，自受理企业申请之日起30日内，完成对企业实地核查和抽封样品，并向企业发出《企业实地核查结果通知书》。

由市（地）级质量技术监督局负责组织审查的，应自受理申请之日起30日内，完成对企业的实地核查和抽样，并将审查资料汇总，报省级质量技术监督局。

6.5 产品抽样与检验

6.5.1 产品抽样

现场（实地）核查合格的，或者食品生产企业提出生产许可检验申请的，审查组按照产品审查细则及有关要求进行抽样、封样，注意要告知企业所有具备承担该样品生产许可发证检验资格的检验机构的名单，由企业自行选择检验机构。要告知申请企业在封样后7日内将样品送交具有相应资质的检验机构。需现场检验的，由核查组通知企业选定的检验机构进行现场检验。

产品抽样根据产品特点的不同分为：在企业现场抽样后送检验机构检验；企业现场抽样现场检验；既有现场抽样检验又有抽样送检验机构检验。

抽样应按产品审查细则的规定（包括：抽样方法、抽样数量、抽样基数及注意事项等）进行。抽样应在核查合格后进行，应从经企业检验合格的待销产品中抽取。抽样的过程应有企业代表参加，抽取的样品封样后，需加贴封条或加盖印章，填写抽样单。抽样人、企业代表应在抽样单、封条上签字，并加盖企业印章。样品一般由企业送达检验机构。检验机构收样时，应对样品认真检查，对样品破损、变质、封条不完整、抽样单填写不明确等情况的样品有权拒绝接受，并应及时通知核查组织单位。对符合要求的，应做好验收记录，并在抽样单上签字。

6.5.2 产品检验

产品检验的时限应按照审查细则中的规定执行。产品不同、检验项目不同，检验的时限不同。检验完成后，检验机构应在2日内向核查组织机构递交企业的产品检验报告。

产品检验机构应加强内部管理，严格检验程序，严格按审查细则的规定进行检验，确保检验数据科学、公正、准确。检验机构应在规定的期限内完成检验工作，出具检验报告。对检验报告的完整性、准确性、科学性负责。

对食品产品的检验应当在保质期内进行，并在10日内完成检验。

根据《食品安全法》的规定：从事食品检验的机构应获得食品检验的资质。

企业对检验报告有异议的，应自收到检验报告之日起15日内，向组织核查单位提出复检申请，组织核查单位应于5日内作出复检书面通知，复检使用备检样。复检结果为最终结论。

6.6 生产许可证后监管

对生产许可证获证企业的证后监管的措施有：监督检查、监督抽查、年度报告等措施。有关监督检查、监督抽查的内容见本篇第7章和第9章的介绍。

6.6.1 食品生产企业的年度报告

取得食品生产许可证的企业应当在证书有效期内，每满1年前的1个月内向所在地县级质量技术监督部门提交持续保证食品质量安全必备条件情况的年度报告。

6.6.2 食品添加剂、食品相关产品、化妆品生产企业的年度报告

获证企业应当保证产品质量稳定合格，自取得生产许可证之日起，每年度应当向省级许可证办公室提交自查报告，企业对报告的真实性负责。获证未满一年的企业，可以下一年度提交自查报告。企业自查报告应当包括以下内容：

（1）申请取证条件的保持情况；

（2）企业名称、住所、生产地址等变化情况；

（3）企业生产状况及产品变化情况；

（4）生产许可证证书、标志和编号使用情况；

（5）行政机关对产品质量监督检查的情况；

（6）省级许可证办公室要求企业应当说明的其他相关情况。

6.7 生产许可的变更、延续和注销

6.7.1 行政许可变更

行政许可的变更是指被许可人在取得行政许可后，因其从事生产活动内容超出准予行政许可证决定或者行政许可证件规定的活动范围，而申请行政机关对原行政许可准予其从事的活动的相应内容予以改变。食品、食品相关产品及化妆品获证企业，在生产许可证有效期内，企业扩项、产品执行标准发生重大变化、企业生产条件发生变化时，应按照规定进行重新核查和产品检验，并相应地换发证书。而企业名称、住所、生产地址名称发生变化但企业生产条件未发生变化时，不需要重新核查和产品检验就可相应地换发证书。

6.7.1.1 需要重新核查和产品检验的变更

1. 企业扩项

获证企业增加产品单元、规格型号、产品等级以及集团公司企业与其所属单位一起取证的、获证后增加所属单位的，应按照生产许可证管理的有关规定以及产品实施细则的要求办理变更手续，变更中需要重新进行实地核查和产品检验。符合条件的，由国家质检总局或省级质量技术监督局作出准予许可的决定，换发生产许可证证书。但证书有效期不变。

企业增加产品单元、规格、生产基地以及产品升级所需的材料，由省级质量技术监督局或者产品审查机构上报审查中心，主要包括：

（1）申请书；

（2）按照产品实施细则要求的企业实地核查报告、产品质量检验报告；

（3）生产许可证正本、副本。

国家有关法律法规、产品标准及技术要求发生较大改变的，由国家质检总局根据情况，发文公布需要进行的补充现场（实地）核查要求、产品质量检验以及证书变更等规定。

2. 企业条件重大变化

在生产许可证有效期内，食品生产企业的生产条件、检验手段、技术或者工艺发生变化的。企业应当在变化后 20 日内提出申请。省级或者市（地）级质量技术监督部门应该按照《食品生产许可证审查通则》和《审查细则》的规定重新组织现场核查和产品检验。

在生产许可证书有效期内，食品添加剂、食品相关产品及化妆品生产企业生产条件、检验手段、生产技术或者工艺发生较大变化的（包括生产地址迁移、生产线重大技术改造

等）。企业应当按照通则、细则的有关规定，重新申请生产许可。产品审查机构按照产品实施细则的规定重新组织实地核查和产品检验。对符合条件的，由国家质检总局或者省级质量技术监督部门作出准予许可的决定，换发生产许可证证书，其发证日期以重新批准日期为准，有效期按原证书保持不变。但是，对因迁址等原因进行了全面现场核查和发证检验的，其换发的生产许可证有效期限为自发证日期起 3 年，化妆品为 5 年。

6.7.1.2 不需要重新核查和产品检验的变更

企业名称、住所、生产地址名称发生变化而企业生产条件、检验手段、生产技术或者工艺未发生变化的。企业生产许可证书遗失或者毁损的，企业应当在变更名称、遗失或者毁损后 1 个月内向所在地省级质量技术监督局提出变更或补领证书申请。

1. 申请变更或补领证书应当提交的材料

（1）《变更生产许可证申请书》或者《补领生产许可证申请书》。

（2）变更前、后的营业执照复印件。

（3）当地工商行政管理、公安等相关部门出具的更名证明，或在省级以上主要报纸上刊登的遗失声明。

（4）变更时，提供生产许可证正本、副本原件。

2. 变更与补领程序

（1）企业应当在变更名称、遗失或者毁损证书后 1 个月内向所在地的省级质量技术监督局提出生产许可证名称变更或补领申请。

（2）省级质量技术监督局收到企业申请后，应当按照许可证申请材料受理审查的规定进行材料审查。

（3）省级质量技术监督局根据对企业变更或补领证书申请材料的审查结果填写《变更（补领）生产许可证审查意见书》，并在受理企业申请之日起 5 日内将企业申请材料和《变更（补领）生产许可证审查意见书》上报审查中心，并抄报相关产品审查机构。

（4）审查中心自收到企业变更或补领证书申请材料之日起 10 日内提出复核意见报国家质检总局审批。符合规定的，国家质检总局在收到材料之日起 10 日内准予变更或补领，颁发新的生产许可证书，有效期不变。不符合规定的，由国家质检总局向企业发出《不予变更（补领）生产许可证通知书》告知企业，并说明理由。

省级发证证书的变更补领，由省级质量技术监督局直接办理。

6.7.2 生产许可证的延续

行政许可证延续是指在行政许可的有效期届满后，延长行政许可证的有效期间。根据规定，食品、牙膏的生产许可证有效期为 3 年，食品添加剂、食品相关产品、化妆品的生产许可证有效期为 5 年。有效期届满，企业需要继续生产的，应当在生产许可证期满 6 个月前向所在地省级质量技术监督局提出换证申请。国家质检总局或者省级质量技术监督局重新组织实地核查和产品检验，其实施程序与上述生产许可证发证程序相同。

基于便民原则的考虑，省级质量技术监督局宜履行事前告知义务，提醒已获证企业及时提出延续生产许可的申请，告知在规定的时间带有关材料到规定的地方办理延续手续。

6.7.3 生产许可证的注销

注销生产许可证是指被许可人已经取得的生产许可资质而被依法撤回、撤销、吊销或存在其他法定情形而被依法终止时，依法办理注销手续的过程。生产许可证注销程序的实施，应当遵循事实清楚、证据确凿、公开、公平、公正的原则。需办理注销手续的情形有：

(1) 生产许可被依法撤回、撤销，或者生产许可证依法被吊销的；

(2) 生产许可有效期届满未延续的；

(3) 被许可人依法终止的；

(4) 因不可抗力导致生产许可事项无法实施的；

(5) 法律、法规规定的应当注销生产许可证的其他情形。

对生产许可被依法撤回、撤销，或者生产许可证被依法吊销的，由准予生产许可的质量技术监督部门依法办理注销手续。对因其他情形应予注销生产许可的，各级质量技术监督部门可以依据事实提出处理建议，上报准予生产许可的质量技术监督部门，准予生产许可的部门按照有关规定及时办理注销手续。准予生产许可的质量技术监督部门负责公告注销生产许可的被许可人名单或有关事项。

生产许可被注销后，被许可人仍断续生产的，质量技术监督部门应按照查处无证生产的有关规定实施处罚。

6.7.3.1　撤回生产许可

有下列情形之一的，应当作出撤回生产许可的决定：

(1) 生产许可依据的法律、法规、规章修改或者废止，导致生产许可项目依法被终止的；

(2) 准予生产许可所依据的客观情况发生重大变化，导致生产许可被终止的；

(3) 被许可生产的产品列入国家决定淘汰或者禁止生产的产品目录的；

(4) 法律、法规规定的应当撤回生产许可的其他情形。

6.7.3.2　撤销生产许可

被许可人有下列情形之一的，应当作出撤销生产许可的决定：

(1) 以欺骗、贿赂等不正当手段取得生产许可的；

(2) 已经取得生产许可但不能持续保持应当具备的条件，且逾期未改正的；

(3) 法律、法规规定的应当撤销生产许可的其他情形。

许可部门或许可工作人员有下列情形之一的，依照《工业产品生产许可证管理条例》的规定给予处分，可以作出撤销生产许可的决定：

(1) 滥用职权、玩忽职守作出准予生产许可决定的；

(2) 超越法定职权作出准予生产许可决定的；

(3) 违反法定程序作出准予生产许可决定的；

(4) 对不具备申请资格或者不符合法定条件的申请人准予生产许可的；

(5) 法律、法规规定的可以撤销生产许可的其他情形。

依照前两款规定撤销生产许可，可能对公共利益造成重大损害的，不予撤销。

撤回、撤销生产许可，由准予生产许可的质量技术监督部门依法作出决定。上级质量技术监督部门可以撤销下级部门决定的生产许可。质量技术监督部门在监督管理中，发现应当撤回、撤销的情形的，应当按照有关规定进行调查取证，提出撤回、撤销的意见，并逐级上报准予生产许可的质量技术监督部门处理。作出撤回、撤销生产许可决定前，质量技术监督部门应当告知被许可人撤回、撤销生产许可的事实、理由和处理意见，听取被许可人的陈述和申辩。被许可人提出的陈述和申辩成立的应当采纳。

6.7.3.3 吊销生产许可证

被许可人有下列情形之一的，应当作出吊销生产许可证的决定：

（1）未按照规定在产品、包装或者说明书上标注生产许可证标志和编号，经责令限期改正逾期未改，情节严重的；

（2）出租、出借或者转让许可证证书、生产许可证标志和编号，情节严重的；

（3）产品经国家监督抽查或者省级监督抽查不合格，经整改复查仍不合格的；

（4）法律、法规规定的应当吊销生产许可证的其他情形。

吊销生产许可证，由被许可人所在地的质量技术监督部门按办案程序管辖权的规定作出行政处罚决定并负责执行。

作出吊销生产许可证行政处罚决定前，应当按照办案程序的规定，提出吊销生产许可证的处理意见，听取被许可人陈述和申辩，并告知其听证权利；被许可人在规定期限内要求听证的，应当按照有关听证规则进行听证；在听取被许可人陈述、申辩或者听证活动结束后，质量技术监督部门认为被许可人违法事实清楚、证据确凿的，应当将吊销生产许可证的书面建议和有关情况，逐级上报至准予生产许可的质量技术监督部门；准予生产许可的质量技术监督部门按照有关规定及时作出批复；被许可人所在地的质量技术监督部门根据准予生产许可部门同意吊销的批复，向被许可人作出吊销生产许可证的行政处罚决定并负责执行。

6.7.3.4 生产许可证的注销手续

生产许可证注销手续指行政许可机关终止被许可人已经获得的行政许可后，办理注明记载等相关的手续。出现依法应当注销行政许可的情形的，行政机关应当依法办理有关行政许可的注销手续，收回颁发的行政许可证件。对找不到被许可人的或者注销行政许可事项需要通知的，行政机关应当公告注销行政许可。

有下列情形之一的，许可审批机关应当注销生产许可，并办理有关手续：

（1）生产许可被依法撤回、撤销，或者生产许可证依法被吊销的；

（2）生产许可有效期届满未延续的；

（3）被许可人依法终止的；

（4）因不可抗力导致生产许可事项无法实施的；

（5）法律、法规规定的应当注销生产许可证的其他情形。

6.8 生产许可工作要求

6.8.1 生产许可的原则

6.8.1.1 合法原则

要求生产许可程序的启动、运行及终止的各个步骤、环节以及相应的程序，必须有明确的法律依据，符合相应的法律规定，不得与法律规定相抵触。在食品、食品添加剂、食品相关产品和化妆品生产许可实施中，程序违法要承担相应的法律责任。

6.8.1.2 公开、公平、公正原则

在生产许可实施过程中，各种规定必须公布，未经公布的，不得作为实施生产许可的依据。生产许可的实施和结果，除涉及国家秘密、商业秘密或者个人隐私外，均应当公开。对符合法定条件、标准的申请人，要一视同仁，不得歧视。

6.8.1.3　便民原则

按照执政为民、以人为本的要求，生产许可应当成为保障、方便企业行使权利的有效渠道。在实施生产许可过程中，应当积极减少环节、降低成本，大力推进网上审批，提高办事效率，提供优质服务，做到“三个便于”：便于企业申请、便于审批者操作、便于内外部监督。

6.8.1.4　监督原则

根据《行政许可法》的有关规定，生产许可的监督包括：一、行政机关对相关人员的监督；二、行政机关内部部门的监督。

6.8.2　时间要求

自受理企业申请之日起 60 日内，许可机关应当作出是否准予许可的决定。作出准予许可决定的，许可机关应当自作出决定之日起 10 日内向企业颁发工业产品生产许可证证书（以下简称许可证证书）；作出不准予许可决定的，国务院工业产品生产许可证主管部门应当书面通知企业，并说明理由。（检验机构进行产品检验所需时间不计入前款规定的期限。）

6.8.3　人员要求

核查人员需取得相应资质，方可从事企业实地核查工作。核查人员包括生产许可证注册审查员（以下简称审查员）、高级审查员和技术专家。

审查员应当具备下列条件：

（1）年龄在 65 周岁（含 65 周岁）以下；

（2）大专（含大专）以上学历或者中级（含中级）以上技术职称；

（3）熟悉相关产品生产工艺、产品质量标准和质量管理体系；

（4）从事质量工作满 5 年。

全国许可证办公室对省级许可证办公室或者审查机构培训的人员进行考核注册，并于批准后颁发审查员注册证书，证书有效期为 3 年。

6.8.4　工作要求

开展企业实地核查时，不得妨碍企业的正常生产经营活动，不得索取或者收受企业的财物。

审查机构在从事生产许可证工作时，不得有下列行为：

（1）未按规定期限完成审查工作；

（2）出具虚假审查结论；

（3）擅自增加实施细则以外的其他条件；

（4）未向企业说明企业有权选择有资质的检验机构送样检验；

（5）从事或者介绍企业进行生产许可有偿咨询；

（6）向企业推销生产设备、检验设备或者技术资料；

（7）聘用未取得相应资质的人员从事企业实地核查工作；

（8）违反法律法规和规章的其他行为。

第 7 章 监督检查制度

7.1 制度概述

监督检查，顾名思义，包括监督和检查两个概念。监督包含从旁察看，通过察看，督促、推动之意；检查则含有巡察、考察、查究的意思。

监督检查制度是国家法律法规授权的政府部门对食品生产加工企业依法实施监督管理的一项重要制度，是质量技术监督部门督促生产加工企业落实质量安全主体责任，保障质量安全的重要措施。

监督检查的目的是对企业落实法定义务情况的考察和查究，督促企业落实主体责任，保障质量安全。

7.2 监督检查的原则

科学公正、公开透明、程序合法、便民高效。

7.3 监督检查的内容

质量技术监督部门应当依法对食品生产加工企业以下 14 个方面 76 个子项的质量安全主体责任落实情况实施监督检查。

7.3.1 企业是否保持了资质的一致性

（1）企业实际生产食品的场所、生产食品的范围等是否与食品生产许可证书内容一致；

（2）企业在食品生产许可证有效期内，生产条件、检验手段、生产技术或者工艺发生变化的，是否按规定报告；

（3）食品生产许可证载明的企业名称是否与营业执照一致。

7.3.2 企业是否建立进货查验记录制度

（1）企业采购食品原料、食品添加剂、食品相关产品是否建立和保存进货查验记录，是否向供货者索取许可证复印件（指按照相关法律法规规定，应当取得许可的）和与购进批次产品相适应的合格证明文件；

（2）对供货者无法提供有效合格证明文件的食品原料，企业是否依照食品安全标准自行检验或委托检验，并保存检验记录；

（3）企业采购进口需法定检验的食品原料、食品添加剂、食品相关产品，是否向供货者索取有效的检验检疫证明；

（4）企业生产加工食品所使用的食品原料、食品添加剂、食品相关产品的品种是否与进货查验记录内容一致。

7.3.3 企业是否建立生产过程控制制度

（1）企业是否定期对厂区内环境、生产场所和设施清洁卫生状况自查，并保存自查记录；

（2）企业是否定期对必备生产设备、设施维护保养和清洗消毒，并保存记录，是否建立和保存停产复产记录及复产时生产设备、设施等安全控制记录；

(3) 企业是否建立和保存各种购进食品原料、食品添加剂、食品相关产品的贮存、保管、领用出库等记录；

(4) 企业是否建立和保存生产投料记录，包括投料种类、品名、生产日期或批号、使用数量等；

(5) 企业是否建立和保存生产加工过程关键控制点的控制情况，包括必要的半成品检验记录、温度控制、车间洁净度控制等；

(6) 企业生产现场，是否避免人流、物流交叉污染，是否避免原料、半成品、成品交叉污染，是否保证设备、设施正常运行，现场人员是否进行卫生防护，不使用回收食品等。

7.3.4　企业是否建立出厂检验记录制度

(1) 企业是否建立和保存出厂食品的原始检验数据和检验报告记录，包括查验食品的名称、规格、数量、生产日期、生产批号、执行标准、检验结论、检验人员、检验合格证号或检验报告编号、检验时间等记录内容；

(2) 企业的检验人员是否具备相应能力；

(3) 企业委托其他检验机构实施产品出厂检验的，是否检查受委托检验机构资质，并签订委托检验合同；

(4) 出厂检验项目与食品安全标准及有关规定的项目是否保持一致；

(5) 企业是否具备必备的检验设备，计量器具是否依法经检验合格或校准，相关辅助设备及化学试剂是否完好齐备并在有效使用期内；

(6) 企业自行进行产品出厂检验的，是否按规定进行实验室测量比对，建立并保存比对记录；

(7) 企业是否按规定保存出厂检验留存样品。产品保质期少于2年的，保存期限不得少于产品的保质期；产品保质期超过2年的，保存期限不得少于2年。

7.3.5　企业是否建立不合格品管理制度

(1) 企业是否建立和保存采购的不合格食品原料、食品添加剂、食品相关产品的处理记录；

(2) 企业是否建立和保存生产的不合格产品的处理记录。

7.3.6　企业生产加工食品的标注是否规范

检查标注的内容是否符合法律、法规、规章及食品安全标准规定的事项。

7.3.7　企业是否建立销售台帐

企业应对销售每批产品建立和保存销售台帐，包括产品名称、数量、生产日期、生产批号、购货者名称及联系方式、销售日期、出货日期、地点、检验合格证号、交付控制、承运者等内容。

7.3.8　企业标准执行是否符合相关法律法规规定

(1) 企业标准是否按规定进行备案；

(2) 企业是否收集、记录新发布国家食品安全标准，是否参加相关培训和执行相关标准。

7.3.9　企业是否建立不安全食品召回制度

企业应建立和保存对不安全食品自主召回、被责令召回的执行情况的记录，包括：企业通知召回的情况；实际召回的情况；对召回产品采取补救、无害化处理或销毁的记录；整改措施的落实情况；向当地政府和县级以上监管部门报告召回及处理情况。

7.3.10 企业从业人员健康和培训是否符合相关法律法规规定

（1）企业是否建立从业人员健康检查制度和健康档案制度，保存对直接接触食品人员健康管理的相关记录；

（2）企业是否建立和保存对从业人员的食品质量安全知识培训记录。

7.3.11 企业接受委托加工食品是否符合相关法律法规规定

（1）受委托企业是否在获得生产许可的产品品种范围内与委托方约定委托加工协议，并按规定向所在地质量技术监督部门报告；

（2）委托加工食品包装标识是否符合相关规定。

7.3.12 企业是否建立消费者投诉受理制度

企业应建立和保存对消费者投诉的受理记录。包括投诉者姓名、联系方式、投诉的食品名称、数量、生产日期或生产批号、投诉质量问题、企业采取的处理措施、处理结果等。

7.3.13 企业是否主动收集风险监测和评估信息

企业是否主动收集企业内部发现的和国家发布的与企业相关的食品安全风险监测和评估信息，并做出反应，是否建立和保存相关记录。

7.3.14 企业是否按规定妥善处置食品安全事故

（1）企业是否制定食品安全事故处置方案；

（2）企业是否定期检查各项食品安全防范措施的落实情况；

（3）发生食品安全事故的，企业是否建立和保存处置食品安全事故记录。

7.4 监督检查的适用范围

7.4.1 监督检查的种类

企业落实质量安全主体责任监督检查分为特别监督检查和常规监督检查。

7.4.2 监督检查的适用范围

7.4.2.1 特别监督检查

企业发生质量安全事故或者涉嫌存在质量安全问题的，适用特别监督检查。

7.4.2.2 常规监督检查

除以上需要适用特别监督检查情况外的其他情况，适用常规监督检查。

质量技术监督部门采取听取企业汇报，查阅企业记录，询问企业员工，核查生产现场，检验企业产品及所用食品原料、食品添加剂、食品相关产品，调查企业利益相关方等方式，依法对企业执行有关法律法规和标准等情况实施监督检查。

7.5 监督检查工作程序

7.5.1 特别监督检查

质量技术监督部门开展特别监督检查，可以持《食品生产加工企业落实质量安全主体责任监督检查通知书》（见本章附录1）直接前往企业实施监督检查。

7.5.2 常规监督检查

常规监督检查流程如图7－1所示。

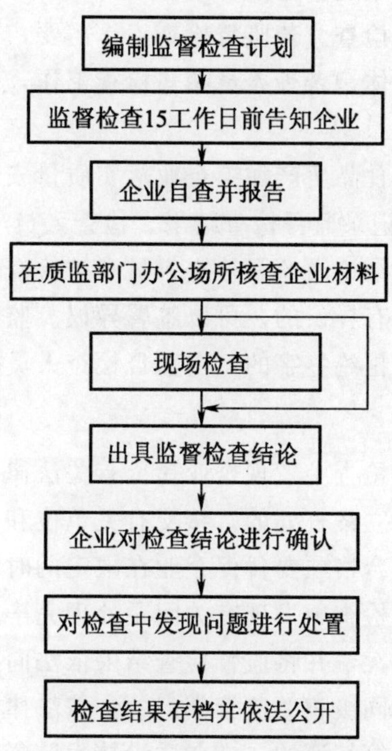

图7-1 常规监督检查流程

7.5.2.1 编制计划

质量技术监督部门根据地方人民政府组织制定的食品安全年度监督管理计划，编制本辖区企业年度监督检查计划，并按省级质量技术监督部门相关规定上报备案。必要时候，可以根据上级质量技术监督部门的工作部署、掌握的食品安全风险监测信息、企业食品安全信用状况、企业生产状况、监管工作需要等情况，对年度监督检查计划进行调整。

7.5.2.2 检查实施

(1) 告知企业自查

质量技术监督部门依据监督检查计划实施常规监督检查，应当在监督检查前15个工作日，向企业送达《食品生产加工企业落实质量安全主体责任监督检查通知书》，告知企业监督检查有关项目。《食品生产加工企业落实质量安全主体责任监督检查通知书》可以直接送达，也可以邮寄送达。直接送达的，以被监督检查单位在回执上注明的签收日期为送达日期；邮寄送达的，以签收日期为送达日期。对列入检查计划但停（转）产的，待企业恢复生产时，要及时恢复对其的监督检查。

质量技术监督部门应要求被检查企业对质量安全主体责任（见本章附录2）履行情况进行自查，并提交书面自查报告。企业应提交的自查报告包括《食品生产加工企业落实质量安全主体责任情况自查表》（见本章附录3）规定内容以及其他需要说明的事项，并对提交的报告和相关材料的真实性负责。

(2) 组织核查

质量技术监督部门收到企业自查报告后，应当在质量技术监督部门工作场所进行核查。必要时，质量技术监督部门应当要求被检查企业做出说明并提供补充报告材料。

质量技术监督部门经核查企业自查报告和补充材料，认为需要实施现场检查的，应当告知企业，依法依规实施现场检查。若监督检查工作需要，可以聘请技术专家、消费者代表、人大代表、政协委员、媒体记者等人员参与检查工作，依照有关规定进行抽样检验。

（3）告知企业检查结果

监督检查人员应当按《对食品生产加工企业落实质量安全主体责任情况核查表》（见本章附录4）有关事项，如实记录监督检查结果。检查人员应当就检查情况与被检查单位参加人员交换意见。监督检查结论由监督检查人员和被检查企业法人代表或其授权的人员签字。被检查单位对检查结果有异议的，可以签署异议。监督检查人员应当就监督检查结论向本单位汇报。被检查单位拒绝签字的，由监督检查人员书面记录后存档。

7.6 检查结果处置

质量技术监督部门在监督检查中发现企业违反有关法律、法规规定的，应当依照有关法律法规规定予以处理。需要立案查处的，移交有关单位和部门立案查处；对监督检查中发现的不合格项，对发现的不合格项要督促企业在限定的时限内整改到位。

对企业监督检查结束并对检查中发现有关问题处理完毕后，质量技术监督部门要将监督检查情况记入该企业信用档案，并将监督检查结果依法向社会公开。监督检查工作中获知的食品安全信息依法应通报同级相关监管部门的，按法律法规要求进行通报；食品安全信息直接涉及食品认证、计量等情形的，应向质量技术监督部门内部相关工作机构通报。

监督检查工作需要当地人民政府或者相关部门支持、配合的，质量技术监督部门应当提出工作建议，并以书面形式报告当地人民政府或者告知相关部门。

7.7 监督检查工作要求

（1）参与企业监督检查的工作人员，应当遵守国家法律、法规及本规定，严格检查、秉公执法、不徇私情。

（2）实施监督检查，不得妨碍企业正常的生产活动，不得索取或者收受被检查企业的财物，不得谋取其他利益。

（3）实施现场监督检查，应有2名以上工作人员参加，并向被检查企业出示有效证件。监督检查人员进入洁净区域现场检查时，应遵守企业安全卫生防护措施等制度要求。

（4）各级质量技术监督部门应根据企业监管业务需要，对监督检查人员进行法律、法规和专业技术培训，不断提高其业务水平，并将参加岗位培训情况作为工作人员年度考核的内容之一。

（5）企业应当积极配合质量技术监督部门的监督检查工作，不得以暴力、威胁或者其他方式予以阻挠。

（6）企业应当指定有关人员配合质量技术监督部门的监督检查工作，如实提供有关资料，回答相关询问，协助核查企业生产条件和抽取样品。

附录 1

食品生产加工企业落实质量安全主体责任
监督检查通知书

（编号　）

(受检企业全称)________：

依据《中华人民共和国行政许可法》、《中华人民共和国食品安全法》及其实施条例等法律、法规规定，国家对食品生产加工企业落实质量安全主体责任实施监督检查制度。按照我局部署，对你单位依法进行监督检查。请你单位按《食品生产加工企业落实质量安全主体责任情况自查表》规定项目开展自查，并予以积极配合。

监督检查方式：以书面核查为主，必要时实施相关检查措施。

检查人员：________联系电话：________

自查报告提交日期：　年　月　日之前

其他检查措施实施日期：　依书面核查工作需要确定并随时通知

（盖章）

年　月　日

送达回执

本企业已收到《食品生产加工企业落实质量安全主体责任监督检查通知书》。

签字：________

年　月　日

注：此通知书一式两份，一份交企业；一份留存。

附录2

食品生产加工企业质量安全主体责任

第一项 企业应保持资质的一致性。

（一）企业实际生产食品的场所、生产食品的范围等应与食品生产许可证书内容一致；

（二）企业在食品生产许可证有效期内，生产条件、检验手段、生产技术或者工艺发生变化的，应按规定报告；

（三）食品生产许可证载明的企业名称应与营业执照一致。

第二项 企业应建立进货查验记录制度。

（一）企业采购食品原料、食品添加剂、食品相关产品应建立和保存进货查验记录，向供货者索取许可证复印件（指按照相关法律法规规定，应当取得许可的）和与购进批次产品相适应的合格证明文件；

（二）对供货者无法提供有效合格证明文件的食品原料，企业应依照食品安全标准自行检验或委托检验，并保存检验记录；

（三）企业采购进口需法定检验的食品原料、食品添加剂、食品相关产品，应当向供货者索取有效的检验检疫证明；

（四）企业生产加工食品所使用的食品原料、食品添加剂、食品相关产品的品种应与进货查验记录内容一致。

第三项 企业应建立生产过程控制制度。

（一）企业应定期对厂区内环境、生产场所和设施清洁卫生状况自查，并保存自查记录；

（二）企业应定期对必备生产设备、设施维护保养和清洗消毒，并保存记录，同时应建立和保存停产复产记录及复产时生产设备、设施等安全控制记录；

（三）企业应建立和保存各种购进食品原料、食品添加剂、食品相关产品的贮存、保管、领用出库等记录；

（四）企业应建立和保存生产投料记录，包括投料种类、品名、生产日期或批号、使用数量等；

（五）企业应建立和保存生产加工过程关键控制点的控制情况，包括必要的半成品检验记录、温度控制、车间洁净度控制等；

（六）企业生产现场，应避免人流、物流交叉污染，避免原料、半成品、成品交叉污染，保证设备、设施正常运行，现场人员应进行卫生防护，不应使用回收食品等。

第四项 企业应建立出厂检验记录制度。

（一）企业应建立和保存出厂食品的原始检验数据和检验报告记录，包括查验食品的名称、规格、数量、生产日期、生产批号、执行标准、检验结论、检验人员、检验合格证号或检验报告编号、检验时间等记录内容；

（二）企业的检验人员应具备相应能力；

（三）企业委托其他检验机构实施产品出厂检验的，应检查受委托检验机构资质，并签订委托检验合同；

（四）出厂检验项目与食品安全标准及有关规定的项目应保持一致；

（五）企业应具备必备的检验设备，计量器具应依法经检验合格或校准，相关辅助设备及化学试剂应完好齐备并在有效使用期内；

（六）企业自行进行产品出厂检验的，应按规定进行实验室测量比对，建立并保存比对记录；

（七）企业应按规定保存出厂检验留存样品。产品保质期少于2年的，保存期限不得少于产品的保质期；产品保质期超过2年的，保存期限不得少于2年。

第五项 企业应建立不合格品管理制度。

（一）企业应建立和保存采购的不合格食品原料、食品添加剂、食品相关产品的处理记录；

（二）企业应建立和保存生产的不合格产品的处理记录。

第六项 企业生产加工食品的标识标注内容应符合法律、法规、规章及食品安全标准规定的事项。

第七项 企业应建立销售台帐。企业应对销售每批产品建立和保存销售台帐，包括产品名称、数量、生产日期、生产批号、购货者名称及联系方式、销售日期、出货日期、地点、检验合格证号、交付控制、承运者等内容。

第八项 企业标准执行应符合相关法律法规规定。

（一）企业标准应按规定进行备案；

（二）企业应收集、记录新发布国家食品安全标准，参加相关培训，做好标准执行工作。

第九项 企业应建立不安全食品召回制度。企业应建立和保存对不安全食品自主召回、被责令召回的执行情况的记录，包括：企业通知召回的情况；实际召回的情况；对召回产品采取补救、无害化处理或销毁的记录；整改措施的落实情况；向当地政府和县级以上监管部门报告召回及处理情况。

第十项 企业从业人员健康和培训应符合相关法律法规规定。

（一）企业应建立从业人员健康检查制度和健康档案制度，保存对直接接触食品人员健康管理的相关记录；

（二）企业应建立和保存对从业人员的食品质量安全知识培训记录。

第十一项 企业接受委托加工食品应符合相关法律法规规定。

（一）受委托企业应当在获得生产许可的产品品种范围内与委托方约定委托加工协议，并向所在地质量技术监督部门报告；

（二）委托加工食品包装标识应符合相关规定。

第十二项 企业应建立消费者投诉受理制度。企业应建立和保存对消费者投诉的受理记录。包括投诉者姓名、联系方式、投诉的食品名称、数量、生产日期或生产批号、投诉质量问题、企业采取的处理措施、处理结果等。

第十三项 企业应主动收集企业内部发现的和国家发布的与企业相关的食品安全风险监测和评估信息，并做出反应，同时应建立和保存相关记录。

第十四项 企业应按规定妥善处置食品安全事故。

（一）企业应制定食品安全事故处置方案；

（二）企业应定期检查各项食品安全防范措施的落实情况；

（三）发生食品安全事故的，企业应建立和保存处置食品安全事故记录。

附录3

食品生产加工企业落实质量安全主体责任情况自查表

编号：

企业名称　　　　　　　　产品名称　　　　　　　　生产地址　　　　　　　　自查日期

自查项目	序号	自　查　情　况		自查不符合项说明
企业资质变化情况	1.1	工商营业执照	符合规定（　） 不符合规定（　）	
	1.2	食品生产许可证	符合规定（　） 不符合规定（　）	
	1.3	实际生产方式和范围	符合规定（　） 不符合规定（　）	
	1.4	条件变化后报告情况	符合规定（　） 不符合规定（　）	
采购进货查验落实情况	2.1	采购食品原料索证	符合规定（　） 不符合规定（　）	
	2.2	采购食品添加剂索证	符合规定（　） 不符合规定（　）	
	2.3	采购食品相关产品索证	符合规定（　） 不符合规定（　）	
	2.4	实际使用食品原料、食品添加剂、食品相关产品的品种	符合规定（　） 不符合规定（　）	
生产过程控制情况	3.1	厂区内环境清洁卫生状况、企业自查记录	符合规定（　） 不符合规定（　）	
	3.2	生产加工场所清洁卫生状况、企业自查记录	符合规定（　） 不符合规定（　）	
	3.3	生产加工设施清洁卫生状况、企业自查记录	符合规定（　） 不符合规定（　）	
	3.4	企业必备生产设备、设施维护保养和清洗消毒记录	符合规定（　） 不符合规定（　）	
	3.5	产品投料记录	符合规定（　） 不符合规定（　）	
	3.6	生产加工过程中关键控制点的控制记录	符合规定（　） 不符合规定（　）	
	3.7	生产中人流、物流交叉污染情况	符合规定（　） 不符合规定（　）	
	3.8	原料、半成品、成品交叉污染情况	符合规定（　） 不符合规定（　）	

续表

自查项目	序号	自查情况		自查不符合项说明
生产过程控制情况	3.9	设备、设施运行情况	符合规定（ ） 不符合规定（ ）	
	3.10	现场人员卫生防护情况	符合规定（ ） 不符合规定（ ）	
	3.11	使用回收食品情况	符合规定（ ） 不符合规定（ ）	
食品出厂检验落实情况	4.1	用于检验的设备情况	符合规定（ ） 不符合规定（ ）	
	4.2	检验的辅助设备及化学试剂情况	符合规定（ ） 不符合规定（ ）	
	4.3	检验员应具备相应能力	符合规定（ ） 不符合规定（ ）	
	4.4	出厂检验项目情况	符合规定（ ） 不符合规定（ ）	
	4.5	出厂检验的原始数据记录和检验报告	符合规定（ ） 不符合规定（ ）	
	4.6	产品留样记录	符合规定（ ） 不符合规定（ ）	
	4.7	自行进行出厂检验企业实验室测量比对情况	符合规定（ ） 不符合规定（ ）	
	4.8	委托出厂检验情况	符合规定（ ） 不符合规定（ ）	
不合格品管理情况	5.1	采购不合格食品原料的处理记录	符合规定（ ） 不符合规定（ ）	
	5.2	采购不合格食品添加剂的处理记录	符合规定（ ） 不符合规定（ ）	
	5.3	采购不合格食品相关产品的处理记录	符合规定（ ） 不符合规定（ ）	
	5.4	生产不合格产品的处理记录	符合规定（ ） 不符合规定（ ）	
食品标识标注符合情况	6.1	名称、规格、净含量、生产日期	符合规定（ ） 不符合规定（ ）	
	6.2	成分或者配料表	符合规定（ ） 不符合规定（ ）	
	6.3	生产者的名称、地址、联系方式	符合规定（ ） 不符合规定（ ）	

续表

自查项目	序号	自查情况		自查不符合项说明
食品标识标注符合情况	6.4	保质期	符合规定（ ） 不符合规定（ ）	
	6.5	产品标准代号	符合规定（ ） 不符合规定（ ）	
	6.6	贮存条件	符合规定（ ） 不符合规定（ ）	
	6.7	所使用的食品添加剂在国家标准中的通用名称	符合规定（ ） 不符合规定（ ）	
	6.8	生产许可证编号及QS标志	符合规定（ ） 不符合规定（ ）	
	6.9	专供婴幼儿主辅食品标签应标明主要营养成分及其含量	符合规定（ ） 不符合规定（ ）	
	6.10	专供其他特定人群的主辅食品标签应标明主要营养成分及其含量	符合规定（ ） 不符合规定（ ）	
	6.11	法律、法规或者食品安全标准规定必须标明的其他事项	符合规定（ ） 不符合规定（ ）	
食品销售台帐记录情况	7.1	产品名称	符合规定（ ） 不符合规定（ ）	
	7.2	数量	符合规定（ ） 不符合规定（ ）	
	7.3	生产日期/生产批号	符合规定（ ） 不符合规定（ ）	
	7.4	检验合格证号	符合规定（ ） 不符合规定（ ）	
	7.5	购货者名称及联系方式	符合规定（ ） 不符合规定（ ）	
	7.6	销售日期	符合规定（ ） 不符合规定（ ）	
	7.7	出货日期	符合规定（ ） 不符合规定（ ）	
	7.8	地点	符合规定（ ） 不符合规定（ ）	
标准执行情况	8.1	企业标准备案	符合规定（ ） 不符合规定（ ）	
	8.2	收录执行最新标准	符合规定（ ） 不符合规定（ ）	

续表

自查项目	序号	自　查　情　况		自查不符合项说明
不安全食品召回记录情况	9.1	产品名称	符合规定（　） 不符合规定（　）	
	9.2	批次及数量	符合规定（　） 不符合规定（　）	
	9.3	不安全项目	符合规定（　） 不符合规定（　）	
	9.4	产生的原因	符合规定（　） 不符合规定（　）	
	9.5	通知相关生产经营者和消费者情况	符合规定（　） 不符合规定（　）	
	9.6	召回产品处理记录	符合规定（　） 不符合规定（　）	
	9.7	整改措施的落实情况	符合规定（　） 不符合规定（　）	
	9.8	向当地政府和监管部门报告召回处理情况	符合规定（　） 不符合规定（　）	
从业人员	10.1	企业对直接接触食品人员健康管理的相关记录	符合规定（　） 不符合规定（　）	
	10.2	企业对从业人员的食品质量安全知识培训记录	符合规定（　） 不符合规定（　）	
接受委托加工情况	11.1	生产企业接受委托向所在地质量技术监督部门报告情况	符合规定（　） 不符合规定（　）	
	11.2	委托加工食品包装标识	符合规定（　） 不符合规定（　）	
对消费者投诉登记及处理记录	12.1	投诉者姓名及联系方式	符合规定（　） 不符合规定（　）	
	12.2	食品名称	符合规定（　） 不符合规定（　）	
	12.3	数量	符合规定（　） 不符合规定（　）	
	12.4	生产日期/生产批号	符合规定（　） 不符合规定（　）	
	12.5	投诉质量问题	符合规定（　） 不符合规定（　）	
	12.6	企业采取的处理措施	符合规定（　） 不符合规定（　）	
	12.7	处理结果	符合规定（　） 不符合规定（　）	

续表

自查项目	序号	自查情况		自查不符合项说明
收集风险监测及评估信息的记录	13.1	收集与企业相关的风险监测与评估信息	符合规定（ ） 不符合规定（ ）	
	13.2	企业做出的反应	符合规定（ ） 不符合规定（ ）	
企业处置食品安全事故的情况	14.1	企业制定的食品安全事故处置方案	符合规定（ ） 不符合规定（ ）	
	14.2	企业定期检查各项食品安全防范措施的落实情况	符合规定（ ） 不符合规定（ ）	
	14.3	企业处置食品安全事故记录	符合规定（ ） 不符合规定（ ）	
自查结论 （可另附页）				
整改措施 （可另附页）				
自查人员签名： 年　月　日		企业负责人签名： 年　月　日（章）		

附录4

对食品生产加工企业落实质量安全主体责任情况核查表

编号：

企业名称　　　　产品名称　　　　生产地址　　　　核查日期

核查项目	序号	核查情况		核查发现问题项描述
企业资质变化情况	1.1	工商营业执照	发现问题（ ） 未发现问题（ ）	
	1.2	食品生产许可证	发现问题（ ） 未发现问题（ ）	
	1.3	实际生产方式和范围	发现问题（ ） 未发现问题（ ）	
	1.4	条件变化后报告情况	发现问题（ ） 未发现问题（ ）	
采购进货查验落实情况	2.1	采购食品原料索证	发现问题（ ） 未发现问题（ ）	
	2.2	采购食品添加剂索证	发现问题（ ） 未发现问题（ ）	
	2.3	采购食品相关产品索证	发现问题（ ） 未发现问题（ ）	
	2.4	实际使用食品原料、食品添加剂、食品相关产品的品种	发现问题（ ） 未发现问题（ ）	
生产过程控制情况	3.1	厂区内环境清洁卫生状况、企业自查记录	发现问题（ ） 未发现问题（ ）	
	3.2	生产加工场所清洁卫生状况、企业自查记录	发现问题（ ） 未发现问题（ ）	
	3.3	生产加工设施清洁卫生状况、企业自查记录	发现问题（ ） 未发现问题（ ）	
	3.4	企业必备生产设备、设施维护保养和清洗消毒记录	发现问题（ ） 未发现问题（ ）	
	3.5	产品投料记录	发现问题（ ） 未发现问题（ ）	
	3.6	生产加工过程中关键控制点的控制记录	发现问题（ ） 未发现问题（ ）	
	3.7	生产中人流、物流交叉污染情况	发现问题（ ） 未发现问题（ ）	
	3.8	原料、半成品、成品交叉污染情况	发现问题（ ） 未发现问题（ ）	

续表

核查项目	序号	核　查　情　况		核查发现问题项描述
生产过程控制情况	3.9	设备、设施运行情况	发现问题（　） 未发现问题（　）	
	3.10	现场人员卫生防护情况	发现问题（　） 未发现问题（　）	
	3.11	使用回收食品情况	发现问题（　） 未发现问题（　）	
食品出厂检验落实情况	4.1	用于检验的设备情况	发现问题（　） 未发现问题（　）	
	4.2	检验的辅助设备及化学试剂情况	发现问题（　） 未发现问题（　）	
	4.3	检验员应具备相应能力	发现问题（　） 未发现问题（　）	
	4.4	出厂检验项目情况	发现问题（　） 未发现问题（　）	
	4.5	出厂检验的原始数据记录和检验报告	发现问题（　） 未发现问题（　）	
	4.6	产品留样记录	发现问题（　） 未发现问题（　）	
	4.7	自行进行出厂检验企业实验室测量比对情况	发现问题（　） 未发现问题（　）	
	4.8	委托出厂检验情况	发现问题（　） 未发现问题（　）	
不合格品管理情况	5.1	采购不合格食品原料的处理记录	发现问题（　） 未发现问题（　）	
	5.2	采购不合格食品添加剂的处理记录	发现问题（　） 未发现问题（　）	
	5.3	采购不合格食品相关产品的处理记录	发现问题（　） 未发现问题（　）	
	5.4	生产不合格产品的处理记录	发现问题（　） 未发现问题（　）	
食品标识标注符合情况	6.1	名称、规格、净含量、生产日期	发现问题（　） 未发现问题（　）	
	6.2	成分或者配料表	发现问题（　） 未发现问题（　）	
	6.3	生产者的名称、地址、联系方式	发现问题（　） 未发现问题（　）	

续表

核查项目	序号	核 查 情 况		核查发现问题项描述
食品标识标注符合情况	6.4	保质期	发现问题（ ） 未发现问题（ ）	
	6.5	产品标准代号	发现问题（ ） 未发现问题（ ）	
	6.6	贮存条件	发现问题（ ） 未发现问题（ ）	
	6.7	所使用的食品添加剂在国家标准中的通用名称	发现问题（ ） 未发现问题（ ）	
	6.8	生产许可证编号及QS标志	发现问题（ ） 未发现问题（ ）	
	6.9	专供婴幼儿主辅食品标签应标明主要营养成分及其含量	发现问题（ ） 未发现问题（ ）	
	6.10	专供其他特定人群的主辅食品标签应标明主要营养成分及其含量	发现问题（ ） 未发现问题（ ）	
	6.11	法律、法规或者食品安全标准规定必须标明的其他事项	发现问题（ ） 未发现问题（ ）	
食品销售台帐记录情况	7.1	产品名称	发现问题（ ） 未发现问题（ ）	
	7.2	数量	发现问题（ ） 未发现问题（ ）	
	7.3	生产日期/生产批号	发现问题（ ） 未发现问题（ ）	
	7.4	检验合格证号	发现问题（ ） 未发现问题（ ）	
	7.5	购货者名称及联系方式	发现问题（ ） 未发现问题（ ）	
	7.6	销售日期	发现问题（ ） 未发现问题（ ）	
	7.7	出货日期	发现问题（ ） 未发现问题（ ）	
	7.8	地点	发现问题（ ） 未发现问题（ ）	
标准执行情况	8.1	企业标准备案	发现问题（ ） 未发现问题（ ）	
	8.2	收录执行最新标准	发现问题（ ） 未发现问题（ ）	

续表

核查项目	序号	核 查 情 况		核查发现问题项描述
不安全食品召回记录情况	9.1	产品名称	发现问题（ ） 未发现问题（ ）	
	9.2	批次及数量	发现问题（ ） 未发现问题（ ）	
	9.3	不安全项目	发现问题（ ） 未发现问题（ ）	
	9.4	产生的原因	发现问题（ ） 未发现问题（ ）	
	9.5	通知相关生产经营者和消费者情况	发现问题（ ） 未发现问题（ ）	
	9.6	召回产品处理记录	发现问题（ ） 未发现问题（ ）	
	9.7	整改措施的落实情况	发现问题（ ） 未发现问题（ ）	
	9.8	向当地政府和监管部门报告召回处理情况	发现问题（ ） 未发现问题（ ）	
从业人员	10.1	企业对直接接触食品人员健康管理的相关记录	发现问题（ ） 未发现问题（ ）	
	10.2	企业对从业人员的食品质量安全知识培训记录	发现问题（ ） 未发现问题（ ）	
接受委托加工情况	11.1	生产企业接受委托向所在地质量技术监督部门报告情况	发现问题（ ） 未发现问题（ ）	
	11.2	委托加工食品包装标识	发现问题（ ） 未发现问题（ ）	
对消费者投诉登记及处理记录	12.1	投诉者姓名及联系方式	发现问题（ ） 未发现问题（ ）	
	12.2	食品名称	发现问题（ ） 未发现问题（ ）	
	12.3	数量	发现问题（ ） 未发现问题（ ）	
	12.4	生产日期/生产批号	发现问题（ ） 未发现问题（ ）	
	12.5	投诉质量问题	发现问题（ ） 未发现问题（ ）	
	12.6	企业采取的处理措施	发现问题（ ） 未发现问题（ ）	
	12.7	处理结果	发现问题（ ） 未发现问题（ ）	

续表

<table>
<tr><th>核查项目</th><th>序号</th><th colspan="2">核查情况</th><th>核查发现问题项描述</th></tr>
<tr><td rowspan="2">收集风险监测及评估信息的记录</td><td>13.1</td><td>收集与企业相关的风险监测与评估信息</td><td>发现问题（ ）
未发现问题（ ）</td><td></td></tr>
<tr><td>13.2</td><td>企业做出的反应</td><td>发现问题（ ）
未发现问题（ ）</td><td></td></tr>
<tr><td rowspan="3">企业处置食品安全事故的情况</td><td>14.1</td><td>企业制定的食品安全事故处置方案</td><td>发现问题（ ）
未发现问题（ ）</td><td></td></tr>
<tr><td>14.2</td><td>企业定期检查各项食品安全防范措施的落实情况</td><td>发现问题（ ）
未发现问题（ ）</td><td></td></tr>
<tr><td>14.3</td><td>企业处置食品安全事故记录</td><td>发现问题（ ）
未发现问题（ ）</td><td></td></tr>
<tr><td colspan="2">初步核查意见
（可另附页）</td><td colspan="3"></td></tr>
<tr><td colspan="2">核查结论及
处理意见
（可另附页）</td><td colspan="3"></td></tr>
<tr><td colspan="2">被检查单位
意见
（可另附页）</td><td colspan="3">企业法人代表或其授权人签名：
年 月 日</td></tr>
<tr><td colspan="3">核查人员签名：

年 月 日</td><td colspan="2">企业法人代表或其授权人签名：

年 月 日（章）</td></tr>
</table>

第 8 章 风险监测制度

8.1 制度概述

食品生产加工环节风险监测是指为了及早发现和掌握生产加工环节食品质量安全风险，系统和持续地对影响生产加工环节食品质量安全的风险因素进行产品检验、结果分析，为风险研判和风险处置提供依据的活动。

食品加工环节是食品安全监管的重要环节。风险监测有利于对食品安全风险因素早发现、早报告、早研判、早处置，从而提高监管效果，对于质检系统的食品监管工作是非常必要和紧迫的。

8.1.1 职能依据

按照《国务院办公厅关于印发国家质量监督检验检疫总局主要职责内设机构和人员编制规定的通知》(国办发〔2008〕69 号）规定，质检总局承担生产加工环节的食品、食品添加剂、食品相关产品、化妆品风险监测工作。

8.1.2 法律依据

根据《食品安全法》及其实施条例相关规定，卫生部会同质检总局等有关部门，启动了国家食品安全风险监测工作，依法制定、实施国家食品安全风险监测计划。按照《国家食品安全风险监测计划》的有关要求，国务院有关部门需对本系统风险监测工作做出具体安排。食品生产加工环节风险监测是质检总局落实国家食品安全风险监测计划相关要求，根据当前食品安全风险形势做出的必要举措。同时，作为牵头部门，卫生部向有关部门明确“在国家食品安全风险监测计划制定和实施中，有关部门按各自渠道申请经费”。

8.1.3 监管需要

当前，食品安全形势依然严峻，质量安全违法行为尚未杜绝，已成为关系国计民生和国家形象的重要问题，党中央、国务院对此高度重视。质检总局作为生产加工环节的监管部门，任务将更加艰巨，必须严格履行职责，持续保持风险监测高压态势。

8.2 风险监测工作原则

8.2.1 监测计划制定原则

国家质检总局根据《国家食品安全风险监测计划》，结合生产加工环节食品质量安全监管的需要，组织制定食品生产加工环节风险监测计划。监测计划应规定监测的食品和检验项目、检测方法、监测频次、样品数量、检验机构、工作要求等内容。

风险监测食品的选择应当遵循以下原则：

——列入《国家食品安全风险监测计划》并涉及加工食品的；

——风险程度较高以及风险监测问题检出率呈上升趋势的；

——相关部门通报或者社会反映有质量问题的；

——发生过加工食品质量安全事故的；

——其他需要纳入监测计划的。

国家质检总局根据生产加工环节食品质量安全风险隐患的分布、变化情况以及经费保障、检测能力等，科学合理确定监测产品、监测项目、监测区域、样品数量和监测频次等。

8.2.2　承检机构确定原则

承担食品生产加工环节风险监测工作任务的食品检验机构应满足以下条件：

——拥有完善的实验室质量管理体系，取得相应的资质认定，并具有检验检测项目的认证证书；

——拥有先进的仪器设备、良好的实验室环境设施、安全有效的信息管理体系；

——具有一定的食品科学研究和食品检测分析能力，承担过省部级以上食品相关领域科研课题，并取得较好科研成果；

——近三年来没有违法和严重违规行为，没有发生过食品检测质量事故。

国家质检总局对承担风险监测任务的食品检验机构进行考核确定，并对其承担的风险监测工作实施管理和考核。

8.2.3　监测结果研判和分析原则

国家质检总局可以聘请食品专家，组建食品生产加工环节风险监测专家委员会，承担食品生产加工环节风险监测计划的技术评审和风险监测结果的综合分析、研判，提出风险管理措施等工作。

国家质检总局指定中国标准化研究院食品与农业标准化研究所作为风险监测工作秘书处，负责组织检验机构或专家委员会制定监测计划，承担风险监测数据汇总和分析等工作，形成分析报告。

国家质检总局指定中国计量科学研究院化学计量与分析科学研究所作为风险预警研究秘书处，对食品中潜在风险因素进行分析和研究。

国家质检总局根据有关部门通报的食品安全风险信息及其他风险信息，对食品生产加工环节风险监测计划内容进行调整。

8.3　风险监测工作内容

食品生产加工环节风险监测的食品，包括食品、食品添加剂和食品相关产品。根据食品生产加工环节风险监测工作的需要，加强食品生产加工环节风险监测能力建设，建立健全覆盖全国各省、自治区、直辖市的食品生产加工环节风险监测网络。

风险监测工作内容包括了从风险监测计划制定、实施及问题处置、结果通报等全过程。

8.3.1　风险监测计划部署

根据食品生产加工环节风险监测计划，国家质检总局按季度或月份组织开展食品生产加工环节风险监测工作。承担风险监测工作任务的食品检验机构应根据食品生产加工环节风险监测计划的要求，编制风险监测实施方案，完成监测计划规定的监测任务。

8.3.2　风险监测采样和检验

食品生产加工环节风险监测采样，由承担风险监测任务的食品检验机构专职采样人员负责，应按照监测计划要求，采用科学采样方法，确保样品的代表性。

食品生产加工环节风险监测的检验，应当按照监测计划规定的标准检验方法或者经批准使用相关部门公布的检验方法进行检测。

承担风险监测工作任务的食品检验机构应按要求报送监测数据和分析报告，保证监测数据科学、准确。

8.3.3 问题样品报告和处置

承担风险监测任务的检验机构对检测发现的问题样品，应当及时报告国家质检总局并同时通报有关省级质量监督部门。对发现问题样品中含有非食用物质或致病菌的，应当在24小时之内报告和通报。

有关省级质量监督部门应当根据风险监测发现通报的问题，及时组织开展问题样品的调查、核实、处理，并向国家质检总局报告。

调查核实结果表明，食品存在安全隐患或发现企业存在违法违规行为的，有关质量监督部门要依法查处，并报告当地人民政府，通报省食品安全办公室和有关部门。

8.3.4 监测结果分析研判

食品生产加工环节风险监测工作秘书处，对承检机构报送的监测数据和分析报告进行汇总和分析，定期提交食品生产加工环节风险监测分析报告。承担风险监测工作任务的食品检验机构，应指定专门部门和专人负责风险监测各项记录、报告等档案的归档管理。

国家质检总局建立食品生产加工环节风险监管分析研判工作例会制度，定期或不定期组织食品检验机构、省级质量监督部门和相关专家，开展风险监测结果的综合分析研判，研讨风险处置措施，研究确定监管重点。

国家质检总局对风险监测中发现的系统性、区域性食品质量安全问题，通报有关省级人民政府、国务院有关部门或者行业协会，促使其组织开展区域性、行业性食品质量安全专项整治。

8.3.5 监测结果通报

国家质检总局定期向国务院食品安全委员会办公室、卫生行政等相关部门通报食品生产加工环节风险监测情况。对食品生产加工环节风险监测工作进行年度总结分析，报告国务院。

8.3.6 工作考核

国家质检总局负责组织对承担风险监测任务的食品检验机构的考核和人员培训。考核结果作为确定下一年度承担风险监测任务的依据。考核内容应包括食品生产加工环节风险监测工作执行情况、采样工作情况、检验工作和监测数据准确性、监测数据和分析报告上报及时性等。

8.4 风险监测工作程序

8.4.1 采样

各监测检验机构应严格按照风险监测计划工作程序，细化采样方案，建立风险监测工作档案，确保工作质量和工作进度。

保证样品的科学性、代表性和时效性。监测检验机构采样人员应具备专业资质，严格遵循风险监测计划采样要求，应在生产企业成品库待检区、原辅材料库或生产线终端等处采样，优先采集邻近采样日生产的产品及原辅料，生产日与采样日间隔一般不超过3个月。

各级质监部门应积极配合和支持风险监测采样工作。协助、配合做好风险监测相关工作，是各级质量技术监督部门履行监管职责的重要组成部分。各省级质量监督部门应组织和指导基层局配合和支持各监测检验机构采样工作，切实履行监管责任，为食品生产加工环节风险监测工作的顺利开展发挥积极作用。对于承检机构难以完成采样任务的产品，当地省级质量监督部门应积极协调支持承检机构在当地适检生产企业完成采样计划。

8.4.2　检验

严格遵循计划开展检验和判定。各监测检验机构在实施样品检验过程中，应严格按照指定的检验方法和判定标准开展检测和判定，不得随意变更。对确需调整的，应及时报告风险监测工作秘书处，由其与相关机构、专家研究后，报食品司批准后统一调整。应优先安排非食用物质、致病菌等高风险项目的检验。此外，保质期短的样品也应优先安排检验。

8.4.3　监测结果报送

监测检验机构要提高风险意识，及时、准确报送监测结果，严格执行风险监测信息报告制度。各监测检验机构通过“食品生产加工环节风险监测数据系统”上报监测结果。

检出非食用物质和致病菌等高风险项目问题的，监测检验机构在结果确认后 24 小时内以传真的形式报告生产企业所在地省级质量监督部门，并传真抄报质检总局食品司和风险监测工作秘书处。对检出食品添加剂超范围或超限量（简称“两超”）、品质指标不达标、微生物和重金属超标等问题的，监测检验机构应定期向相关省级质量监督部门报告一次，以便及时处理。

对于食品原辅料检出问题的，应同时向食品生产企业所在地省级质量监督部门和食品原辅料生产企业所在地省级质量监督部门报告。

8.4.4　风险监测结果的处理及报告

风险监测是对客观存在问题的一种发现手段，为监管工作提供线索和方向，起到引导和预警的作用，对落实监管责任、化解安全风险起到重要作用。各省级质量监督部门应高度重视风险监测工作，及时组织问题样品风险信息的调查和核实，科学发挥监测数据信息的作用，重点督促企业落实质量安全主体责任，查找风险原因，发现问题本质，在这个过程中尽力帮助企业化解食品生产加工环节系统性、区域性风险。

8.4.4.1　高风险项目问题样品报告

各省级质量监督部门应高度重视对高风险项目问题样品的调查处理，根据监测检验机构问题样品报告提供的线索，在第一时间组织调查核实，切实查找企业落实质量安全主体责任过程中存在的问题，督促企业查明原因、及时整改、化解风险。

8.4.4.2　食品添加剂等项目问题样品报告

对检出食品添加剂超范围或超限量（简称“两超”）、品质指标不达标、微生物和重金属超标等问题的，各省级质量监督部门应与监督抽查、专项检查、日常监管相结合，逐步摸清和掌握本地区此类问题出现的原因和规律，研究从生产加工环节加强添加剂使用管理等有针对性的控制措施和风险化解应对之策。

8.4.4.3　问题样品报告不能作为处罚企业的直接依据

在调查处理中，如发现生产企业确实存在违法违规行为的，应根据调查结果依法处理，并对发现问题企业的产品进行跟踪监测，扩大监测范围和频次，防止出现系统性、区域性风险。

8.4.4.4　及时报告风险信息和调查核实情况

有关省级质量监督部门应按要求将问题样品调查、核实及处理等有关情况报告质检总局食品司。对于检出非食用物质和致病菌等高风险项目的，各省级和基层质量监督部门应按相关要求及时将有关情况报告当地同级人民政府，争取地方政府对食品安全问题和食品生产监管工作的重视和支持，在当地政府领导下开展相关工作，并向质检总局食品司反馈调查核实及处理情况。对检出食品添加剂“两超”、品质指标不达标、微生物和重金属超标等问题的，也应及时调查核实，依法处理，并可根据实际情况，进行半年或一年期的综合分析，报告当地同级人民政府，并向质检总局食品司反馈。

8.4.5 风险分析研判

质检总局建立食品生产加工环节风险监管分析研判工作例会制度，定期组织技术机构、省级质量监督部门和相关专家开展风险监测结果综合分析研判，查找问题原因，研究确定监管重点。

各省级质量监督部门、各监测检验机构和风险监测工作秘书处应增强风险意识，加强监测数据的总结分析，为提高食品安全风险管理和监管工作有效性提供科学支撑。

8.5 风险监测信息管理

《食品安全法》第八十二条规定：国家建立食品安全信息统一公布制度。下列信息由国务院卫生行政部门统一公布：(1) 国家食品安全总体情况；(2) 食品安全风险评估信息和食品安全风险警示信息；(3) 重大食品安全事故及其处理信息；(4) 其他重要的食品安全信息和国务院确定的需要统一公布的信息。

前述第 (2) 项、第 (3) 项规定的信息，其影响限于特定区域的，也可以由有关省、自治区、直辖市人民政府卫生行政部门公布。县级以上农业行政、质量监督、工商行政管理、食品药品监督管理部门依据各自职责公布食品安全日常监督管理信息。食品安全监督管理部门公布信息，应做到准确、及时、客观。

按照国家质检总局《关于进一步加强产品质量安全风险信息管理工作的指导意见》(以下简称《意见》) 的有关要求，质检总局决定以食品 (包括食品添加剂、食品相关产品和化妆品) 安全风险信息管理为重点，在系统内先行建立相关工作制度，形成相关工作机制，特制定方案如下。

8.5.1 工作原则

以实现食品安全风险信息有效管理为突破口，本着“早发现、早研判、早预警、早沟通、早报告、早处置”的原则，做到主动应对、及时反应、有效处置、全面控制，切实抓好食品安全风险信息管理工作。

8.5.2 工作机构

(1) 质检总局成立食品安全风险信息管理领导小组，负责组织协调工作。质检总局食品司、食品局、动植司、办公厅等相关部门分别成立或指定专门处室、人员，负责全国食品生产加工和进出口环节的食品安全风险信息管理工作。食品司、食品局、动植司司(局) 长和一位副司 (局) 长负责和主抓相关职责范围的食品安全风险信息管理工作，各业务处处长参与，并指定专人负责职责范围内的风险信息管理工作。

(2) 各地两局参照质检总局成立领导小组，设立或指定专门机构、专人负责组织协调本辖区的食品安全风险信息管理工作，并将有关责任单位、人员上报总局备案。各地基层工作机构及责任人由两局确定。

(3) 标准院、检科院、信息中心、标准法规中心等有关直属单位和各地两局的相关直属机构，应设定专门机构、人员负责职责范围内的食品安全风险信息管理工作。

（4）质检总局机关有关直属单位、各地两局可根据工作需要，确定系统外的事业、企业单位作为食品安全风险信息的预报单位，或聘请专人作食品安全风险信息报告员。

8.5.3　工作制度

根据《意见》规定，加强食品安全风险信息管理应不断完善以下八项工作制度。

8.5.3.1　风险信息监测制度

各级质检机构应建立食品安全风险信息主动监测制度，做到“早发现”。

8.5.3.2　检验检测

质检总局食品司、食品局、动植司应按照全国食品安全风险监测计划，制定食品生产加工环节和进出口环节的食品安全风险监测方案并组织实施。各地两局应按照总局和当地政府的监测方案，组织实施本辖区的食品安全风险监测工作。其他相关直属单位可按照分配任务做好本部门的风险监测工作。各地两局可以结合日常监管和当地的实际情况，如本地区源头管理情况、产品特点、生产工艺、企业信誉、区域经济发展状况和行业、消费者反映等信息，组织开展专项风险监测。各有关部门和单位应及时收集、整理、汇总监测数据和信息并及时上报。

8.5.3.3　收集风险信息

各级质检部门和业务工作机构对收集到的食品安全风险信息应认真筛查分析，对定性为风险信息的应提出处理意见并随时报送。需要采取处置措施的应同时实施，以控制事态进一步扩大。

系统内各业务主管部门也应当对职责范围内的媒体网络信息主动进行收集整理和报送。办公厅新闻办负责收集境内中央媒体、主要都市类媒体、中央新闻网站和主要商业网站的风险信息，信息中心负责收集境外主要媒体和官方网站的风险信息，检科院、标准法规中心负责收集境外专业类媒体和网站的风险信息。各地质检部门应当指定专门机构负责收集地方各类媒体网络信息。上述单位对媒体网络信息收集后，经过整理，提出建议，分送有关业务工作部门处理。

质检总局各业务主管部门应根据职责做好境外政府主管部门、使领馆通报或者企业（包括进出口企业）报告的风险信息收集工作。标准委负责 CAC 通报信息收集，动植司负责 OIE、IPPC 通报信息收集，食品局负责 WHO 通报信息收集，食品司负责有关国际组织通报信息收集。珠海检验检疫局负责 OIE 疫情信息收集，检科院负责植物疫情信息收集，标法中心负责 WTO/SPS/TBT、IPPC 信息收集，检科院负责 WHO、CAC 信息收集，北京检验检疫局负责收集 WHO 相关疫情信息。各地两局也应当指定机构关注和收集境外通报的有关信息。上述单位对境外通报信息统一收集后，应按职能分工转有关业务主管部门处理。

8.5.3.4　组织明察暗访

质检总局有关司局、各地两局可以委托、指定、组织专门机构或人员进行明察暗访。质量万里行促进会应组织专项明察暗访。

8.5.3.5　信息筛查和报送制度

各级质检机构对工作中发现的食品安全风险信息应做到“早报告”。

8.5.3.6 核准风险信息

各级食品监管部门（包括相关部门）、机构或个人应按照《意见》要求对工作中收集到的食品安全风险信息从速核准，确定信息来源、主要内容、风险危害程度、危害对象、社会影响（包括境内外媒体、公众关注程度）等，根据分析筛查结论，提出初步处理意见。属于一般性食品安全信息的按照工作职能依法处理，重要风险信息须按照《意见》要求报送。

8.5.3.7 风险信息筛查标准

鉴于食品安全风险涉及面广，并具有不确定性，按照《意见》分类，初步确定以下几种筛查标准。

（1）符合以下情形之一的，确定为一级风险信息。

——已经造成人员伤亡的违法添加物、不明化学物质或其他物质、特殊食品处理工艺（包括行业潜规则）；

——危害特别严重的突发食品安全事件，没有人员伤亡，但影响地域广泛（如波及或超出省级行政区域），受到境内外广泛关注，造成巨大经济损失，影响产业发展安全，甚至危及经济社会发展安全或社会安定；

——对进出口食品、农产品贸易造成特别严重影响的；

——引发政治关注或外交事件的；

——需要作出一级响应的重大动植物疫情；

——需要质检总局或省级政府统一协调组织处置的。

（2）符合以下情形之一的，确定为二级风险信息。

——违法添加物、不明化学物质或其他物质、特殊食品处理工艺（包括行业潜规则）；

——地域性突发食品安全事件，并呈扩大态势；

——对进出口食品、农产品贸易造成影响的；

——有可能引发政治关注或政治事件的；

——引发社会关注的；

——重大动植物疫情；

——需要质检总局或省级政府关注的。

（3）符合以下情形之一的，确定为三级风险信息。

——有可能引发二级风险信息所列情形的；

——尚不构成一、二级风险信息的；

——需要进一步研判的风险信息；

——需要引起系统内关注的信息。

8.5.3.8 风险信息报送要求

报送食品安全风险信息应遵循《意见》的各项要求。总的报送原则是及时处置、及时报送，但报送信息应准确、详实，如：信息概述、信息来源、收集时间、产品种类、产品数（重）量、产品流向、生产企业（名称、地址、联络方式）、检测数据、判定标准、检测机构、处置情况及进一步处置意见等。需要保密或暂时不宜公开的，应遵守保密规定。

各单位对一、二级风险信息，应在第一时间同时用文字、电话、网络（信息平台）等方式立即报送上级部门，并可以直接报送总局办公厅和有关业务司局。对三级风险信息应当天通过信息平台报送上级部门。

8.5.4 风险信息研判制度

各级质检机构对收到的食品安全风险信息应立即作出研判，必要时立即组织检验机构部署检验，以准确定性。

一般情况下，在形成研判结论的同时必须提出处置意见。研判工作主要由各地两局食品监管部门和质检总局食品司、食品局或动植司负责并组织实施，各地两局下属市级局和分支机构风险信息研判工作的组织实施由各部门主管食品监管工作的处室负责并组织实施。组织专家、技术人员或调查研判，应用书面通知技术机构或专家组，并指定负责人，研判结果也应以书面方式报告。

各地两局和有关直属机构应推荐研判技术机构和专家名单，报质检总局食品司、食品局、动植司商有关部门确定全系统的研判技术机构和专家名单。

三级研判：由各地两局组织实施，并立即处置。

二级研判：由各地两局和质检总局食品司、食品局或动植司组织实施。研判后，可直接给出研判结论并进行处置。各地两局也可视情况将二级研判结论报质检总局食品司、食品局或动植司确认，并形成最终研判结论。

一级研判：在各地两局组织实施二级研判的基础上，质检总局食品司、食品局或动植司进一步组织研判，有关结论和处置建议报质检总局领导，由质检总局领导批准后组织进行。

8.5.5 风险信息处置制度

各级质检部门应按照《意见》规定的有关原则对食品安全风险信息“早处置”。原则上，确认风险信息的本级质检部门能处理的应立即处理，并上报处理结果。

二级风险信息处置工作由各地两局和质检总局有关司局组织实施。质检总局食品司、食品局、动植司负责协调、指导。一级风险信息的处置工作应当由质检总局食品司、食品局、动植司商有关部门提出意见，经质检总局领导批准后组织实施。需要请示地方人民政府或商有关部门共同处置的，相关部门应当主动报告和协调，沟通一致后再作处置。

对需要派人到现场进行处置的，如企业生产现场等，应配备质检稽查或执法人员，必要时商请地方政府或有关部门派遣公安、武警、工商、海关等人员执法。

8.5.6 风险信息通报和报告制度

各级质检部门对研判定性的食品安全风险信息进行风险分析，有效跟踪动态，做到“早预警、早沟通”。

（1）按照《食品安全法》的要求，各级质检部门应当及时向同级卫生行政部门通报食品安全风险信息，发现食品安全事故，或者接到有关食品安全事故的举报，应当立即向卫生行政部门通报。

（2）经确认的一、二级风险信息应同时向上级和地方政府通报。需要向国务院有关部门通报的由质检总局有关司局负责。需要向国务院报告的由质检总局领导批准后报送。

（3）需要商有关部门共同研判和处置的，一般由各地两局和质检总局食品司、食品局、动植司负责通报、协调。各地两局和质检总局食品司、食品局、动植司应制定信息通报表格，并明确相应的通报部门。

（4）地方两局和质检总局食品司、食品局、动植司应当建立定期的风险信息交流制度，加强风险信息交流，特别是形成实验室检测风险信息的分享机制。紧急情况下，确认风险信息的部门可先行通过电话、网络等方式通报。

8.5.7 风险信息公开制度

各级质检部门应按照《意见》要求妥善做好风险信息处置的公开公布工作，避免引发炒作。需要对外公布的风险信息研判、处置情况，须按照《食品安全法》和《质检系统信息管理办法》等规定公布。系统内任何个人、单位未经批准或授权，不得擅自对外发布风险信息及处置情况。

对于境内外媒体、组织机构、个人要求公布的风险信息及处置意见、情况，应当按照对外发布公告、消息的规定程序处理。

8.5.8 企业报告制度

(1) 各地两局应当要求辖区内被监管食品、农产品生产企业对已发现的风险信息（包括召回和处理情况）报告相关部门。

(2) 对发现的风险信息涉及某食品、农产品生产企业的，相关部门应当责成有关企业书面报告风险信息，内容应及时、准确、详实。

(3) 食品、农产品生产企业应当设立专职的风险信息报告员，有关姓名、联络方式等必要信息应向有关主管部门备案。

8.5.9 信息举报奖励制度

各级质检部门应通过媒体网络公布食品安全风险信息举报电话、电子信箱或手机短信专号，鼓励社会各界举报食品安全风险信息，对做出优异成绩的单位或个人按照有关规定给予奖励。

为快速有效地处置重要食品安全风险信息（如食品安全事故、事件)，各级质检部门应建立健全本辖区的风险信息管理制度和保障措施，重点做好以下工作。

(1) 食品安全风险的应急处置原则是分级负责，急事先办，做到对食品安全风险早发现、早研判、早预警、早处置，有效地避免和遏制涉及质检监管职能的重大食品安全事件，消减食品安全危害程度，最大限度地保护消费者的健康生命安全。

(2) 对主动监测发现或研判确认的一级风险信息或重大问题须逐级、第一时间上报质检总局，同时各级部门都应采取相应措施控制危害。

(3) 对一时难以准确研判或依法处置的，但社会关注度较高，已造成一定社会影响的食品安全风险信息，应当由职能部门发布预警信息或采取防范措施，有关情况立即报送各地两局或质检总局食品司、食品局、动植司。此类风险信息一般不对外公开，如确需对外公布的，应当按照规定报批。

(4) 对境外发生的食品安全事件或相关问题，如涉及国内或进出口食品、农产品安全的，应当及时通过国外主管机构、外交途径（驻华使领馆、驻外使领馆）或进出口企业核准情况，及时发布预警信息，必要时由质检总局食品局、动植司商有关部门提出处置意见，立即采取进出境预防应急措施。

(5) 涉及相关部门监管职责范围或一时不能明确监管范围的风险信息，应当主动和相关部门通报协调，特别是报告地方政府或牵头管理部门，但不得事先对外发布信息或意见。

(6) 探索形成及时应对媒体和发布公告（消息）的工作模式。

(7) 各级质检部门应建立风险信息管理值班制度。主管领导亲自带班，确保 24 小时无缝隙对接，并指定至少 2 名食品安全风险信息应急联络员，明确应急职守纪律，并配备必要的工作条件，包括专用联络手机、笔记本电脑、无线上网卡、应急交通工具（或交通费）等。质检总局将统一印发全系统的风险信息应急联络员通讯录。

（8）要求各受监管食品生产企业制定食品安全风险信息应急方案，并配备1至2名应急联络员。

（9）各级质检部门应建立风险信息档案管理制度，每日记录风险信息，须经主管领导审核后归档，有效期至少3年。

8.6　风险监测工作要求

8.6.1　工作纪律

（1）参与风险监测工作的人员应当秉公守法、廉洁公正，不得弄虚作假。禁止与采样企业有利害关系的人员参与采样和检测等相关工作。

（2）承检机构应当按照监测计划的要求，按时完成任务，如实上报监测数据和分析报告，不得瞒报、谎报，并对检测结果的真实性负责。

（3）食品生产加工环节风险监测数据和有关信息不得用于广告、商业宣传等。任何单位和个人不得利用监测结果进行有偿活动。

（4）质量监督部门对食品生产加工环节风险监测的结果，经调查核实企业确定存在违法行为的，应依法予以处罚。

（5）各质量监督部门和承担食品生产加工环节风险监测工作的食品检验机构，应将风险监测计划、监测数据、原始记录、问题样品报告等工作文件作为内部资料妥善保存。未经批准，任何单位和个人不得擅自泄露和对外发布食品生产加工环节风险监测数据和相关信息。

（6）食品生产加工环节风险监测不得向被采样企业收取费用，监测样品由采样人员向被采样企业购买。

（7）对于未按风险监测要求进行采样、检测、数据报送和问题样品报告等工作的食品检验机构，由国家质检总局进行通报批评、责令整改；情节严重的，由国家质检总局暂停或取消其承担风险监测任务的资格。

对于违反风险监测工作纪律的工作人员，由其所在单位进行严肃处理。

（8）承担风险监测任务的食品检验机构伪造检测结果或因出具检测结果不实而造成重大影响和损失的，按照《食品安全法》第九十三条处罚。

8.6.2　其他要求

（1）省级质量监督部门可以参照《食品生产加工环节风险监测管理办法》组织开展本辖区食品生产加工环节风险监测工作。

（2）鼓励有条件、有能力的食品检验机构对加工食品潜在风险因素开展探索性测试研究，积累基础性数据。

参考文献

[1] 王竹天，杨大进主编．食品中化学污染物及有害因素监测技术手册［M］．北京：中国标准出版社，2011.

[2] 吴永宁主编．食品污染监测与控制技术——理论与实践［M］．北京：化学工业出版社，2011.

第9章 监督抽查制度

9.1 制度概述

《食品安全法》第六十条：县级以上质量监督、工商行政管理、食品药品监督管理部门应当对食品进行定期或者不定期的抽样检验。《产品质量法》第十五条规定，国家对产品实行以抽查为主要方式的监督检查制度。根据监督抽查的需要，可以对产品进行检验。上述法律确立了我国的食品抽样检验制度和产品（含食品）监督抽查制度。目前，质检部门将两项制度统称为监督抽查制度。实施时，质检总局监督司负责产品质量国家监督抽查，食品司负责食品专项监督抽查。监督抽查是由产品质量监督部门依法组织各有关质量技术监督部门和产品质量检验机构对企业生产的各种食品，依据有关规定进行抽样、检验，并对抽查结果依法公告和处理的活动。监督抽查是国家对食品质量安全进行监督检查的主要方式。监督抽查的目的是通过监督检验确认企业生产加工的食品是否符合国家强制性标准或企业的明示标准，督促不合格食品的企业进行整改，从而提高食品生产加工企业管理水平和食品质量。

9.2 监督抽查的工作程序

实施监督抽查应包括确定抽查计划、制定抽查实施方案、抽样、检验、异议的处理与汇总、监督抽查结果处理六个程序。

9.2.1 确定抽查计划

监督抽查的产品主要是涉及人体健康和人身、财产安全的产品，影响国计民生的重要工业产品以及消费者、有关组织反映有质量问题的产品，结合时令特色的食品，各地支柱食品，以及在上一年度抽查工作中发现应列入下一年度抽查计划的食品。应当重点抽查存在倾向性质量问题的区域、质量不稳定的企业以及微生物、重金属、添加剂、有毒有害物质等重点指标。

在征求有关方面意见的基础上，制定监督抽查计划，并向有关单位下达监督抽查任务。

9.2.2 制定抽查实施方案

各级质量技术监督部门、检验机构接受监督抽查任务后应当制定抽查方案。抽查方案应当包括以下内容。

（1）适用的实施规范或者制定实施细则。

（2）抽样方法

说明抽样依据的标准，抽样数量和样本基数，检验样品和备用样品数量。

（3）检验依据

说明检验依据的标准。其检验依据设置应当符合下列原则。

1）当企业明示采用的企业标准或者质量承诺中的安全、卫生等指标低于强制性国家标准、强制性行业标准、强制性地方标准或者国家有关规定时，应以强制性国家标准、行业标准、地方标准或者国家有关规定作为检验依据。除强制性标准或者国家有关规定要求之外的指标，可以将企业明示采用的标准或者质量承诺作为检验依据。

2）没有相应强制性标准、企业明示的企业标准和质量承诺的，以相应的推荐性国家标准、行业标准作为检验依据。

（4）检验项目

检验项目应当突出重点，主要选择涉及人体健康和人身安全的项目及主要的性能、理化指标等。

（5）判定规则

有关国家标准或者行业标准中有判定细则的，原则上按标准的规定进行判定。标准中没有综合判定的，可以由承担抽查任务的检验机构提出方案，经相关任务下达部门批准同意后执行。

（6）提出被抽查企业名单

确定抽查企业时，应当突出重点并具有一定的代表性，大、中、小型企业应当各占一定的比例，同时要有一定的跟踪抽查企业的数量。必要时，可以专门指定被抽查企业的范围。

（7）抽查经费预算

抽查经费预算应当按照不盈利的原则制定，主要包括检验费、差旅费、样品运输费、公告费等。

监督抽查方案中的抽样、检验依据、检验项目、判定规则等内容应当坚持科学、公正、公平、公开的原则。

抽查方案经相关任务下达部门审查批准后，向承检机构出具《监督抽查任务书》、《监督抽查通知书》。

9.2.3 实施抽样

9.2.3.1 抽样人员要求

抽样人员应当是承担监督抽查的部门或者检验机构的工作人员。抽样人员应当熟悉相关法律、法规、标准和有关规定，并经培训考核合格后方可从事抽样工作。

监督抽查抽样人员按各地要求组成。但国家监督抽查抽样人员应当由被抽查企业所在地的省级质量技术监督部门指派的人员和承检单位的人员组成。

抽样人员不得少于2名。抽样前，应当向被抽查企业出示组织监督抽查的部门开具的监督抽查通知书或者相关文件复印件和有效身份证件，向被抽查企业告知监督抽查性质、抽查产品范围、实施规范或者实施细则等相关信息后，再进行抽样。

抽样人员应当核实被抽查企业的营业执照信息，确定企业持照经营。对依法实施行政许可和相关资质管理的产品，还应当核实被抽查企业的相关法定资质，确认抽查产品在企业法定资质允许范围内后，再进行抽样。

抽样人员抽样时，要将该企业现场生产条件、卫生状况、工作状态以及封样情况等，简要记录在抽样单上；必要时，可进行现场录像或照相，其资料留存到异议期过后。

抽样人员抽样时，若发现企业有违法生产行为的，要立即报告给被抽检企业所在地的质监部门，由当地质监部门依法进行查处。

抽样人员抽样时，应当公平、公正，不徇私情。

9.2.3.2 样品要求

抽查的样品应当在企业成品仓库内的待销产品中抽取，并保证样品具有代表性。抽取的样品应当是经过企业检验合格的近期生产的产品。遇有下列情况之一的，不得抽样：

（1）被抽查企业无《监督抽查通知书》所列产品的；

（2）产品未经企业检验合格的；

（3）有充分证据证明拟抽查的产品为企业自产自用且非用于销售的；

（4）产品为按有效合同约定而加工、生产的；

（5）抽样时有充分证据证明该产品用于出口，并且出口合同对产品质量另有规定的；

（6）产品标有“试制”或者“处理”字样的；

（7）产品抽样基数不符合抽查方案要求的。

抽样人员封样时，应当使用封签标识，有防拆封措施，以保证样品的真实性。

未抽到样品情况的处理：

（1）企业转产、停产或暂不生产计划所列产品的，应查验库房和出货单，确认无误后请企业出具情况说明，并加盖公章，与抽查总结材料一并上报；若该企业一旦恢复生产，当地质监部门应及时抽样，将样品送承检机构检验。

（2）由于企业倒闭或其他客观原因抽不到样且无法出具企业证明的，由抽样人员出具抽样过程情况说明，加盖当地质监部门公章后，与抽查总结材料一并上报。

（3）被抽查企业无正当理由拒绝监督抽查的，抽样人员应当填写拒绝监督抽查认定表，列明企业拒绝监督抽查的情况，由企业人员、当地质监部门和抽样人员共同确认；企业拒不签字的，当地质监部门和抽样人员共同确认也可，并报组织监督抽查的部门。

9.2.3.3 抽样单填写要求

抽样工作结束后，抽样人员应当地填写抽样单。抽样单中有关企业名称、商标、规格型号、生产日期、抽样日期、抽样基数、抽样数量、执行标准、检验依据、是否为合格待销产品、是否为出口产品、该批产品是否有合同、生产许可证和获证的情况等内容必须逐项填写清楚。企业需要特别陈述的内容，在备注栏中加以说明。

抽样单必须有抽样人员和被抽样企业有关人员签字，并加盖被抽样企业公章。对特殊情况，可由当地质量技术监督部门予以确认。

如所抽样品执行的是企业标准时，应当将该企业标准的文本复印件和样品一同带走，并妥善保管。

如产品为委托加工，且加工合同对产品和质量有明确要求的，抽样人员必须要求企业当场提供委托加工备案手续或者合同复印件，并要求企业负责人在复印件上签字、加盖公章。如企业拒不提供合同，或者合同对产品和质量无明确要求的，要向企业说明情况，产品必须按照本办法的要求进行检验、判定，并做好告知记录。

企业如有需要特别陈述的情况，抽样人员应当在备注栏中加以说明。

抽样单一式四份，分别留存检验机构和企业，寄送当地省级质量技术监督部门和报送国家质检总局。

抽取样品一般应全数由抽样人员负责携带或者寄送至承担检验工作的检验机构。对于易碎品和有特殊贮存条件的样品，抽样人员应当采取措施，保证样品运输过程中状态不发生变化。需要企业协助寄、送样品的，企业应在规定时间内将样品寄、送指定的检验机构。无正当理由不寄、送样品的，按拒检论处。

特殊情况下，抽取的备用样品可以封存在企业，由被检企业妥善保管。企业不得擅自更换、处理已抽查封存的样品。

一旦在市场抽取样品时，抽样单位应当以特快专递形式书面通知产品包装或者铭牌上标称的生产企业，确认产品真伪等情况。

生产企业有异议的，应当于接到通知之日起15日内向组织监督抽查的部门提出，并提供证明材料。逾期无书面回复的，视为无异议。

组织监督抽查的部门应当核查生产企业提出的异议。样品不是产品标称的生产企业生产的，移交销售企业所在地的质监部门依法处理。

9.2.4　实施检验

检验机构接收样品时应当检查、记录样品的外观、状态、封条有无破损及其他可能对检验结果或者综合判定产生影响的情况，并确认样品与抽样文书的记录是否相符，对检验和备用样品分别加贴相应标识后入库。

在不影响样品检验结果的情况下，应当尽可能将样品进行分装或者重新包装编号，以保证不会发生因其他原因导致不公正的情况。

检验机构应当妥善保存样品。制定并严格执行样品管理程序文件，详细记录检验过程中的样品传递情况。

检验过程中遇有样品失效或者其他情况致使检验无法进行的，检验机构必须如实记录即时情况，提供充分的证明材料，并将有关情况上报组织监督抽查的部门。

检验原始记录必须如实填写，保证真实、准确、清晰，并留存备查；不得随意涂改，更改处应当由检验人员签名。

对需要现场检验的产品，检验机构应当制定现场检验规程，并保证对同一产品的所有现场检验遵守相同的规程。

除因样品失效或者其他情况致使检验无法进行外，检验机构应当出具抽查检验报告，检验报告应当内容真实齐全、数据准确、结论明确。

检验机构应当对其出具的检验报告的真实性、准确性负责。禁止伪造检验报告或者其数据、结果。

检验工作结束后，检验机构应当在规定的时间内将检验报告及有关情况报送组织监督抽查的部门。国家监督抽查同时抄送生产企业所在地的省级质量技术监督部门。

检验结果为合格的样品应当在检验结果异议期满后及时退还被抽查企业。检验结果为不合格的样品，应当在检验结果异议期满三个月后退还被抽查企业。

样品因检验造成破坏或者损耗而无法退还的，应当向被抽查企业说明情况。被抽查企业提出样品不退还的，可以由双方协商解决。

9.2.5　异议的处理与汇总

被抽查企业或者经过确认了样品的生产企业对检验结果有异议的，应当在接到《监督抽查检验结果通知单》之日起15日内，向组织实施监督抽查任务的质量技术监督部门提出书面报告，并抄送检验机构。逾期未提出异议的，视为承认检验结果。

若为国家监督抽查任务时，国家质检总局可以委托省级质量技术监督部门、检验机构处理企业提出的异议。

检验机构收到企业书面报告，需要复验时，经任务下达单位同意，应当按抽查方案采用备用样品检验，并应当在10日之内作出书面答复。若为国家监督抽查任务时，复验结果抄报国家质检总局，抄送企业所在地的省级质量技术监督部门。

特殊情况下，由任务下达单位指定检验机构调整进行复验。

9.3 监督抽查结果处理

组织监督抽查的部门应当汇总分析监督抽查结果，依法向社会发布监督抽查结果公告，向地方人民政府、上级主管部门和同级有关部门通报监督抽查情况。对无正当理由拒绝接受监督抽查的企业，予以公布。

对监督抽查发现的重大质量问题，组织监督抽查的部门应当向同级人民政府进行专题报告，同时报上级主管部门。

负责监督抽查结果处理的质量技术监督部门（以下简称负责后处理的部门）应当向抽查不合格产品生产企业下达责令整改通知书，限期改正。

监督抽查不合格产品生产企业，除因停产、转产等原因不再继续生产的，或者因迁址、自然灾害等情况不能正常办公且能够提供有效证明的以外，必须进行整改。

企业应当自收到责令整改通知书之日起，查明不合格产品产生的原因，查清质量责任，根据不合格产品产生的原因和负责后处理的部门提出的整改要求，制定整改方案，在30日内完成整改工作，并向负责后处理的部门提交整改报告，提出复查申请；企业不能按期完成整改的，可以申请延期一次，并应在整改期满5日前申请延期，延期不得超过30日；确因不能正常办公而造成暂时不能进行整改的企业，应当办理停业证明，停止同类产品的生产，并在办公条件正常后，按要求进行整改、复查。企业在整改复查合格前，不得继续生产销售同一规格型号的产品。

监督抽查不合格产品生产企业应当自收到检验报告之日起停止生产、销售不合格产品，对库存的不合格产品及检验机构退回的不合格样品进行全面清理；对已出厂、销售的不合格产品依法进行处理，并向负责后处理的部门书面报告有关情况。

对因标签、标志或者说明书不符合产品安全标准的产品，生产企业在采取补救措施且能保证产品安全的情况下，方可继续销售。

监督抽查的产品有严重质量问题的，依照《产品质量监督抽查管理办法》第四章的有关规定处罚。

负责后处理的部门接到企业复查申请后，应当在15日内组织符合法定资质的检验机构按照原监督抽查方案进行抽样复查。

监督抽查不合格产品生产企业整改到期无正当理由不申请复查的，负责后处理的部门应当组织进行强制复查。

复查检验费用由不合格产品生产企业承担。

监督抽查不合格产品生产企业有下列逾期不改正的情形的，由省级以上质量技术监督部门向社会公告：

（1）监督抽查产品质量不合格，无正当理由拒绝整改的；

（2）监督抽查产品质量不合格，在整改期满后，未提交复查申请，也未提出延期复查申请的；

（3）企业在规定期限内向负责后处理的部门提交了整改报告和复查申请，但并未落实整改措施且产品经复查仍不合格的。

监督抽查发现产品存在区域性、行业性质量问题，或者产品质量问题严重的，负责后处理的部门可以会同有关部门，组织召开质量分析会，督促企业整改。

各级质量技术监督部门应当加强对监督抽查不合格产品生产企业的跟踪检查。

监督抽查不合格产品及其企业的质量问题属于其他行政管理部门处理的，组织监督抽查的部门应当转交相关部门处理。

9.4 监督抽查工作要求

监督抽查的产品主要是涉及人体健康和人身、财产安全的产品，影响国计民生的重要工业产品以及消费者、有关组织反映有质量问题的产品。

监督抽查不得向被抽查企业收取检验费用。国家监督抽查和地方监督抽查所需费用由同级财政部门安排专项经费解决。

对依法进行的监督抽查，企业应当予以配合、协助，不得以任何形式阻碍、拒绝监督抽查工作。

凡经上级部门监督抽查产品质量合格的，自抽样之日起 6 个月内，下级部门对该企业的该种产品不得重复进行监督抽查，依据有关规定为应对突发事件开展的监督抽查和对食品开展的监督抽查除外。

第10章 标签监管制度

10.1 标签监管制度概述

10.1.1 标签的定义

《食品安全法》规定食品标签是食品包装上的文字、图形、符号及一切说明物。具体指粘贴、印刷、标记在食品或者其包装上，用以表示食品名称、质量等级、商品量、食用或者使用方法，生产者或者销售者等相关信息的文字、符号、数字、图案以及其他说明的总称。

10.1.2 标签在食品中的作用

食品标签显示了食品组成成分、食品的特征和性能、食品营养信息、食品食用的注意事项等相关信息，是消费者获得预包装食品内在信息的重要途径，也代表了生产者对消费者的承诺。食品生产者通过标签向消费者说明食品质量特性、新鲜程度、品质、营养成分和营养价值等属性，引导消费者根据自己的需要，合理选择食品。

标签在保护消费者利益、促进公平的食品贸易方面发挥着重要的作用。由于在食品标签上体现出食品的质量和安全性，既保护了消费者的利益和健康，也维护了食品制造者的合法权益。

同时标签也是质量安全监管机构的重要监督检查依据。

由于食品标签显示了食品的质量和安全性，关系到消费者的利益和健康，也关系食品生产者的合法权益。因此，食品标签是质量安全监管工作中重要的一项监管内容。

10.1.3 法律对标签的要求

《食品安全法》第四十二条规定：预包装食品的包装上应当有标签。并明确了食品标签的具体要求。

《食品安全法》第四十七条规定：食品添加剂应当有标签、说明书和包装。并明确了标签的具体要求。

另外，《产品质量法》、《产品标识标注规定》、《化妆品标识管理规定》等相关法律法规均对食品相关产品和化妆品的标签标识有详细要求。

10.2 食品标签监管

10.2.1 法律法规依据

食品标签监管工作主要依据《食品安全法》及其实施条例、《产品质量法》、《食品标识管理规定》等法律法规，和《预包装食品标签通则》（GB 7718—2011）、《预包装特殊膳食用食品标签通则》（GB 13432—2004）、《预包装食品营养标签通则》（GB 28050—2011）等国家食品安全标准开展。

10.2.2 内容要求

预包装食品的包装上应当有标签。标签应当表明下列事项：1）名称、规格、净含量、生产日期；2）成分或者配料表；3）生产者的名称、地址、联系方式；4）保质期；5）产品标准代号；6）贮存条件；7）所使用的食品添加剂在国家标准中的通用名称；8）生产许可证编号；9）食品营养信息和特性；10）法律、法规或者食品安全标准规定必须标明的其他事项。

食品有以下情形之一的，应当在其标识上标注中文说明：1）医学临床证明对特殊群体易造成危害的；2）经过电离辐射或者电离能量处理过的；3）属于转基因食品或者含法定转基因原料的；4）混装非食用产品易造成误食，使用不当，容易造成人身伤害的，应当在其标识上标注警示标志或者中文警示说明；5）按照法律、法规和国家标准等规定，应当标注其他中文说明的。

食品标签推荐标示：1）批号；2）食用方法；3）致敏物质；4）其他，按照国家相关规定需要特殊审批的食品的标签标识。

10.2.3 形式要求

食品标识应当清晰、醒目、持久，标识的背景和底色应当采用对比色，使消费者易于辨认、识读。应使用规范汉字（商标除外），具有装饰作用的各种艺术字，应书写正确，易于辨认。如同时使用拼音或少数民族文字，拼音不得大于相应汉字。如同时使用外文，应与中文有对应关系（商标、进口食品的制造者和地址、国外经销者的名称和地址、网址除外），所有外文不得大于相应汉字（商标除外）。

预包装食品包装物或包装容器最大表面面积大于35cm^2时，强制标示内容的文字、符号、数字的高度不得小于1.8mm。

食品标识不得与食品或者其包装分离。食品标识应当直接标注在最小销售单元的食品或者其包装上。在一个销售单元的包装中含有不同品种、多个独立包装的食品，每件独立包装的食品标识应当按照要求进行标注。透过销售单元的外包装，不能清晰地识别各独立包装食品的所有或者部分强制标注内容的，应当在销售单元的外包装上分别予以标注，但外包装易于开启识别的除外；能够清晰地识别各独立包装食品的所有或者部分强制标注内容的，可以不在外包装上重复标注相应内容。

10.2.4 禁止性要求

生产者对标签所载明的内容负责。食品与其标签所载明的内容不符的，不得上市销售。

食品标识不得标注下列内容：1）标示封建迷信、色情、贬低其他食品或违背营养科学常识的内容；2）以虚假、夸大、使消费者误解或欺骗性的文字、图形等方式介绍食品，不得利用字号大小或色差误导消费者；3）明示或者暗示具有预防、治疗疾病作用的内容，非保健食品明示或者暗示具有保健作用的；4）直接或以暗示性的语言、图形、符号，误导消费者将购买的食品或食品的某一性质与另一产品混淆；5）附加的产品说明无法证实其依据的；6）文字或者图案不尊重民族习俗，带有歧视性描述的；7）使用国旗、国徽或者人民币等进行标注的；8）其他法律、法规和标准禁止标注的内容。

禁止下列食品标识违法行为：1）伪造或者虚假标注生产日期和保质期；2）伪造食品产地，伪造或者冒用其他生产者的名称、地址；3）伪造、冒用、变造生产许可证标志及编号；4）法律、法规禁止的其他行为。

食品标签不得与食品或者其包装物（容器）分离。

10.3 食品添加剂标签监管

10.3.1 法律法规依据

食品添加剂标签监管工作主要依据《食品安全法》及其实施条例、《产品质量法》、

《产品标识标注规定》、《食品添加剂生产监督管理规定》等法律法规，和《食品安全国家标准复配食品添加剂通则》（GB 26687—2011）、QB/T 4003—2010《食用香精标签通用要求》等食品安全国家标准开展。

10.3.2 内容要求

食品添加剂的包装上应当有标签。标签应当表明下列事项：1）名称、规格、净含量、生产日期；2）成分或者配料表；3）生产者的名称、地址、联系方式；4）保质期；5）产品标准代号；6）贮存条件；7）生产许可证编号；8）法律、法规或者食品安全标准规定必须标明的其他事项；9）食品添加剂的使用范围、用量、使用方法，并在标签上载明“食品添加剂”字样。

复配食品添加剂产品的标签除上述应标明的事项外，还应当标明下列事项：1）产品名称、商品名；2）各单一食品添加剂的通用名称、辅料的名称；3）进入市场销售和餐饮环节使用的复配食品添加剂应标明各单一食品添加剂品种的含量，并标明“零售”字样。

食品用香精标签应标明下列事项：1）产品名称和型号，并在标签的醒目位置，清晰地标示“食品添加剂”字样。2）配料清单。3）净含量。4）制造者、分装者、经销者的名称和地址。应标示食用香精的制造、分装或经销单位经依法登记注册的名称和地址。在有协议规范且不在市场上销售的产品，可以按用户需求标示。有下列情形之一的，应按下列规定予以标示。一是依法独立承担法律责任的集团公司、集团公司的分公司（子公司），应标示各自的名称和地址。二是依法不能独立承担法律责任的集团公司的分公司（子公司）或集团公司的生产基地，可以标示集团公司和分公司（生产基地）的名称、地址，也可以只标示集团公司的名称、地址。三是受其他单位委托加工食用香精但不承担对外销售，应标示委托单位的名称和地址。5）日期标示和贮存说明。6）产品标准编号。7）许可证号。8）警示语，应标示“不可直接食用”字样。9）使用转基因食品为原料的，应在配料清单中明示。10）经辐照的产品，应在标签上标示“辐照”字样。另外，食用香精还有非强制性标识内容，主要有产品的批号或代号、适用范围、使用量和使用方法。以及为避免用户误解或混淆食用香精的真实属性、物理状态或制作方法，可以在产品名称前或产品名称后附加相应的词或短语，如水溶性香精、油溶性香精、拌和型粉末香精、微胶囊粉末香精、乳化香精、浆（膏）状香精和咸味香精等。

10.3.3 形式要求

食品添加剂的标签应当清楚、明显，容易辨识。产品或者产品销售包装的最大表面的面积小于 $10cm^2$ 的，在产品或者产品销售包装上可以仅标注产品名称、生产者名称。限期使用的产品，在产品或者产品的包装上还应当标注生产日期和安全使用期或者失效日期。其他标识内容可以标注在产品的其他说明物上。

产品标识所用文字应当为规范中文。可以同时使用汉语拼音或者外文，汉语拼音和外文应当小于相应中文。产品标识使用的汉字、数字和字母，其字体高度不得小于 1.8mm。产品标识应当清晰、牢固，易于识别。

净含量的标注应当符合《定量包装商品计量监督规定》的要求。日期的表示方法应当符合国家标准规定或者采用“年、月、日”表示。产品标识中使用的计量单位，应当是法定计量单位。

10.3.4　禁止性要求

食品添加剂与其标签、说明书所载明的内容不符的，不得上市销售。食品添加剂的标签：1）不得含有虚假、夸大的内容，不得涉及疾病预防、治疗功能；2）不得伪造或者冒用他人的名称和地址；3）不得伪造产品的产地、生产日期和失效日期；4）不得伪造或者冒用生产许可证标志、产品条码和认证标志、名优标志等质量标志以及其他质量证明。

10.4　食品相关产品标签监管

10.4.1　法律法规依据

食品相关产品标签监管工作主要依据《产品质量法》、《产品标识标注规定》、《食品用包装容器工具等制品生产许可通则》等法律法规，和《塑料制品的标志》（GB/T 16288—2008）、《塑料一次性餐饮具通用技术要求》（GB 18006.1—2009）、《食用酒精》（GB 10343—2008）、《塑料购物袋的环保、安全和标识通用技术要求》（GB 21660—2008）、《聚偏二氯乙烯（PVDC）自粘性食品包装膜》（GB/T 24334—2009）等国家标准、行业标准开展。

10.4.2　内容要求

10.4.2.1　食品用塑料制品

（1）食品用塑料制品

《塑料制品的标志》（GB/T 16288—2008）规定了塑料制品的标志，及其标志尺寸、颜色、数量和设置的位置。具体要求包括标志组成、标志图形和名称、代号以及功能性说明（功能性说明是用简单文字表述材料特定性能，如“生物分解”、“抗菌”、“高阻隔”、“耐腐蚀”、“耐老化”等的说明）和补充性说明（可对各类塑料的改性方法、加工工艺或应用领域等进行必要的补充说明）等。

回收再加工利用塑料制品，有可能被误用时，应有“非食品用”字样。食品用的塑料制品，应有“食品用”字样。

另外，对标识体系、标志的尺寸、标志的颜色及标志的制作和标志的数量以及标志设置的位置进行了规定。

（2）塑料购物袋

《塑料购物袋的环保、安全和标识通用技术要求》（GB 21660—2008）规定塑料购物袋应有环保声明、警告语和安全性说明，直接接触食品的塑料购物袋应标有“食品用”字样。同时，需要明确袋的名称、标准编号、规格、公称承重等；标识要用醒目的颜色，应不易褪色或脱落；标识应位于塑料购物袋的明显处，明确标识生产厂家名称等信息。

（3）聚偏二氯乙烯（PVDC）自粘性食品包装膜

《聚偏二氯乙烯（PVDC）自粘性食品包装膜》（GB/T 24334—2009）规定该产品如为专用于微波炉加热使用的薄膜，应标明“可供微波炉使用”、耐热温度。

（4）商品零售包装袋

应有食品包装标识，食品包装应在标志中注明，外包装也应有标志的主要内容。

（5）日用塑料袋（含保鲜袋、连卷袋）

《日用塑料袋》（GB/T 24984—2010）规定，日用塑料袋的外包装和最小销售包装应标识有：本国家标准编号；产品名称、标称承重；产品数量、规格（长度、宽度、厚度）；制造厂名；生产日期和贮存期；产品材料或种类；质量检验合格证；对宣称有保鲜功能的日用塑料袋，应在其包装上明确标识产品的标称气体透过率（氧气和二氧化碳）和标称透湿量。

（6）包装用镀铝薄膜

《包装用镀铝薄膜》（BB/T 0030—2004）规定产品的外包装上应有合格证，注明产品名称、本标准编号、规格、净重、生产日期、批号、等级、检验章、生产单位及地址，以及“怕湿、怕热、小心轻放”等标志。镀铝膜内包装上应有明显的镀铝面的标记。

（7）塑料一次性餐饮具

《塑料一次性餐饮具通用技术要求》（GB 18006.1—2009）规定包装箱内应附有说明书、标签，并注明以下内容：执行标准号；产品名称、种类、材质；生产厂名或商标、批号及生产日期；如产品声明耐高温或不耐温，应标识耐用最高温度；如产品声明可微波炉加热使用，应标识可以微波使用以及使用温度等；如产品声明可以降解，应标识降解；如产品声明是淀粉基塑料制作，应标识公称容积。

外包装箱表面应标识以下内容：执行标准号；产品名称、种类、材质；生产厂名或商标、批号及生产日期；产品数量或包装毛重、净重及体积；如产品声明耐高温或不耐温，应标识耐用最高温度；如产品声明可微波炉使用，应标识可以微波使用以及使用温度等，如不耐热油时，应标识不耐油；如产品声明可以降解，应标识降解；如产品声明是淀粉基塑料制作，应标识淀粉基塑料餐饮具等；对有容量要求的一次性餐饮具，应标识公称容积；产品贮存条件及贮存期；“食品用”字样及“防污染、防雨淋、勿压、轻放”标记。

10.4.2.2 食品用纸制品

《纸张的包装和标志》（GB/T 10342—2002）规定，根据需要，应在食品用纸制品产品外包装的明显处贴上“怕湿”、“小心轻放”、“禁用手钩”、“向上”、“堆码层数极限”等图形标志。标志应清晰、牢固、易于识别，不应随意印上不规范或自制的标志。同时，对平板纸、卷筒纸和盘纸的要求包括以下几点。

（1）平板纸的标识

应在产品外包装的明显处贴上产品标识，标识中使用的文字应为仿宋体。可以使用汉语拼音或外文，但其字号不应大于相应的中文。

1）在纸件、纸箱“对折互叠”的外包装上应贴上打印的标识，在包装木板上应用橡皮戳印上或用漏字板以不掉色油墨刷上标识，其内容应包括以下项目：制造厂的名称及厂址；产品名称、号码或牌号；定量、尺寸和等级；纸件净重（kg）和毛重（kg）；纸件、纸箱编号或条形码；生产日期；标准号。

2）合格证内容应包括以下项目：制造厂的名称及厂址；产品名称、号码或牌号；定量、尺寸和等级；纸件净重（kg）和毛重（kg）；生产日期；标准号；检查员姓名或代号。

3）标签内容应包括以下项目：定量；规格；张数。

（2）卷筒纸的标识

1）在包装好的卷筒两端贴上圆形的标识或贴上打印的标识，其内容应包括以下项目：制造厂的名称及厂址；产品名称、号码或牌号；定量、卷宽和等级；卷筒净重（kg）和毛重（kg）；卷筒编号或条形码；生产日期；标准号。

2）合格证内容应包括以下项目：制造厂的名称及厂址；产品名称、牌号；定量、卷宽和等级；卷筒净重（kg）和毛重（kg）；生产日期；标准号；检查员姓名或代号。

（3）盘纸的标识

1）在纸件、纸箱、“对折互叠”的外包装上应贴上打印的标识，在包装木箱上应用橡皮戳印上或用漏字板以不掉色油墨刷上标识，其内容应包括以下项目：制造厂的名称及厂址；产品名称、号码或牌号；定量、盘宽和等级；每件或每箱中的小包数或盘数；净重（kg）和毛重（kg）；卷筒、纸件、纸箱、木箱编号或条形码；生产日期；标准号。

2）合格证内容应包括以下项目：制造厂的名称及厂址；产品名称、号码或牌号；定量、盘宽和等级；每件或每箱中小包数或盘数；净重（kg）和毛重（kg）；生产日期；标准号；检查员姓名或代号。

10.4.2.3 食品用玻璃制品

（1）白酒瓶

《玻璃容器　白酒瓶》（GB/T 24694—2009）规定，每件产品应标明生产厂商标或标志。同时，每件包装应附合格证或合格标签，注明生产企业名称，产品名称，规格，数量，生产日期，批号，检验包装人员姓名（代号），以及“玻璃物品”等图示储运标志。

（2）啤酒瓶

《啤酒瓶》（GB 4544—1996）规定，啤酒瓶的标签标识应符合以下要求。

1）每件产品应在瓶底以上20mm范围内打有专用标记“B”，以表明是盛装啤酒的专用瓶，标记字体大小以2号印刷字体为准（长×宽约6mm×3mm）。同时应在该区域内标明生产企业的标记，生产的年、季。

2）选用适当的包装，以减少因包装运输不当对啤酒瓶质量的影响。包装材料应使产品保持清洁，并不易破碎。

3）每件包装应附合格证或合格标签，注明生产企业名称，产品名称、规格、数量、批号，检验包装人员姓名（代号），以及“易碎”、“小心轻放”等字样。

4）轻量一次性使用啤酒瓶标志、包装要求：每件产品应在肩部醒目处打上“非回收”字样，字体以1号长宋字体为准（长×宽约8mm×5.5mm，字间距约2mm～3mm），以示区别。防止与其他瓶子混淆。同时，每件包装应附合格证或合格标签，注明生产企业名称，产品名称（标明轻量非回收瓶）、规格、数量、批号，检验包装人员姓名（代号），以及“易碎”、“小心轻放”等字样。

（3）碳酸饮料玻璃瓶

《碳酸饮料玻璃瓶》（QB 2142—1995）要求每件包装产品须标明：制造厂名；产品名称；规格数量；商标或标记；制造日期或生产批号。另外，包装件应有“玻璃制品”、“小心轻放”等标志。

（4）啤酒计量杯

《啤酒计量杯》（QB 2437—1999）中对啤酒计量杯的标签标识要求包括：包装箱上应有生产厂名、厂址、品名、规格、数量、净重、毛重、生产许可证号和生产日期；产品上应标有中国强制检定“CCV”标志，计量器具制造许可证编号，制造厂家商标或标志。

（5）500毫升冠形瓶瓶口白酒瓶

《500毫升冠形瓶瓶口白酒瓶》（QB/T 3562—1999）规定：每件产品须标明生产厂商标或标志；每件包装应附产品合格证或合格标签，注明生产厂名称、地址、产品名称、规格、数量、检验包装人员姓名（或代号）和日期以及“玻璃易碎”、“小心轻放”等字样。

（6）500毫升罐头瓶

《500毫升罐头瓶》（QB/T 3563—1999）规定每件产品应附如下标记：产品名称，主要质量参数或等级；生产厂名、产品商标、生产厂地址；生产日期或出厂日期及批号；检验合格证或合格标志；检验员姓名或代号；应注明“玻璃制品”、“小心轻放”。

（7）葡萄酒瓶

《包装容器　葡萄酒瓶》（BB/T 0018—2000）对葡萄酒瓶的标签标识规定：每个产品应在瓶底以上20mm范围内标明生产企业标记；每件包装应有合格证或合格标签，注明生产企业名称、厂址、产品名称、规格、数量、生产日期、检验包装人员姓名（代号）以及“易碎”、“小心轻放”等字样。

（8）微波炉用玻璃托盘

《微波炉用玻璃托盘》（QB/T 2297—1997）中对标签标识的要求包括：产品上可刻有商标或产品图号；包装箱上的标志应符合GB/T 191的规定。

（9）人工吹制玻璃杯

《人工吹制玻璃杯》（QB/T 3560—1999）规定如下：根据订货需要，产品粘贴商标；外包装必须标明：制造商或制造厂名称、产品名称、型号、规格、数量、毛重、净重和外包装尺寸、装箱日期等，两端应有不易摩擦掉的“玻璃易碎”、“小心轻放”等标志。

10.4.2.4　食品用陶瓷、搪瓷制品

（1）食品用陶瓷

《日用陶瓷器包装、标志、运输、贮存规则》（GB/T 3302—2009）规定：

1）包装标志应正确、清晰、齐全、牢固，符合GB/T 191的要求。

2）标志应包括如下内容：产品的名称、规格、数量；产品质量标准、质量等级及检验合格标志；“易碎物品”、“怕雨”标志；包装件的规格尺寸、毛重、净重、货号、生产批号；生产企业名称、地址、条形码；国家规定应标示的其他标志。

3）标志还可包括：电话、邮箱、网址、商标、经过授权使用的第三方符合性标志等。

4）标志文字应使用国务院正式公布实施的规范化汉字。根据贸易合同或进口国（地区）的具体要求，出口产品应使用英文或该国家（地区）的官方文字。

5）标志的计量单位应使用国家法定计量单位，内装产品以“件”为数量单位。

6）产品的标志和文字不应有差错。

7）不允许箱面字体潦草、印刷模糊、颜色沾污严重。

8）因包装件的形状不规则或外形尺寸较小而不适合在其上加注标志，则应以其他合适格式加以表示，大小应以图形和文字清晰可辨为准。

9）国际贸易的运输标志按GB/T 18131—2010执行。

10）包装回收标志按GB 18455—2010执行。

11）有特殊要求的由贸易双方指定。

（2）接触食物搪瓷制品

《接触食物搪瓷制品》（GB/T 13484—2011）中的标签标识要求包括：每件产品须有清晰的商标、可接触食物等完整的标志及注意事项；每件包装外需标明产品名称、规格、数量、质量、体积及“易碎产品”、“小心轻放”、“防潮”、“向上”等字样及标志。

10.4.2.5 食品用金属制品

(1) 不锈钢器皿

《不锈钢器皿 标志、包装、运输、贮存》(QB/T 1622.4—1992) 对不锈钢器皿的标签标识有如下规定。

1) 产品标志包括：制造厂名；产品名称和规格；商标；产品型号或标记；质量等级标志。

2) 包装标志。内盒标志包括：制造厂名；产品名称和规格；商标；产品型号或标记；质量等级标志。包装外箱标志包括：外箱上的收发货标志应符合 GB/T 6388 的规定；注明质量等级；“小心轻放”、“怕湿”的包装储运图示应符合 GB/T 191 的规定。

(2) 铝压力锅

《铝压力锅安全及性能要求》(GB 13623—2003) 对铝压力锅的标志、标签、使用说明书要求如下。

1) 标志。产品上应有如下永久性的标志：商标；企业名称；产品标记；制造年、月。压力锅的密封圈上应有压力锅制造商的商标（或厂名）和规格。

包装盒上应有如下标志：商标；品名及规格；产品标记；执行标准编号；许可证编号；企业名称、厂址、邮政编码；表面处理方式。

包装箱上应有如下标志：商标；品名及规格；产品标记；执行标准编号及名称；许可证编号；企业名称、厂址、邮政编码；出厂年、月；数量；净重、毛重、体积（长×宽×高）；“怕湿”、“向上”、“小心轻放”标志。

贮运图示标志应符合 GB/T 191 的有关规定，收发货标志应符合 GB/T 6388 的有关规定。

2) 标签。合格证应包括如下内容：商标；合格证（字样）；检验员（签名或代号）；制造日期；制造厂名。

3) 使用说明书。应包括如下内容：使用前仔细阅读使用说明书；使用前的准备工作；使用说明；应写明检查和清洗方法、安全使用和装配注意事项；有儿童在旁边时，使用压力锅应密切注意；使用不当有可能造成伤害，应有警示标志或警示说明；要注明膨胀食物和容易堵塞食品的最大容积；影响安全性能的装置不得随意更改，遇安全装置无法正常工作或动作时，不能继续使用压力锅，应送到企业指定部门检验合格后才能继续使用；本产品执行的标准编号；许可证编号；制造厂名称、厂址、邮政编码和联系电话。

(3) 不锈钢压力锅

《不锈钢压力锅》(GB 15066—2004) 中对不锈钢压力锅的标志相关要求如下。

1) 标志。压力锅主体上应有如下永久性的标志：商标；产品标记；制造年、月；企业名称（允许制造在手柄上）。压力锅的密封圈上应有压力锅制造商的商标（或厂名）和规格。

包装盒上应有如下标志：商标；品名及规格；产品标记；执行标准号；工业产品生产许可证编号；企业名称、厂址、邮政编码。包装箱上应有如下标志：商标；品名及规格；产品标记；执行标准号及名称；工业产品生产许可证编号；企业名称、厂址、邮政编码；出厂年、月；数量；净重、毛重、体积（长×宽×高）；“怕湿”、“向上”、“小心轻放”标志。

贮运图示标志应符合 GB/T 191 的有关规定，收发货标志应符合 GB/T 6388 的有关规定。

2) 标签。合格证应包括如下内容：商标；合格证（字样）；检验员（签名或代号）；

制造日期；制造厂名。

3）使用说明书。应包括如下内容：使用前仔细阅读使用说明书；应有声明家庭用压力锅的警示用语；使用前的准备工作；使用说明；应写明检查和清洗方法、安全使用和装配注意事项；有儿童在旁边时，使用压力锅应密切注意；使用不当有可能造成伤害，应有警示标志或警示说明；要注明膨胀食物和容易堵塞食品的最大容积；影响安全性能的装置不得随意更改，遇安全装置无法正常工作或动作时，不能继续使用压力锅，应送到企业指定部门检验合格后才能继续使用；本产品执行的标准号；工业产品生产许可证编号；制造厂名称、厂址、邮政编码和联系电话。

（4）钢提桶

《包装容器　钢提桶》（GB/T 13252—2003）要求：提桶上应有制造厂标志或代号；提桶的运输和贮存应避免雨淋、曝晒、受潮、污染和变形等。

（5）蜂蜜包装钢桶

《蜂蜜包装钢桶》（GH/T 1015—1999）中对蜂蜜包装钢桶标签标识的相关要求有：在钢桶桶身外面中段用白漆喷成“蜂蜜专用桶”5 个 9cm×9cm 大字及包装桶标准编号；在桶身上部喷印生产年、月和制桶厂名称或代号。如出口需要可在桶身上部喷印出口单位名称及唛头。

（6）食品工业用不锈钢薄壁容器

《食品工业用不锈钢薄壁容器》（QB/T 2681—2004）要求食品工业用不锈钢薄壁容器应在明显部位固定不锈钢铭牌，内容至少应包括：产品名称和商标；主要技术规格，包括容积、外形尺寸等；净重；出厂编号；生产日期；制造单位；制造地址；采用标准编号。

（7）铝易开盖两片罐

《包装容器　铝易开盖两片罐》（GB 9106—1994）要求：罐体及易开盖应有制造厂家的标志；产品的托盘包装或包装箱应附有检验合格证，合格证上应注明制造厂名、产品名称、规格、制造日期、批号、数量和检验标记。

（8）铝防伪瓶盖

《铝防伪瓶盖》（BB/T 0034—2006）规定：包装箱上应有产品名称、规格、数量、生产厂全称和地址、包装箱外形尺寸、运输与储存注意事项标志，标志应符合 GB/T 191 中的规定；包装箱上货箱内应有产品检验合格证；包装箱上附有标签、填写产品批号、生产班次、生产日期和检验人员签章。

10.4.2.6　食品用橡胶制品

（1）橡胶密封制品

《橡胶密封制品标志、包装、运输、贮存的一般规定》（GB/T 5721—1993）中对标志内容与要求如下。

1）标志应当有制品名称、规格或代号；制品标准代号；胶料标准代号胶料代号；硫化日期；产品数量；生产厂检验批号和合格印记；生产厂名或其代号及商标等内容。标志应清晰、醒目、牢固，大小适宜。

2）制品的标志：制品的标志应包含标识内容或符合有关标准的规定。出口产品和专用产品，可由供需双方另行制定细则；凡宜于在制品上作识别标志时，采用字母和数字，在制品非工作面上进行标志。标志内容一般由产品代号、规格等组成；不宜在制品上作标志时，应在包装袋（盒、箱）外表进行标志或在包装袋（盒、箱）内附具有所要求标志内容的卡片。

3）包装的标志：每个内包装（包括小包装和中间包装）容器和装箱容器的外表都应有标志。标志内容应符合相关规定。如果使用透明或半透明的材料包装，不在袋（盒、箱）外表标志时，可代之以在袋子（盒、箱）中放入具有符合规定标志内容的卡片。

（2）橡胶和塑料软管及软管组合件

《橡胶和塑料软管及软管组合件标志、包装和运输规则》（GB/T 9577—2001）规定软管上应有永久性的明显标志，根据不同类型的软管选择以下内容：中文标明的生产厂厂名或商标、产品名称；标准代号、规格、型号和等级；生产日期（年、月）。

另外，对于输送特种介质（油类、酸碱液、高压蒸气等）的软管，其标志不应因接触这些介质而脱落。

（3）食品容器橡胶垫片和食品容器橡胶垫圈

《食品容器橡胶垫片》（HG 2944—2011）和《食品容器橡胶垫圈》（HG 2945—2011）等标准中规定包装上应有标志，包括下列内容：产品名称及规格；生产厂名称；数量、重量、包装体积；生产日期；批号；“接触食品用橡胶制品，保持清洁”的字样。

10.4.2.7 食品用涂料

《涂料产品包装标志》（GB/T 9750—1998）中规定涂料产品的内包装容器上至少应标有下列内容：

1）注册商标；

2）产品型号和中文名称（推荐采用 GB/T 2705 规定的型号和名称）。传统产品名称和型号可加括号标出。无型号的产品可以只标产品名称；

注 1：色漆还必须用文字标明其颜色名称。分装产品还必须标明该涂料的组分类别（如甲组分、乙组分或组分一、组分二等）。

3）产品标准号，如标准规定划分类型或质量等级，还应标明该产品的类型或质量等级；

4）净含量，以质量 g（克）、kg（千克）表示，或以体积 L（升）、mL（毫升）表示。计量单位应符合表 10-1 所示的净含量量限规定：

表 10-1 净含量计量单位的要求

计量方式	净含量（Q）量限	计量单位
质量	$Q<1\,000$g	g（克）
	$Q\geqslant 1\,000$g	kg（千克）
体积	$Q<1\,000$mL	mL（毫升）
	$Q\geqslant 1\,000$mL	L（升）

注 2：例如净含量为 800g 的包装产品，由于其质量小于 1 000g 量限，所以计量单位为 g（克），即应表示为 800g 或 800 克，不应表示为 0.8kg 或 0.8 千克。

5）生产厂名和厂址；

6）生产日期和批次；

7）有效贮存期（保质期），用年或月表示，并可标上“超过此期限，如经检验合格，仍可使用。”的说明；

8）产品合格证，合格证是表示产品经检验质量合格的标志，它至少应包括有醒目的“合格”或“合格证”字样，检验人员代号或检验专用章；

9）包装容器上，一般应标有简要使用说明和注意事项，或附使用说明书（参见 GB 5296.1 和 GB 9969.1）；

10）涂料产品中，凡属国家规定的易燃物品（见 GB 6944），必须标以 GB 190 规定的（易燃液体）警示标志，或中文警示说明；

11）凡经一定机构认可的产品，准许使用相应的认证标志、名优标志（国、部、省、市优质品）、通用商品代码（条形码）或防伪标记。已取得生产许可证的产品，允许标以该产品生产许可证标志和编号。

10.4.3 形式要求

（1）对图形符号的基本要求

食品相关产品中图形符号的设计和使用应符合《标志用图形符号表示规则　第 1 部分 公共信息图形符号的设计原则》（GB 16903.1—2008）中对图形符号设计的要求。

（2）对包装储运图示的基本要求

食品相关产品中包装储运图示应符合《包装储运图示标志》（GB/T 191—2008）的基本要求。

（3）塑料制品标识形式

塑料制品的标志由标识，或/和代号或/和图形或/和功能性说明或/和补充说明等部分构成。塑料制品标识时，应使用符号“＞”和“＜”将缩写语或代号括在中间。标识一般为黑色，也可以用其他醒目的颜色，要求不易褪色或脱落。模塑制品标识的颜色可以与制品的颜色相同。

（4）食品用涂料标签形式的具体要求

涂料产品的内包装容器和外包装箱上的标志应清晰醒目。并应符合下列规定：一是圆柱形容器，如钢桶、钢制提桶（见 GB/T 13491）、塑料桶等，标在圆柱形面上。200L 钢桶，除圆柱形面外，同时还要标在桶顶面中心部位。二是方形容器或外包装，如方桶、箱（包括木、纸板、钙塑箱等），标在正面，侧面。另外，4L 以下容器允许标在容器的其他部位。标志净含量用字符的最小高度应符合表 10-2 规定。

表 10-2　净含量字符的最小高度要求

净含量（Q）	字符的最小高度/mm
$5\text{g}<Q\leqslant 50\text{g}$　$5\text{mL}<Q\leqslant 50\text{mL}$	2
$50\text{g}<Q\leqslant 200\text{g}$　$50\text{mL}<Q\leqslant 200\text{mL}$	3
$200\text{g}<Q\leqslant 1\text{kg}$　$200\text{mL}<Q\leqslant 1\text{L}$	4
$Q>1\text{kg}$　$Q>1\text{L}$	6

10.4.4 禁止性要求

（1）《产品质量法》和《产品标识标注管理规定》相关要求

生产者不得伪造产地，不得伪造或者冒用他人的厂名、厂址，不得伪造或者冒用认证标志等质量标志。

(2) 食品相关产品各项标准中规定的禁止性内容

1）针对食品容器、包装材料有关禁止性规定。根据 GB 9685—2008，含有如下添加剂的食品容器和包装材料，在其标志内容中还应包括表 10-3 的要求。

表 10-3　食品容器、包装材料用添加剂标志内容要求

添加剂名称	应标注内容
2-［4，6-双（2，4-二甲基苯基）-1，3，5-三嗪-2-基］-5-（辛氧基）苯酚 2-氨基苯甲酰胺 环辛烯 磷酸-α-十三烷基-ω-羟基-聚（氧-1，2-亚乙基）酯	仅用于接触水性食品的材料
丁基邻苯二甲酰基乙醇酸丁酯（BPBG） 癸二酸二异辛酯（DOS） 磷酸-2-乙基己基二苯酯；磷酸二苯异辛酯 新癸酸钴 乙醇胺 油酸季戊四醇酯 十八酸丁酯；硬脂酸丁酯	仅用于接触非脂肪性食品的材料
邻苯二甲酸二（α-乙基己酯） 邻苯二甲酸二甲酯 邻苯二甲酸二烯丙酯 邻苯二甲酸二异丁酯 邻苯二甲酸二异壬酯 邻苯二甲酸二异辛酯（DIOP） 邻苯二甲酸二正丁酯（DBP） 邻苯二羧酸-二-C8～10 支链烷基酯（C_9 富集） 邻苯二羧酸-二-C9～11 支链烷基酯（C_{10} 富集）	仅用于接触非脂肪性食品的材料，不得用于接触婴幼儿食品用的材料

2）食品容器、包装材料用聚碳酸酯成型品。《食品容器、包装材料用聚碳酸酯成型品卫生标准》（GB 14942—1994）规定，食品容器及包装材料用聚碳酸酯成型品不宜接触含高浓度乙醇食品。

3）食品包装用聚氯乙烯瓶盖垫片。《食品包装用聚氯乙烯瓶盖垫片及粒料卫生标准》（GB 14944—1994）要求该类产品不得接触含油脂类食品，应在适当位置予以标注。

4）包装材料用三聚氰胺-甲醛成型品。《食品容器、包装材料用三聚氰胺甲醛成型品卫生标准》（GB 9690—2009）规定，应按 GB/T 16288 的相关规定标注产品材料，并告知“食品用”和“严禁在微波炉内加热使用”；外包装上应标注“食品用”并注明制造厂商、产品名称、使用条件、材料种类等。

5）食品用橡胶制品。《食品用橡胶制品卫生标准》（GB 4806.1—1994）规定，乙醇或正己烷蒸发残渣不合格者，应标注其产品不得接触含醇或油脂类食品。应在适当位置予

以标注。

6）液体包装用聚乙烯吹塑薄膜（袋）。《液体包装用聚乙烯吹塑薄膜》（QB 1231—1991）规定该产品不宜用于包装食醋、油脂。应在标签标识中注明。

10.5 化妆品标签监管

10.5.1 法律法规依据

化妆品标签监管工作主要依据《产品质量法》、《化妆品卫生监督条例》、《化妆品标识管理规定》等法律法规，和《消费品使用说明 化妆品通用标签》（GB 5296.3—2008）等国家标准开展。

10.5.2 内容要求

化妆品的包装上应当有标签。标签应当标明下列事项：1）化妆品的名称；2）生产者的名称和地址；3）净含量；4）化妆品成分表；5）保质期，按下列两种方式之一标注，一是生产日期和保质期，二是生产批号和限期使用日期；6）生产许可证号、卫生许可证号和产品标准号；7）进口非特殊用途化妆品应标注进口化妆品批准文号；8）特殊用途化妆品应标注特殊用途化妆品标准文号；9）安全警告用语；10）生产许可证标志和编号。

必要时，应标注化妆品的使用指南或使用指南的图示，应标注满足保质期或限期使用日期的储存条件。

10.5.3 形式要求

化妆品标签应符合以下形式要求：

1）化妆品标识应当直接标注在化妆品最小销售单元（包装）上。化妆品有说明书的应当随附于产品最小销售单元（包装）内。

2）透明包装的化妆品，透过外包装物能清晰地识别内包装物或者容器上的所有或者部分标识内容的，可以不在外包装物上重复标注相应的内容。

3）化妆品标识内容应清晰、醒目、持久，使消费者易于辨认、识读。

4）化妆品标识中除注册商标标识之外，其内容必须使用规范中文。使用拼音、少数民族文字或者外文的，应当与汉字有对应关系。

5）化妆品包装物（容器）最大表面面积大于 $20cm^2$ 的，化妆品标识中强制标注内容字体高度不得小于1.8mm。除注册商标之外，标识所使用的拼音、外文字体不得大于相应的汉字。化妆品包装物（容器）的最大表面的面积小于 $10cm^2$ 且净含量不大于15g或者15mL的，其标识可以仅标注化妆品名称，生产者名称和地址，净含量，生产日期和保质期或者生产批号和限期使用日期。产品有其他相关说明性资料的，其他应当标注的内容可以标注在说明性资料上。

10.5.4 禁止性要求

化妆品标识不得采用以下标注形式：利用字体大小、色差或者暗示性的语言、图形、符号误导消费者；擅自涂改化妆品标识中的化妆品名称、生产日期和保质期或者生产批号和限期使用日期；法律、法规禁止的其他标注形式。

化妆品标识不得标注下列内容：1）夸大功能、虚假宣传、贬低同类产品的内容；2）明示或者暗示具有医疗作用的内容；3）容易给消费者造成误解或者混淆的产品名称；4）其他法律、法规和国家标准禁止标注的内容。

化妆品标识不得与化妆品包装物（容器）分离。

第11章 召回监管制度

11.1 召回制度概述

11.1.1 相关定义

1. 食品召回

召回，是一种产品安全管理制度。

食品召回是指食品生产企业按照规定程序，对由其生产原因造成的某一批次或者类别的不安全食品，通过退货或者修正标识等方式，及时消除或者减少食品安全危害的活动。食品召回具有以下特点。

（1）预防性。食品召回制度的目的是为了避免和减少不安全食品的危害，保护消费者的身体健康和生命安全，预防不安全食品对人体健康安全的威胁。食品召回制度是不安全食品退出市场的有效防范措施，具有预防性的特点。

（2）时限性。不安全食品必须在有限的时间内召回，生产者必须立即停止生产和销售不安全食品，这都是对时限性的体现。

（3）无偿性。生产者生产的食品一旦被确定为不安全食品需要召回时，必须无偿地按照法定程序召回，并承担相应的经济损失。

2. 不安全食品

《食品召回管理规定》（征求意见稿）对不安全食品做出了明确规定。不安全食品是指有证据证明对人体健康已经或者可能造成危害的食品，包括：

（1）不符合食品安全标准的食品；

（2）已经诱发食品污染、食源性疾病或对人体健康造成危害甚至死亡的食品；

（3）可能引发食品污染、食源性疾病或对人体健康造成危害的食品；

（4）含有对特定人群可能引发健康危害的成分而在食品标签和说明书上未予以标识，或标识不全、不明确的食品；

（5）有关法律、法规规定的其他不安全食品。

11.1.2 依据

食品召回监管工作主要依据《食品安全法》及其实施条例、《国务院关于加强食品等产品安全监督管理的特别规定》，以及《食品召回管理规定》（征求意见稿）等法律法规开展。

11.1.2.1 《食品安全法》第五十三条规定

国家建立食品召回制度。食品生产者发现其生产的食品不符合食品安全标准，应当立即停止生产，召回已经上市销售的食品，通知相关生产经营者和消费者，并记录召回和通知情况。

食品经营者发现其经营的食品不符合食品安全标准，应当立即停止经营，通知相关生产经营者和消费者，并记录停止经营和通知情况。食品生产者认为应当召回的，应当立即召回。

食品生产者应当对召回的食品采取补救、无害化处理、销毁等措施，并将食品召回和处理情况向县级以上质量监督部门报告。

食品生产经营者未依照本条规定召回或者停止经营不符合食品安全标准的食品的，县级以上质量监督、工商行政管理、食品药品监督管理部门可以责令其召回或者停止经营。

11.1.2.2 《食品安全法实施条例》第三十三条规定

对依照《食品安全法》第五十三条规定被召回的食品，食品生产者应当进行无害化处理或者予以销毁，防止其再次流入市场。对因标签、标识或者说明书不符合食品安全标准而被召回的食品，食品生产者在采取补救措施且能保证食品安全的情况下可以继续销售；销售时应当向消费者明示补救措施。

县级以上质量监督、工商行政管理、食品药品监督管理部门应当将食品生产者召回不符合食品安全标准的食品的情况，以及食品经营者停止经营不符合食品安全标准的食品的情况，记入食品生产经营者食品安全信用档案。

11.1.2.3 《国务院关于加强食品等产品安全监督管理的特别规定》第九条规定

生产企业发现其生产的产品存在安全隐患，可能对人体健康和生命安全造成损害的，应当向社会公布有关信息，通知销售者停止销售，告知消费者停止使用，主动召回产品，并向有关监督管理部门报告；销售者应当立即停止销售该产品。销售者发现其销售的产品存在安全隐患，可能对人体健康和生命安全造成损害的，应当立即停止销售该产品，通知生产企业或者供货商，并向有关监督管理部门报告。

生产企业和销售者不履行前款规定义务的，由农业、卫生、质检、商务、工商、药品等监督管理部门依据各自职责，责令生产企业召回产品、销售者停止销售，对生产企业并处货值金额3倍的罚款，对销售者并处1000元以上5万元以下的罚款；造成严重后果的，由原发证部门吊销许可证照。

11.1.3 目的

实施食品召回制度的目的是及时收回不安全食品，避免流入市场的不安全食品对群众健康安全损害的发生和扩大，维护消费者的利益。同时还可以督促生产经营者提高食品质量，加强食品质量管理，化解可能发生的复杂的经济纠纷，降低可能发生的食品伤害。

11.2 召回的工作原则

1. 统一领导，明确职责

国家质量监督检验检疫总局在职权范围内统一组织、协调全国食品召回监督工作。县级以上地方质量监督部门按照职责分工负责本行政区域内食品召回监督工作。

2. 以人为本，降低危害

把保障人民群众的生命安全和身体健康作为不安全食品召回监管工作的首要任务，细致认真地做好召回监管工作的各个环节，最大程度地降低不安全食品造成的健康危害及不良社会影响。

11.3 召回适用的范围

根据《食品召回管理规定》（征求意见稿），食品召回监管制度适用于在中华人民共和国境内食品生产企业从事食品召回活动，以及监管部门对食品生产企业召回食品实施监督。

11.4　食品召回的组织实施

11.4.1　召回程序

按照《食品召回管理规定》(征求意见稿) 的要求，当发现不安全食品信息后，首先是食品生产企业主动实施召回，地方质量监督部门负责监督企业召回。如食品生产企业应该召回而不召回或者在食品安全事故调查处理中，确认食品及其原料属于被污染时，则按要求实施责令召回 (图 11-1)。具体程序及要求如下。

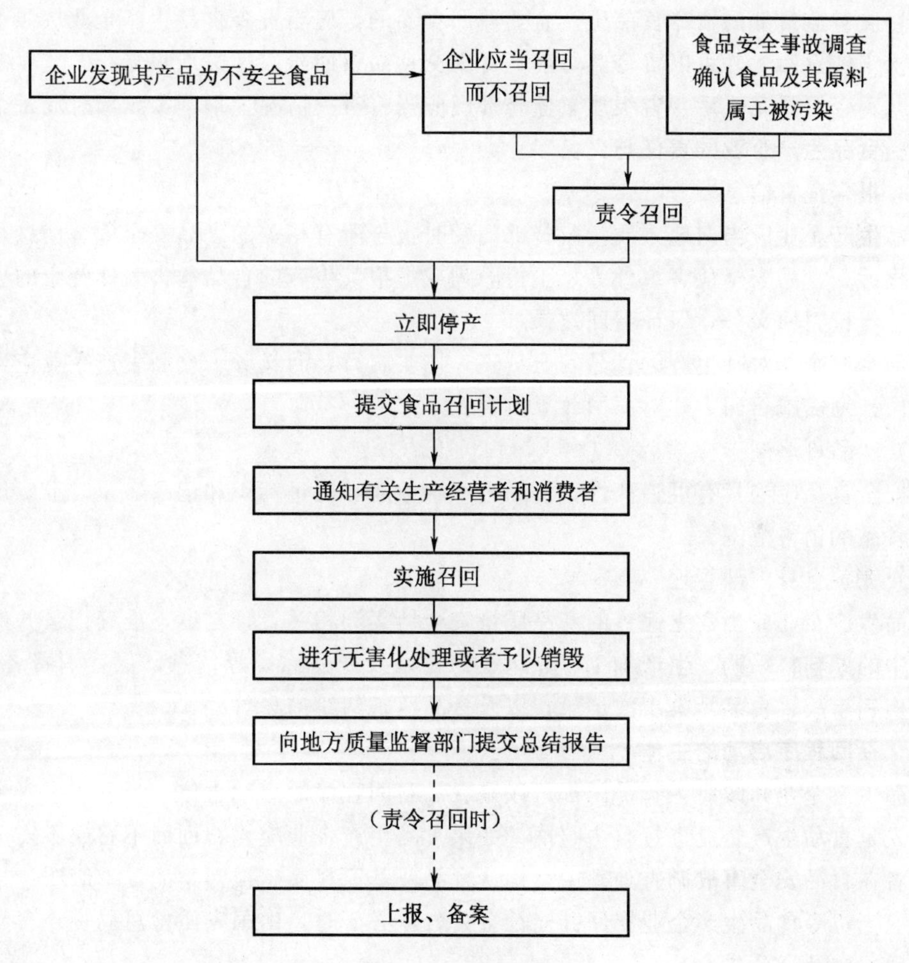

图 11-1　召回程序

(1) 食品生产企业发现其生产的食品属于不安全食品的，应当立即停止生产，并在 3 日内向地方质量监督部门提交食品召回计划，并采取必要措施，将须召回食品信息通知有关生产经营者和消费者，采取退货等有效措施，召回已经销售的食品。

(2) 食品生产企业应当按照食品召回计划实施召回，并对召回效果负责。

(3) 食品生产企业在食品召回中需要变更食品召回计划的，应当在变更后的 3 日内报告地方质量监督部门，并提交新的食品召回计划。

(4) 食品生产企业在实施召回过程中，应当记录通知有关生产经营者和消费者的情况，以及已召回食品的数量和处理情况，并及时向地方质量监督部门报告。记录保存期限不得少于 2 年。

（5）食品生产企业应当及时对被召回的不安全食品进行无害化处理或者予以销毁。

（6）食品生产企业应当在召回期限届满 7 日内，向地方质量监督部门提交召回总结。

（7）食品生产企业应当召回而不召回不安全食品的，省级质量监督部门可以发出责令召回通知书，责令其召回并向社会公告；在食品安全事故调查处理中，确认食品及其原料属于被污染的，省级质量监督部门应当责令食品生产企业召回并向社会公告。必要时，由国家质检总局责令食品生产企业召回并向社会公告。

（8）质量监督部门责令食品生产企业召回食品的，应当责令食品生产企业按照本规定有关要求实施召回，并可以责令其每隔 2 日提交食品召回阶段性进展报告。

（9）责令召回完成后，省级质量监督部门应当将有关情况上报国家质检总局备案。

11.4.2 食品生产企业的责任与义务

（1）报告危害信息

食品生产企业应当向地方质量监督部门及时报告所有相关的食品安全危害信息，包括消费者投诉、食品安全危害事件等，不得隐瞒或虚报其生产的食品危害人体健康的事实。

（2）履行召回义务，保证召回效果

食品生产企业对其生产的食品安全负责，切实履行召回义务。食品生产企业应当按照食品召回计划实施召回，并对召回效果负责。

（3）产品可追溯

不安全食品应当具有可追溯性，食品生产企业能够通过标识和记录，及时准确地确定不安全食品的销售范围。

（4）完善自身内部管理

食品生产企业应当建立完善的产品质量安全档案和相关管理制度，准确记录并保存生产环节中的原辅料采购、生产加工、储运、销售以及产品标识等信息，保存消费者投诉、食源性疾病事故、食品污染事故记录，以及食品危害纠纷信息等档案。

11.4.3 召回程序启动的主体

食品生产企业和政府主管部门都可以是食品召回程序的启动主体。当发现不安全食品时，首先是食品生产企业进行自主召回。如果食品生产企业应当召回而不召回不安全食品的，或者在食品安全事故调查处理中，确认食品及其原料属于被污染的，省级质量技术监督部门应当责令食品生产企业召回并向社会公告。必要时，由国家质检总局责令食品生产企业召回并向社会公告。

11.4.4 召回程序中的时限要求

（1）食品生产企业发现其生产的食品属于不安全食品的，应当立即停止生产，并在 3 日内向地方质量监督部门提交食品召回计划。食品生产企业在食品召回中需要变更食品召回计划的，应当在变更后的 3 日内报告地方质量监督部门，并提交新的食品召回计划。

（2）食品生产企业应当在召回期限届满 7 日内，向地方质量监督部门提交召回总结。

（3）当食品生产企业继续或者再次进行食品召回时，应每隔 2 日向地方质量监督部门提交召回阶段性报告，并在完成食品召回后 7 日内向地方质量监督部门提交召回总结。责令召回时，质量监督部门可以责令食品生产企业每隔 2 日提交食品召回阶段性进展报告。

（4）食品生产企业在实施召回过程中，应当记录通知有关生产经营者和消费者的情况，以及已召回食品的数量和处理情况，并及时向地方质量监督部门报告。记录保存期限不得少于 2 年。

11.4.5　食品召回计划的书写要求

根据《食品召回管理规定》（征求意见稿），食品召回计划的内容应包括：

（1）食品名称、数量、批次、销售区域；

（2）可能存在的危害；

（3）拟采取的措施、期限及预期效果；

（4）其他需要说明的内容。

11.4.6　记录保存

食品生产企业在实施召回过程中，应当记录通知有关生产经营者和消费者的情况，以及已召回食品的数量和处理情况，并及时向地方质量监督部门报告。记录保存期限不得少于 2 年。

11.4.7　被召回食品的处理措施

食品生产企业应当及时对被召回的不安全食品进行无害化处理或者予以销毁。

（1）无害化处理

对被召回的食品，采取无害化处理措施的，不得将无害化处理后的产品重新用于食品生产和销售。

（2）销毁

对被召回的食品，采取销毁措施的，销毁过程应当符合环境保护等有关法律法规的规定。

（3）补救处理

对因标签、标识或者说明书不符合食品安全标准而被召回的食品，食品生产企业在采取通过加贴标签、另附补充说明等形式完善原有标签、标识或者说明书等补救措施，且能保证食品安全的情况下可以继续销售，销售时应当向消费者明示补救措施。

11.4.8　召回有效性

实施召回的企业应当对召回有效性负责，并接受地方质量监督部门的核查。

11.5　召回监管的工作要求

11.5.1　加强组织领导

食品召回监管工作在国家质检总局的统一组织、协调下开展。地方质量监督部门要按照职责分工认真组织实施本行政区域内食品召回监督工作。

11.5.2　强化监督检查

质量监督部门对食品生产企业实施食品召回行为进行监督，可以依法采取下列措施：

（1）进入生产场所实施现场检查；

（2）查阅、复制召回通知记录、召回过程记录、召回食品处理记录等有关的合同、票据、帐簿以及其他有关资料；

（3）对企业未确定是否符合食品安全标准，自愿召回的食品进行抽样检验。

地方质量监督部门还应当将食品生产企业召回食品的情况，记入食品生产经营者食品安全信用档案。

11.5.3 依法行政处罚

按照有关法律法规和《食品召回管理规定》(征求意见稿),行政处罚措施如下:

(1) 食品生产企业在质量监督部门责令其召回后,仍拒不召回的,按照《中华人民共和国食品安全法》第八十五条有关规定予以行政处罚。

(2) 按《食品召回管理规定》(征求意见稿),有不如实记录召回情况,对召回的食品不依法处置,不依法向监管部门报告召回情况的应予以警告,责令限期改正;逾期未改正的,处以3万元以下罚款的行政处罚。

(3) 食品生产企业在实施食品召回的同时,不免除其依法承担的其他法律责任。食品生产企业主动实施召回的,可以依法从轻或减轻行政处罚。

第 12 章　突发食品安全事件应急管理制度

12.1　应急管理制度概述

为了有效预防、及时控制和消除突发公共卫生事件的危害，保障公众身体健康与生命安全，维护正常的社会秩序，2003 年 5 月 9 日，国务院颁布了《突发公共卫生事件应急条例》，随后《国家突发公共事件总体应急预案》、《国家突发公共事件医疗卫生救援应急预案》、《国家突发重大动物疫情应急预案》、《国家重大食品安全事故应急预案》相继出台，各部门也陆续制定了相关的规章、诊断标准和处理原则。至此，我国突发公共卫生的应急管理框架体系已基本形成。2007 年 11 月 1 日《中华人民共和国突发事件应对法》的出台和施行，进一步规范了突发事件应对活动的基本原则和预防与应急准备、监测与预警、应急处置与救援、事后恢复与重建等内容，对于预防和减少突发事件的发生，控制、减轻和消除突发事件引起的严重社会危害，维护国家安全、公共安全、环境安全和社会秩序，具有重要意义。但随着“问题乳粉”、“瘦肉精”、“地沟油”等食品安全事件的发生，对食品安全突发事件应急管理提出了新的思考。2011 年 10 月，国务院对原有的《国家重大食品安全事故应急预案》进行了修订，出台了《国家食品安全事故应急预案》，完善和深化了突发食品安全事件应急管理工作。

12.1.1　突发公共卫生事件与突发食品安全事件

突发公共卫生事件是指突然发生，造成或者可能造成社会公众健康严重损害的重大传染病疫情、群体性不明原因疾病、重大食物中毒和职业中毒以及其他严重影响公众健康的事件。公共卫生事件包含了食品安全事件。突发食品安全事件指由食品引发的突发公共卫生事件。

12.1.2　突发食品安全事件与突发食品安全事故

事件是指发生过的历史和现代事件。事故是发生于预期之外的造成人身伤害或财产或经济损失的事件。事故是一种特殊事件。

食品安全事故，指食物中毒、食源性疾病、食品污染等源于食品，对人体健康有危害或者可能有危害的事故。食品安全事故共分四级，即特别重大食品安全事故、重大食品安全事故、较大食品安全事故和一般食品安全事故。

12.1.3　应急管理制度

应急管理制度是指政府、部门、单位等组织为有效地预防、预测突发公共事件的发生，最大限度减少其可能造成的损失或者负面影响，所进行的制定应急法律法规、应急预案以及建立健全应急体制和应急处置等方面工作的统称。

应急管理是对突发事件的全过程管理，对可能发生或已经发生的危机事件进行信息收集、信息分析、问题解决、计划制定、措施制定、控制协调、经验总结的系统过程。根据突发事件的预防、预警、发生和善后四个发展阶段，应急管理可分为预防与应急准备、监测与预警、应急处置与救援、事后恢复与重建四个过程。

应急管理又是一个动态管理，在实际情况中，预防、预警、响应和恢复四个过程往往是重叠的，但它们中的每一部分都有自己单独的目标，均体现在突发事件管理中。应急管理还是个完整的系统工程，可概括为“一案三制”，即突发事件应急预案，应急机制、体制和法制。

加强应急管理，提高预防和处置突发事件的能力，是关系国家经济社会发展全局和人民群众生命财产安全的大事，是构建社会主义和谐社会的重要内容；是坚持以人为本、执政为民的重要体现；是全面履行政府职能，进一步提高行政能力的重要方面。通过加强应急管理，建立健全社会预警机制、突发事件应急机制和社会动员机制，可以最大程度地预防和减少突发事件及其造成的损害，保障公众的生命财产安全，维护国家安全和社会稳定，促进经济社会全面、协调、可持续发展。

12.2 突发食品安全事件应急管理的原则

《突发事件应对法》规定，突发事件应对工作实行预防为主、预防与应急相结合的原则。《突发公共卫生事件应急条例》规定，突发事件应急工作，应当遵循预防为主，常备不懈的方针，统一领导，分级负责，反应及时，依法规范，措施果断，依靠科学，加强合作的原则。《国家食品安全事故应急预案》规定，食品安全事故处置按照“统一领导、综合协调、分类管理、分级负责、属地管理为主”的应急管理体制，遵循以人为本、减少危害、科学评估、依法处置、居安思危、预防为主的原则。

12.3 突发食品安全事件的范围

从食品安全造成的危害程度来看：食品安全事件包含了食品安全事故和没有达到食品安全事故的程度但有一定影响的食品安全事件。

12.3.1 突发食品安全事件的特征

（1）突发性。突然发生的，第一层的含义是事件发生、发展的速度很快，出乎意料；第二层的含义是事件难以应对，必须采取非常规方法来处理。

（2）公共性。不固定的人群，也不是局限于某一个固定的领域或区域。

（3）危害性。造成或可能造成的损害和影响达到一定的程度。

12.3.2 突发食品安全事件分类

根据食品生产链分，可能引发食品安全事件的有：

（1）产地环境污染引发的突发食品安全事件；

（2）农业投入品引发的突发食品安全事件；

（3）生物性食品安全事件；

（4）化学性污染引发的食品安全事件；

（5）物理性污染引发的突发食品安全事件；

（6）食源性传染病引起的突发食品安全事件；

（7）食源性人兽共患病引起的突发食品安全事件；

（8）食品添加剂滥用引发的突发食品安全事件；

（9）非法添加物引发的突发食品安全事件。

12.3.3 食品安全事故的分级

按食品安全事故的性质、危害程度和涉及范围，食品安全事故分为四级：特别重大食品安全事故、重大食品安全事故、较大食品安全事故和一般食品安全事故。事故等级的评估核定，由卫生行政部门会同有关部门依照有关规定进行。

12.4　应急管理的组织实施

12.4.1　应急组织体系及职责

12.4.1.1　指挥部

根据统一领导、综合协调、分类管理、分级负责、属地管理为主的应急管理机制，食品安全事故发生后，卫生行政部门依法组织对事故进行分析评估，核定事故级别。特别重大食品安全事故，由卫生部会同食品安全办向国务院提出启动Ⅰ级响应的建议，经国务院批准后，成立国家特别重大食品安全事故应急处置指挥部（以下简称指挥部），统一领导和指挥事故应急处置工作；重大、较大、一般食品安全事故，分别由事故所在地省、市、县级人民政府组织成立相应应急处置指挥机构，统一组织开展本行政区域事故应急处置工作。

指挥部成员单位根据事故的性质和应急处置工作的需要确定，主要包括卫生部、农业部、商务部、工商总局、质检总局、食品药品监管局、铁道部、粮食局、中央宣传部、教育部、工业和信息化部、公安部、监察部、民政部、财政部、环境保护部、交通运输部、海关总署、旅游局、新闻办、民航局和食品安全办等部门以及相关行业协会组织。当事故涉及国外、港澳台时，增加外交部、港澳办、台办等部门为成员单位。由卫生部、食品安全办等有关部门人员组成指挥部办公室。

指挥部职责是：负责统一领导事故应急处置工作；研究重大应急决策和部署；组织发布事故的重要信息；审议批准指挥部办公室提交的应急处置工作报告；应急处置的其他工作。

12.4.1.2　日常管理机构

指挥部办公室承担指挥部的日常工作，主要负责贯彻落实指挥部的各项部署，组织实施事故应急处置工作；检查督促相关地区和部门做好各项应急处置工作，及时有效地控制事故，防止事态蔓延扩大；研究协调解决事故应急处理工作中的具体问题；向国务院、指挥部及其成员单位报告，通报事故应急处置的工作情况；组织信息发布。指挥部办公室建立会商、发文、信息发布和督查等制度，确保快速反应、高效处置。

各成员单位在指挥部统一领导下开展工作，加强对事故发生地人民政府有关部门工作的督促、指导，积极参与应急救援工作。

12.4.1.3　专家咨询委员会

各级政府部门应成立由有关方面专家组成的专家咨询委员会，食品安全事故发生后，组建专家组负责对事故进行分析评估，为应急响应的调整和解除以及应急处置工作提供决策建议，必要时参与应急处置。

12.4.1.4　应急处理专业技术机构

医疗、疾病预防控制以及各有关部门的食品安全相关技术机构（主要指检验检测机构）作为食品安全事故应急处置专业技术机构，应当在卫生行政部门及有关食品安全监管部门组织领导下开展应急处置相关工作。

12.4.2　预防与应急准备

12.4.2.1　制定应急预案

应急预案是指经一定程序制定的处置突发事件的事先方案。制定应急预案是为了有效预防、及时控制和消除突发公共卫生事件及其危害，指导和规范各类突发公共卫生事件的应急处理工作，最大程度地减少危害，保障公众身心健康与生命安全。制定预案要坚持分类指导、快速反应、结合本地实际情况的原则。国务院制定国家突发事件总体应急预案，组织制定国家突发事件专项应急预案。国务院有关部门根据各自的职责和国务院相关应急预案，制定国家突发事件部门应急预案。全国突发事件应急预案应当包括以下主要内容：

（1）突发事件应急处理指挥部的组成和相关部门的职责；

（2）突发事件的监测与预警；

（3）突发事件信息的收集、分析、报告、通报制度；

（4）突发事件应急处理技术和检测机构及其任务；

（5）突发事件的分级和应急处理工作方案；

（6）突发事件预防、现场控制，应急设施、设备、救治药品和医疗器械以及其他物资和技术的储备与调度；

（7）突发事件应急处理专业队伍的建设和培训。

县级以上人民政府有关部门根据有关法律、法规、规章、上级人民政府及其有关部门的应急预案以及本地区的实际情况，制定相应的突发事件应急预案。

12.4.2.2 应急保障

（1）信息保障

卫生部会同国务院有关监管部门建立国家统一的食品安全信息网络体系，包含食品安全监测、事故报告与通报、食品安全事故隐患预警等内容；建立健全医疗救治信息网络，实现信息共享。卫生部负责食品安全信息网络体系的统一管理。有关部门应当设立信息报告和举报电话，畅通信息报告渠道，确保食品安全事故的及时报告与相关信息的及时收集。

（2）医疗保障

卫生行政部门建立功能完善、反应灵敏、运转协调、持续发展的医疗救治体系，在食品安全事故造成人员伤害时迅速开展医疗救治。

（3）人员及技术保障

应急处置专业技术机构要结合本机构职责开展专业技术人员食品安全事故应急处置能力培训，加强应急处置力量建设，提高快速应对能力和技术水平。健全专家队伍，为事故核实、级别核定、事故隐患预警及应急响应等相关技术工作提供人才保障。国务院有关部门加强食品安全事故监测、预警、预防和应急处置等技术研发，促进国内外交流与合作，为食品安全事故应急处置提供技术保障。

（4）物资与经费保障

食品安全事故应急处置所需设施、设备和物资的储备与调用应当得到保障；使用储备物资后须及时补充；食品安全事故应急处置、产品抽样及检验等所需经费应当列入年度财政预算，保障应急资金。

（5）社会动员保障

根据食品安全事故应急处置的需要，动员和组织社会力量协助参与应急处置，必要时依法调用企业及个人物资。在动用社会力量或企业、个人物资进行应急处置后，应当及时归还或给予补偿。

(6) 宣教培训

国务院有关部门应当加强对食品安全专业人员、食品生产经营者及广大消费者的食品安全知识宣传、教育与培训，促进专业人员掌握食品安全相关工作技能，增强食品生产经营者的责任意识，提高消费者的风险意识和防范能力。

12.4.2.3 监测与预警

卫生部会同国务院有关部门根据国家食品安全风险监测工作需要，在综合利用现有监测机构能力的基础上，制定和实施加强国家食品安全风险监测能力建设规划，建立覆盖全国的食源性疾病、食品污染和食品中有害因素监测体系。卫生部根据食品安全风险监测结果，对食品安全状况进行综合分析，对可能具有较高程度安全风险的食品，提出并公布食品安全风险警示信息。

有关监管部门发现食品安全隐患或问题，应及时通报卫生行政部门和有关方面，依法及时采取有效控制措施。

12.4.2.4 报告、评估与信息发布

(1) 事故信息来源

1) 食品安全事故发生单位与引发食品安全事故食品的生产经营单位报告的信息；

2) 医疗机构报告的信息；

3) 食品安全相关技术机构监测和分析结果；

4) 经核实的公众举报信息；

5) 经核实的媒体披露与报道信息；

6) 世界卫生组织等国际机构、其他国家和地区通报我国信息。

(2) 报告主体和时限

1) 食品生产经营者发现其生产经营的食品造成或者可能造成公众健康损害的情况和信息，应当在 2 小时内向所在地县级卫生行政部门和负责本单位食品安全监管工作的有关部门报告。

2) 发生可能与食品有关的急性群体性健康损害的单位，应当在 2 小时内向所在地县级卫生行政部门和有关监管部门报告。

3) 接收食品安全事故病人治疗的单位，应当按照卫生部有关规定及时向所在地县级卫生行政部门和有关监管部门报告。

4) 食品安全相关技术机构、有关社会团体及个人发现食品安全事故相关情况，应当及时向县级卫生行政部门和有关监管部门报告或举报。

5) 有关监管部门发现食品安全事故或接到食品安全事故报告或举报，应当立即通报同级卫生行政部门和其他有关部门，经初步核实后，要继续收集相关信息，并及时将有关情况进一步向卫生行政部门和其他有关监管部门通报。

6) 经初步核实为食品安全事故且需要启动应急响应的，卫生行政部门应当按规定向本级人民政府及上级人民政府卫生行政部门报告；必要时，可直接向卫生部报告。

(3) 报告内容

食品生产经营者、医疗、技术机构和社会团体、个人向卫生行政部门和有关监管部门报告疑似食品安全事故信息时，应当包括事故发生时间、地点和人数等基本情况。

有关监管部门报告食品安全事故信息时，应当包括事故发生单位、时间、地点、危害程度、伤亡人数、事故报告单位信息（含报告时间、报告单位联系人员及联系方式）、已采取措施、事故简要经过等内容；并随时通报或者补报工作进展。

（4）事故评估

有关监管部门应当按有关规定及时向卫生行政部门提供相关信息和资料，由卫生行政部门统一组织协调开展食品安全事故评估。

食品安全事故评估是为核定食品安全事故级别和确定应采取的措施而进行的评估。评估内容包括：

1）污染食品可能导致的健康损害及所涉及的范围，是否已造成健康损害后果及严重程度；

2）事故的影响范围及严重程度；

3）事故发展蔓延趋势。

（5）信息发布

国家建立突发事件举报制度，公布统一的突发事件报告、举报电话。

国家建立突发事件的信息发布制度。国务院卫生行政主管部门负责向社会发布突发事件的信息。必要时，可以授权省、自治区、直辖市人民政府卫生行政主管部门向社会发布本行政区域内突发事件的信息。

12.4.3 应急处理

12.4.3.1 应急预案的启动

根据食品安全事故分级情况，食品安全事故应急响应分为Ⅰ级、Ⅱ级、Ⅲ级和Ⅳ级响应。核定为特别重大食品安全事故，报经国务院批准并宣布启动Ⅰ级响应后，指挥部立即成立运行，组织开展应急处置。重大、较大、一般食品安全事故分别由事故发生地的省、市、县级人民政府启动相应级别响应，成立食品安全事故应急处置指挥机构进行处置。必要时上级人民政府派出工作组指导、协助事故应急处置工作。

启动食品安全事故Ⅰ级响应期间，指挥部成员单位在指挥部的统一指挥与调度下，按相应职责做好事故应急处置相关工作。事发地省级人民政府按照指挥部的统一部署，组织协调地市级、县级人民政府全力开展应急处置，并及时报告相关工作进展情况。事故发生单位按照相应的处置方案开展先期处置，并配合卫生行政部门及有关部门做好食品安全事故的应急处置。

食源性疾病中涉及传染病疫情的，按照《中华人民共和国传染病防治法》和《国家突发公共卫生事件应急预案》等相关规定开展疫情防控和应急处置。

12.4.3.2 应急处置措施

事故发生后，根据事故性质、特点和危害程度，立即组织有关部门，依照有关规定采取下列应急处置措施，以最大限度减轻事故危害。

（1）卫生行政部门有效利用医疗资源，组织指导医疗机构开展食品安全事故患者的救治。

（2）卫生行政部门及时组织疾病预防控制机构开展流行病学调查与检测，相关部门及时组织检验机构开展抽样检验，尽快查找食品安全事故发生的原因。对涉嫌犯罪的，公安机关及时介入，开展相关违法犯罪行为侦破工作。

（3）农业行政、质量监督、检验检疫、工商行政管理、食品药品监管、商务等有关部门应当依法强制性就地或异地封存事故相关食品及原料和被污染的食品用工具及用具，待卫生行政部门查明导致食品安全事故的原因后，责令食品生产经营者彻底清洗消毒被污染的食品用工具及用具，消除污染。

（4）对确认受到有毒有害物质污染的相关食品及原料，农业行政、质量监督、工商行政管理、食品药品监管等有关监管部门应当依法责令生产经营者召回、停止经营及进出口并销毁。检验后确认未被污染的应当予以解封。

（5）及时组织研判事故发展态势，并向事故可能蔓延到的地方人民政府通报信息，提醒做好应对准备。事故可能影响到国（境）外时，及时协调有关涉外部门做好相关通报工作。

12.4.3.3　检测分析评估

应急处置专业技术机构应当对引发食品安全事故的相关危险因素及时进行检测，专家组对检测数据进行综合分析和评估，分析事故发展趋势、预测事故后果，为制定事故调查和现场处置方案提供参考。有关部门对食品安全事故相关危险因素消除或控制，并对事故中伤病人员救治，现场、受污染食品控制，食品与环境，次生、衍生事故隐患消除等情况进行分析评估。

12.4.3.4　响应级别调整及终止

在食品安全事故处置过程中，要遵循事故发生发展的客观规律，结合实际情况和防控工作需要，根据评估结果及时调整应急响应级别，直至响应终止。

（1）响应级别调整及终止条件

1）级别提升

当事故进一步加重，影响和危害扩大，并有蔓延趋势，情况复杂难以控制时，应当及时提升响应级别。当学校或托幼机构、全国性或区域性重要活动期间发生食品安全事故时，可相应提高响应级别，加大应急处置力度，确保迅速、有效控制食品安全事故，维护社会稳定。

2）级别降低

事故危害得到有效控制，且经研判认为事故危害降低到原级别评估标准以下或无进一步扩散趋势的，可降低应急响应级别。

3）响应终止

当食品安全事故得到控制，并达到以下两项要求，经分析评估认为可解除响应的，应当及时终止响应：

①食品安全事故伤病员全部得到救治，原患者病情稳定 24 小时以上，且无新的急性病症患者出现，食源性感染性疾病在末例患者后经过最长潜伏期无新病例出现；

②现场、受污染食品得以有效控制，食品与环境污染得到有效清理并符合相关标准，次生、衍生事故隐患消除。

（2）响应级别调整及终止程序

指挥部组织对事故进行分析评估论证。评估认为符合级别调整条件的，指挥部提出调整应急响应级别建议，报同级人民政府批准后实施。应急响应级别调整后，事故相关地区人民政府应当结合调整后级别采取相应措施。评估认为符合响应终止条件时，指挥部提出终止响应的建议，报同级人民政府批准后实施。

上级人民政府有关部门应当根据下级人民政府有关部门的请求，及时组织专家为食品安全事故响应级别调整和终止的分析论证提供技术支持与指导。

12.4.3.5 信息发布

事故信息发布由指挥部或其办公室统一组织，采取召开新闻发布会、发布新闻通稿等多种形式向社会发布，做好宣传报道和舆论引导。

12.4.4 后期处置

12.4.4.1 善后处置

事发地人民政府及有关部门要积极稳妥、深入细致地做好善后处置工作，消除事故影响，恢复正常秩序，完善相关政策，促进行业健康发展。

食品安全事故发生后，保险机构应当及时开展应急救援人员保险受理和受灾人员保险理赔工作。

造成食品安全事故的责任单位和责任人应当按照有关规定对受害人给予赔偿，承担受害人后续治疗及保障等相关费用。

12.4.4.2 奖惩

（1）奖励。对在食品安全事故应急管理和处置工作中作出突出贡献的先进集体和个人，应当给予表彰和奖励。

（2）责任追究。对迟报、谎报、瞒报和漏报食品安全事故重要情况或者应急管理工作中有其他失职、渎职行为的，依法追究有关责任单位或责任人的责任；构成犯罪的，依法追究刑事责任。

12.4.4.3 总结

食品安全事故善后处置工作结束后，卫生行政部门应当组织有关部门及时对食品安全事故和应急处置工作进行总结，分析事故原因和影响因素，评估应急处置工作开展情况和效果，提出对类似事故的防范和处置建议，完成总结报告。

12.5 应急管理的工作要求

应急管理是政府的一项基本职能，事关民生，责任重大。有效应对突发事件，是全面履行政府职能的必然要求、是保障人民群众生命财产安全的迫切需要。应急管理也是企业管理的重要组成部分。加强企业应急管理，是企业自身发展的内在要求和必须履行的社会责任。

12.5.1 健全和完善应急管理体系

政府是应急管理工作的最高行政领导机关，按照“统一领导、综合协调、分类管理、分级负责、属地管理为主”的原则，建立和完善突发事件“一案三制”，即突发事件应急预案，应急机制、体制和法制。

12.5.1.1 加强应急预案体系建设

应急预案是应急管理工作的主线。政府、部门及企业应针对食品安全风险隐患特点，以突发食品安全事故应急预案为重点，并根据实际需要编制完善相应的应急预案。预案内容简明、实用、注重实效，有针对性和可操作性，重点要明确具体应对措施。

12.5.1.2 加强应急管理体制建设

政府及监管部门进一步完善应急管理体制，实现机构、职能和人员的优化整合，积极推进应急管理工作常态化。建立健全内部联动机制，明确工作机构和责任人，确保应急管理工作有人抓、有人管、有人干，为应急管理工作的正常开展提供组织保障。

12.5.1.3　加强应急管理机制建设

加快突发公共事件预测预警、信息报告、应急响应、恢复重建及调查评估等机制建设，并建立工作例行报告制度。研究建立保险、社会捐赠等方面参与、支持应急管理工作的机制，充分发挥其在突发公共事件预防与处置等方面的作用。

12.5.1.4　加强应急管理法制建设

做好《突发事件应对法》的各项实施准备和颁布后的贯彻落实工作，制定并完善应急管理的规范性文件和措施办法，切实落实好有关法律、法规、规章和政策措施。

12.5.2　提高应对突发食品安全事件的能力

12.5.2.1　推进应急平台体系建设

应急平台建设要坚持统筹规划、搞好衔接、标准规范、整合资源的原则。应急平台要具备监测监控、预测预警、信息报告、辅助决策、调度指挥和总结评估等功能。依托现有政府系统办公业务资源和专业系统资源，构建省、市、县三级突发食品安全应急平台体系，实现上下级及部门间互联互通和信息共享，避免重复建设。有效整合各专业信息系统资源，形成统一、高效的应急决策指挥网络。

12.5.2.2　加强应急监管队伍建设和能力建设

食品安全涉及日常监管、稽查执法、产品检验，应建立查、检、罚“三位一体”的突发事件应急处置队伍，强化应急指挥和处置能力的培训，尤其是基层应急管理领导、监管人员、企业负责人处置技能和操作规程的培训。

12.5.3　强化突发食品安全事件的防范工作

12.5.3.1　开展对加工领域食品生产加工风险隐患的排查和监控

坚持预防为主的原则，组织力量认真开展食品安全风险隐患排查工作，全面掌握本行政区域食品行业的各类风险隐患情况，分析汇总，建立有关隐患排查信息数据库，实行分类分级管理。对可能引发突发公共事件的风险隐患，要组织力量限期治理，认真做好预警报告和快速处置工作。对风险隐患实行动态管理和监控，对重大风险隐患要加强实时监控。基层组织和单位是风险隐患排查监管工作的责任主体，要逐步建立健全风险隐患及时发现、定期排查、实时监测、有效整改的排查监管长效机制，从源头上预防和减少突发食品安全事件的发生。

12.5.3.2　加强对食品安全防范措施的落实

要加强监管队伍建设，充实必要的人员，完善监管手段。按照有关法律法规和职责分工，严格执行食品许可制度，经常性地开展监督检查，依法加大处罚力度；要提高监管效率。上级主管部门和有关监察机构要把督促风险隐患整改情况作为衡量监管机构履行职责是否到位的重要内容，加大监督检查和考核力度，全面落实安全防范措施。

12.5.3.3　加强突发食品安全事件的监测预警

完善突发食品安全事件监测体系，扩大监测覆盖面，增加监测频次，不断提高监测水平。对监测中发现的不稳定因素，开展风险分析，及时做出预测。根据预测分析结果，对可能发生和可以预警的突发食品安全事件及时进行预警。建立预警信息通报与发布制度，及时发布预警信息。

12.5.3.4 做好突发食品安全事件趋势分析

建立完善突发食品安全事件趋势年度分析制度。每年对监管领域和行政区域内发生的食品安全事件面临的形势、发展趋势及其成因进行认真分析，研究提出主要对策措施，细化应对方案，采取有力措施，防患于未然。

12.5.4 全力做好突发食品安全事件的处置和善后工作

12.5.4.1 严格信息报告制度

建立和完善突发食品安全事件信息报告工作制度，明确信息报告的责任主体，及时准确地报告突发事件信息，并将情况及时通报相关部门和可能受事件影响的地区。要通过鼓励社会公众报告、举报，设立基层信息员等形式，不断拓宽信息报告渠道。对迟报、漏报甚至瞒报、谎报的要依法追究责任。要建立和完善 24 小时值班制度，保证值班工作条件，明确值班人员责任，确保信息渠道畅通。

12.5.4.2 全力做好应急处置和善后工作

突发公共事件发生后，根据预案迅速开展调查、现场处置、产品召回等工作，并按规定及时报告。突发事件要查明原因，依法依纪处理责任人员，总结事故教训，制定整改措施并督促落实。

第13章 行政处罚制度

行政处罚制度是国家依法设定的，由国家行政机关实施的行政管理措施之一，是国家行政管理制度的内容之一，也是国家法律责任制度的重要组成部分。行政处罚制度是国家法律法规规章规定的具体的行政处罚措施的总和。行政处罚制度的设立，是为了保证和促进国家行政机关有效地履行行政管理职能，维护公共利益和社会秩序，保护公民、法人或者其他组织的合法权益。1996 年国家公布实施了《中华人民共和国行政处罚法》，以行政基本法律的形式，专门规范行政处罚制度，特别是行政处罚的设定和实施；2011 年国家又公布了行政基本法律《中华人民共和国行政强制法》，从而更加严格、有效地保证行政处罚的依法进行。涉及保障食品安全的法律法规规章中，也都设立了相应的、具体的行政处罚措施。

13.1 行政处罚制度概述

行政处罚是指行政机关在法律法规规章赋予的职责权限范围内，根据法定情形，依照法定程序，对行政相对人违反法律法规规章规定的、尚未构成犯罪的行为给予行政制裁的具体行政行为。也就是说，行政处罚是一种具体的行政行为，在行政机关对社会进行管理的过程中，对危害社会秩序的、但是危害程度还严重不到犯罪的行为，实施国家追究公民、法人责任的惩戒或者补救措施。这些行政处罚措施分别散见于不同的、众多的法律法规规章之中，集中规定在相应的法律文件的“法律责任”或者“罚则”章节之中。《食品安全法》、《食品安全法实施条例》、《工业产品生产许可证管理条例》、《国务院关于加强食品等产品安全监督管理的特别规定》、《乳品质量安全监督管理条例》、《食品生产加工企业质量安全监督管理实施细则（试行）》、《工业产品生产许可证管理条例实施办法》、《食品生产许可管理办法》、《食品添加剂生产监督管理规定》、《食品标识管理规定（修订版）》等涉及保障食品安全的法律法规规章中，都设立了具体的行政处罚措施。

行政处罚是行政机关对社会实施的行政管理手段之一，其直接目的是通过制裁违法行为，教育和警示行政相对人守法。根本目的是，保障行政机关有效实施行政管理，维护公共利益和社会秩序，保护公民、法人或者其他组织的合法权益。行政处罚这种法律制裁措施具有鲜明的特征。

首先与其他行政管理措施相比，行政处罚具有的特征一是行政处罚居于行政管理过程的末端环节，是实施重要的行政管理措施的保障；二是行政处罚是一种制裁措施，是对违反行政管理秩序的公民、法人或者其他组织实施的惩戒手段；三是行政处罚的目的是通过制裁，教育和警示行政相对人遵守相应的法律法规规章；四是实施的方式具有强制性，行政相对人必须无条件接受；五是行政处罚的种类由法律法规规章规定，不能自由选择。

其次与其他法律制裁措施相比，行政处罚具有这样的法律特征：一是实施的主体不同，行政处罚由行政机关实施，民事制裁和刑罚由人民法院判决，刑罚多由监狱管理机关执行；二是处罚的违法行为的社会危害程度不同，民事制裁是对特定民事纠纷当事人违反民事法律行为的处分，行政处罚是对违法情节不构成犯罪的行政管理相对人进行的惩戒，刑罚是对违法情节严重且有明确刑名规定的犯罪行为的刑事制裁；三是处罚种类不同，民事制裁多以给付形式的财产罚为主，行政处罚以财产罚和行为罚为主，刑罚则多以限制人身自由或者剥夺生命为主。

食品安全法明确规定，涉及食品安全的某些违法行为，侵犯消费者合法权益造成损失的，违法行为人要进行民事赔偿；某些违法行为情节严重的，就需要追究刑事责任。

国家颁布实施的《行政处罚法》，是以基本法律的形式规定了行政处罚的基本原则、行政处罚的种类、行政处罚的设定和实施、行政处罚的管辖和适用、实施行政处罚的程序和行政处罚的执行等重要内容。《行政处罚法》特别规定了在行政处罚的整个过程中，可能受到行政处罚的公民、法人和其他组织享有的权利。国家还颁布了《中华人民共和国行政强制法》、《中华人民共和国行政复议法》、《中华人民共和国行政诉讼法》和《中华人民共和国国家赔偿法》，以法律制约的方式，促进行政机关依法行政，监督行政处罚的依法实施。

13.2 行政处罚的种类

《行政处罚法》将百余种名称繁多、形式各异且规定于多部法律法规规章中的行政处罚方式，按照行政处罚对违法行政相对人的影响程度、教育效果和惩戒力度，归纳概括为包容性和代表性较强的六种基本行政处罚种类，也是实践中运用最多的行政处罚方式。这六种行政处罚方式是：警告，罚款，没收违法所得、没收非法财物，责令停产停业，暂扣或者吊销许可证、暂扣或者吊销执照，行政拘留。为了防止遗漏现有的行政处罚措施，又可以适应新出现的行政处罚新形式，《行政处罚法》还规定了第七类包容性行政处罚项目，即法律、行政法规规定的其他行政处罚。

13.2.1 警告

警告是指行政机关对有违法行为的公民、法人或者其他组织提出告诫，警示其行为违法，提醒其履行法定义务或者停止违法行为的申诫性处罚。警告这种申诫罚实质是通过影响违法行为人的名誉、信誉等精神财富，从而达到惩戒的作用。这种行政处罚一般适用于违法程度较轻，对社会危害性较小，违法行为人又能及时纠正的行为。在涉及食品安全领域，警告往往是开始处罚的第一个种类，也是针对较轻的食品安全违法行为实施的，体现在《食品安全法》第八十七条、第八十八条和第九十一条的处罚规定中。

13.2.2 罚款

罚款是指行政机关依法强制违法行政相对人缴纳一定数额货币的财产罚，也是经济制裁方式之一。通过发生经济损失促使违法行为人履行法定义务，停止违法行为，防止以后再犯。这种行政处罚种类是适用范围最广、使用频率最高的行政处罚方式。一般法律法规规章设定的罚款数额多是一个货币幅度，有些罚款是根据其他经济指标计算出来的。最终的罚款数额是在法定罚款幅度内，根据违法行为的严重程度和对社会危害性的大小，确定一个具体的数值。《食品安全法》规定的行政处罚，大多都有罚款这一种类，都是一个数额的幅度，而且按照违法行为情节，逐级递进适用。

13.2.3 没收违法所得、没收非法财物

没收违法所得、没收非法财物是指行政机关依法强制将违法行政相对人的因违法所获得的收益和非法财物无偿收归国有的财产罚，是非法财产所有权的依法强制转移，也是经济制裁方式之一。这是一种比较严厉的行政处罚种类，其以提高违法成本的方式，迫使违

法行为人不敢再犯。在《食品安全法》中，这种行政处罚种类经常表现为："没收违法所得、违法生产经营的食品、食品添加剂和用于违法生产经营的工具、设备、原料等物品"，而且是针对严重食品安全违法行为设立的行政处罚方式。

13.2.4　责令停产停业

责令停产停业是指行政机关依法强制违法行政相对人停止生产经营活动的行为罚，其实质也是一种经济制裁。通过禁止违法行为人从事生产经营活动，使其无法获得预期的收益，警示其今后必须合法生产经营。责令停产停业是针对严重违法行为而设立的行政处罚方式，一般待违法行为人纠正违法行为后，可以取消这项行政处罚。在《食品安全法》中，这种行政处罚种类表述为"情节严重的，责令停产停业"，且多数情况下已经实施了其他种类的行政处罚方式，如罚款、没收违法所得等。

13.2.5　暂扣或者吊销许可证、暂扣或者吊销执照

暂扣或者吊销许可证、暂扣或者吊销执照是指行政机关依法强制停止或者取消违法行为人从事某种活动资格的能力罚，这些违法行为人已经通过行政许可或者经过行政审批而获得了从事某种活动的资格，但是其违反了行政许可或者行政审批的规定，从事了违法活动。暂扣许可证和执照是给违法行为人一个纠正违法行为的机会，待其纠正违法行为后，一般还可以发还。吊销许可证和执照是严厉的行政处罚，其取消了违法行为人从事某种活动的资格。《食品安全法》关于吊销许可证的行政处罚是这样表述的"情节严重的，责令停产停业，直至吊销许可证"，由此可见这种处罚方式的严厉性。

13.2.6　行政拘留

行政拘留是指公安机关对违反《治安管理法》的公民，在短期内限制其人身自由的人身自由罚。拘留期限为 1 日以上 15 日以下，是最严厉的行政处罚。

13.2.7　法律、行政法规规定的其他行政处罚

法律、行政法规规定的其他行政处罚在《食品安全法》中表现为：一是"被吊销食品生产、流通或者餐饮服务许可证的单位，其直接负责的主管人员自处罚决定作出之日起五年内不得从事食品生产经营管理工作"；二是违反《食品安全法》规定，"受到刑事处罚或者开除处分的食品检验机构人员，自刑罚执行完毕或者处分决定作出之日起十年内不得从事食品检验工作"。

《食品安全法》对同一种违法行为规定了多种递进式的行政处罚方式。在食品安全监管实践中，对同一种违法行为通常也是选择运用警告，罚款，没收违法所得、违法生产经营的食品、食品添加剂和用于违法生产经营的工具、设备、原料等物品，责令停产停业和吊销许可证等几种行政处罚方式。通过这种行政处罚方式的综合运用，达到有效惩治违法行为的目的。

13.3　行政处罚的工作原则

行政处罚的工作原则集中体现在《行政处罚法》中，即行政处罚的原则。这些原则是行政机关实施行政处罚必须遵守的行为准则，包括：行政处罚法定原则、行政处罚公正公开原则、处罚与教育相结合原则、违法行为与处罚相适应原则、无救济即无处罚原则和受处罚不免除民事责任原则。

13.3.1　行政处罚法定原则

行政处罚法定原则在《行政处罚法》第三条进行了表述："公民、法人或者其他组织

违反行政管理秩序的行为，应当给予行政处罚的，依照本法由法律、法规或者规章规定，并由行政机关依照本法规定的程序实施。没有法定依据或者不遵守法定程序的，行政处罚无效。”其含义一是行政处罚的依据必须是法定的，行政规范性文件不得作为行政处罚的依据；二是实施行政处罚的主体和职权是法定的，越权和滥用权力都是违法的；三是行政处罚程序是法定的，不遵守法定程序的行政处罚无效。

13.3.2 行政处罚公正公开原则

行政处罚公正公开原则由《行政处罚法》第四条进行了表述：“行政处罚遵循公正、公开的原则。设定和实施行政处罚必须以事实为依据，与违法行为的事实、性质、情节以及社会危害程度相当。对违法行为给予行政处罚的规定必须公布；未经公布的，不得作为行政处罚的依据。”行政处罚的公正原则是基本的原则，在实施行政处罚时贯彻公正原则，就是要正确行使自由裁量权。公开原则是要求行政机关将行政处罚的依据公开、处罚程序公开、处罚的事实和理由公开、处罚决定公开，确保行政相对人的知情权。

13.3.3 违法行为与处罚相适应原则

违法行为与处罚相适应原则也由《行政处罚法》第四条进行了表述：“设定和实施行政处罚必须以事实为依据，与违法行为的事实、性质、情节以及社会危害程度相当。”这个原则体现了实施行政处罚要过罚相当，其实质属于行政处罚公正原则的内容。《食品安全法》在对违法行为设定行政处罚时，充分体现了这个原则。

13.3.4 处罚与教育相结合原则

处罚与教育相结合原则在《行政处罚法》第五条进行了表述：“实施行政处罚，纠正违法行为，应当坚持处罚与教育相结合，教育公民、法人或者其他组织自觉守法。”这个原则是法律教育功能的体现，行政处罚不是为惩治违法而单纯的处罚，而是采取处罚的方式，教育行政相对人守法生产经营。只有把处罚和教育相结合，才能真正起到行政处罚的作用。

13.3.5 无救济即无处罚原则

《行政处罚法》第六条表述了无救济即无处罚原则：“公民、法人或者其他组织对行政机关所给予的行政处罚，享有陈述权、申辩权；对行政处罚不服的，有权依法申请行政复议或者提起行政诉讼。公民、法人或者其他组织因行政机关违法给予行政处罚受到损害的，有权依法提出赔偿要求。”这里陈述权、申辩权、听证权、申请行政复议、提起行政诉讼和要求国家赔偿即是行政相对人的行政救济权利，也是对行政机关正确实施行政处罚的监督。

13.3.6 受处罚不免除民事责任原则

《行政处罚法》第七条表述了受处罚不免除民事责任原则：“公民、法人或者其他组织因违法受到行政处罚，其违法行为对他人造成损害的，应当依法承担民事责任。违法行为构成犯罪的，应当依法追究刑事责任，不得以行政处罚代替刑事处罚。”

13.4 行政处罚的组织实施

行政处罚的组织实施包括认定实施主体资格、确定行政处罚的管辖权、按照简易程序和一般程序进行处罚、采取强制措施、启动听证程序、行政处罚的执行和罚没物资的处理等环节。

按照《行政处罚法》的规定，法律赋予行政处罚权的行政机关和法律、法规授权的具有管理公共事务职能的组织，在法定职权或者法定授权范围内，具有实施行政处罚的主体资格。受行政机关委托且符合《行政处罚法》第十九条规定条件的组织，在委托范围内，以委托行政机关名义实施行政处罚。各级质量监督部门是《食品安全法》行政处罚的法定实施主体之一，即各级质量技术监督行政机关是实施主体，不存在法律、法规授权的具有管理公共事务职能的组织。

行政处罚管辖的基本原则是《行政处罚法》第二十条规定的，“行政处罚由违法行为发生地的县级以上地方人民政府具有行政处罚权的行政机关管辖。法律、行政法规另有规定的除外。”特殊情况还有指定管辖和移送管辖。

《行政处罚法》第三十三条对适用简易程序的情形作出了明确规定，“违法事实确凿并有法定依据，对公民处以五十元以下、对法人或者其他组织处以一千元以下罚款或者警告的行政处罚的，可以当场作出行政处罚决定。”适用简易程序实施行政处罚的执行，在符合《行政处罚法》第四十七条、第四十八条的规定情况下，行政机关及其执法人员可以当场收缴罚款。

除适用简易程序进行行政处罚的违法行为以外，多数情况下应当适用一般程序。

13.4.1　检查和调查取证

检查和调查取证环节也就是我们通常所说的行政执法检查工作。《行政处罚法》第三十六条的主要规定是：行政机关发现公民、法人或者其他组织有依法应当给予行政处罚的行为的，必须全面、客观、公正地调查，收集有关证据；必要时，依照法律、法规的规定，可以进行检查；第三十七条的主要规定是：行政机关在调查或者进行检查时，执法人员不得少于两人，并应当向当事人或者有关人员出示证件。询问或者检查应当制作笔录。为了保证调查取证顺利进行，在某些情况下可能要采取行政强制措施。《行政强制法》的颁布实施，促进和保障了行政执法工作的顺利进行。

13.4.2　作出处理决定

《行政处罚法》第三十八条规定，“调查终结，行政机关负责人应当对调查结果进行审查，根据不同情况，分别作出如下决定：一是确有应受行政处罚的违法行为的，根据情节轻重及具体情况，作出行政处罚决定；二是违法行为轻微，依法可以不予行政处罚的，不予行政处罚；三是违法事实不能成立的，不得给予行政处罚；四是违法行为已构成犯罪的，移送司法机关。对情节复杂或者重大违法行为给予较重的行政处罚，行政机关的负责人应当集体讨论决定。”

行政机关作出责令停产停业、吊销许可证或者执照、较大数额罚款等行政处罚决定之前，应当告知当事人有要求举行听证的权利；当事人要求听证的，行政机关应当组织听证。当事人不承担行政机关组织听证的费用。听证依照专门的听证程序进行。

《行政处罚法》对行政处罚决定书等行政处罚文书的内容和制作、处罚决定书的交付，行政处罚的执行和罚没物资的处理均作出了原则规定。

为了结合实际，更好地贯彻《行政处罚法》，正确实施行政处罚，原国家质量技术监督局于 1990 年、1995 年、1996 年制定了相应的行政规章，规范行政处罚程序。在此基础上，2011 年，国家质量监督检验检疫总局制定发布了《质量技术监督行政处罚程序规定》和《质量技术监督行政处罚案件审理规定》两个行政规章，对质量技术监督行政处罚的组织实施工作制度进行了完善。

13.5 行政处罚的工作要求

行政处罚的工作要求体现在实施行政处罚过程中的方方面面，主要体现在行政处罚适用主要规则、案件移送、行政相对人的权利保障和承担法律责任等方面。承担法律责任问题将在第 14 章阐述。

13.5.1 行政处罚的适用主要规则

对违法行为实施行政处罚是一个对违法事实予以认定、评价，裁量选择恰当的处罚种类予以法律制裁的复杂过程。涉及行为人的主客观因素、从重从轻和免责情节、违法行为的复杂多变，以及涉及与实施行政处罚相关的其他机关的分工协作。这些主要规则是行政处罚原则的具体化。

一是对当事人的同一个违法行为，不得给予两次以上罚款的行政处罚；二是对不满十四周岁的人有违法行为的，不予行政处罚，责令监护人加以管教；已满十四周岁不满十八周岁的人有违法行为的，从轻或者减轻行政处罚；三是精神病人在不能辨认或者不能控制自己行为时有违法行为的，不予行政处罚，但应当责令其监护人严加看管和治疗。间歇性精神病人在精神正常时有违法行为的，应当给予行政处罚。

《行政处罚法》第二十七条规定，当事人有法定情形之一的，应当依法从轻或者减轻行政处罚。这些法定情形是：

（1）主动消除或者减轻违法行为危害后果的；

（2）受他人胁迫有违法行为的；

（3）配合行政机关查处违法行为有立功表现的；

（4）其他依法从轻或者减轻行政处罚的。

对于违法行为轻微并及时纠正，没有造成危害后果的，不予行政处罚。

13.5.2 要重视向公安机关的案件移送工作

行政机关在实施行政处罚过程中，发现违法行为构成犯罪的，行政机关必须按照国务院行政法规《行政执法机关移送涉嫌犯罪案件的规定》、最高人民检察院《关于在行政执法中及时移送涉嫌犯罪案件的意见》，将案件移送司法机关，依法追究刑事责任。

《食品安全法》第九十八条规定，“违反本法规定，构成犯罪的，依法追究刑事责任。”《食品安全法》对追究刑事责任的规定与以往质量技术监督法律追究刑事责任的规定有了很大的变化，以往的质量技术监督法律明确规定了需要追究刑事责任的具体条款，也就是明确的违法行为违反的具体法律规定。如《产品质量法》第五十条规定，“在产品中掺杂、掺假，以假充真，以次充好，或者以不合格产品冒充合格产品的，责令停止生产、销售，没收违法生产、销售的产品，并处违法生产、销售产品货值金额百分之五十以上三倍以下的罚款；有违法所得的，并处没收违法所得；情节严重的，吊销营业执照；构成犯罪的，依法追究刑事责任。”《食品安全法》只对追究刑事责任作了原则规定，这就要求我们的行政执法人员要熟悉相关的刑法分则、刑法修正案中规定的具体罪名，以及有关文件规定的违法行为。

如《国务院办公厅关于严厉打击食品非法添加行为 切实加强食品添加剂监管的通知（国办发〔2011〕20 号）》规定，“对生产贩卖非法添加物的地下工厂主和主要非法销售人员，以及集中使用非法添加物生产食品的单位主要负责人和相关责任人，一律依法移送司法机关在法定幅度内从重从快惩处”。

13.5.3 要充分关注行政相对人的权利保障

《行政处罚法》第三十一条规定“行政机关在做出行政处罚决定之前，应当告知当事人作出行政处罚决定的事实、理由及依据，并告知当事人依法享有的权利。”第三十二条规定“当事人有权进行陈述和申辩。行政机关必须充分听取当事人的意见，对当事人提出的事实、理由和证据，应当进行复核；当事人提出的事实、理由或者证据成立的，行政机关应当采纳。行政机关不得因当事人申辩而加重处罚。”第四十一条规定“行政机关及其执法人员在作出行政处罚决定之前，不依照本法第三十一条、第三十二条的规定向当事人告知给予行政处罚的事实、理由和依据，或者拒绝听取当事人的陈述、申辩，行政处罚决定不能成立；当事人放弃陈述或者申辩权利的除外。”

第 14 章 法律责任制度

法律责任制度是我国法律制度的重要组成部分，是国家依法设定的，由国家机关实施的管理社会措施之一，是法律贯彻执行的基本保障。法律责任制度的设立，是为了保证和促进国家机关有效地履行社会管理职能，调解纠纷、惩治违法行为、打击犯罪，维护公共利益和社会秩序，保护公民、法人或者其他组织的合法权益。质量技术监督部门实施食品安全监管适用的法律法规规章均设立了法律责任制度。

14.1 法律责任制度概述

法律责任制度是指国家法律法规规章规定的具体的各种法律责任的总和。它没有专门的法律予以规定，而是分别规定在不同的法律法规规章之中以“法律责任”、“罚则”等表述出现。法律责任是指由于违法行为而应当承担的法律后果，它与法律制裁相联系。即国家公职人员、公民、法人拒不执行法律义务，或者作出法律所禁止的行为，并具备违法行为的构成要件，便应当承担这种因违法行为所引起的法律后果，国家依法给予相应的法律制裁。法律制裁是指依据法律对违法者采取的惩罚措施。是国家保障法律实施的重要形式。法律制裁分为刑事制裁、民事制裁、行政制裁（行政处罚、行政处分）。违法行为是法律责任的前提，法律制裁是法律责任的必然结果。追究法律责任，实施法律制裁只能由国家的专门机关实行，具有国家强制性。按照违法的性质、程度的不同，法律责任可以分为刑事责任、行政责任和民事责任。

14.1.1 行政责任

行政责任是指行为人不履行法律规定的义务，或者实施了法律禁止的行为，尚不够追究刑事责任，由国家行政机关依法追究行政责任，给予制裁，包括行政处罚和行政处分。根据承担行政责任的主体不同，行政责任还分为：

（1）国家机关及其工作人员承担的行政责任，是指国家机关及其工作人员在公务活动中，依照法律法规规章的规定，应当履行和承担的义务，包括作为和不作为的义务，如果不履行和承担相应的义务，就要承担相应的行政责任。这种行政责任多以行政处分出现，并根据不同的法律法规规章，承担不同的行政责任。质量技术监督部门及其公务员、行政执法人员在从事公务活动，进行执法检查中，违反法律法规规章的规定，按照相应的法律规定承担行政责任。

（2）公民、法人或者其他组织承担的行政责任，是指违反国家法律法规规章的规定，按照相应的法律规定尚不构成犯罪，不予追究刑事责任，承担相应的行政责任，由国家行政机关给予法律制裁，通常以行政处罚的形式出现。食品生产经营者在食品生产经营活动中，不按照食品安全标准组织生产，根据违法行为的情节和严重程度，承担相应的行政责任，由质量技术监督部门给予行政处罚。

行政责任的特征：一是承担行政责任的主体特定，既有行政相对人，也有国家机关及其工作人员；二是违法行为发生的环境的双重性，既有社会经济活动，也有公务活动；三是承担责任主体的双重性，国家行政机关即是实施行政处罚的主体，也是承担行政责任的主体；四是责任主体的违法行为，不构成犯罪，但是需要惩罚；五是违反的法律的综合性，违反的法律涉及法律法规规章，也涉及经济、社会等不同法律部门的法律。

14.1.2 刑事责任

刑事责任是指刑事法律规定的，因实施犯罪行为而产生的，由司法机关强制犯罪者承受的刑事惩罚或者单纯否定性法律评价的负担。单纯否定性法律评价是指犯罪但是免予刑事处罚的情况，或者免予起诉。刑事责任与行政责任不同之处：一是追究的违法行为不同：追究行政责任的是一般违法行为，追究刑事责任的是犯罪行为；二是追究责任的机关不同：追究行政责任由国家特定的行政机关依照有关法律的规定决定，追究刑事责任只能由司法机关依照《中华人民共和国刑法》（以下简称刑法）的规定决定；三是承担法律责任的后果不同：追究刑事责任是最严厉的制裁，可以判处死刑，追究行政责任就是行政机关根据《行政处罚法》的规定，给予经济或者名誉上的惩罚，或者根据《中华人民共和国公务员法》（以下简称《公务员法》），给予行政处分；四是法律制裁的方式、种类也有很大的区别。

14.1.3 民事责任

民事责任是指民事主体在民事活动中，因实施了民事违法行为，根据民法所承担的对其不利的民事法律后果或者基于法律特别规定而应承担的民事法律责任。民事责任是民事主体因违反民事义务所应承担的民事法律后果，它主要是一种民事救济手段，旨在使受害人，被侵犯的权益得以恢复。违反民事义务的行为包括作为和不作为，承担的民事责任有：违约责任、侵权行为的民事责任、不履行法定义务的民事责任。民事责任是对违反民事义务的自然人或法人提出的必须履行其民事义务的行为要求，具有国家强制性。承担民事责任的主要方式有：停止侵害，排除妨碍，消除危险，返还财产，恢复原状，修理、重作、更换，赔偿损失，支付违约金，消除影响、恢复名誉，赔礼道歉。

民事责任具有以下主要特征：一是民事责任是因为违反民事义务而承担的法律后果；二是民事责任主要是一种财产责任；三是民事责任的范围是与违法行为所造成的损害范围相适应；四是法定的违法行为人对于受害者承担的责任；五是对民事违法行为人的一种民事法律制裁。

某种行为在追究了民事责任后，是否还追究刑事责任、行政责任，关键看该行为违反的法律法规规章的性质，是否触犯了刑律。由此可见，行政法律责任、刑事法律责任和民事法律责任三者之间不是孤立存在，而是以违法行为相互联系着。

《食品安全法》设立的法律责任一章，对行政责任、刑事责任和民事责任均作出了规定。

14.2 法律责任种类

法律责任可以按照不同的标准进行分类，我们是按照承担法律责任的主体不同进行的分类，即行政机关的法律责任和企业的法律责任。涉及的共同的法律有《刑法》、《民法通则》、《合同法》、《侵权责任法》、《物权法》等。在食品安全监管工作中，涉及《食品安全法》、《食品安全法实施条例》等。

14.2.1 行政部门责任

行政部门的法律责任即行政机关及其工作人员在履行公务过程中因违法而应当承担或者承受的法律制裁。这些法律责任分别规定在不同的法律法规之中，也分为行政责任、民事责任、刑事责任。与行政机关及其工作人员有关的法律包括：《公务员法》、《行政监察法》、《行政许可法》、《行政处罚法》、《行政强制法》、《行政复议法》、《行政诉讼法》、《国家赔偿法》、《食品安全法》等。

14.2.1.1 行政责任

质量技术监督部门及其工作人员承担的行政责任包括以下几方面。

1. 违反《公务员法》应当承担的法律责任

第一百零二条 公务员辞去公职或者退休的，原系领导成员的公务员在离职三年内，其他公务员在离职两年内，不得到与原工作业务直接相关的企业或者其他营利性组织任职，不得从事与原工作业务直接相关的营利性活动。

公务员辞去公职或者退休后有违反前款规定行为的，由其原所在机关的同级公务员主管部门责令限期改正；逾期不改正的，由县级以上工商行政管理部门没收该人员从业期间的违法所得，责令接收单位将该人员予以清退，并根据情节轻重，对接收单位处以被处罚人员违法所得一倍以上五倍以下的罚款。

2. 违反《行政监察法》应当承担的法律责任

第四十五条 被监察的部门和人员违反本法规定，有下列行为之一的，由主管机关或者监察机关责令改正，对部门给予通报批评；对负有直接责任的主管人员和其他直接责任人员依法给予处分：

（1）隐瞒事实真相、出具伪证或者隐匿、转移、篡改、毁灭证据的；

（2）故意拖延或者拒绝提供与监察事项有关的文件、资料、财务帐目及其他有关材料和其他必要情况的；

（3）在调查期间变卖、转移涉嫌财物的；

（4）拒绝就监察机关所提问题作出解释和说明的；

（5）拒不执行监察决定或者无正当理由拒不采纳监察建议的；

（6）有其他违反本法规定的行为，情节严重的。

第四十六条 泄露举报事项、举报受理情况以及与举报人相关的信息的，依法给予处分。

第四十七条 对申诉人、控告人、检举人或者监察人员进行报复陷害的，依法给予处分。

第四十九条 监察机关和监察人员违法行使职权，侵犯公民、法人和其他组织的合法权益，造成损害的，应当依法赔偿。

3. 违反《行政许可法》应当承担的法律责任

第七十一条 违反本法第十七条规定设定的行政许可，有关机关应当责令设定该行政许可的机关改正，或者依法予以撤销。

第七十二条 行政机关及其工作人员违反本法的规定，有下列情形之一的，由其上级行政机关或者监察机关责令改正；情节严重的，对直接负责的主管人员和其他直接责任人员依法给予行政处分：

（1）对符合法定条件的行政许可申请不予受理的；

（2）不在办公场所公示依法应当公示的材料的；

（3）在受理、审查、决定行政许可过程中，未向申请人、利害关系人履行法定告知义务的；

（4）申请人提交的申请材料不齐全、不符合法定形式，不一次告知申请人必须补正的全部内容的；

（5）未依法说明不受理行政许可申请或者不予行政许可的理由的；

（6）依法应当举行听证而不举行听证的。

第七十三条　行政机关工作人员办理行政许可、实施监督检查，索取或者收受他人财物或者谋取其他利益，尚不构成犯罪的，依法给予行政处分。

第七十四条　行政机关实施行政许可，有下列情形之一的，由其上级行政机关或者监察机关责令改正，对直接负责的主管人员和其他直接责任人员依法给予行政处分：

（1）对不符合法定条件的申请人准予行政许可或者超越法定职权作出准予行政许可决定的；

（2）对符合法定条件的申请人不予行政许可或者不在法定期限内作出准予行政许可决定的；

（3）依法应当根据招标、拍卖结果或者考试成绩择优作出准予行政许可决定，未经招标、拍卖或者考试，或者不根据招标、拍卖结果或者考试成绩择优作出准予行政许可决定的。

第七十五条　行政机关实施行政许可，擅自收费或者不按照法定项目和标准收费的，由其上级行政机关或者监察机关责令退还非法收取的费用；对直接负责的主管人员和其他直接责任人员依法给予行政处分。

截留、挪用、私分或者变相私分实施行政许可依法收取的费用的，予以追缴；对直接负责的主管人员和其他直接责任人员依法给予行政处分。

第七十六条　行政机关违法实施行政许可，给当事人的合法权益造成损害的，应当依照国家赔偿法的规定给予赔偿。

第七十七条　行政机关不依法履行监督职责或者监督不力，造成严重后果的，由其上级行政机关或者监察机关责令改正，对直接负责的主管人员和其他直接责任人员依法给予行政处分。

4. 违反《行政处罚法》应当承担的法律责任

第五十五条　行政机关实施行政处罚，有下列情形之一的，由上级行政机关或者有关部门责令改正，可以对直接负责的主管人员和其他直接责任人员依法给予行政处分：

（1）没有法定的行政处罚依据的；

（2）擅自改变行政处罚种类、幅度的；

（3）违反法定的行政处罚程序的；

（4）违反本法第十八条关于委托处罚的规定的。

第五十六条　行政机关对当事人进行处罚不使用罚款、没收财物单据或者使用非法定部门制发的罚款、没收财物单据的，当事人有权拒绝处罚，并有权予以检举。上级行政机关或者有关部门对使用的非法单据予以收缴销毁，对直接负责的主管人员和其他直接责任人员依法给予行政处分。

第五十七条　行政机关违反本法第四十六条的规定自行收缴罚款的，财政部门违反本法第五十三条的规定向行政机关返还罚款或者拍卖款项的，由上级行政机关或者有关部门责令改正，对直接负责的主管人员和其他直接责任人员依法给予行政处分。

第五十八条 行政机关将罚款、没收的违法所得或者财物截留、私分或者变相私分的，由财政部门或者有关部门予以追缴，对直接负责的主管人员和其他直接责任人员依法给予行政处分。

执法人员利用职务上的便利，索取或者收受他人财物、收缴罚款据为己有，情节轻微不构成犯罪的，依法给予行政处分。

第五十九条 行政机关使用或者损毁扣押的财物，对当事人造成损失的，应当依法予以赔偿，对直接负责的主管人员和其他直接责任人员依法给予行政处分。

第六十条 行政机关违法实行检查措施或者执行措施，给公民人身或者财产造成损害、给法人或者其他组织造成损失的，应当依法予以赔偿，对直接负责的主管人员和其他直接责任人员依法给予行政处分。

第六十一条 行政机关为牟取本单位私利，对应当依法移交司法机关追究刑事责任的不移交，以行政处罚代替刑罚，由上级行政机关或者有关部门责令纠正；拒不纠正的，对直接负责的主管人员给予行政处分。

第六十二条 执法人员玩忽职守，对应当予以制止和处罚的违法行为不予制止、处罚，致使公民、法人或者其他组织的合法权益、公共利益和社会秩序遭受损害的，对直接负责的主管人员和其他直接责任人员依法给予行政处分。

5. 违反《行政强制法》应当承担的法律责任

第六十一条 行政机关实施行政强制，有下列情形之一的，由上级行政机关或者有关部门责令改正，对直接负责的主管人员和其他直接责任人员依法给予处分：

（1）没有法律、法规依据的；

（2）改变行政强制对象、条件、方式的；

（3）违反法定程序实施行政强制的；

（4）违反本法规定，在夜间或者法定节假日实施行政强制执行的；

（5）对居民生活采取停止供水、供电、供热、供燃气等方式迫使当事人履行相关行政决定的；

（6）有其他违法实施行政强制情形的。

第六十二条 违反本法规定，行政机关有下列情形之一的，由上级行政机关或者有关部门责令改正，对直接负责的主管人员和其他直接责任人员依法给予处分：

（1）扩大查封、扣押、冻结范围的；

（2）使用或者损毁查封、扣押场所、设施或者财物的；

（3）在查封、扣押法定期间不作出处理决定或者未依法及时解除查封、扣押的；

（4）在冻结存款、汇款法定期间不作出处理决定或者未依法及时解除冻结的。

第六十三条 行政机关将查封、扣押的财物或者划拨的存款、汇款以及拍卖和依法处理所得的款项，截留、私分或者变相私分的，由财政部门或者有关部门予以追缴；对直接负责的主管人员和其他直接责任人员依法给予记大过、降级、撤职或者开除的处分。

行政机关工作人员利用职务上的便利，将查封、扣押的场所、设施或者财物据为己有的，由上级行政机关或者有关部门责令改正，依法给予记大过、降级、撤职或者开除的处分。

第六十四条　行政机关及其工作人员利用行政强制权为单位或者个人谋取利益的，由上级行政机关或者有关部门责令改正，对直接负责的主管人员和其他直接责任人员依法给予处分。

第六十五条　违反本法规定，金融机构有下列行为之一的，由金融业监督管理机构责令改正，对直接负责的主管人员和其他直接责任人员依法给予处分：

（1）在冻结前向当事人泄露信息的；

（2）对应当立即冻结、划拨的存款、汇款不冻结或者不划拨，致使存款、汇款转移的；

（3）将不应当冻结、划拨的存款、汇款予以冻结或者划拨的；

（4）未及时解除冻结存款、汇款的。

第六十六条　违反本法规定，金融机构将款项划入国库或者财政专户以外的其他账户的，由金融业监督管理机构责令改正，并处以违法划拨款项二倍的罚款；对直接负责的主管人员和其他直接责任人员依法给予处分。

违反本法规定，行政机关、人民法院指令金融机构将款项划入国库或者财政专户以外的其他账户的，对直接负责的主管人员和其他直接责任人员依法给予处分。

第六十七条　人民法院及其工作人员在强制执行中有违法行为或者扩大强制执行范围的，对直接负责的主管人员和其他直接责任人员依法给予处分。

第六十八条　违反本法规定，给公民、法人或者其他组织造成损失的，依法给予赔偿。

6. 违反《行政复议法》应当承担的法律责任

第三十四条　行政复议机关违反本法规定，无正当理由不予受理依法提出的行政复议申请或者不按照规定转送行政复议申请的，或者在法定期限内不作出行政复议决定的，对直接负责的主管人员和其他直接责任人员依法给予警告、记过、记大过的行政处分；经责令受理仍不受理或者不按照规定转送行政复议申请，造成严重后果的，依法给予降级、撤职、开除的行政处分。

第三十五条　行政复议机关工作人员在行政复议活动中，徇私舞弊或者有其他渎职、失职行为的，依法给予警告、记过、记大过的行政处分；情节严重的，依法给予降级、撤职、开除的行政处分。

第三十六条　被申请人违反本法规定，不提出书面答复或者不提交作出具体行政行为的证据、依据和其他有关材料，或者阻挠、变相阻挠公民、法人或者其他组织依法申请行政复议的，对直接负责的主管人员和其他直接责任人员依法给予警告、记过、记大过的行政处分；进行报复陷害的，依法给予降级、撤职、开除的行政处分。

第三十七条　被申请人不履行或者无正当理由拖延履行行政复议决定的，对直接负责的主管人员和其他直接责任人员依法给予警告、记过、记大过的行政处分；经责令履行仍拒不履行的，依法给予降级、撤职、开除的行政处分。

第三十八条　行政复议机关负责法制工作的机构发现有无正当理由不予受理行政复议申请、不按照规定期限作出行政复议决定、徇私舞弊、对申请人打击报复或者不履行行政复议决定等情形的，应当向有关行政机关提出建议，有关行政机关应当依照本法和有关法律、行政法规的规定作出处理。

7. 违反《行政诉讼法》应当承担的法律责任

第六十五条 当事人必须履行人民法院发生法律效力的判决、裁定。

公民、法人或者其他组织拒绝履行判决、裁定的，行政机关可以向第一审人民法院申请强制执行，或者依法强制执行。

行政机关拒绝履行判决、裁定的，第一审人民法院可以采取以下措施：

（1）对应当归还的罚款或者应当给付的赔偿金，通知银行从该行政机关的帐户内划拨；

（2）在规定期限内不执行的，从期满之日起，对该行政机关按日处五十元至一百元的罚款；

（3）向该行政机关的上一级行政机关或者监察、人事机关提出司法建议。接受司法建议的机关，根据有关规定进行处理，并将处理情况告知人民法院；

（4）拒不执行判决、裁定，情节严重构成犯罪的，依法追究主管人员和直接责任人员的刑事责任。

第六十六条 公民、法人或者其他组织对具体行政行为在法定期间不提起诉讼又不履行的，行政机关可以申请人民法院强制执行，或者依法强制执行。

第六十八条 行政机关或者行政机关工作人员作出的具体行政行为侵犯公民、法人或者其他组织的合法权益造成损害的，由该行政机关或者该行政机关工作人员所在的行政机关负责赔偿。

行政机关赔偿损失后，应当责令有故意或者重大过失的行政机关工作人员承担部分或者全部赔偿费用。

8. 违反《国家赔偿法》应当承担的法律责任

第十六条赔偿义务机关赔偿损失后，应当责令有故意或者重大过失的工作人员或者受委托的组织或者个人承担部分或者全部赔偿费用。对有故意或者重大过失的责任人员，有关机关应当依法给予处分。

9. 违反《食品安全法》应当承担的法律责任

第九十五条 违反本法规定，县级以上地方人民政府在食品安全监督管理中未履行职责，本行政区域出现重大食品安全事故、造成严重社会影响的，依法对直接负责的主管人员和其他直接责任人员给予记大过、降级、撤职或者开除的处分。

违反本法规定，县级以上卫生行政、农业行政、质量监督、工商行政管理、食品药品监督管理部门或者其他有关行政部门不履行本法规定的职责或者滥用职权、玩忽职守、徇私舞弊的，依法对直接负责的主管人员和其他直接责任人员给予记大过或者降级的处分；造成严重后果的，给予撤职或者开除的处分；其主要负责人应当引咎辞职。

14.2.1.2 民事责任

《民法通则》第一百二十一条规定：国家机关或者国家机关工作人员在执行职务中，侵犯公民、法人的合法权益造成损害的，应当承担民事责任。

14.2.1.3 刑事责任

触犯了刑法，应当被追究的刑事责任。其中《刑法》中主要涉及“渎职罪”。主要相关条款如下：

第三百九十七条 国家机关工作人员滥用职权或者玩忽职守，致使公共财产、国家和人民利益遭受重大损失的，处三年以下有期徒刑或者拘役；情节特别严重的，处三年以上七年以下有期徒刑。本法另有规定的，依照规定。

国家机关工作人员徇私舞弊，犯前款罪的，处五年以下有期徒刑或者拘役；情节特别严重的，处五年以上十年以下有期徒刑。本法另有规定的，依照规定。

第四百零二条 行政执法人员徇私舞弊，对依法应当移交司法机关追究刑事责任的不移交，情节严重的，处三年以下有期徒刑或者拘役；造成严重后果的，处三年以上七年以下有期徒刑。

第四百一十四条 对生产、销售伪劣商品犯罪行为负有追究责任的国家机关工作人员，徇私舞弊，不履行法律规定的追究职责，情节严重的，处五年以下有期徒刑或者拘役。

另外，违反《行政监察法》、《行政许可法》、《行政处罚法》、《行政强制法》、《行政诉讼法》等应当承担的刑事责任：

如《行政监察法》第四十六条 泄露举报事项、举报受理情况以及与举报人相关的信息的，构成犯罪的，依法追究刑事责任。

第四十七条 对申诉人、控告人、检举人或者监察人员进行报复陷害的，构成犯罪的，依法追究刑事责任。

如《行政许可法》第七十三条 行政机关工作人员办理行政许可、实施监督检查，索取或者收受他人财物或者谋取其他利益，构成犯罪的，依法追究刑事责任。

第七十四条 行政机关实施行政许可，有下列情形之一的，构成犯罪的，依法追究刑事责任：

(1) 对不符合法定条件的申请人准予行政许可或者超越法定职权作出准予行政许可决定的；

(2) 对符合法定条件的申请人不予行政许可或者不在法定期限内作出准予行政许可决定的；

(3) 依法应当根据招标、拍卖结果或者考试成绩择优作出准予行政许可决定，未经招标、拍卖或者考试，或者不根据招标、拍卖结果或者考试成绩择优作出准予行政许可决定的。

第七十五条 行政机关实施行政许可，截留、挪用、私分或者变相私分实施行政许可依法收取的费用的，构成犯罪的，依法追究刑事责任。

第七十七条 行政机关不依法履行监督职责或者监督不力，造成严重后果的，构成犯罪的，依法追究刑事责任。

如《行政处罚法》第五十八条 行政机关将罚款、没收的违法所得或者财物截留、私分或者变相私分的，情节严重构成犯罪的，依法追究刑事责任。

执法人员利用职务上的便利，索取或者收受他人财物、收缴罚款据为己有，构成犯罪的，依法追究刑事责任。

第六十条 行政机关违法实行检查措施或者执行措施，给公民人身或者财产造成损害、给法人或者其他组织造成损失的，情节严重构成犯罪的，依法追究刑事责任。

第六十一条 行政机关为牟取本单位私利，对应当依法移交司法机关追究刑事责任的不移交，以行政处罚代替刑罚，徇私舞弊、包庇纵容违法行为的，比照刑法第一百八十八条的规定追究刑事责任。

第六十二条 执法人员玩忽职守，对应当予以制止和处罚的违法行为不予制止、处罚，致使公民、法人或者其他组织的合法权益、公共利益和社会秩序遭受损害的，情节严重构成犯罪的，依法追究刑事责任。

如《行政复议法》第三十五条 行政复议机关工作人员在行政复议活动中，徇私舞弊或者有其他渎职、失职行为的，构成犯罪的，依法追究刑事责任。

第三十六条 被申请人违反本法规定，不提出书面答复或者不提交作出具体行政行为的证据、依据和其他有关材料，或者阻挠、变相阻挠公民、法人或者其他组织依法申请行政复议的，构成犯罪的，依法追究刑事责任。

如《行政诉讼法》第六十五条 行政机关拒绝履行判决、裁定的，第一审人民法院可以采取以下措施：拒不执行判决、裁定，情节严重构成犯罪的，依法追究主管人员和直接责任人员的刑事责任。

如《国家赔偿法》第十六条赔偿义务机关赔偿损失后，应当责令有故意或者重大过失的工作人员或者受委托的组织或者个人承担部分或者全部赔偿费用。对有故意或者重大过失的责任人员，构成犯罪的，应当依法追究刑事责任。

14.2.2 企业责任

企业的法律责任重点阐述一是违反《食品安全法》、《食品安全法实施条例》、《工业产品生产许可证管理条例》、《食品添加剂生产监督管理规定》、《国务院关于加强食品等产品安全监督管理的特别规定》等涉及食品安全的法律法规规章应当承担的法律责任；二是违反《民法通则》、《合同法》、《侵权责任法》、《物权法》等应当承担的民事责任；三是触犯刑法应当被追究目的刑事责任。

14.2.2.1 行政责任

1. 违反《食品安全法》及其条例应当承担的法律责任

《食品安全法》第八十四条 违反本法规定，未经许可从事食品生产经营活动，或者未经许可生产食品添加剂的，由有关主管部门按照各自职责分工，没收违法所得、违法生产经营的食品、食品添加剂和用于违法生产经营的工具、设备、原料等物品；违法生产经营的食品、食品添加剂货值金额不足一万元的，并处二千元以上五万元以下罚款；货值金额一万元以上的，并处货值金额五倍以上十倍以下罚款。

第八十五条 违反本法规定，有下列情形之一的，由有关主管部门按照各自职责分工，没收违法所得、违法生产经营的食品和用于违法生产经营的工具、设备、原料等物品；违法生产经营的食品货值金额不足一万元的，并处二千元以上五万元以下罚款；货值金额一万元以上的，并处货值金额五倍以上十倍以下罚款；情节严重的，吊销许可证：

（1）用非食品原料生产食品或者在食品中添加食品添加剂以外的化学物质和其他可能危害人体健康的物质，或者用回收食品作为原料生产食品；

（2）生产经营致病性微生物、农药残留、兽药残留、重金属、污染物质以及其他危害人体健康的物质含量超过食品安全标准限量的食品；

（3）生产经营营养成分不符合食品安全标准的专供婴幼儿和其他特定人群的主辅食品；

（4）经营腐败变质、油脂酸败、霉变生虫、污秽不洁、混有异物、掺假掺杂或者感官性状异常的食品；

(5) 经营病死、毒死或者死因不明的禽、畜、兽、水产动物肉类，或者生产经营病死、毒死或者死因不明的禽、畜、兽、水产动物肉类的制品；

(6) 经营未经动物卫生监督机构检疫或者检疫不合格的肉类，或者生产经营未经检验或者检验不合格的肉类制品；

(7) 经营超过保质期的食品；

(8) 生产经营国家为防病等特殊需要明令禁止生产经营的食品；

(9) 利用新的食品原料从事食品生产或者从事食品添加剂新品种、食品相关产品新品种生产，未经过安全性评估；

(10) 食品生产经营者在有关主管部门责令其召回或者停止经营不符合食品安全标准的食品后，仍拒不召回或者停止经营的。

第八十六条　违反本法规定，有下列情形之一的，由有关主管部门按照各自职责分工，没收违法所得、违法生产经营的食品和用于违法生产经营的工具、设备、原料等物品；违法生产经营的食品货值金额不足一万元的，并处二千元以上五万元以下罚款；货值金额一万元以上的，并处货值金额两倍以上五倍以下罚款；情节严重的，责令停产停业，直至吊销许可证：

(1) 经营被包装材料、容器、运输工具等污染的食品；

(2) 生产经营无标签的预包装食品、食品添加剂或者标签、说明书不符合本法规定的食品、食品添加剂；

(3) 食品生产者采购、使用不符合食品安全标准的食品原料、食品添加剂、食品相关产品；

(4) 食品生产经营者在食品中添加药品。

第八十七条　违反本法规定，有下列情形之一的，由有关主管部门按照各自职责分工，责令改正，给予警告；拒不改正的，处二千元以上二万元以下罚款；情节严重的，责令停产停业，直至吊销许可证：

(1) 未对采购的食品原料和生产的食品、食品添加剂、食品相关产品进行检验；

(2) 未建立并遵守查验记录制度、出厂检验记录制度；

(3) 制定食品安全企业标准未依照本法规定备案；

(4) 未按规定要求贮存、销售食品或者清理库存食品；

(5) 进货时未查验许可证和相关证明文件；

(6) 生产的食品、食品添加剂的标签、说明书涉及疾病预防、治疗功能；

(7) 安排患有本法第三十四条所列疾病的人员从事接触直接入口食品的工作。

第八十八条　违反本法规定，事故单位在发生食品安全事故后未进行处置、报告的，由有关主管部门按照各自职责分工，责令改正，给予警告；毁灭有关证据的，责令停产停业，并处二千元以上十万元以下罚款；造成严重后果的，由原发证部门吊销许可证。

第八十九条　违反本法规定，有下列情形之一的，依照本法第八十五条的规定给予处罚：

(1) 进口不符合我国食品安全国家标准的食品；

(2) 进口尚无食品安全国家标准的食品，或者首次进口食品添加剂新品种、食品相关产品新品种，未经过安全性评估；

(3) 出口商未遵守本法的规定出口食品。

违反本法规定，进口商未建立并遵守食品进口和销售记录制度的，依照本法第八十七条的规定给予处罚。

第九十一条 违反本法规定，未按照要求进行食品运输的，由有关主管部门按照各自职责分工，责令改正，给予警告；拒不改正的，责令停产停业，并处二千元以上五万元以下罚款；情节严重的，由原发证部门吊销许可证。

第九十二条 被吊销食品生产、流通或者餐饮服务许可证的单位，其直接负责的主管人员自处罚决定作出之日起五年内不得从事食品生产经营管理工作。

食品生产经营者聘用不得从事食品生产经营管理工作的人员从事管理工作的，由原发证部门吊销许可证。

第九十四条 违反本法规定，在广告中对食品质量作虚假宣传，欺骗消费者的，依照《中华人民共和国广告法》的规定给予处罚。

《食品安全法实施条例》第五十五条　食品生产经营者的生产经营条件发生变化，未依照本条例第二十一条规定处理的，由有关主管部门责令改正，给予警告；造成严重后果的，依照食品安全法第八十五条的规定给予处罚。

第五十七条 有下列情形之一的，依照食品安全法第八十七条的规定给予处罚：

(1) 食品生产企业未依照本条例第二十六条规定建立、执行食品安全管理制度的；

(2) 食品生产企业未依照本条例第二十七条规定制定、实施生产过程控制要求，或者食品生产过程中有不符合控制要求的情形未依照规定采取整改措施的；

(3) 食品生产企业未依照本条例第二十八条规定记录食品生产过程的安全管理情况并保存相关记录的；

(4) 从事食品批发业务的经营企业未依照本条例第二十九条规定记录、保存销售信息或者保留销售票据的；

(5) 餐饮服务提供企业未依照本条例第三十二条第一款规定定期维护、清洗、校验设施、设备的；

(6) 餐饮服务提供者未依照本条例第三十二条第二款规定对餐具、饮具进行清洗、消毒，或者使用未经清洗和消毒的餐具、饮具的。

第五十八条 进口不符合本条例第四十条规定的食品添加剂的，由出入境检验检疫机构没收违法进口的食品添加剂；违法进口的食品添加剂货值金额不足 1 万元的，并处 2000 元以上 5 万元以下罚款；货值金额 1 万元以上的，并处货值金额 2 倍以上 5 倍以下罚款。

第六十条 发生食品安全事故的单位未依照本条例第四十三条规定采取措施并报告的，依照食品安全法第八十八条的规定给予处罚。

2. 违反《工业产品生产许可证管理条例》应当承担的法律责任

第四十五条 企业未依照本条例规定申请取得生产许可证而擅自生产列入目录产品的，由工业产品生产许可证主管部门责令停止生产，没收违法生产的产品，处违法生产产品货值金额等值以上 3 倍以下的罚款；有违法所得的，没收违法所得。

第四十六条 取得生产许可证的企业生产条件、检验手段、生产技术或者工艺发生变化，未依照本条例规定办理重新审查手续的，责令停止生产、销售，没收违法生产、销售的产品，并限期办理相关手续；逾期仍未办理的，处违法生产、销售产品（包括已售出和未售出的产品，下同）货值金额 3 倍以下的罚款；有违法所得的，没收违法所得。

取得生产许可证的企业名称发生变化，未依照本条例规定办理变更手续的，责令限期办理相关手续；逾期仍未办理的，责令停止生产、销售，没收违法生产、销售的产品，并处违法生产、销售产品货值金额等值以下的罚款；有违法所得的，没收违法所得。

第四十七条　取得生产许可证的企业未依照本条例规定在产品、包装或者说明书上标注生产许可证标志和编号的，责令限期改正；逾期仍未改正的，处违法生产、销售产品货值金额 30%以下的罚款；有违法所得的，没收违法所得；情节严重的，吊销生产许可证。

第四十八条　销售或者在经营活动中使用未取得生产许可证的列入目录产品的，责令改正，处 5 万元以上 20 万元以下的罚款；有违法所得的，没收违法所得。

第四十九条　取得生产许可证的企业出租、出借或者转让许可证证书、生产许可证标志和编号的，责令限期改正，处 20 万元以下的罚款；情节严重的，吊销生产许可证。违法接受并使用他人提供的许可证证书、生产许可证标志和编号的，责令停止生产、销售，没收违法生产、销售的产品，处违法生产、销售产品货值金额等值以上 3 倍以下的罚款；有违法所得的，没收违法所得。

第五十条　擅自动用、调换、转移、损毁被查封、扣押财物的，责令改正，处被动用、调换、转移、损毁财物价值 5%以上 20%以下的罚款；拒不改正的，处被动用、调换、转移、损毁财物价值 1 倍以上 3 倍以下的罚款。

第五十一条　伪造、变造许可证证书、生产许可证标志和编号的，责令改正，没收违法生产、销售的产品，并处违法生产、销售产品货值金额等值以上 3 倍以下的罚款；有违法所得的，没收违法所得。

第五十二条　企业用欺骗、贿赂等不正当手段取得生产许可证的，由工业产品生产许可证主管部门处 20 万元以下的罚款，并依照《中华人民共和国行政许可法》的有关规定作出处理。

第五十三条　取得生产许可证的企业未依照本条例规定定期向省、自治区、直辖市工业产品生产许可证主管部门提交报告的，由省、自治区、直辖市工业产品生产许可证主管部门责令限期改正；逾期未改正的，处 5000 元以下的罚款。

第五十四条　取得生产许可证的产品经产品质量国家监督抽查或者省级监督抽查不合格的，由工业产品生产许可证主管部门责令限期改正；到期复查仍不合格的，吊销生产许可证。

第五十五条　企业被吊销生产许可证的，在 3 年内不得再次申请同一列入目录产品的生产许可证。

3. 违反《食品添加剂生产监督管理规定》应当承担的法律责任

第四十九条　生产者违反本规定第六条第一款、第二十二条、第二十三条、第二十四条、第三十四条、第三十五条、第三十八条、第三十九条、第四十条、第四十一条等规定，构成《食品安全法》、《产品质量法》、《工业产品生产许可证管理条例》等有关法律法规规定的违法行为的，依照有关法律法规的规定予以处罚。

第五十条　生产者违反本规定第二条第三款、第三十六条、第三十七条、第四十二条等规定，构成有关法律法规规定的违法行为的，按照有关法律法规的规定处罚；未构成有关法律法规规定的违法行为的，由县级以上地方质量技术监督部门责令限期改正，处三万元以下罚款。

第五十二条 当事人对行政机关依据本规定所给予的行政处罚不服的，可以依法提起行政复议或者行政诉讼。

4. 违反《国务院关于加强食品等产品安全监督管理的特别规定》应当承担的法律责任

第三条 不按照法定条件、要求从事生产经营活动或者生产、销售不符合法定要求产品的，由农业、卫生、质检、商务、工商、药品等监督管理部门依据各自职责，没收违法所得、产品和用于违法生产的工具、设备、原材料等物品，货值金额不足5000元的，并处5万元罚款；货值金额5000元以上不足1万元的，并处10万元罚款；货值金额1万元以上的，并处货值金额10倍以上20倍以下的罚款；造成严重后果的，由原发证部门吊销许可证照。

生产经营者不再符合法定条件、要求，继续从事生产经营活动的，由原发证部门吊销许可证照，并在当地主要媒体上公告被吊销许可证照的生产经营者名单。

依法应当取得许可证照而未取得许可证照从事生产经营活动的，由农业、卫生、质检、商务、工商、药品等监督管理部门依据各自职责，没收违法所得、产品和用于违法生产的工具、设备、原材料等物品，货值金额不足1万元的，并处10万元罚款；货值金额1万元以上的，并处货值金额10倍以上20倍以下的罚款。

第四条 违反前款规定，违法使用原料、辅料、添加剂、农业投入品的，由农业、卫生、质检、商务、药品等监督管理部门依据各自职责没收违法所得，货值金额不足5000元的，并处2万元罚款；货值金额5000元以上不足1万元的，并处5万元罚款；货值金额1万元以上的，并处货值金额5倍以上10倍以下的罚款；造成严重后果的，由原发证部门吊销许可证照。

第五条 违反前款规定的，由工商、药品监督管理部门依据各自职责责令停止销售；不能提供检验报告或者检验报告复印件销售产品的，没收违法所得和违法销售的产品，并处货值金额3倍的罚款；造成严重后果的，由原发证部门吊销许可证照。

第七条 出口产品的生产经营者逃避产品检验或者弄虚作假的，由出入境检验检疫机构和药品监督管理部门依据各自职责，没收违法所得和产品，并处货值金额3倍的罚款。

第八条 质检、药品监督管理部门发现不符合法定要求产品时，可以将不符合法定要求产品的进货人、报检人、代理人列入不良记录名单。进口产品的进货人、销售者弄虚作假的，由质检、药品监督管理部门依据各自职责，没收违法所得和产品，并处货值金额3倍的罚款。进口产品的报检人、代理人弄虚作假的，取消报检资格，并处货值金额等值的罚款。

第九条 生产企业和销售者不履行前款规定义务的，由农业、卫生、质检、商务、工商、药品等监督管理部门依据各自职责，责令生产企业召回产品、销售者停止销售，对生产企业并处货值金额3倍的罚款，对销售者并处1000元以上5万元以下的罚款；造成严重后果的，由原发证部门吊销许可证照。

5. 违反《行政许可法》应当承担的法律责任

第七十八条 行政许可申请人隐瞒有关情况或者提供虚假材料申请行政许可的，行政机关不予受理或者不予行政许可，并给予警告；行政许可申请属于直接关系公共安全、人身健康、生命财产安全事项的，申请人在一年内不得再次申请该行政许可。

第七十九条　被许可人以欺骗、贿赂等不正当手段取得行政许可的，行政机关应当依法给予行政处罚；取得的行政许可属于直接关系公共安全、人身健康、生命财产安全事项的，申请人在三年内不得再次申请该行政许可。

第八十条　被许可人有下列行为之一的，行政机关应当依法给予行政处罚：

（1）涂改、倒卖、出租、出借行政许可证件，或者以其他形式非法转让行政许可的；

（2）超越行政许可范围进行活动的；

（3）向负责监督检查的行政机关隐瞒有关情况、提供虚假材料或者拒绝提供反映其活动情况的真实材料的；

（4）法律、法规、规章规定的其他违法行为。

第八十一条　公民、法人或者其他组织未经行政许可，擅自从事依法应当取得行政许可的活动的，行政机关应当依法采取措施予以制止，并依法给予行政处罚。

14.2.2.2　民事责任

民事责任主要按照《民法通则》，主要相关条款如下：

第一百零六条　公民、法人违反合同或者不履行其他义务的，应当承担民事责任。公民、法人由于过错侵害国家的、集体的财产，侵害他人财产、人身的，应当承担民事责任。没有过错，但法律规定应当承担民事责任的，应当承担民事责任。

第一百二十二条　因产品质量不合格造成他人财产、人身损害的，产品制造者、销售者应当依法承担民事责任。运输者、仓储者对此负有责任的，产品制造者、销售者有权要求赔偿损失。

具体到食品方面，《食品安全法》第九十六条明确规定　违反本法规定，造成人身、财产或者其他损害的，依法承担赔偿责任。

生产不符合食品安全标准的食品或者销售明知是不符合食品安全标准的食品，消费者除要求赔偿损失外，还可以向生产者或者销售者要求支付价款十倍的赔偿金。

第九十七条　违反本法规定，应当承担民事赔偿责任和缴纳罚款、罚金，其财产不足以同时支付时，先承担民事赔偿责任。

14.2.2.3　刑事责任

触犯《刑法》，应当追究的刑事责任。刑法中主要涉及“生产、销售伪劣商品罪”。主要相关条款如下：

第一百四十条　生产者、销售者在产品中掺杂、掺假，以假充真，以次充好或者以不合格产品冒充合格产品，销售金额五万元以上不满二十万元的，处二年以下有期徒刑或者拘役，并处或者单处销售金额百分之五十以上二倍以下罚金；销售金额二十万元以上不满五十万元的，处二年以上七年以下有期徒刑，并处销售金额百分之五十以上二倍以下罚金；销售金额五十万元以上不满二百万元的，处七年以上有期徒刑，并处销售金额百分之五十以上二倍以下罚金；销售金额二百万元以上的，处十五年有期徒刑或者无期徒刑，并处销售金额百分之五十以上二倍以下罚金或者没收财产。

第一百四十三条　生产、销售不符合卫生标准的食品，足以造成严重食物中毒事故或者其他严重食源性疾患的，处三年以下有期徒刑或者拘役，并处或者单处销售金额百分之五十以上二倍以下罚金；对人体健康造成严重危害的，处三年以上七年以下有期徒刑，并处销售金额百分之五十以上二倍以下罚金；后果特别严重的，处七年以上有期徒刑或者无期徒刑，并处销售金额百分之五十以上二倍以下罚金或者没收财产。

第一百四十四条 在生产、销售的食品中掺入有毒、有害的非食品原料的，或者销售明知掺有有毒、有害的非食品原料的食品的，处五年以下有期徒刑或者拘役，并处或者单处销售金额百分之五十以上二倍以下罚金；造成严重食物中毒事故或者其他严重食源性疾患，对人体健康造成严重危害的，处五年以上十年以下有期徒刑，并处销售金额百分之五十以上二倍以下罚金；致人死亡或者对人体健康造成特别严重危害的，依照本法第一百四十一条的规定处罚。

第一百四十六条 生产不符合保障人身、财产安全的国家标准、行业标准的电器、压力容器、易燃易爆产品或者其他不符合保障人身、财产安全的国家标准、行业标准的产品，或者销售明知是以上不符合保障人身、财产安全的国家标准、行业标准的产品，造成严重后果的，处五年以下有期徒刑，并处销售金额百分之五十以上二倍以下罚金；后果特别严重的，处五年以上有期徒刑，并处销售金额百分之五十以上二倍以下罚金。

第一百四十八条 生产不符合卫生标准的化妆品，或者销售明知是不符合卫生标准的化妆品，造成严重后果的，处三年以下有期徒刑或者拘役，并处或者单处销售金额百分之五十以上二倍以下罚金。

第一百四十九条 生产、销售本节第一百四十一条至第一百四十八条所列产品，不构成各该条规定的犯罪，但是销售金额在五万元以上的，依照本节第一百四十条的规定定罪处罚。

生产、销售本节第一百四十一条至第一百四十八条所列产品，构成各该条规定的犯罪，同时又构成本节第一百四十条规定之罪的，依照处罚较重的规定定罪处罚。

第一百五十条 单位犯本节第一百四十条至第一百四十八条规定之罪的，对单位判处罚金，并对其直接负责的主管人员和其他直接责任人员，依照各该条的规定处罚。

另外，违反《食品安全法》、《行政许可法》、《民法通则》等应承担的法律责任：

如《民法通则》第一百一十条 对承担民事责任的公民、法人需要追究行政责任的，构成犯罪的，对公民、法人的法定代表人应当依法追究刑事责任。

如《行政许可法》第七十九条 被许可人以欺骗、贿赂等不正当手段取得行政许可的，构成犯罪的，依法追究刑事责任。

第八十条 被许可人有下列行为之一的，构成犯罪的，依法追究刑事责任：

（1）涂改、倒卖、出租、出借行政许可证件，或者以其他形式非法转让行政许可的；

（2）超越行政许可范围进行活动的；

（3）向负责监督检查的行政机关隐瞒有关情况、提供虚假材料或者拒绝提供反映其活动情况的真实材料的；

（4）法律、法规、规章规定的其他违法行为。

第八十一条 公民、法人或者其他组织未经行政许可，擅自从事依法应当取得行政许可的活

如《食品安全法》第九十八条 违反本法规定，构成犯罪的，依法追究刑事责任。

14.3 法律责任归责原则

法律责任的认定和归结简称“归责”，它是指对违法行为所引起的法律责任进行判断、确认、归结、缓减以及免除的活动。

归责原则是指导法律适用的基本准则。归责一般必须遵循以下法律原则。

(1) 责任法定原则

其含义包括：1）违法行为发生后应当按照法律事先规定的性质、范围、程度、期限、方式追究违法者的责任；作为一种否定性法律后果，它应当由法律规范预先规定。2）排除无法律依据的责任，即责任擅断和“非法责罚”。3）在一般情况下要排除对行为人有害的既往追溯。

(2) 因果联系原则

其含义包括：1）在认定行为人违法责任之前，应当首先确认行为与危害或损害结果之间的因果联系，这是认定法律责任的重要事实依据。2）在认定行为人违法责任之前，应当首先确认意志、思想等主观方面因素与外部行为之间的因果联系，有时这也是区分有责任与无责任的重要因素。3）在认定行为人违法责任之前，应当区分这种因果联系是必然的还是偶然的，直接的还是间接的。

(3) 责任相称原则

其含义包括：1）法律责任的性质与违法行为性质相适应。2）法律责任的轻重和种类应当与违法行为的危害或者损害相适应。3）法律责任的轻重和种类还应当与行为人主观恶性相适应。

(4) 责任自负原则

其含义包括：1）违法行为人应当对自己的违法行为负责；2）不能让没有违法行为的人承担法律责任，即反对株连或变相株连；3）要保证责任人受到法律追究，也要保证无责任者不受法律追究，做到不枉不纵。

正确运用归责原则是正确适用法律的前提，在食品安全监管工作中，确定法律责任是日常大量的工作内容。熟练运用归责原则，才能有效制裁违法行为，确保食品安全。

标准与规范篇

第15章 食品安全标准体系

食品安全标准体系是我国标准体系的重要组成部分，是保证食品安全的重要技术支撑。《食品安全法》首次赋予食品安全标准体系以法律地位，使食品安全标准体系的建立完善纳入了法制轨道，从而有利于保障食品安全。目前，我国已初步建立了一个以国家标准为主体，门类齐全、结构相对合理、具有一定配套性和完整性，与中国食品产业发展、提高食品安全水平、保障公众身体健康的要求基本相适应的食品安全标准体系。

15.1 食品安全标准概述

标准是指“为了在一定的范围内获得最佳秩序，经协商一致制定并由公认机构批准，共同使用的和重复使用的一种规范性文件”（GB/T 20000.1—2002）。由此可见，标准具有科学性，将科学研究成就、技术进步的成果同实践中积累的先进经验相互结合，纳入标准；标准又具有民主性和公正性，它所反映的是有关方面的共同意志。是经过与有关人员，用户、生产者、科研方和政府部门进行认真充分地协商一致，并从共同利益出发作出的规定。

标准化是指“为了在一定范围内获得最佳秩序，对现实问题或潜在问题制定共同使用和重复使用的条款的活动”（GB/T 20000.1—2002）。标准化是一个活动过程，主要是制定标准、实施标准，进而修订标准的过程。标准则是标准化活动的产物。标准化也是一项有目的的活动，保证产品、过程或服务具有适用性。标准化又是建立规范的活动，这类规范具有共同使用和重复使用的特征。

食品安全标准是指为了保证食品安全，对食品生产经营过程中影响食品安全的各种要素以及各关键环节所规定的统一的技术要求。食品安全标准与食品安全法律法规一样，是食品生产经营者依法从事生产经营、规范自身行为的重要依据，是食品安全监管部门进行管理和执法的基础，是评价食品安全性能的依据，对维护公众身体健康、服务经济社会发展具有重要意义。

食品安全标准具有以下特征：

（1）食品安全标准的目的性

食品安全标准的目的非常明确，就是通过不同标准之间的协调配合，为确保食品安全服务。因此，食品安全标准总体都是以食品的安全性能为核心。

（2）食品安全标准的统一性

食品安全标准统一性要求涉及食品安全的食品、食品添加剂和食品相关产品的形式、功能和技术要求、管理要求都体现在保证食品安全的一致性方面，并通过食品安全标准确定下来。由于食品生产环节和生产过程之间的联系日益复杂，只能通过建立共同秩序，确保食品安全。

（3）食品安全标准的强制性

所谓食品安全标准的强制性，表现在食品生产经营过程中，食品生产经营者必须执行的标准，也是保证食品安全的底线。政府食品安全监管部门也是根据这些标准，对食品安全进行监管。

（4）食品安全标准具有明显的结构性

食品安全标准按其内在的联系进行了分类排列，即形成了食品安全标准的结构形式。八类法定食品安全标准内容构成了食品安全标准的基本结构形式。食品安全标准的结构形式分为层次结构和过程结构。

1）食品安全标准层次结构。食品安全标准的层次结构反映了食品、食品添加剂和食品相关产品之间的隶属和包含关系，也反映了他们之间的共性和抽象性，即安全性能。

2）食品安全标准过程结构。食品、食品添加剂和食品相关产品的生产经营过程决定了食品安全标准的过程结构，即从食品、食品添加剂和食品相关产品原辅材料标准、产品质量标准到相应的标签标识标准、食品生产经营过程的卫生要求、生产规范、检验方法标准与规程等，反映了产品形成过程和顺序关系。

（5）食品安全标准的协调性

食品、食品添加剂和食品相关产品在食品生产经营中的内在联系决定了食品安全标准之间的相关性。制定或者修改其中任何一个标准，都必须考虑到对其他各相关标准的影响。

（6）食品安全标准的整体性

食品安全标准不是各个独立的食品安全标准的简单相加，需要把单个食品安全标准置于食品安全标准中，并与其他一系列食品安全标准相互配合，才能实现具体标准规定的安全性能要求，这也充分说明建立完善食品安全标准体系对于保证食品安全是非常重要的。

15.2 食品安全标准体系

标准体系是指一定范围内的标准按其内在联系形成的科学有机整体。一定范围可以是区域、领域、单位，也可以是产品、项目、技术等事务。有机整体是指各项标准之间具有内在的联系。在我国标准体系内，按照标准属性划分，可以分为强制性标准与推荐性标准，食品安全标准是强制性标准；按照标准的层级划分，可以分为国家标准、行业标准、地方标准和企业标准；按照标准的适用性划分，可以分为基础标准、方法标准、产品标准；按照标准的内容划分，可以分为技术标准、管理标准和工作标准。

食品安全标准体系是指食品、食品添加剂、食品相关产品的生产经营使用过程中，涉及的食品安全标准按其内在联系形成的科学有机整体。也就是说，食品安全标准体系内的各项食品安全标准之间具有内在的有机联系，是一种由标准组成的系统：包括产品标准、工作标准、管理标准等。各项食品安全标准协调配合，才能在执行中保证食品安全。法定的食品安全标准可以分为技术标准、管理标准和工作标准。具体包括：食品安全基础标准、产品标准、生产规范和检验检测方法等，与国际食品法典标准分类基本一致。

我国食品安全标准体系的形成首先经历了“从局部到整体”的模式。在食品生产经营过程中，食用农产品质量安全标准、食品卫生标准、食品质量标准和有关食品的行业标准中强制执行的标准构成了食品安全标准体系的“雏形”。随着这些标准的实施，根据消费者不断提高的食品安全要求和食品安全科学技术的发展，需要不断调整、修改、补充、完善，制定新的食品安全标准。食品安全标准体系经历了标准数量增加、标准之间的联系更加紧密的过程。《食品安全法》实施以后，食品安全标准体系进入了“从整体到局部”的发展途径，分步骤、分阶段地制定食品安全标准，做好食品安全标准之间的协调、配套和优化，进一步建立起功能比较完善的食品安全标准体系。国家卫生部门根据风险监测、风险评估和标准实施中的问题，确立食品安全标准体系的发展目标，提出制定食品安全标准的规划、实施计划，统一制定食品安全标准。

因此我国食品安全标准体系的建设和完善采用了两种发展模式，不断地提高食品安全标准的水平，为保障食品安全服务。

《食品安全法》明确了法定的食品安全标准内容包括八类。

（1）食品、食品相关产品中的致病性微生物、农药残留、兽药残留、重金属、污染物质以及其他危害人体健康物质的限量规定。这类标准是关于食品、食品相关产品本身的质量安全性能的食品安全标准，规定食品中各种危害物质的限量，防止因人们食用而致病、中毒或者造成污染。如：GB 2761—2011《食品安全国家标准　食品中真菌毒素限量》。

（2）食品添加剂的品种、使用范围、用量。这类标准是关于食品添加剂的食品安全标准，是食品生产企业正确使用食品添加剂的标准依据。如：GB 26687—2011《食品安全国家标准　复配食品添加剂通则》。

（3）专供婴幼儿和其他特定人群的主辅食品的营养成分要求。这类标准属于针对特殊人群的特定需求即营养成分要求而设立，食品生产企业要生产此类食品，必须执行此类标准。如：GB 10765—2010《食品安全国家标准　婴儿配方食品》。

（4）对与食品安全、营养有关的标签、标识、说明书的要求。这类标准是关于食品标识的技术要求，是食品生产企业对消费者的明示承诺，也是为了保障公众的食品安全知情权。如：GB 7718—2011《食品安全国家标准　预包装食品标签通则》。

（5）食品生产经营过程的卫生要求。这类标准是对食品生产的环境要求，防止因环境影响最终食品质量安全。如：GB 14881—1994《食品企业通用卫生规范》。

（6）与食品安全有关的质量要求。质量要求涉及食品安全的，也属于制定食品安全标准的内容。

（7）食品检验方法与规程。这类标准是评价食品质量安全的方法、手段的基础性标准。如：GB 5413.37—2010《食品安全国家标准　乳和乳制品中黄曲霉毒素 M_1 的测定》。

（8）其他需要制定为食品安全标准的内容。包括其他没有列举，但是涉及食品安全，需要制定标准的内容。

根据《标准化法》的规定，我国有四级标准，即国家标准、行业标准、地方标准和企业标准；按照《食品安全法》的规定，食品安全标准分为食品安全国家标准、食品安全地方标准和食品安全企业标准，共三级标准。《标准化法》规定，我国标准从性质上划分为强制性标准和推荐性标准；而《食品安全法》第十九条规定“食品安全标准是强制执行的标准。除食品安全标准外，不得制定其他的食品强制性标准”。

《食品安全法》第二十二条规定“国务院卫生行政部门应当对现行的食用农产品质量安全标准、食品卫生标准、食品质量标准和有关食品的行业标准中强制执行的标准予以整合，统一公布为食品安全国家标准。本法规定的食品安全国家标准公布前，食品生产经营者应当按照现行食用农产品质量安全标准、食品卫生标准、食品质量标准和有关食品的行业标准生产经营食品”。

目前，现行食品标准基本覆盖了所有食品范围，基本涵盖了从原料到产品中涉及健康危害的各种卫生安全指标，包括食品产品生产加工过程中包括原料收购与验收、生产环境、设备设施、工艺条件、卫生管理、产品出厂前检验等各个环节的卫生要求。

15.3 食品安全标准的制定

根据《食品安全法》和《食品安全法实施条例》的规定，国务院卫生行政部门负责制定、公布食品安全国家标准，国务院标准化行政部门提供国家标准编号。食品中农药残留、兽药残留的限量规定及其检验方法与规程，由国务院卫生行政部门、国务院农业行政部门制定。屠宰畜、禽的检验规程由国务院有关主管部门会同国务院卫生行政部门制定。2010年卫生部发布了规章《食品安全国家标准管理办法》和规范性文件《食品安全国家标准制（修）订项目管理规定》，规范食品安全国家标准制（修）订工作。

食品安全国家标准制（修）订工作包括规划、计划、立项、起草、审查、批准、发布以及修改与复审等。

15.3.1 制定食品安全国家标准规划及其实施计划

由卫生部会同国务院农业行政、质量监督、工商行政管理和国家食品药品监督管理以及国务院商务、工业和信息化等部门制定食品安全国家标准规划及其实施计划。卫生部根据食品安全国家标准规划及其实施计划和食品安全工作需要制定食品安全国家标准制（修）订计划。食品安全国家标准规划及其实施计划，应当明确食品安全国家标准的近期发展目标、实施方案和保障措施等。

负有食品安全分段监管职责的各有关部门认为本部门负责监管的领域需要制定食品安全国家标准的，应当在每年编制食品安全国家标准制（修）订计划前，向卫生部提出立项建议。立项建议应当包括要解决的重要问题、立项的背景和理由、现有食品安全风险监测和评估依据、标准候选起草单位，并将立项建议按照优先顺序进行排序。任何公民、法人和其他组织都可以提出食品安全国家标准立项建议。

15.3.2 起草食品安全国家标准

由卫生部采取招标、委托等形式，择优选择具备相应技术能力的单位承担食品安全国家标准起草工作。提倡由研究机构、教育机构、学术团体、行业协会等单位组成标准起草协作组共同起草标准。标准起草单位和起草负责人在起草过程中，应当深入调查研究，保证标准起草工作的科学性、真实性。标准起草完成后，应当书面征求标准使用单位、科研院校、行业和企业、消费者、专家、监管部门等各方面意见。征求意见时，应当提供标准编制说明。起草食品安全国家标准，应当以食品安全风险评估结果和食用农产品质量安全风险评估结果为主要依据，充分考虑我国社会经济发展水平和客观实际的需要，参照相关的国际标准和国际食品安全风险评估结果。

15.3.3 食品安全国家标准草案的审查

审查的程序包括：一是秘书处初步审查，审查食品安全国家标准草案的完整性、规范性、与委托协议书的一致性，审查通过的标准，在卫生部网站上公开征求意见；二是审评委员会专业分委员会会议审查，采取协商一致与表决相结合的方式，对标准的科学和实用性进行审查；三是审评委员会主任会议审议；四是卫生部卫生监督中心按照专业分委员会审查意见和审评委员会主任会议审议意见，对标准报批材料的内容和格式进行审核。食品安全国家标准草案按照规定履行向世界贸易组织（WTO）的通报程序。

15.3.4 食品安全国家标准的批准和发布

审核通过的标准由卫生部卫生监督中心报送卫生部，以卫生部公告的形式发布。食品安全国家标准的解释以卫生部发文形式公布，与食品安全国家标准具有同等效力。

15.3.5 食品安全国家标准的修改、复审和跟踪评价

食品添加剂国家标准公布后，个别内容需做调整时，以卫生部公告的形式发布食品安全国家标准修改单。食品安全国家标准实施后，审评委员会应当适时进行复审，提出继续有效、修订或者废止的建议。对需要修订的食品安全国家标准，应当及时纳入食品安全国家标准修订立项计划。卫生部应当组织审评委员会、省级卫生行政部门和相关单位对标准的实施情况进行跟踪评价。食品安全国家标准的编号工作，按照卫生部和国家标准委的协商意见及有关规定执行。

食品安全地方标准制（修）订可参照《食品安全国家标准管理办法》执行。

企业生产的食品没有食品安全国家标准或者地方标准的，应当制定企业标准，作为组织生产的依据。国家鼓励食品生产企业制定严于食品安全国家标准或者地方标准的企业标准。企业标准应当报省级卫生行政部门备案，在本企业内部适用。

根据《国务院办公厅关于严厉打击食品非法添加行为切实加强食品添加剂监管的通知》(国办发〔2011〕20 号）的规定，对暂无国家标准的食品添加剂，有关企业或行业组织可以依据有关规定提出参照国际组织或相关国家标准指定产品标准的申请，由卫生部会同有关部门指定食品添加剂标准。

15.4 食品安全标准的执行

食品安全标准的执行是指食品、食品添加剂和食品相关产品生产经营企业，负责食品安全监督管理的政府部门组织实施标准和对标准的实施进行监督。组织实施食品安全标准是指有组织、有计划、有措施地贯彻执行食品安全标准的活动。对食品安全标准的实施进行监督是指对食品安全标准贯彻执行情况进行督促、检查和处理的活动。

15.4.1 食品、食品添加剂和食品相关产品生产经营企业执行食品安全标准的活动

企业是执行标准的主体，食品安全标准作为强制性标准，也是在生产经营过程中必须执行的。《食品安全法》规定，食品生产经营应当符合食品安全标准。一是食品生产经营企业应当组织职工参加食品安全知识培训，学习食品安全法律、法规、规章、标准和其他食品安全知识，并建立培训档案。二是食品生产者采购食品原料、食品添加剂、食品相关产品，应当查验供货者的许可证和产品合格证明文件；对无法提供合格证明文件的食品原料，应当依照食品安全标准进行检验；不得采购或者使用不符合食品安全标准的食品原料、食品添加剂、食品相关产品。三是食品、食品添加剂和食品相关产品的生产者，应当依照食品安全标准对所生产的食品、食品添加剂和食品相关产品进行检验，检验合格后方可出厂或者销售。四是食品生产者应当依照食品安全标准关于食品添加剂的品种、使用范围、用量的规定使用食品添加剂；不得在食品生产中使用食品添加剂以外的化学物质和其他可能危害人体健康的物质。五是食品生产者发现其生产的食品不符合食品安全标准时，应当立即停止生产，召回已经上市销售的食品，通知相关生产经营者和消费者，并记录召回和通知情况。

企业还应当在生产经营中，对食品安全标准的执行情况进行自行监督，发现食品安全标准在执行过程中存在问题的，应当立即向食品安全监督管理部门报告。

15.4.2 质量技术监督部门执行食品安全标准的活动

质量技术监督部门执行食品安全标准的主要活动：一是帮助、督促企业执行标准，对企业执行标准的情况进行监督检查，对违法企业实施行政处罚；二是对企业食品安全国家

标准和食品安全地方标准的执行情况分别进行跟踪评价，收集、汇总食品安全标准在执行过程中存在的问题，并及时向同级卫生行政部门通报。

食品生产经营者、食品行业协会发现食品安全标准在执行过程中存在问题的，应当立即向食品安全监督管理部门报告。

从宏观层面上来看，食品安全标准体系是食品质量和安全存在和发展的基础，是人类生活质量提高进步的阶梯，是推动人类生存与自然和谐发展的艺术，是食品产业发展的动力之源，是市场经济竞争与活力之源，是人类生活安全最基本的要求和渴望，也是政府提高行政管理科学性的必然要求。

从微观领域来看，食品安全标准体系在食品、食品添加剂和食品相关产品生产中具有以下的作用：

（1）是生产企业按照《食品安全法》取得生产许可必须达到的生产技术要求，是生产企业取得生产许可后保持生产技术水平的根据，也是产品的出厂检验依据，更主要是产品质量的评价技术规则。

（2）是生产企业承担产品质量安全义务的衡量尺度，是进行生产必须遵守的技术要求，是保证食品安全的行为规范，是产品出厂检验的根据，也是食品安全和质量的判断规则。

（3）是质量技术监督部门对生产领域，进行监督管理的技术手段，也是对违反《食品安全法》的生产企业进行监督检查，实施行政处罚的事实证据。

由此可见，食品安全标准体系对人类的可持续发展起着至关重要的作用。

第16章 食品安全标准

16.1 标准概述

根据标准化对象的不同，通常把标准分为技术标准、管理标准和工作标准三大类。其中，技术标准又分为基础标准；产品标准；方法标准；安全、卫生与环境保护标准四类。

16.1.1 基础标准

基础标准是指在一定范围内作为其他标准的基础并具有广泛指导意义的标准。如：GB 3100～3102《量和单位》；GB/T 8170《数值修约规则与极限数值的表示和判定》等。

16.1.2 产品标准

产品标准是指对产品结构、规格、质量和检验方法所做的技术规定。

16.1.3 方法标准

方法标准是指以产品性能、质量方面的检测、试验方法为对象而制定的标准。其内容包括检测或试验的类别、检测规则、抽样、取样测定、操作、精度要求等方面的规定，还包括所用仪器、设备、检测和试验条件、方法步骤、数据分析、结果计算、评定、合格标准、复验规则等。

16.1.4 安全、卫生与环境保护标准

这类标准是以保护人和物的安全、保护人类的健康、保护环境为目的而制定的标准。这类标准一般都要强制贯彻执行。

16.2 标准体系

16.2.1 重要的食品通用标准

我国的食品标准已初步形成了门类齐全、结构相对合理、具有一定配套性、基本完整的体系，这些标准已成为食品行业和相关产业遵循的原则，有力地促进了我国食品行业的发展和食品质量的提高。食品通用标准主要包括有：食品安全限量标准、食品标签标准等。

16.2.1.1 食品安全限量标准

《食品安全法》第二十条规定，食品安全标准应当包括：食品、食品相关产品中的致病性微生物、农药残留、兽药残留、重金属、污染物质以及其他危害人体健康物质的限量规定。我国食品安全限量标准主要包括：食品中污染物限量、农药最大残留限量、兽药最大残留限量、有害微生物和生物毒素限量等。

1. 食品中农药最大残留限量标准

农药残留是指任何由于使用农药而在食品、农产品和动物饲料中出现的特定物质，包括农药衍生物（如农药转化物、代谢物、反应产物以及杂质）。目前，国际上通常用最大残留限量（MRLs）值来表示，单位为mg/kg，即每千克食品中含有农药残留的质量(mg)。我国关于食品中农药最大残留量的国家标准主要如下。

（1）《食品中农药最大残留限量》（GB 2763—2005）。该标准非等效采用了国际食品法典委员会（CAC）标准《食品中农药最大残留限量》（2001 年），与 CAC 标准相比，标准符合率由原来的 14.6%提高到了 85%以上。在 136 种农药共 479 项限量值标准中，有 83 种农药 274 项标准采用了 CAC 标准或与 CAC 标准一致。该标准代替并废止了各类食品中 34 项单一农药品种的最大残留限量标准，包括了我国正在使用的农药，基本涵盖了获得农药登记、允许使用的农药和禁止在水果、蔬菜、茶叶等经济作物上使用的高毒农药。结合我国实际，某些粮食、蔬菜等食品，因我国居民食用量较大，其农药残留指标还严于 CAC 标准，如规定蔬菜中甲胺磷、硫磷、甲拌磷、马拉硫磷等不得检出。

（2）《食品中百菌清等 12 种农药最大残留限量》（GB 25193—2010）。该标准规定了食品中百菌清、苯丁锡、苯醚甲环唑等 12 种农药的最大残留限量，适用于与限量相关的番茄、黄瓜、苹果、梨、小麦等食品种类，这一标准与国际食品法典委员会（CAC）标准《食品中农药最大残留限量》（2009）中的相关规定的一致性程度为等同。

（3）《食品中百草枯等 54 种农药最大残留限量》（GB 26130—2010）。该标准于 2011 年 4 月 1 日起实施，规定了食品中百草枯、丙森锌、草甘膦、除虫脲、春雷霉素等 54 种农药的最大残留限量，适用于与限量相关的茶叶、苹果、柑橘、大蒜、糙米等蔬菜水果类食品。该标准与国际食品法典委员会（CAC）标准《食品中农药最大残留限量》（2009）中的相关规定的一致性程度为非等效。

2. 食品中兽药残留限量标准

《动物性食品中兽药最高残留限量》制定于 1999 年，2002 年农业部对其进行了修订，并以农业部 2002 年 235 号公告形式颁布。该公告中兽药最高残留限量大量采用了 CAC、欧盟等标准，这也是我国兽药残留限量最权威的标准。我国兽药最高残留限量具体分为以下 4 种情况。

（1）凡农业部批准使用的兽药，按质量标准、产品说明书规定用于食品动物，不需要指定最高残留量的见 235 号公告中的附录 1，包括 62 种。

（2）凡农业部批准使用的兽药，按质量标准、产品说明书规定用于食品动物，需要指定最高残留量的见 235 号公告中附录 2，包括 96 种。

（3）凡农业部批准使用的兽药，按质量标准、产品说明书规定用于食品动物，但不得检出兽药残留的见 235 号公告中附录 3，包括 9 种。

（4）农业部明文规定禁止用于所有食品动物的兽药见 235 号公告中附录 4，包括 31 种。

此外，NY 5071—2002《无公害食品　渔用药物使用准则》、NY 5070—2002《无公害食品　水产品中渔药残留限量》、NY 5072—2002《无公害食品　渔用配合饲料安全限量》还规定了水产品中渔药的使用准则和残留限量。

3. 食品中污染物限量标准

2005 年 1 月 25 日，卫生部和国家标准化管理委员会发布了 GB 2762—2005《食品中污染物限量》代替并废止了此前发布的 GB 2762—1994、GB 4809—1984 等 13 项污染物限量标准。该标准参照 CAC 标准，对部分食品和限量指标做了相应修改，规定了食品中的铅、镉、汞、砷、铬、硒、氟、苯并（a）芘、*N*-亚硝胺、多氯联苯、亚硝酸盐、面粉中的铝和植物性食品中的稀土 13 种污染物在食品中的限量指标。另外 GB 14882—1994《食品中放射性物质限制浓度标准》规定了 12 种放射性物质的导出限制浓度。

4. 食品中生物毒素限量标准

生物毒素又称天然毒素，是指生物来源不可自复制的有毒化学物质，包括动物、植物、微生物产生的对其他生物物种有毒害作用的各种化学物质。2011 年 4 月 20 日，卫生部发布了 GB 2761—2011《食品安全国家标准　食品中真菌毒素限量》，该标准是在分析近年来食品污染物监测等数据，参考借鉴国际食品法典和其他国家的标准、风险评估结果基础上修订完成，为强制性国家标准，已于 2011 年 10 月 20 日实施。标准规定了食品中黄曲霉毒素 B_1、黄曲霉毒素 M_1、脱氧雪腐镰刀菌烯醇、展青霉素、赭曲霉毒素 A、玉米赤霉烯酮的限量指标以及食品中真菌毒素限量的应用原则，本标准代替 GB 2761—2005《食品中真菌毒素限量》以及 GB 2715—2005《粮食卫生标准》中的真菌毒素限量指标。与 GB 2761—2005 相比，主要变化有：增加了可使用部分的定义；增加了应用原则；修改了黄曲霉毒素 B_1、黄曲霉毒素 M_1 及脱氧雪腐镰刀菌烯醇的检测方法，同时，增加了"附录 A 食品类别（名称）说明"。

5. 食品中有害微生物限量标准

食品中微生物限量在各类食品及食品原料中都有严格规定，相关规定包含在各类食品卫生标准中。食品中有害微生物主要是指菌落总数、大肠菌群、霉菌、酵母计数和致病菌。其中，致病菌在所有食品中都不得检出。我国食源性病原菌的种类繁多，以肠道致病菌为主要病原，包括沙门氏菌、副溶血弧菌、肉毒梭菌、金黄色葡萄球菌、致病性大肠杆菌、单增李斯特菌等。引起中毒的食物则以动物性食品为主，其中沙门氏菌食物中毒起数与中毒人数均居微生物性食物中毒首位。

6. 食品中添加剂使用标准

卫生部于 2011 年 4 月 20 日颁布了 GB 2760—2011《食品安全国家标准　食品添加剂使用标准》，修订后的新标准代替了 GB 2760—2007《食品添加剂使用卫生标准》并于 2011 年 6 月 20 日开始实施。新标准包括了食品添加剂、食品用加工助剂、胶母糖基础剂和食品用香料等 2314 个品种，涉及 16 大类食品、23 个功能类别。该标准按照《食品安全法》规定，对食品添加剂的安全性和工艺必要性进行严格审查，由食品安全国家标准审评委员会审评通过。与以往标准相比，进一步提高了标准的科学性和实用性，其中，删除了不再使用的、没有生产工艺必要性的食品添加剂和加工助剂，如过氧化苯甲酰、过氧化钙、甲醛等品种；明确规定了食品添加剂的使用原则，规定使用食品添加剂不得掩盖食品腐败变质、不得掩盖食品本身或者加工过程中的质量缺陷，不得以掺杂、掺假、伪造为目的而使用等；增加了食品用香料香精和食品工业用加工助剂的使用原则；调整食品用香料分类、食品工业用加工助剂名单等。

16.2.1.2　食品标签标准

我国关于食品标签的标准主要有"预包装食品标签通则"、"预包装特殊膳食用食品标签"、"预包装饮料酒标签通则"、"预包装食品营养标签通则"。除上述 4 项标签标准外，还有许多产品标准中对标签也规定了特殊标示内容，一般多为对此产品的特征成分的含量进行标注。

(1)《食品安全国家标准　预包装食品标签通则》(GB 7718—2011)。1987 年 5 月，原国家技术监督局批准发布了 GB 7718—1987《食品标签通则》，通过该标准的实施，规范了食品标签的使用。在经过 1994 年、2004 年、2011 年三次修改后，卫生部发布了 GB 7718—2011。本标准适用于直接提供给消费者的预包装食品标签和非直接提供给消费者的预包装食品标签；不适用于为预包装食品在储藏运输过程中提供保护的食品储运包装标签、散装食品和现制现售食品的标识。标准规定了预包装食品标签的基本要求、强制标示内容、强制标示内容的免除、非强制标示内容。

(2)《预包装特殊膳食用食品标签通则》(GB 13432—2004)。该标准非等效采用国际食品法典委员会 CAC CODEX STAN 146—1985（2003 年修订）《预包装特殊膳食用的食品标签及说明通用标准》和 CAC/GL 23—1997（2001 年修订）《营养声称指南》。规定了预包装特殊膳食用食品标签的基本要求、强制标示内容、强制标示内容的免除、非强制标示内容、允许标示内容、推荐标示内容；适用于为满足某些特殊人群的生理需要，或者某些疾病患者的营养需求，按特殊配方而专门加工的预包装食品标签。该标准规定预包装特殊膳食用食品必须标示能量和营养素。标准还允许符合一定条件的预包装特殊膳食用食品标示能量及营养素含量水平声称、能量及营养素含量比较声称和营养素作用声称，如低能量、低脂肪、低（无）胆固醇、无糖、高钙，并可以在标签上标示“钙是构成骨骼和牙齿的主要成分、并维持骨骼密度”、“叶酸有助于胎儿正常发育”等营养素作用，并明确了营养成分的标示方法。

(3)《预包装饮料酒标签通则》(GB 10344—2005)。GB 10344—2005 是与 GB 7718相配套的食品标签系列国家标准之一，其基本要求和共性条款同 GB 7718。本标准适用于酒精度（乙醇含量）在 0.5%vol 以上的所有预包装饮料酒的标签，主要规定了标准的适用范围、基本要求、强制标示内容、强制标示内容的免除、非强制标示内容等。

(4)《食品安全国家标准　预包装食品营养标签通则》(GB 28050—2011)。GB 28050—2011是我国第一个食品营养标签国家标准，指导和规范营养标签标示，适用于预包装食品营养标签上营养信息的描述和说明，不适用于保健食品及预包装特殊膳食用食品的营养标签标示。标准规定了预包装食品营养标签的基本要求、强制标示内容、可选择标示内容、营养成分的表达方式、豁免强制标示营养标签的预包装食品。在附录中，还规定了食品标签营养素参考值（NRV）及其使用方法；营养标签格式；能量和营养成分含量声称和比较声称的要求、条件和同义语；能量和营养成分功能声称标准用语。

16.2.2　各类食品涉及主要原辅材料质量标准

16.2.2.1　粮食加工品

表 16-1　粮食加工品主要原辅材料质量标准

序号	标准编号	标准名称
1	GB 1350—2009	稻谷
2	GB 1351—2008	小麦
3	GB 1355—1986	小麦粉
4	GB 2715—2005	粮食卫生标准

16.2.2.2　食用油、油脂及其制品

表 16-2　食用油、油脂及其制品主要原辅材料质量标准

序号	标准编号	标准名称
1	GB 1352—2009	大豆
2	GB/T 1532—2008	花生
3	GB/T 11761—2006	芝麻
4	GB/T 11762—2006	油菜籽
5	GB/T 11763—2008	棉籽
6	GB/T 11764—2008	葵花籽

16.2.2.3　调味品

表 16-3　调味品主要原辅材料质量标准

序号	标准编号	标准名称
1	GB 18186—2000	酿造酱油
2	GB 1352—2009	大豆
3	GB 1355—1986	小麦粉
4	GB 5461—2000	食用盐
5	GB/T 8967—2007	谷氨酸钠（味精）
6	GB/T 13382—2008	食用大豆粕
7	SB 10338—2000	酸水解植物蛋白调味液
8	GB 2717—2003	酱油卫生标准
9	GB 14932.1—2003	食用大豆粕卫生标准
10	GB 2720—2003	味精卫生标准
11	GB 2715—2005	粮食卫生标准
12	GB 2721—2003	食用盐卫生标准
13	GB 5749—2006	生活饮用水卫生标准
14	GB 18187—2000	酿造食醋
15	GB 10343—2008	食用酒精
16	GB 1903—2008	食品添加剂冰乙酸（冰醋酸）
17	GB 2719—2003	食醋卫生标准
18	GB 2758—2005	发酵酒卫生标准
19	GB 2757—1981	蒸馏酒及配制酒卫生标准
20	GB/T 8885—2008	食用玉米淀粉
21	GB/T 8883—2008	食用小麦淀粉
22	QB/T 2684—2005	甘蔗糖蜜
23	GB 16869—2005	鲜、冻禽产品
24	GB/T 15691—2008	香辛料调味品通用技术条件
25	QB/T 2845—2007	食品添加剂　呈味核苷酸二钠

续表

序号	标准编号	标准名称
26	GB 317—2006	白砂糖
27	GB 13104—2005	食糖卫生标准
28	GB 1534—2003	花生油
29	GB 1536—2004/XG1—2008	菜籽油/第1号修改单
30	GB 15680—2009	棕榈油
31	GB/T 7900—2008	白胡椒
32	GB/T 7901—2008	黑胡椒
33	GB/T 11761—2006	芝麻
34	GB/T 23183—2009	辣椒粉
35	SB/T 10292—1998	食用调和油
36	GB 2707—2005	鲜（冻）畜肉卫生标准
37	GB 2716—2005	食用植物油卫生标准
38	GB 2733—2005	鲜、冻动物性水产品卫生标准
39	GB 2748—2003	蛋卫生标准
40	GB/T 13662—2008	黄酒
41	SB/T 10371—2003	鸡精调味料
42	GB 1535—2003	大豆油
43	NY 5229—2004	无公害食品　辣椒干

16.2.2.4 肉制品

表16-4　肉制品主要原辅材料质量标准

序号	标准编号	标准名称
1	GB/T 7740—2006	天然肠衣
2	GB 9959.1—2001	鲜、冻片猪肉
3	GB/T 9959.2—2008	分割鲜、冻猪瘦肉
4	GB/T 9960—2008	鲜、冻四分体牛肉
5	GB/T 9961—2008	鲜、冻胴体羊肉
6	GB 16869—2005	鲜、冻禽产品
7	GB/T 17238—2008	鲜、冻分割牛肉
8	GB/T 17239—2008	鲜、冻兔肉
9	NY/T 630—2002	羊肉质量分级
10	NY/T 631—2002	鸡肉质量分级
11	NY/T 632—2002	冷却猪肉
12	NY/T 633—2002	冷却羊肉
13	NY/T 676—2003	牛肉质量分级

续表

序号	标准编号	标准名称
14	SB/T 10042—1992	绵羊原肠　半成品
15	SB/T 10043—1992	山羊原肠　半成品
16	SB/T 10044—1992	猪大肠头
17	SB/T 10294—1998	腌猪肉
18	SB/T 10399—2005	牦牛肉

16.2.2.5　乳制品

表 16－5　乳制品主要原辅材料质量标准

序号	标准编号	标准名称
1	GB 19301—2010	食品安全国家标准　生乳

16.2.2.6　饼干

表 16－6　饼干主要原辅材料质量标准

序号	标准编号	标准名称
1	GB 1355—1986	小麦粉
2	LS/T 3205—1993	发酵饼干用小麦粉
3	LS/T 3206—1993	酥性饼干用小麦粉
4	GB 317—2006	白砂糖

16.2.2.7　薯类和膨化食品

表 16－7　薯类和膨化食品主要原辅材料质量标准

序号	标准编号	标准名称
1	NY/T 1605—2008	加工用马铃薯　油炸
2	NY/T 421—2000	绿色食品　小麦粉
3	GB 1353—2009	玉米
4	GB 1355—1986	小麦粉
5	GB/T 21122—2007	营养强化小麦粉
6	GB 1354—2009	大米

16.2.2.8　蔬菜制品

表 16－8　蔬菜制品主要原辅材料质量标准

序号	标准编号	标准名称
1	NY/T 1081—2006	脱水蔬菜原料通用技术规范

16.2.2.9 炒货食品及坚果制品

表 16-9 炒货食品及坚果制品主要原辅材料质量标准

序号	标准编号	标准名称
1	GB 1352—2009	大豆
2	GB/T 1532—2008	花生
3	GB/T 10459—2008	蚕豆
4	GB/T 10460—2008	豌豆
5	GB/T 11761—2006	芝麻
6	GB/T 11764—2008	葵花籽
7	NY 5355—2007	无公害食品　芝麻
8	NY/T 420—2009	绿色食品　花生及制品
9	NY/T 486—2002	腰果
10	NY/T 966—2006	白瓜子
11	NY/T 1042—2006	绿色食品　坚果
12	GH/T 1029—2002	板栗
13	LY/T 1922—2010	核桃仁
14	GB 317—2006	白砂糖
15	GB 5461—2000	食用盐
16	GB 18186—2000	酿造酱油
17	GB/T 20883—2007	麦芽糖
18	GB 2716—2005	食用植物油卫生标准
19	GB 2717—2003	酱油卫生标准
20	GB 2720—2003	味精卫生标准
21	GB 2721—2003	食用盐卫生标准
22	GB 13104—2005	食糖卫生标准

16.2.2.10 蛋制品

表 16-10 蛋制品主要原辅材料质量标准

序号	标准编号	标准名称
1	NY/T 754—2011	绿色食品　蛋与蛋制品

16.2.2.11 可可及焙炒咖啡产品

表 16-11 可可及焙炒咖啡产品主要原辅材料质量标准

序号	标准编号	标准名称
1	NY/T 604—2006	生咖啡
2	LS/T 3221—1994	可可豆

16.2.2.12　食糖

表 16－12　食糖主要原辅材料质量标准

序号	标准编号	标准名称
1	GB/T 10498—2010	糖料甘蔗
2	GB/T 10496—2002	糖料甜菜
3	GB 15108—2006	原糖

16.2.2.13　淀粉及淀粉制品

表 16－13　淀粉及淀粉制品主要原辅材料质量标准

序号	标准编号	标准名称
1	NY/T 597—2002	高淀粉玉米
2	NY/T 1520—2007	木薯
3	NY/T 1605—2008	加工用马铃薯　油炸
4	GB 1351—2008	小麦
5	GB 1353—2009	玉米
6	GB 1352—2009	大豆
7	GB 1354—2009	大米

16.2.2.14　糕点

表 16－14　糕点主要原辅材料质量标准

序号	标准编号	标准名称
1	GB 1355—1986	小麦粉
2	LS/T 3208—1993	糕点用小麦粉
3	GB/T 21270—2007	食品馅料
4	GB 317—2006	白砂糖

16.2.2.15　豆制品

表 16－15　豆制品主要原辅材料质量标准

序号	标准编号	标准名称
1	GB 1352—2009	大豆
2	SB/T 10453—2007	膨化豆制品

16.2.3　各类食品产品质量标准

根据 GB/T 7635.1—2002《全国主要产品分类与代码　第 1 部分：可运输产品》的划分，结合我国食品加工行业的现状，食品质量安全市场准入将加工食品划分为 28 大类、187 小类、525 种。28 大类食品分别为：粮食加工品；食用油、油脂及其制品；调味品；肉制品；乳制品；饮料；方便食品；饼干；罐头；冷冻饮品；速冻食品；薯类和膨化食品；糖果制品（含巧克力及制品）；茶叶及相关制品；酒类；蔬菜制品；水果制品、炒货食品及坚果制品、蛋制品、可可及焙炒咖啡产品、食糖、水产制品、淀粉及淀粉制品、糕点、豆制品、蜂产品、特殊膳食食品及其他类食品。下面介绍各类食品产品质量标准。

16.2.3.1 粮食加工品

表 16-16 粮食加工品质量标准

序号	标准编号	标准名称
1	GB 1355—1986	小麦粉
2	GB 2715—2005	粮食卫生标准
3	GB/T 8607—1988	高筋小麦粉
4	GB/T 8608—1988	低筋小麦粉
5	GB/T 21122—2007	营养强化小麦粉
6	LS/T 3201—1993	面包用小麦粉
7	LS/T 3202—1993	面条用小麦粉
8	LS/T 3203—1993	饺子用小麦粉
9	LS/T 3204—1993	馒头用小麦粉
10	LS/T 3205—1993	发酵饼干用小麦粉
11	LS/T 3206—1993	酥性饼干用小麦粉
12	LS/T 3207—1993	蛋糕用小麦粉
13	LS/T 3208—1993	糕点用小麦粉
14	LS/T 3209—1993	自发小麦粉
15	LS/T 3210—1993	小麦胚（胚片、胚粉）
16	NY/T 421—2000	绿色食品　小麦粉
17	GB 1354—2009	大米
18	GB/T 18824—2008	地理标志产品　盘锦大米
19	GB/T 19266—2008	地理标志产品　五常大米
20	GB/T 20040—2005	地理标志产品　方正大米
21	GB/T 22438—2008	地理标志产品　原阳大米
22	GB/T 23402—2009	地理标志产品　增城丝苗米
23	NY/T 419—2007	绿色食品　大米
24	DB23/T 402—2007	免洗大米
25	DB37/T 799—2007	免洗黄河大米
26	DB42/T 235—2009	地理标志产品　京山桥米
27	DB42/T 509—2008	朱湖糯米
28	DB42/T 526—2009	竹溪贡米
29	LS/T 3212—1992	挂面
30	LS/T 3213—1992	花色挂面
31	LS/T 3214—1992	手工面
32	DB52/522—2007	挂面
33	GB/T 11766—2008	小米

续表

序号	标准编号	标准名称
34	GB/T 13356—2008	黍米
35	GB/T 13358—2008	稷米
36	GB/T 18810—2002	糙米
37	GB/T 19503—2008	地理标志产品 沁州黄小米
38	NY/T 832—2004	黑米
39	LS/T 3215—1985	高粱米
40	GB/T 10463—2008	玉米粉
41	GB/T 13360—2008	莜麦粉
42	GB/T 22496—2008	玉米糁
43	GB 19640—2005	麦片类卫生标准
44	QB/T 2762—2006	复合麦片
45	GB/T 23500—2009	元宵
46	SB/T 10377—2004	粽子
47	SB/T 10507—2008	年糕
48	NY/T 1512—2007	绿色食品 生面食、米粉制品
49	DB36/T 518—2007	地理标志产品 弋阳年糕
50	DB42/T 206—2009	米粉
51	DB43/156—2007	米粉
52	DB41/T 482—2006	白糯米粉
53	DB44/ 426—2007	湿米粉
54	DB34/T 1114—2009	方便湿米粉
55	DB46/1 13—2008	海南米粉
56	DB52/549—2008	绥阳空心面
57	DB50/295—2008	生切面、切面皮
58	DB42/T 484—2008	热干面
59	QB/T 2652—2004	方便米粉（米线）
60	GB 2711—2003	非发酵性豆制品及面筋卫生标准
61	DB31/142—1994	冷面卫生标准
62	DB45/319—2007	鲜湿米粉质量安全要求

16.2.3.2 食用油、油脂及其制品

表 16－17 食用油、油脂及其制品质量标准

序号	标准编号	标准名称
1	GB 1534—2003	花生油
2	GB 1535—2003	大豆油
3	GB 1536—2004	菜籽油
4	GB 1537—2003	棉籽油

续表

序号	标准编号	标准名称
5	GB 8233—2008	芝麻油
6	GB/T 8235—2008	亚麻籽油
7	GB/T 8937—2006	食用猪油
8	GB 10464—2003	葵花籽油
9	GB 11765—2003	油茶籽油
10	GB 15680—2009	棕榈油
11	GB 19111—2003	玉米油
12	GB 19112—2003	米糠油
13	GB/T 22327—2008	核桃油
14	GB/T 22465—2008	红花籽油
15	GB/T 22478—2008	葡萄籽油
16	GB/T 22479—2008	花椒籽油
17	GB 23347—2009	橄榄油、油橄榄果渣油
18	LS/T 3217—1987	人造奶油（人造黄油）
19	LS/T 3218—1992	起酥油
20	NY/T 230—2006	椰子油
21	NY/T 416—2000	低芥酸菜籽油
22	NY 479—2002	人造奶油
23	SB/T 10292—1998	食用调和油
24	GB/T 17756—1999	色拉油通用技术条件

16.2.3.3 调味品

表 16－18 调味品质量标准

序号	标准编号	标准名称
1	GB 18186—2000	酿造酱油
2	SB 10336—2000	配制酱油
3	SB/T 10431—2007	榨菜酱油
4	GB 2717—2003	酱油卫生标准
5	GB 18187—2000	酿造食醋
6	SB 10337—2000	配制食醋
7	GB 2719—2003	食醋卫生标准
8	NY/T 1053—2006	绿色食品　味精
9	GB/T 8967—2007	谷氨酸钠（味精）
10	GB 2720—2003	味精卫生标准
11	SB/T 10371—2003	鸡精调味料
12	GB/T 24399—2009	黄豆酱
13	SB/T 10309—1999	黄豆酱

续表

序号	标准编号	标准名称
14	SB/T 10296—2009	甜面酱
15	GB 2718—2003	酱卫生标准
16	NY/T 1886—2010	绿色食品　复合调味料
17	NY 5323—2006	无公害食品　香辛料
18	GB/T 21999—2008	蚝油
19	SB/T 10005—2007	蚝油
20	SC/T 3601—2003	蚝油
21	SB/T 10324—1999	鱼露
22	SB/T 10416—2007	调味料酒
23	SB/T 10458—2008	鸡汁调味料
24	GB 10133—2005	水产调味品卫生标准
25	NY/T 956—2006	番茄酱
26	QB 1733. 4—1993	花生酱
27	NY/T 958—2006	花生酱
28	SB/T 10459—2008	番茄调味酱
29	NY/T 1070—2006	辣椒酱
30	SC/T 3602—2002	虾酱
31	SB/T 10525—2009	虾酱
32	GB/T 22266—2008	咖喱粉
33	GB/T 7900—2008	白胡椒
34	GB/T 7901—2008	黑胡椒
35	GB/T 23183—2009	辣椒粉
36	SB/T 10484—2008	菇精调味料
37	SB/T 10485—2008	海鲜粉调味料
38	SB/T 10415—2007	鸡粉调味料
39	SB/T 10526—2009	排骨粉调味料
40	SB/T 10513—2008	牛肉粉调味料
41	GB 14891. 4—1997	辐照香辛料类卫生标准
42	GB/T 22479—2008	花椒籽油
43	GB 8233—2008	芝麻油

16. 2. 3. 4　肉制品

表 16－19　肉制品质量标准

序号	标准编号	标准名称
1	GB/T 7740—2006	天然肠衣
2	GB 9959. 1—2001	鲜、冻片猪肉
3	GB/T 9959. 2—2008	分割鲜、冻猪瘦肉

续表

序号	标准编号	标准名称
4	GB/T 9960—2008	鲜、冻四分体牛肉
5	GB/T 9961—2008	鲜、冻胴体羊肉
6	GB 16869—2005	鲜、冻禽产品
7	GB/T 17238—2008	鲜、冻分割牛肉
8	GB/T 17239—2008	鲜、冻兔肉
9	GB/T 18357—2008	地理标志产品　宣威火腿
10	GB/T 19088—2008	地理标志产品　金华火腿
11	GB/T 19694—2008	地理标志产品　平遥牛肉
12	GB/T 20558—2006	地理标志产品　符离集烧鸡
13	GB/T 20711—2006	熏煮火腿
14	GB/T 20712—2006	火腿肠
15	GB/T 23492—2009	培根
16	GB/T 23493—2009	中式香肠
17	GB/T 23586—2009	酱卤肉制品
18	NY/T 630—2002	羊肉质量分级
19	NY/T 631—2002	鸡肉质量分级
20	NY/T 632—2002	冷却猪肉
21	NY/T 633—2002	冷却羊肉
22	NY/T 676—2003	牛肉质量分级
23	QB 2299—1997	午餐肉
24	SB/T 10003—1992	广式腊肠
25	SB/T 10004—1992	中国火腿
26	SB/T 10041—1992	猪原肠　半成品
27	SB/T 10042—1992	绵羊原肠　半成品
28	SB/T 10043—1992	山羊原肠　半成品
29	SB/T 10044—1992	猪大肠头
30	SB 10251—2000	火腿肠（高温蒸煮肠）
31	SB/T 10278—1997	中式香肠
32	SB/T 10279—1997	熏煮香肠
33	SB/T 10280—1997	熏煮火腿
34	SB/T 10281—1997	肉松
35	SB/T 10282—1997	肉干
36	SB/T 10283—1997	肉脯
37	SB/T 10293—1998	乳猪肉
38	SB/T 10294—1998	腌猪肉
39	SB/T 10399—2005	牦牛肉

16.2.3.5 乳制品

表 16-20 乳制品质量标准

序号	标准编号	标准名称
1	GB 5420—2010	食品安全国家标准 干酪
2	GB 10765—2010	食品安全国家标准 婴儿配方食品
3	GB 10767—2010	食品安全国家标准 较大婴儿和幼儿配方食品
4	GB 11674—2010	食品安全国家标准 乳清粉和乳清蛋白粉
5	GB 13102—2010	食品安全国家标准 炼乳
6	GB 19301—2010	食品安全国家标准 生乳
7	GB 19302—2010	食品安全国家标准 发酵乳
8	GB 19644—2010	食品安全国家标准 乳粉
9	GB 19645—2010	食品安全国家标准 巴氏杀菌乳
10	GB 19646—2010	食品安全国家标准 稀奶油、奶油和无水奶油
11	GB 25190—2010	食品安全国家标准 灭菌乳
12	GB 25191—2010	食品安全国家标准 调制乳
13	GB 25192—2010	食品安全国家标准 再制干酪

16.2.3.6 饮料

表 16-21 饮料质量标准

序号	标准编号	标准名称
1	GB 10789—2007	饮料通则
2	GB 8537—2008	饮用天然矿泉水
3	GB 17323—1998	瓶装饮用纯净水
4	GB 17324—2003	瓶（桶）装饮用纯净水卫生标准
5	GB/T 10792—2008	碳酸饮料（汽水）
6	GB 2759.2—2003	碳酸饮料卫生标准
7	GB/T 21733—2008	茶饮料
8	GB 19296—2003	茶饮料卫生标准
9	GB/T 18963—2003	浓缩苹果清汁
10	QB 2657—2004	浓缩苹果浊汁
11	GB/T 21730—2008	浓缩橙汁
12	GB/T 21731—2008	橙汁及橙汁饮料
13	GB/T 19416—2003	山楂汁及其饮料中果汁含量的测定
14	GB17325—2005	食品工业用浓缩果蔬汁（浆）卫生标准
15	GB 19297—2003	果、蔬汁饮料卫生标准
16	GB/T 21732—2008	含乳饮料
17	GB 11673—2003	含乳饮料卫生标准

续表

序号	标准编号	标准名称
18	GB 16321—2003	乳酸菌饮料卫生标准
19	GB/T 18738—2006	速溶豆粉和豆奶粉
20	QB/T 2132—2008	植物蛋白饮料　豆奶（豆浆）和豆奶饮料
21	QB/T 2300—2006	植物蛋白饮料　椰子汁及复原椰子汁
22	QB/T 2301—1997	植物蛋白饮料　核桃乳
23	QB/T 2438—2006	植物蛋白饮料　杏仁露
24	QB/T 2439—1999	植物蛋白饮料　花生乳（露）
25	GB 16322—2003	植物蛋白饮料卫生标准
26	QB/T 3623—1999	果香型固体饮料
27	GB 7101—2003	固体饮料卫生标准
28	GB 19642—2005	可可粉固体饮料卫生标准
29	GB 15266—2009	运动饮料
30	QB/T 4067—2010	食品工业用速溶茶
31	QB/T 4068—2010	食品工业用茶浓缩液

16.2.3.7　方便食品

表 16－22　方便食品质量标准

序号	标准编号	标准名称
1	GB 17400—2003	方便面卫生标准
2	LS/T 3211—1995	方便面
3	GB 19640—2005	麦片类卫生标准
4	GB/T 23781—2009	黑芝麻糊
5	GB/T 23782—2009	方便豆腐花（脑）
6	GB/T 23783—2009	方便粉丝
7	QB/T 1998—1994	栗（豆）羊羹
8	QB/T 2652—2004	方便米粉（米线）
9	QB/T 2762—2006	复合麦片
10	NY/T 1330—2007	绿色食品　方便主食品
11	DB11/613—2009	方便面米食品卫生要求

16.2.3.8　饼干

表 16－23　饼干质量标准

序号	标准编号	标准名称
1	GB/T 20980—2007	饼干
2	GB 7100—2003	饼干卫生标准

16.2.3.9　罐头

表 16-24　罐头质量标准

序号	标准编号	标准名称
1	GB/T 13207—2011	菠萝罐头
2	GB/T 13208—2008	芦笋罐头
3	GB/T 13209—1991	青刀豆罐头
4	GB/T 13210—1991	糖水桔子罐头
5	GB/T 13211—2008	糖水洋梨罐头
6	GB/T 13212—1991	清水荸荠罐头
7	GB/T 13213—2006	猪肉糜类罐头
8	GB/T 13214—2006	咸牛肉、咸羊肉罐头
9	GB/T 13515—2008	火腿罐头
10	GB/T 13516—1992	糖水桃罐头
11	GB/T 13517—2008	青豌豆罐头
12	GB/T 13518—1992	蚕豆罐头
13	GB/T 14151—2006	蘑菇罐头
14	GB/T 14215—2008	番茄酱罐头
15	GB/T 22369—2008	甜玉米罐头
16	GB/T 24402—2009	豆豉鲮鱼罐头
17	GB/T 24403—2009	金枪鱼罐头
18	QB/T 1117—1991	什锦水果罐头
19	QB/T 1351—1991	云腿罐头
20	QB/T 1352—1991	片装火腿罐头
21	QB/T 1353—1991	火腿午餐肉罐头
22	QB/T 1354—1991	卤猪杂罐头
23	QB/T 1355—1991	回锅肉罐头
24	QB/T 1356—1991	猪肉蛋卷罐头
25	QB/T 1357—1991	香菇猪脚腿罐头
26	QB/T 1358—1991	皱油猪蹄罐头
27	QB/T 1359—1991	五香肉丁罐头
28	QB/T 1360—1991	五香猪排罐头
29	QB/T 1361—1991	红烧扣肉罐头
30	QB/T 1362—1991	红烧猪肉罐头
31	QB/T 1363—1991	红烧牛肉罐头
32	QB/T 1364—1991	红烧鸡罐头
33	QB/T 1365—1991	咖喱鸡罐头
34	QB/T 1366—1991	炸子鸡罐头
35	QB/T 1367—1991	辣味炸子鸡罐头
36	QB/T 1368—1991	五香鸡肫罐头

续表

序号	标准编号	标准名称
37	QB/T 1369—1991	五香鸭肫罐头
38	QB/T 1370—1991	五香鸡翅罐头
39	QB/T 1371—1991	烤鹅罐头
40	QB/T 1372—1991	烤鸭罐头
41	QB/T 1374—1991	清汤蛏罐头
42	QB/T 1375—1991	熏鱼罐头
43	QB/T 1376—1991	凤尾鱼罐头
44	QB/T 1377—1991	油炸马面豚罐头
45	QB/T 1378—1991	四鲜烤夫罐头
46	QB/T 1379—1991	糖水梨罐头
47	QB/T 1380—1991	糖水龙眼罐头
48	QB/T 1381—1991	糖水山楂罐头
49	QB/T 1382—1991	糖水葡萄罐头
50	QB/T 1383—1991	糖水李子罐头
51	QB/T 1384—1991	菠萝汁罐头
52	QB/T 1385—1991	荔枝汁罐头
53	QB/T 1386—1991	杏酱罐头
54	QB/T 1387—1991	菠萝酱罐头
55	QB/T 1388—1991	苹果酱罐头
56	QB/T 1389—1991	西瓜酱罐头
57	QB/T 1390—1991	什锦果酱罐头　苹果山楂型
58	QB/T 1391—1991	猕猴桃酱罐头
59	QB/T 1392—1991	干装苹果罐头
60	QB/T 1393—1991	桔子囊胞罐头
61	QB/T 1394—1991	原汁整番茄罐头
62	QB/T 1396—1991	酸甜红辣椒罐头
63	QB/T 1397—1991	猴头菇罐头
64	QB/T 1398—1991	金针菇罐头
65	QB/T 1399—1991	香菇罐头
66	QB/T 1400—1991	荞头罐头
67	QB/T 1401—1991	雪菜罐头
68	QB/T 1402—1991	榨菜罐头
69	QB/T 1403—1991	调味榨菜罐头
70	QB/T 1404—1991	榨菜肉丝罐头
71	QB/T 1405—1991	绿豆芽罐头
72	QB/T 1406—1991	小竹笋罐头
73	QB/T 1407—1991	水煮笋罐头
74	QB/T 1408—1991	清水冬笋罐头

续表

序号	标准编号	标准名称
75	QB/T 1409—1991	花生米罐头
76	QB/T 1410—1991	琥珀核桃仁罐头
77	QB/T 1411—1991	咸核桃仁罐头
78	QB/T 1603—1992	糖水莲子罐头
79	QB/T 1604—1992	清水莲子罐头
80	QB/T 1605—1992	清水莲藕罐头
81	QB/T 1606—1992	红烧排骨罐头
82	QB/T 1607—1992	盐水红豆罐头
83	QB/T 1608—1992	红烧元蹄罐头
84	QB/T 1609—1992	香炸鹅罐头
85	QB/T 1610—1992	酥炸鲫鱼罐头
86	QB/T 1611—1992	糖水杏罐头
87	QB/T 1612—1992	红焖大头菜罐头
88	QB/T 1688—1993	糖水染色樱桃罐头
89	QB/T 2221—1996	八宝粥罐头
90	QB 2299—1997	午餐肉
91	QB/T 2390—1998	桃酱罐头
92	QB/T 2391—1998	糖水枇杷罐头
93	QB/T 2784—2006	咸牛肉罐头
94	QB/T 2785—2006	咸羊肉罐头
95	QB/T 2786—2006	清蒸猪肉罐头
96	QB/T 2787—2006	原汁猪肉罐头
97	QB/T 2788—2006	清蒸牛肉罐头
98	QB/T 2843—2007	食用芦荟制品　芦荟罐头
99	QB/T 2844—2007	食用芦荟制品　芦荟酱罐头
100	QB/T 3601—1999	香菇肉酱罐头
101	QB/T 3602—1999	猪肉香肠罐头
102	QB/T 3603—1999	猪肉腊肠罐头
103	QB/T 3604—1999	豉油海螺罐头
104	QB/T 3605—1999	豆豉鲮鱼罐头
105	QB/T 3606—1999	鲜炸鲮鱼罐头
106	QB/T 3607—1999	油浸鲅鱼罐头
107	QB/T 3608—1999	茄汁鲭鱼罐头
108	QB/T 3609—1999	草莓酱罐头
109	QB/T 3610—1999	糖水杨梅罐头
110	QB/T 3611—1999	糖水荔枝罐头
111	QB/T 3612—1999	糖水苹果罐头
112	QB/T 3613—1999	糖水海棠罐头

续表

序号	标准编号	标准名称
113	QB/T 3614—1999	糖水猕猴桃罐头
114	QB/T 3615—1999	草菇罐头
115	QB/T 3616—1999	玉米笋罐头
116	QB/T 3617—1999	香菜心罐头
117	QB/T 3618—1999	美味黄瓜罐头
118	QB/T 3619—1999	滑子蘑罐头
119	QB/T 3620—1999	油焖笋罐头
120	QB/T 3621—1999	清水竹笋罐头
121	GB/T 10784—2006	罐头食品分类
122	GB 7098—2003	食用菌罐头卫生标准
123	GB 11671—2003	果、蔬罐头卫生标准
124	GB 13100—2005	肉类罐头卫生标准
125	GB 14939—2005	鱼类罐头卫生标准

16.2.3.10 冷冻饮品

表 6－25 冷冻饮品质量标准

序号	标准编号	标准名称
1	SB/T 10007—2008	冷冻饮品 分类
2	SB/T 10013—2008	冷冻饮品 冰淇淋
3	SB/T 10014—2008	冷冻饮品 雪泥
4	SB/T 10015—2008	冷冻饮品 雪糕
5	SB/T 10016—2008	冷冻饮品 冰棍
6	SB/T 10017—2008	冷冻饮品 食用冰
7	SB/T 10327—2008	冷冻饮品 甜味冰
8	SB/T 10418—2007	软冰淇淋
9	GB 2759.1—2003	冷冻饮品卫生标准

16.2.3.11 速冻食品

表 16－26 速冻食品质量标准

序号	标准编号	标准名称
1	GB/T 23786—2009	速冻饺子
2	SB/T 10379—2004	速冻调制食品
3	SB/T 10412—2007	速冻面米食品
4	SB/T 10422—2007	速冻饺子
5	SB/T 10423—2007	速冻汤圆
6	NY/T 1406—2007	绿色食品 速冻蔬菜

续表

序号	标准编号	标准名称
7	NY/T 1407—2007	绿色食品　速冻预包装面米食品
8	NY 5185—2002	无公害食品　速冻绿叶类蔬菜
9	NY 5192—2002	无公害食品　速冻葱蒜类蔬菜
10	NY 5193—2002	无公害食品　速冻甘蓝类蔬菜
11	NY 5194—2002	无公害食品　速冻瓜类蔬菜
12	NY 5195—2002	无公害食品　速冻豆类蔬菜
13	GB 19295—2003	速冻预包装面米食品卫生标准

16.2.3.12　薯类和膨化类食品

表 16－27　薯类和膨化类食品质量标准

序号	标准编号	标准名称
1	QB/T 2686—2005	马铃薯片
2	GB/T 18104—2000	魔芋精粉
3	NY/T 494—2010	魔芋粉
4	NY/T 708—2003	甘薯干
5	GB/T 22699—2008	膨化食品
6	GB/T 17401—2003	膨化食品卫生标准
7	NY/T 1511—2007	绿色食品　膨化食品
8	GB 23787—2009	非油炸水果、蔬菜脆片
9	NY 1605—2008	加工用马铃薯　油炸

16.2.3.13　糖果制品（含巧克力及制品）

表 16－28　糖果制品（含巧克力及制品）质量标准

序号	标准编号	标准名称
1	GB/T 23823—2009	糖果分类
2	GB/T 19343—2003	巧克力及巧克力制品
3	GB/T 20705—2006	可可液块及可可饼块
4	GB/T 20706—2006	可可粉
5	GB/T 20707—2006	可可脂
6	SB/T 10018—2008	糖果　硬质糖果
7	SB/T 10019—2008	糖果　酥质糖果
8	SB/T 10020—2008	糖果　焦香糖果
9	SB/T 10021—2008	糖果　凝胶糖果
10	SB/T 10022—2008	糖果　奶糖糖果
11	SB/T 10023—2008	糖果　胶基糖果
12	SB/T 10104—2008	糖果　充气糖果

续表

序号	标准编号	标准名称
13	SB/T 10347—2008	糖果　压片糖果
14	SB/T 10402—2006	代可可脂巧克力及代可可脂巧克力制品
15	GB 9678.1—2003	糖果卫生标准
16	GB 9678.2—2003	巧克力卫生标准
17	GB 17399—2003	胶基糖果卫生标准
18	GB 19883—2005	果冻

16.2.3.14 茶叶及相关制品

表 16－29　茶叶及相关制品质量标准

序号	标准编号	标准名称
1	GB/T 18650—2008	地理标志产品　龙井茶
2	GB/T 18665—2008	地理标志产品　蒙山茶
3	GB/T 18745—2006	地理标志产品　武夷岩茶
4	GB/T 18957—2008	地理标志产品　洞庭（山）碧螺春茶
5	GB/T 19460—2008	地理标志产品　黄山毛峰茶
6	GB/T 19598—2006	地理标志产品　安溪铁观音
7	GB/T 19691—2008	地理标志产品　狗牯脑茶
8	GB/T 19698—2008	地理标志产品　太平猴魁茶
9	GB/T 20354—2006	地理标志产品　安吉白茶
10	GB/T 20360—2006	地理标志产品　乌牛早茶
11	GB/T 26530—2011	地理标志产品　崂山绿茶
12	GB/T 18862—2008	地理标志产品　杭白菊
13	GB/T 20359—2006	地理标志产品　黄山贡菊
14	GB/T 20353—2006	地理标志产品　怀菊花
15	GB/T 20605—2006	地理标志产品　雨花茶
16	GB/T 22109—2008	地理标志产品　政和白茶
17	GB/T 21003—2007	地理标志产品　庐山云雾茶
18	GB/T 22737—2008	地理标志产品　信阳毛尖茶
19	GB/T 22111—2008	地理标志产品　普洱茶
20	GB/T 9833.1—2002	紧压茶　花砖茶
21	GB/T 9833.2—2002	紧压茶　黑砖茶
22	GB/T 9833.3—2002	紧压茶　茯砖茶
23	GB/T 9833.4—2002	紧压茶　康砖茶
24	GB/T 9833.5—2002	紧压茶　沱茶
25	GB/T 9833.6—2002	紧压茶　紧茶
26	GB/T 9833.7—2002	紧压茶　金尖茶
27	GB/T 9833.8—2002	紧压茶　米砖茶

续表

序号	标准编号	标准名称
28	GB/T 9833.9—2002	紧压茶 青砖茶
29	GB/T 14456.1—2008	绿茶 第 1 部分：基本要求
30	GB/T 14456.2—2008	绿茶 第 2 部分：大叶种绿茶
31	GB/T 13738.1—2008	红茶 第 1 部分：红碎茶
32	GB/T 13738.2—2008	红茶 第 2 部分：工夫红茶
33	GB/T 22292—2008	茉莉花茶
34	GB/T 24690—2009	袋泡茶
35	GB/T 21726—2008	黄茶
36	GB/T 22291—2008	白茶
37	SB/T 10167—1993	祁门工夫红茶
38	QB/T 4068—2010	食品工业用茶浓缩液
39	QB/T 4067—2010	食品工业用速溶茶
40	NY/T 456—2001	茉莉花茶
41	NY/T 288—2002	绿色食品 茶叶
42	NY 5196—2002	有机茶
43	NY 5122—2002	无公害食品 窨茶用茉莉花
44	NY 5244—2004	无公害食品 茶叶
45	NY/T 864—2004	苦丁茶
46	NY/T 779—2004	普洱茶
47	NY/T 780—2004	红茶
48	NY/T 781—2004	六安瓜片茶
49	NY/T 782—2004	黄山毛峰茶
50	NY/T 783—2004	洞庭春茶
51	NY/T 784—2004	紫笋茶
52	NY/T 600—2002	富硒茶
53	NY/T 482—2002	敬亭绿雪茶
54	NY/T 863—2004	碧螺春茶

16.2.3.15 酒类

表 16－30 酒类质量标准

序号	标准编号	标准名称
1	GB/T 15109—2008	白酒工业术语
2	GB/T 20821—2007	液态法白酒
3	GB/T 20822—2007	固液法白酒
4	GB/T 10781.1—2006	浓香型白酒
5	GB/T 10781.2—2006	清香型白酒
6	GB/T 10781.3—2006	米香型白酒

续表

序号	标准编号	标准名称
7	GB/T 14867—2007	凤香型白酒
8	GB/T 16289—2007	豉香型白酒
9	GB/T 20823—2007	特香型白酒
10	GB/T 20824—2007	芝麻香型白酒
11	GB/T 20825—2007	老白干香型白酒
12	GB/T 23547—2009	浓酱兼香型白酒
13	GB/T 26760—2011	酱香型白酒
14	GB/T 26761—2011	小曲固态法白酒
15	GB/T 18356—2007/XG1—2011	地理标志产品　贵州茅台酒/第1号修改单
16	GB/T 18624—2007	地理标志产品　水井坊酒
17	GB/T 19327—2007	地理标志产品　古井贡酒
18	GB/T 19328—2007	地理标志产品　口子窖酒
19	GB/T 19329—2007	地理标志产品　道光廿五贡酒（锦州道光廿五贡酒）
20	GB/T 19508—2007	地理标志产品　西凤酒
21	GB/T 19961—2005/XG—2011	地理标志产品　剑南春酒/第1号修改单
22	GB/T 21261—2007	地理标志产品　玉泉酒
23	GB/T 21263—2007	地理标志产品　牛栏山二锅头酒
24	GB/T 21820—2008	地理标志产品　舍得白酒
25	GB/T 21821—2008	地理标志产品　严东关五加皮酒
26	GB/T 21822—2008	地理标志产品　沱牌白酒
27	GB/T 22041—2008	地理标志产品　国窖1573白酒
28	GB/T 22045—2008	地理标志产品　泸州老窖特曲酒
29	GB/T 22046—2008	地理标志产品　洋河大曲酒
30	GB/T 22211—2008	地理标志产品　五粮液酒
31	GB/T 22735—2008	地理标志产品　景芝神酿酒
32	GB/T 22736—2008	地理标志产品　酒鬼酒
33	NY/T 432—2000	绿色食品白酒
34	DB 50/T 15—2008	小曲白酒
35	DB 52/526—2007	酱香型白酒
36	DB 53/T 92—2008	云南小曲清香型白酒
37	DB 62/T 1734—2008	藏香型白酒
38	GB 15037—2006	葡萄酒
39	GB/T 25504—2010	冰葡萄酒
40	GB/T 18966—2008	地理标志产品　烟台葡萄酒
41	GB/T 19049—2008	地理标志产品　昌黎葡萄酒
42	GB/T 19265—2008	地理标志产品　沙城葡萄酒
43	GB/T 19504—2008	地理标志产品　贺兰山东麓葡萄酒

续表

序号	标准编号	标准名称
44	GB/T 20820—2007	地理标志产品　通化山葡萄酒
45	GB 19504—2004	原产地域产品　贺兰山东麓葡萄酒
46	QB/T 1982—1994	山葡萄酒
47	NY/T 274—2004	绿色食品葡萄酒
48	DB37/Z 1001—2008	北京奥运会食品安全技术要求葡萄酒
49	DB37/T 1221—2009	蓬莱产区控制葡萄酒
50	DB61/T 432—2008	地理标准产品　户县户太冰葡萄酒
51	GB 4927—2008	啤酒
52	GB/T 7416—2008	啤酒大麦
53	GB/T 20369—2006	啤酒花制品
54	NY/T 273—2002	绿色食品啤酒
55	NY/T 702—2003	啤酒花
56	DB37/Z 1002—2008	北京奥运会食品安全技术要求啤酒
57	DB37/T 802—2007	麦香啤酒
58	GB/T 13662—2008	黄酒
59	GB/T 17946—2008	地理标志产品　绍兴酒（绍兴黄酒）
60	NY/T 897—2004	绿色食品黄酒
61	QB/T 2745—2005	烹饪黄酒
62	QB/T 2746—2005	清爽型黄酒
63	GB/T 17204—2008	饮料酒分类
64	GB/T 11857—2008	威士忌
65	GB/T 11856—2008	白兰地
66	GB/T 11858—2008	伏特加（俄得克）
67	GB/T 11858—2008/XG1—2009	《伏特加（俄得克）》国家标准第 1 号修改单
68	GB 10343—2008	食用酒精
69	GB/T 19331—2007	地理标志产品　互助青稞酒
70	GB/T 23546—2009	奶酒
71	GB/T 25866—2010	玉米干全酒糟（玉米 DDGS）
72	GB/T 394.1—2008	工业酒精
73	GB 2757—1981	蒸馏酒及配制酒卫生标准
74	GB 2757—1981/XG2—2008	《蒸馏酒及配制酒卫生标准》第 2 号修改单
75	GB 2758—2005	发酵酒卫生标准
76	QB/T 1981—1994	露酒
77	QB/T 1983—1994	山楂酒
78	QB/T 2027—1994	猕猴桃酒
79	NY 121—1986	柿子酒
80	NY/T 1508—2007	绿色食品果酒
81	NY/T 1885—2010	绿色食品米酒

续表

序号	标准编号	标准名称
82	NY/T 36—1986	柿子酒
83	HJ 581—2010	清洁生产标准　酒精制造业
84	SB/T 10416—2007	调味料酒
85	DB37/T 669—2007	饲料用玉米酒精稽及可溶物（DDGS）
86	DB37/T 804—2007	苹果酒
87	DB42/T 279—2009	孝感米酒
88	DB44/444—2007	海马酒
89	DB46/T 120—2008	糯米酒
90	DB50/T 328—2009	绿酒
91	DB50/T 330—2009	荞香酒
92	DB52/535—2007	贵州米酒
93	DB61/T 406—2007	洋县黑米酒
94	DB61/T 427—2008	稠酒
95	DB31/433—2009	酒酿卫生要求

16.2.3.16　蔬菜制品

表 16-31　蔬菜制品质量标准

序号	标准编号	标准名称
1	GB 2714—2003	酱腌菜卫生标准
2	GB/T 19858—2005	地理标志产品　涪陵榨菜
3	GB/T 19907—2005	地理标志产品　萧山萝卜干
4	SB/T 10439—2007	酱腌菜
5	GH/T 1011—2007	榨菜
6	GH/T 1012—2007	方便榨菜
7	DB51/T 931—2009	方便泡菜
8	GB 7096—2003	食用菌卫生标准
9	GB 11675—2003	银耳卫生标准
10	GB/T 6192—2008	黑木耳
11	GB/T 19087—2008	地理标志产品　庆元香菇
12	GB/T 23395—2009	地理标志产品　卢氏黑木耳
13	SB/T 10038—1992	草菇
14	LY/T 1207—2007	黑木耳块
15	LY/T 1649—2005	保鲜黑木耳
16	LY/T 1696—2007	姬松茸
17	NY 5186—2002	无公害食品　干制金针菇
18	NY/T 834—2004	银耳
19	NY/T 1061—2006	香菇等级规格

续表

序号	标准编号	标准名称
20	GH/T 1013—1998	香菇
21	QB/T 2076—1995	水果、蔬菜脆片
22	NY/T 714—2003	脱水蔬菜通用技术条件
23	NY/T 957—2006	番茄粉
24	NY/T 959—2006	脱水蔬菜根菜类
25	NY/T 960—2006	脱水蔬菜叶菜类
26	NY/T 1045—2006	绿色食品脱水蔬菜
27	NY/T 1073—2006	脱水姜片和姜粉
28	NY/T 1393—2007	脱水蔬菜茄果类
29	NY 5184—2002	无公害食品脱水蔬菜
30	DB11/ 620—2009	蔬菜干制品卫生要求
31	GB/T 18526.3—2001	脱水蔬菜辐照杀菌工艺
32	NY/T 1044—2007	绿色食品藕及其制品
33	NY/T 1048—2006	绿色食品笋及笋制品
34	NY/T 1711—2009	绿色食品辣椒制品

16.2.3.17 水果制品

表 16-32 水果制品质量标准

序号	标准编号	标准名称
1	GB 14884—2003	蜜饯卫生标准
2	GB/T 10782—2006	蜜饯通则
3	SB/T 10050—1992	糖莲子
4	SB/T 10051—1992	丁香榄
5	SB/T 10052—1992	雪花应子
6	SB/T 10053—1992	桃脯
7	SB/T 10054—1992	梨脯
8	SB/T 10055—1992	海棠脯
9	SB/T 10056—1992	糖桔饼
10	SB/T 10057—1992	山楂糕、条、片
11	SB/T 10085—1992	苹果脯
12	SB/T 10086—1992	杏脯
13	NY/T 436—2009	绿色食品 蜜饯
14	GB 14891.3—1997	辐照干果果脯类卫生标准
15	GB 16325—2005	干果食品卫生标准
16	GB 19586—2008	地理标志产品 吐鲁番葡萄干
17	GB/T 23787—2009	非油炸水果、蔬菜脆片
18	QB/T 2076—1995	水果、蔬菜脆片

续表

序号	标准编号	标准名称
19	NY/T 705—2003	无核葡萄干
20	NY/T 709—2003	荔枝干
21	NY/T 786—2004	食用椰干
22	NY/T 948—2006	香蕉脆片
23	NY/T 487—2002	槟榔干果
24	DB11/ 619—2009	水果干制品卫生要求
25	GB/T 22474—2008	果酱
26	SB/T 10196—1993	果酱通用技术条件
27	SB/T 10088—1992	苹果酱
28	SB/T 10058—1992	猕猴桃酱
29	SB/T 10059—1992	山楂酱
30	NY/T 431—2009	绿色食品 果（蔬）酱

16.2.3.18 炒货食品及坚果制品

表 16－33 炒货食品及坚果制品质量标准

序号	标准编号	标准名称
1	GB 19300—2003	烘炒食品卫生标准
2	GB 16565—2003	油炸小食品卫生标准
3	GB 16326—2005	坚果食品卫生标准
4	GB/T 22165—2008	坚果炒货食品通则
5	SB/T 10553—2009	熟制葵花籽和仁
6	SB/T 10554—2009	熟制南瓜籽和仁
7	SB/T 10555—2009	熟制西瓜籽和仁
8	SB/T 10556—2009	熟制核桃和仁
9	SB/T 10557—2009	熟制板栗和仁

16.2.3.19 蛋制品

表 16－34 蛋制品质量标准

序号	标准编号	标准名称
1	GB/T 9694—1988	皮蛋
2	GB/T 19050—2008	地理标志产品 高邮咸鸭蛋
3	GB/T 23970—2009	卤蛋
4	SB/T 10369—2005	抽空软包装卤蛋制品
5	NY/T 754—2011	绿色食品 蛋与蛋制品
6	NY 5143—2002	无公害食品 皮蛋
7	NY 5144—2002	无公害食品 咸鸭蛋
8	GB 2748—2003	鲜蛋卫生标准
9	GB 2749—2003	蛋制品卫生标准

16.2.3.20 可可及焙炒咖啡产品

表 16-35 可可及焙炒咖啡产品质量标准

序号	标准编号	标准名称
1	GB/T 20705—2006	可可液块及可可饼块
2	GB/T 20706—2006	可可粉
3	GB/T 20707—2006	可可脂
4	NY/T 605—2006	焙炒咖啡
5	NY/T 289—1995	绿色食品 咖啡粉

16.2.3.21 食糖

表 16-36 食糖质量标准

序号	标准编号	标准名称
1	GB 317—2006	白砂糖
2	GB 1445—2000	绵白糖
3	QB/T 2343.1—1997	赤砂糖
4	QB/T 1173—2002	单晶体冰糖
5	QB/T 1174—2002	多晶体冰糖
6	QB/T 1214—2002	方糖
7	QB/T 2685—2005	冰片糖
8	QB/T 4095—2010	黄砂糖
9	NY/T 422—2006	绿色食品 食用糖
10	GB 13104—2005	食糖卫生标准

16.2.3.22 水产制品

表 16-37 水产制品质量标准

序号	标准编号	标准名称
1	GB/T 21289—2007	冻烤鳗
2	GB/T 21290—2007	冻罗非鱼片
3	GB/T 21672—2008	冻裹面包屑虾
4	GB/T 22180—2008	冻裹面包屑鱼
5	GB/T 23497—2009	鱿鱼丝
6	GB/T 23596—2009	海苔
7	GB/T 23597—2009	干紫菜
8	SC/T 3109—1988	冻银鱼
9	SC/T 3110—1996	冻虾仁
10	SC/T 3111—2006	冻扇贝
11	SC/T 3112—1996	冻梭子蟹
12	SC/T 3113—2002	冻虾

续表

序号	标准编号	标准名称
13	SC/T 3114—2002	冻螯虾
14	SC/T 3115—2002	冻章鱼
15	SC/T 3116—2006	冻淡水鱼片
16	SC/T 3118—2006	冻裹面包屑虾
17	SC/T 3202—1996	干海带
18	SC/T 3203—2001	调味鱼干
19	SC/T 3204—2000	虾米
20	SC/T 3205—2000	虾皮
21	SC/T 3206—2009	干海参
22	SC/T 3207—2000	干贝
23	SC/T 3208—2001	鱿鱼干
24	SC/T 3210—2001	盐渍海蜇皮和盐渍海蜇头
25	SC/T 3211—2002	盐渍裙带菜
26	SC/T 3212—2000	盐渍海带
27	SC/T 3213—2002	干裙带菜叶
28	SC/T 3214—2006	干鲨鱼翅
29	SC/T 3215—2007	盐渍海参
30	SC/T 3216—2006	半干淡盐黄鱼
31	SC/T 3301—1989	速食海带
32	SC/T 3302—2000	烤鱼片
33	SC/T 3303—1997	冻烤鳗
34	SC/T 3304—2001	鱿鱼丝
35	SC/T 3305—2003	烤虾
36	SC/T 3502—2000	鱼油
37	SC/T 3503—2000	多烯鱼油制品
38	SC/T 3505—2006	鱼油微胶囊
39	SC/T 3601—2003	蚝油
40	SC/T 3602—2002	虾酱
41	SC/T 3701—2003	冻鱼糜制品
42	SC/T 3901—2000	虾片
43	SC/T 3902—2001	海胆制品
44	SC/T 3905—2011	鲟鱼籽酱

16.2.3.23　淀粉及淀粉制品

表 16－38　淀粉及淀粉制品质量标准

序号	标准编号	标准名称
1	GB/T 8887—2009	淀粉分类

续表

序号	标准编号	标准名称
2	GB/T 12104—2009	淀粉术语
3	GB/T 8883—2008	食用小麦淀粉
4	GB/T 8884—2007	马铃薯淀粉
5	GB/T 8885—2008	食用玉米淀粉
6	NY/T 875—2004	食用木薯淀粉
7	GB 2713—2003	淀粉制品卫生标准
8	GB/T 19048—2008	地理标志产品　龙口粉丝
9	GB/T 19852—2008	地理标志产品　卢龙粉丝
10	GB/T 23783—2009	方便粉丝
11	NY 5188—2002	无公害食品　粉丝
12	NY/T 1039—2006	绿色食品　淀粉及淀粉制品
13	NY/T 1511—2007	绿色食品　膨化食品
14	SB/T 10453—2007	膨化豆制品

16.2.3.24　糕点

表 16-39　糕点质量标准

序号	标准编号	标准名称
1	GB/T　12140—2007	糕点术语
2	GB/T　20977—2007	糕点通则
3	GB 19855—2005/XG3—2009	《月饼》国家标准第 3 号修改单
4	GB/T 20981—2007	面包
5	GB/T 21118—2007	小麦粉馒头
6	GB/T 22475—2008	沙琪玛
7	GB/T 21270—2007	食品馅料
8	SB/T 10329—2000	裱花蛋糕
9	SB/T 10377—2004	粽子
10	SB/T 10403—2006	蛋类芯饼（蛋黄派）
11	SB/T 10507—2008	年糕
12	GB 7099—2003	糕点、面包卫生标准

16.2.3.25　豆制品

表 16-40　豆制品质量标准

序号	标准编号	标准名称
1	GB/T 20560—2006	地理标志产品　郫县豆瓣
2	GB/T 22106—2008	非发酵豆制品
3	GB/T 23494—2009	豆腐干

续表

序号	标准编号	标准名称
4	GB/T 23782—2009	方便豆腐花（脑）
5	NY 5189—2002	无公害食品　豆腐
6	SB/T 10170—2007	腐乳
7	SB/T 10370—2005	抽空软包装卤豆制品
8	SB/T 10453—2007	膨化豆制品
9	SB/T 10527—2009	臭豆腐（臭干）
10	SB/T 10528—2009	纳豆
11	GB 2711—2003	非发酵性豆制品及面筋卫生标准
12	GB 2712—2003	发酵性豆制品卫生标准
13	GB 14891.8—1997	辐照豆类、豆类及其制品卫生标准

16.2.3.26　蜂产品

表 16－41　蜂产品质量标准

序号	标准编号	标准名称
1	GB 9697—2008	蜂王浆
2	GB/T 19330—2008	地理标志产品　饶河（东北黑蜂）蜂蜜、蜂王浆、蜂胶、蜂花粉
3	GB/T 21532—2008	蜂王浆冻干粉
4	GB/T 24283—2009	蜂胶
5	GB/T 24314—2009	蜂蜡
6	NY/T 629—2002	蜂胶
7	NY/T 752—2003	绿色食品　蜂产品
8	NY 5134—2008	无公害食品　蜂蜜
9	NY 5135—2002	无公害食品　蜂王浆与蜂王浆冻干粉
10	NY 5136—2002	无公害食品　蜂胶
11	NY 5137—2002	无公害食品　蜂花粉
12	GH/T 1014—1999	蜂花粉
13	GB 14963—2011	食品安全国家标准　蜂蜜

16.2.3.27　特殊膳食食品

特殊膳食食品是指为满足某些特殊人群的生理需要，或某些特殊疾病患者的需要，按特殊配方而专门加工的食品。实施食品生产许可证管理的特殊膳食食品主要是指婴幼儿及其他配方谷粉产品，分为两大类，即婴幼儿配方谷粉，其他配方谷粉。主要包括：适用于婴幼儿食用的婴幼儿补充谷粉、婴幼儿断奶期辅助食品、婴幼儿断奶期补充食品、豆基类婴幼儿配方粉等产品；适用于其他特殊人群（如儿童、中老年等）食用的配方谷粉。特殊膳食食品涉及的主要产品标准如下。

表 16－42 特殊膳食食品质量标准

序号	标准编号	标准名称
1	GB 10770—2010	食品安全国家标准 婴幼儿罐装辅助食品
2	GB 10765—2010	食品安全国家标准 婴儿配方食品
3	GB 10767—2010	食品安全国家标准 较大婴儿和幼儿配方食品
4	GB 10769—2010	食品安全国家标准 婴幼儿谷类辅助食品
5	GB 19644—2010	食品安全国家标准 乳粉

16.2.3.28 其他类食品

按照食品分类，不属于前 27 类产品的食品，一般归属于第 28 大类其他食品中，目前实施市场准入管理的其他类食品有食用槟榔、即食凉粉产品［归类于其他类食品（龟苓膏类），须进一步加工的凉粉归类于方便食品］、果冻粉、冰激淋粉、龟苓膏、蛋糕裱花、糕点预拌粉、即食果蔬产品、汤料、即食动植物粉、牛初乳配方粉、布丁粉、蛋白饮品、粉圆类、糕点及其制品预拌粉、鸡精类饮品、即食果蔬制品、雪蛤膏类（雪蛤制品）、燕窝制品、月饼馅料、冰糖葫芦等。在龟苓膏产品生产中，使用食品原料和食药两用的物品为原料生产，采用罐头生产工艺生产的龟苓膏归属于罐头类产品，非罐头工艺生产的，可以归属于其他类食品中。

其他类食品多属于地方特色产品，目前还无统一的国家标准，但是实施生产许可证管理的其他类食品都制定了相应的地方标准。其他类食品涉及的通用生产加工标准主要有 GB 14880—1994《食品营养强化剂使用卫生标准》、GB 2760—2011《食品安全国家标准 食品添加剂使用标准》、GB 7718—2011《食品安全国家标准 预包装食品标签通则》和备案有效的企业标准。

16.2.4 食品卫生规范及相关管理控制标准

16.2.4.1 食品卫生规范

从食品生产企业对食品安全负有基本责任的角度出发，建立健全对食品生产加工过程的管理控制措施，在生产加工环节减少和控制食品污染，能有效地保障食品安全。因此，为了使企业具有充分可靠的食品安全卫生质量保证体系，生产加工出安全卫生的食品，保障食品消费者的食用安全和身体健康，针对食品生产加工环节世界各国都制定了一系列的卫生要求。我国也不例外，从 1988 年至今，已颁布了一系列食品卫生规范的国家标准，其中有通用卫生规范和具体食品的卫生规范。

GB 14881《食品企业通用卫生规范》的主要内容包括：主题内容与适用范围；引用标准；原材料采购、运输的卫生要求；工厂设计与施工的卫生要求；工厂的卫生管理；生产过程的卫生要求；卫生和质量检验的管理；成品贮存、运输的卫生要求；个人卫生与健康的要求。单项的卫生规范有 GB 8950《罐头厂卫生规范》、GB 8951《白酒厂卫生规范》等（详见表 16－43）。

表 16－43 食品卫生规范

序号	标准编号	标准名称
1	GB 12694—1990	肉类加工厂卫生规范

续表

序号	标准编号	标准名称
2	GB 12696—1990	葡萄酒厂卫生规范
3	GB 12697—1990	果酒厂卫生规范
4	GB 12698—1990	黄酒厂卫生规范
5	GB 13122—1991	面粉厂卫生规范
6	GB 16330—1996	饮用天然矿泉水厂卫生规范
7	GB 8950—1988	罐头厂卫生规范
8	GB 8951—1988	白酒厂卫生规范
9	GB 8952—1988	啤酒厂卫生规范
10	GB 8953—1988	酱油厂卫生规范
11	GB 8954—1988	食醋厂卫生规范
12	GB 8955—1988	食用植物油厂卫生规范
13	GB 8957—1988	糕点厂卫生规范
14	GB 14881—1994	食品企业通用卫生规范
15	GB 17403—1998	巧克力厂卫生规范
16	GB 19303—2003	熟肉制品企业生产卫生规范
17	GB 19304—2003	定型包装饮用水企业生产卫生规范

16.2.4.2 相关管理控制标准

国际上标准化工作发展的一个显著趋势是：标准已经从传统的以产品标准、方法标准为主发展到了相当多的控制与管理标准。要保证加工产品的品质，生产加工过程的质量控制非常重要。通用加工标准也即食品企业生产过程中食品安全控制与管理标准，主要包括食品安全管理体系、食品企业通用良好操作规范（GMP）、良好农业规范（GAP）、良好卫生规范（GHP）、危害分析和关键控制点（HACCP）体系等。

我国以 GB/T 22000—2006《食品安全管理体系　食品链中各类组织的要求》为代表的食品安全管理体系，表达了食品安全管理中的共性要求，而不是针对食品链中任何一类组织的特定要求。标准既是描述食品安全管理体系要求的使用指导标准，又是可供食品生产、操作和供应的组织认证和注册的依据。2001 年 11 月 15 日国际标准化组织发布了 ISO 15161《食品和饮料行业 ISO 9001：2000 应用指南》；2003 年 3 月发布了 ISO/CD22000《食品安全管理体系　要求》。我国已将 ISO 15161 等同采用为 GB/T 19080—2003《食品与饮料行业 GB/T 19001—2000 应用指南》，也颁布了多项食品安全管理体系的国家标准，这些标准为完善我国的食品质量安全控制与管理提供了有力的技术支撑。部分相关标准目录见表 16－44。

表 16－44　相关管理控制标准

序号	标准编号	标准名称
1	GB/T 19479—2004	生猪屠宰良好操作规范
2	GB/T 19537—2004	蔬菜加工企业 HACCP 体系审核指南

续表

序号	标准编号	标准名称
3	GB/T 19538—2004	危害分析与关键控制点（HACCP）体系及其应用指南
4	GB/T 19838—2005	水产品危害分析与关键控制点（HACCP）体系及其应用指南
5	GB/T 23822—2009	糖果和巧克力生产质量管理要求
6	GB/T 23542—2009	黄酒企业良好生产规范
7	DB37/T 914—2007	黄酒生产质量安全控制
8	DB37/T 915—2007	食用酒精生产质量安全控制
9	GB/T 23543—2009	葡萄酒企业良好生产规范
10	GB/T 20942—2007	啤酒企业良好操作规范
11	DB37/T 890—2007	啤酒生产质量安全控制
12	GB8956—1988	蜜饯企业良好生产规范
13	GB 12693—2010	食品安全国家标准　乳制品良好生产规范
14	GB 12695—2003	饮料企业良好生产规范
15	GB/T 27301—2008	食品安全管理体系　肉及肉制品生产企业要求
16	GB/T 27302—2008	食品安全管理体系　速冻方便食品生产企业要求
17	GB/T 27303—2008	食品安全管理体系　罐头食品生产企业要求
18	GB/T 27304—2008	食品安全管理体系　水产品加工企业要求
19	GB/T 27305—2008	食品安全管理体系　果汁和蔬菜汁类生产企业要求
20	GB/T 27307—2008	食品安全管理体系　速冻果蔬生产企业要求
21	CNCA/CTS 0008—2008	食品安全管理体系　食用植物油生产企业要求
22	CNCA/CTS 0010—2008	食品安全管理体系　淀粉及淀粉制品生产企业要求
23	CNCA/CTS 0011—2008	食品安全管理体系　豆制品生产企业要求
24	CNCA/CTS 0012—2008	食品安全管理体系　蛋制品生产企业要求
25	CNCA/CTS 0013—2008	食品安全管理体系　烘焙食品生产企业要求
26	CNCA/CTS 0016—2008	食品安全管理体系　调味品、发酵制品生产企业要求
27	CNCA/CTS 0028—2008	食品安全管理体系　其他未列明的食品生产企业要求

16.2.5　食品检验标准

16.2.5.1　通用的食品检验方法标准

食品检验方法标准是指对食品的质量要素进行测定、试验、计量所做的统一规定，包括感官、物理、化学、微生物学、生物化学分析。食品检验方法有感官分析法、化学分析法、仪器分析法、微生物分析法和生物鉴定法等。食品检验方法标准设计的感官指标有外观、色泽、香气、滋味（口味）、风味、形态（组织形状）、颜色等；理化指标有水分、密度、灰分、蛋白质、脂肪、总糖、还原糖、粗纤维、氨基酸、淀粉、蔗糖、酸度、碱度、酒精度、色度、浊度、维生素等食品添加剂、各类食品的特征性指标；涉及卫生理化指标和微生物要求有铅、总砷及无机砷、铜、锌、镉、总汞及有机汞、氟、有机磷、农药残留、黄曲霉毒素、菌落总数、大肠菌群、致病菌等。部分食品检验系列国家标准如表 16-45。

表 16－45　食品检测系列国家标准

序号	系列标准编号	系列标准内容
1	GB/T 5009.1—5009.222	食品卫生理化检验方法
2	GB/T 4789.1—4789.40	食品卫生微生物学检验
3	GB/T 5413.1—5413.39	婴幼儿配方食品和乳制品测定方法
4	GB/T 9695.1—9695.32	肉与肉制品测定方法
5	GB 14883.1—14883.10	食品中放射性物质检验
6	GB 15193.1—15193.21	食品安全毒理学评价
7	GB/T 10345.1—10345.8	白酒检验
8	GB/T 12143.1—12143.4	饮料理化检验
9	GB/T 10220—10221	感官分析方法
10	GB/T 22427.1—22427.13	淀粉及其衍生物理化测定方法
11	GB/T 18932.1—18932.28	蜂蜜理化测定和药物残留测定
12	GB/T 12729.1—12729.13	香辛料和调味品理化测定方法
13	GB/T 14454.1—14454.17	香料测定方法
14	GB/T 14455.1—14455.10	精油测定方法

1. 食品感官检验方法标准

我国自 1988 年开始，相继制定和颁布了一系列感官分析方法的国家标准，这些标准一般都是参照采用或等效采用相关的国际标准（ISO），具有较高的权威性和可比性，对推进和规范我国的感官分析方法起了重要的作用，也是执行感官分析的法律依据，食品感官分析方法标准见表 16－46。

表 16－46　食品感官分析方法标准

序号	标准编号	标准名称
1	GB/T 10220—1988	感官分析方法 总论
2	GB/T 10221—1998	感官分析术语
3	GB/T 12310—1990	感官分析方法　成对比较检验
4	GB/T 12311—1990	感官分析方法　三点检验
5	GB/T 12312—1990	感官分析　味觉敏感度的测定
6	GB/T 12313—1990	感官分析方法　风味剖面检验
7	GB/T 12314—1990	感官分析方法　不能直接感官分析的样品制备准则
8	GB/T 12315—2008	感官分析　方法学　排序法
9	GB/T 12316—1990	感官分析方法　“A”－“非 A”检验
10	GB/T 13868—2009	感官分析　建立感官分析实验室的一般导则
11	GB/T 14195—1993	感官分析　选拔与培训感官分析优选评价员导则
12	GB/T 15549—1995	感官分析　方法学检测和识别气味方面评价员的入门和培训
13	GB/T 16291.2—2010	感官分析　选拔、培训和管理评价员一般导则　第 2 部分：专家评价员

续表

序号	标准编号	标准名称
14	GB/T 16860—1997	感官分析方法　质地剖面检验
15	GB/T 16861—1997	感官分析　通过多元分析方法鉴定和选择用于建立感官剖面的描述词
16	GB/T 17321—1998	感官分析方法二、三点检验
17	GB/T 19547—2004	感官分析　方法学　量值估计法
18	GB/T 22366—2008	感官分析　方法学　采用三点选配法（3 - AFC）测定嗅觉、味觉和风味觉察阈值的一般导则
19	GB/T 23470.1—2009	感官分析　感官分析实验室人员一般导则　第 1 部分：实验室人员职责
20	GB/T 23470.2—2009	感官分析　感官分析实验室人员一般导则　第 2 部分：评价小组组长的聘用和培训
21	GB/T 25005—2010	感官分析　方便面感官评价方法
22	GB/T 25006—2010	感官分析　包装材料引起食品风味改变的评价方法

2. 食品理化检验方法标准

食品理化检验主要是对食品中由于各种原因而携带的有毒有害化学成分进行检验，其检验方法标准研究大致分为以下几个方面：基础方面，涉及样品前处理的分离提取、纯化、浓缩富集和食品分析误差及理论统计处理；分析方法方面，设计新的检测方法研究、新项目分析方法的研究、经典方法的改进研究以及简便快速方法的研究；分析仪器的应用方面，近几年随着食品分析仪器的普遍应用，食品理化检测的定量分析达到了一个新的高度。

我国已颁布实施的食品卫生理化检验方法标准共有 222 个，标准编号为 GB/T 5009.1～GB/T 5009.222。除了 GB/T 5009 系列标准外，还有 GB/T 18932.1 ～GB/T 18932.28 蜂蜜中化学品残留量的测定方法系列标准。2006 年还发布了 GB/T 19648—2006《水果和蔬菜中 500 种农药及相关化学品残留量的测定　气相色谱法-质谱法》、GB/T 19649—2006《粮谷中 475 种农药及相关化学品残留量的测定　气相色谱-质谱法》、GB/T 19650—2006《动物肌肉中 478 种农药及相关化学品残留量的测定　气相色谱-质谱法》。

3. 食品卫生微生物学检验方法标准

食品卫生微生物学检验方法标准主要包括：总则、菌落总数测定、大肠菌群计数。各类致病菌的检验、常见产毒霉菌的鉴定、各类食品的检验、抗生素残留量的检验、双歧杆菌检验等。

目前，我国已颁布的食品卫生微生物学检验方法标准有 GB/T 4789.1～GB/T 4789.40 系列。GB/T 4789 系列在 2008 版的基础上，于 2010 年进行了修订，共修订了 10 项微生物学检验标准。相关标准目录见表 16 - 47。

表 16 - 47　食品微生物学分析方法标准

序号	标准编号	标准名称
1	GB 4789.1—2010	食品安全国家标准　食品微生物学检验　总则

续表

序号	标准编号	标准名称
2	GB 4789.2 —2010	食品安全国家标准　食品微生物学检验　菌落总数测定
3	GB 4789.3—2010	食品安全国家标准　食品微生物学检验　大肠菌群计数
4	GB 4789.4—2010	食品安全国家标准　食品微生物学检验　沙门氏菌检验
5	GB/T 4789.5—2012	食品安全国家标准　食品微生物学检验　志贺氏菌检验
6	GB/T 4789.6—2003	食品卫生微生物学检验　致泻大肠埃希氏菌检验
7	GB/T 4789.7—2008	食品卫生微生物学检验　副溶血性弧菌检验
8	GB/T 4789.8—2008	食品卫生微生物学检验　小肠结肠炎耶尔森氏菌检验
9	GB/T 4789.9—2008	食品卫生微生物学检验　空肠弯曲菌检验
10	GB 4789.10—2010	食品安全国家标准　食品微生物学检验　金黄色葡萄球菌检验
11	GB/T 4789.11—2003	食品卫生微生物学检验　溶血性链球菌检验
12	GB/T 4789.12—2003	食品卫生微生物学检验　肉毒梭菌及肉毒素检验
13	GB/T 4789.13—2012	食品安全国家标准　食品微生物学检验　产气荚膜梭菌检验
14	GB/T 4789.14—2003	食品卫生微生物学检验　蜡样芽孢杆菌检验
15	GB 4789.15—2010	食品安全国家标准　食品卫生微生物学检验　霉菌和酵母计数
16	GB/T 4789.16—2003	食品卫生微生物学检验　常见产毒霉菌的鉴定
17	GB/T 4789.17—2003	食品卫生微生物学检验　肉与肉制品检验
18	GB 4789.18—2010	食品安全国家标准　食品卫生微生物学检验　乳与乳制品检验
19	GB/T 4789.19—2003	食品卫生微生物学检验　蛋与蛋制品检验
20	GB/T 4789.20—2003	食品卫生微生物学检验　水产食品检验
21	GB/T 4789.21—2003	食品卫生微生物学检验　冷冻饮品、饮料检验
22	GB/T 4789.22—2003	食品卫生微生物学检验　调味品检验
23	GB/T 4789.23—2003	食品卫生微生物学检验　冷食菜、豆制品检验
24	GB/T 4789.24—2003	食品卫生微生物学检验　糖果、糕点、蜜饯检验
25	GB/T 4789.25—2003	食品卫生微生物学检验　酒类检验
26	GB/T 4789.26—2003	食品卫生微生物学检验　罐头食品商业无菌的检验
27	GB/T 4789.27—2003	食品卫生微生物学检验　鲜乳中抗生素残留检验
28	GB/T 4789.28—2003	食品卫生微生物学检验　染色法、培养基和试剂
29	GB/T 4789.29—2003	食品卫生微生物学检验　椰毒假单胞菌酵米面亚种检验
30	GB 4789.30—2010	食品安全国家标准　食品微生物学检验　单核细胞增生李斯特氏菌检验
31	GB/T 4789.31—2003	食品卫生微生物学检验　沙门氏菌、志贺氏菌和致泻大肠埃希氏菌的肠杆菌科噬菌体检验方法
32	GB/T 4789.32—2003	食品卫生微生物学检验　大肠菌群的快速检测
33	GB/T 4789.33—2008	食品卫生微生物学检验　粮谷、果蔬类食品检验
34	GB/T 4789.34—2012	食品安全国家标准　食品微生物学检验　双歧杆菌的鉴定
35	GB 4789.35—2010	食品安全国家标准　食品微生物学检验乳酸菌检验
36	GB/T 4789.36—2003	食品卫生微生物学检验　大肠埃希氏菌 O157：H7/NM 检验
37	GB/T 4789.37—2003	食品卫生微生物学检验　金黄色葡萄球菌计数

续表

序号	标准编号	标准名称
38	GB/T 4789.38—2012	食品安全国家标准 食品微生物学检验 大肠杆菌计数
39	GB/T 4789.39—2003	食品卫生微生物学检验 粪大肠菌群计数
40	GB 4789.40—2010	食品安全国家标准 食品微生物学检验 阪崎肠杆菌检验

4. 食品中放射性物质检验标准

放射性物质的污染途径主要是通过水及土壤污染农作物、水产品、饲料等，再经生物圈进入食品，并且可通过食物链转移。食品中的放射性物质有来自地壳中的放射性污染物质，也有来自核武器试验或和平利用放射性能所产生的放射性物质，即人为的放射性污染。近几十年来，在食品保藏、医学和科学实验中放射性核素的广泛应用等，使人类环境中放射性污染物急剧增加，环境中的放射性核素通过牧草、水、饲料等途径进入畜禽体内，经过富集作用，进而危害到人类。食品放射性物质检验标准共有十项，具体见表 16-48。

表 16-48 食品放射性物质方法标准

序号	标准编号	标准名称
1	GB 14883.1—1994	食品中放射性物质检验 总则
2	GB 14883.2—1994	食品中放射性物质检验 氢-3 的测定
3	GB 14883.3—1994	食品中放射性物质检验 锶-89 和锶-90 的测定
4	GB 14883.4—1994	食品中放射性物质检验 钷-147 的测定
5	GB 14883.5—1994	食品中放射性物质检验 钋-210 的测定
6	GB 14883.6—1994	食品中放射性物质检验 镭-226 和镭-228 的测定
7	GB 14883.7—1994	食品中放射性物质检验 天然钍和铀的测定
8	GB 14883.8—1994	食品中放射性物质检验 钚-239、钚-240 的测定
9	GB 14883.9—1994	食品中放射性物质检验 碘-131 的测定
10	GB 14883.10—1994	食品中放射性物质检验 铯-137 的测定

16.2.5.2 各类具体食品检验方法标准

1. 粮食加工品

表 16-49 粮食加工品检验方法标准

序号	标准编号	标准名称
1	GB/T 5504—2011	粮食、油料检验小麦粉加工精度检验
2	GB/T 5506.1—2008	小麦和小麦粉 面筋含量 第 1 部分：手洗法测定湿面筋
3	GB/T 5506.2—2008	小麦和小麦粉 面筋含量 第 2 部分：仪器法测定湿面筋
4	GB/T 5506.3—2008	小麦和小麦粉 面筋含量 第 3 部分：烘箱干燥法测定干面筋
5	GB/T 5506.4—2008	小麦和小麦粉 面筋含量 第 4 部分：快速干燥法测定干面筋
6	GB/T 9826—2008	粮油检验 小麦粉破损淀粉测定 α-淀粉酶法
7	GB/T 14611—2008	粮油检验 小麦粉面包烘焙品质试验 直接发酵法
8	GB/T 14612—2008	粮油检验 小麦粉面包烘焙品质试验 中种发酵法

续表

序号	标准编号	标准名称
9	GB/T 14614—2006	小麦粉　面团的物理特性　吸水量和流变学特性的测定　粉质仪法
10	GB/T 14615—2006	小麦粉　面团的物理特性　流变学特性的测定　拉伸仪法
11	GB/T 15685—2011	小麦粉沉淀值测定法
12	GB/T 18415—2001	小麦粉中过氧化苯甲酰的测定方法
13	GB/T 20188—2006	小麦粉中溴酸盐的测定离子色谱法
14	GB/T 21126—2007	小麦粉与大米粉及其制品中甲醛次硫酸氢钠含量的测定
15	GB/T 22325—2008	小麦粉中过氧化苯甲酰的测定　高效液相色谱法
16	GB/T 24303—2009	粮油检验　小麦粉蛋糕烘焙品质试验　海绵蛋糕法
17	GB/T 24871—2010	粮油检验　小麦粉粗蛋白质含量测定　近红外法
18	GB/T 24872—2010	粮油检验　小麦粉灰分含量测定　近红外法
19	LS/T 6102—1995	小麦粉湿面筋质量测定方法　面筋指数法
20	LS/T 3703—1995	小麦粉面筋测定仪
21	GB/T 5503—2009	粮油检验　碎米检验法
22	GB/T 5009.112—2003	大米和柑桔中喹硫磷残留量的测定
23	GB/T 5009.113—2003	大米中杀虫环残留量的测定
24	GB/T 5009.114—2003	大米中杀虫双残留量的测定
25	GB/T 5009.134—2003	大米中禾草敌残留量的测定
26	GB/T 5009.155—2003	大米中稻瘟灵残留量的测定
27	GB/T 5009.164—2003	大米中丁草胺残留量的测定
28	GB/T 5009.177—2003	大米中敌稗残留量的测定
29	GB 7630—1987	大米、小麦中氧化稀土总量的测定　三溴偶氮胂分光光度法
30	GB/T 15682—2008	粮油检验稻谷、大米蒸煮食用品质感官评价方法
31	GB/T 21309—2007	涂渍油脂或石蜡大米检验
32	GB/T 21499—2008	大米稻谷和糙米潜在出米率的测定
33	GB/T 22243—2008	大米、蔬菜、水果中氯氟吡氧乙酸残留量的测定
34	GB/T 22294—2008	粮油检验　大米胶稠度的测定
35	GB/T 24302—2009	粮油检验　大米颜色黄度指数测定
36	GB/T 24852—2010	大米及米粉糊化特性测定　快速粘度仪法
37	GB/T 25226—2010	大米蒸煮过程中米粒糊化时间的评价
38	DB45/T 570—2009	大米中稀土元素含量的测定　ICP-MS等离子体质谱法
39	LS/T 1207—1992	挂面生产工艺测定方法
40	GB/T 5009.207—2008	糙米中50种有机磷农药残留量的测定
41	SN/T 1801—2006	进出口糙米检验规程
42	DB15/T 452—2009	荞麦米（仁）检验规程
43	DB32/T 1274—2008	糙米中γ-氨基丁酸的测定　高效液相色谱法
44	SN/T 0395—1995	出口米粉检验规程

2. 食用油、油脂及其制品

表 16-50 食用油、油脂及其制品检验方法标准

序号	标准编号	标准名称
1	GB/T 5490—2010	粮油检验 一般规则
2	GB/T 5524—2008	动植物油脂 扦样
3	GB/T 5525—2008	植物油脂 透明度、气味、滋味鉴定法
4	GB/T 5526—1985	植物油脂检验 比重测定法
5	GB/T 5527—2010	动植物油脂 折光指数的测定
6	GB/T 5528—2008	植物油脂水分及挥发物含量测定法
7	GB/T 5529—1985	植物油脂检验 杂质测定法
8	GB/T 5530—2005	动植物油脂酸值和酸度测定
9	GB/T 5531—2008	粮油检验 植物油脂加热试验
10	GB/T 5532—2008	动植物油脂 碘值的测定
11	GB/T 5533—2008	粮油检验 植物油脂含皂量的测定
12	GB/T 5534—2008	动植物油脂 皂化值的测定
13	GB/T 5535.1—2008	动植物油脂不皂化物测定 第 1 部分：乙醚提取法
14	GB/T 5535.2—2008	动植物油脂不皂化物测定 第 2 部分：己烷提取法
15	GB/T 5536—1985	植物油脂检验 熔点测定法
16	GB/T 5538—2005	动植物油脂 过氧化值测定
17	GB/T 5539—2008	粮油检验 油脂定性试验
18	GB/T 9696—2008	动植物油脂 水分和挥发物含量测定
19	GB/T 12766—2008	动物油脂 熔点测定
20	GB/T 15687—2008	动植物油脂 试样的制备
21	GB/T 15688—2008	动植物油脂 不溶性杂质含量的测定
22	GB/T 17375—2008	动植物油脂 灰分测定
23	GB/T 17376—2008	动植物油脂 脂肪酸甲酯制备
24	GB/T 17377—2008	动植物油脂 脂肪酸甲酯的气相色谱分析
25	GB/T 21309—2007	涂渍油脂或石蜡大米检验
26	GB/T 21121—2007	动植物油脂 氧化稳定性的测定（加速氧化测试）
27	GB/T 22328—2008	动植物油脂 1-单甘酯和游离甘油含量的测定
28	GB/T 22500—2008	动植物油脂 紫外吸光度的测定
29	GB/T 22501—2008	动植物油脂 橄榄油中蜡含量的测定 气相色谱法
30	GB/T 22507—2008	动植物油脂 植物油中反式脂肪酸异构体含量测定 气相色谱法
31	GB/T 22509—2008	动植物油脂 苯并（a）芘的测定 反相高效液相色谱法
32	GB/T 24304—2009	动植物油脂 茴香胺值的测定
33	GB/T 24892—2010	动植物油脂 在开口毛细管中熔点（滑点）的测定
34	GB/T 24893—2010	动植物油脂 多环芳烃的测定
35	GB/T 24894—2010	动植物油脂 甘三酯分子 2-位脂肪酸组分的测定
36	GB/T 25223—2010	动植物油脂 甾醇组成和甾醇总量的测定 气相色谱法

续表

序号	标准编号	标准名称
37	GB/T 25224.2—2010	动植物油脂　植物油中豆甾二烯的测定　第2部分：高效液相色谱法
38	GB/T 25225—2010	动植物油脂　挥发性有机污染物的测定　气相色谱-质谱法
39	GB 2716—2005	食用植物油卫生标准
40	GB 7102.1—2003	食用植物油煎炸过程中的卫生标准
41	GB 10146—2005	食用动物油脂卫生标准
42	GB 15196—2003	人造奶油卫生标准
43	GB 17402—2003	食用氢化油卫生标准

3. 调味品

表16-51　调味品检验方法标准

序号	标准编号	标准名称
1	GB/T 5009.39—2003	酱油卫生标准的分析方法
2	GB/T 5009.40—2003	酱卫生标准的分析方法
3	GB/T 5009.41—2003	食醋卫生标准的分析方法
4	GB/T 5009.42—2003	食盐卫生标准的分析方法
5	GB/T 5009.43—2003	味精卫生标准的分析方法
6	GB/T 4789.22—2003	食品卫生微生物学检验　调味品检验
7	GB/T 18782—2002	调味品中3-氯-1，2-丙二醇的测定
8	GB/T 21234—2007	铁强化酱油中乙二胺四乙酸铁钠的测定
9	SB/T 10308—1999	甜面酱检验方法
10	SB/T 10310—1999	黄豆酱检验方法
11	GB/T 12729.2—2008	香辛料和调味品　取样方法
12	GB/T 12729.3—2008	香辛料和调味品　分析用粉末试样的制备
13	GB/T 12729.4—2008	香辛料和调味品　磨碎细度的测定（手筛法）
14	GB/T 12729.5—2008	香辛料和调味品　外来物含量的测定
15	GB/T 12729.6—2008	香辛料和调味品　水分含量的测定（蒸馏法）
16	GB/T 12729.7—2008	香辛料和调味品　总灰分的测定
17	GB/T 12729.8—2008	香辛料和调味品　水不溶性灰分的测定
18	GB/T 12729.9—2008	香辛料和调味品　酸不溶性灰分的测定
19	GB/T 12729.10—2008	香辛料和调味品　醇溶抽提物的测定
20	GB/T 12729.11—2008	香辛料和调味品　冷水可溶性抽提物的测定
21	GB/T 12729.12—2008	香辛料和调味品　不挥发性乙醚抽提物的测定
22	GB/T 12729.13—2008	香辛料和调味品　污物的测定

4. 肉制品

表 16－52 肉制品检验方法标准

序号	标准编号	标准名称
1	GB/T 9695.1—2008	肉与肉制品 游离脂肪含量测定
2	GB/T 9695.2—2008	肉与肉制品 脂肪酸测定
3	GB/T 9695.3—2009	肉与肉制品 铁含量测定
4	GB/T 9695.4—2009	肉与肉制品 总磷含量测定
5	GB/T 9695.5—2008	肉与肉制品 pH 测定
6	GB/T 9695.6—2008	肉制品 胭脂红着色剂测定
7	GB/T 9695.7—2008	肉与肉制品 总脂肪含量测定
8	GB/T 9695.8—2008	肉与肉制品 氯化物含量测定
9	GB/T 9695.9—2009	肉与肉制品 聚磷酸盐测定
10	GB/T 9695.10—2008	肉与肉制品 六六六、滴滴涕残留量测定
11	GB/T 9695.11—2008	肉与肉制品 氮含量测定
12	GB/T 9695.13—2009	肉与肉制品 钙含量测定
13	GB/T 9695.14—2008	肉制品 淀粉含量测定
14	GB/T 9695.15—2008	肉与肉制品 水分含量测定
15	GB/T 9695.17—2008	肉与肉制品 葡萄糖酸-δ-内酯含量的测定
16	GB/T 9695.18—2008	肉与肉制品 总灰分测定
17	GB/T 9695.19—2008	肉与肉制品 取样方法
18	GB/T 9695.20—2008	肉与肉制品 锌的测定
19	GB/T 9695.21—2008	肉与肉制品 镁的测定
20	GB/T 9695.22—2009	肉与肉制品 铜含量测定
21	GB/T 9695.23—2008	肉与肉制品 羟脯氨酸含量测定
22	GB/T 9695.24—2008	肉与肉制品 胆固醇含量测定
23	GB/T 9695.25—2008	肉与肉制品 维生素 PP 含量测定
24	GB/T 9695.26—2008	肉与肉制品 维生素 A 含量测定
25	GB/T 9695.27—2008	肉与肉制品 维生素 B_1 含量测定
26	GB/T 9695.28—2008	肉与肉制品 维生素 B_2 含量测定
27	GB/T 9695.29—2008	肉制品 维生素 C 含量测定
28	GB/T 9695.30—2008	肉与肉制品 维生素 E 含量测定
29	GB/T 9695.31—2008	肉制品 总糖含量测定
30	GB/T 9695.32—2009	肉与肉制品 氯霉素含量的测定
31	GB/T 20741—2006	畜禽肉中地塞米松残留量的测定 液相色谱-串联质谱法
32	GB/T 20742—2006	牛甲状腺和牛肉中硫脲嘧啶、甲基硫脲嘧啶、正丙基硫脲嘧啶、它巴唑、巯基苯并咪唑残留量的测定 液相色谱-串联质谱法
33	GB/T 20743—2006	猪肉、猪肝和猪肾中杆菌肽残留量的测定 液相色谱-串联质谱法
34	GB/T 20745—2006	畜禽肉中癸氧喹酯残留量的测定 液相色谱-荧光检测法

续表

序号	标准编号	标准名称
35	GB/T 20746—2006	牛、猪的肝脏和肌肉中卡巴氧和喹乙醇及代谢物残留量的测定　液相色谱-串联质谱法
36	GB/T 20747—2006	牛和猪肌肉中安乃近代谢物残留量的测定　液相色谱-紫外检测法和液相色谱-串联质谱法
37	GB/T 20748—2006	牛肝和牛肉中阿维菌素类药物残留量的测定　液相色谱　串联质谱法
38	GB/T 20750—2006	牛肌肉中氟胺烟酸残留量的测定　液相色谱-紫外检测法
39	GB/T 20752—2006	猪肉、牛肉、鸡肉、猪肝和水产品中硝基呋喃类代谢物残留量的测定　液相色谱-串联质谱法
40	GB/T 20753—2006	牛和猪脂肪中醋酸美仑孕酮、醋酸氯地孕酮和醋酸甲地孕酮残留量的测定　液相色谱-紫外检测法
41	GB/T 20754—2006	畜禽肉中保泰松残留量的测定　液相色谱-紫外检测法
42	GB/T 20755—2006	畜禽肉中九种青霉素类药物残留量的测定　液相色谱-串联质谱法
43	GB/T 20756—2006	可食动物肌肉、肝脏和水产品中氯霉素、甲砜霉素和氟苯尼考残留量的测定　液相色谱-串联质谱法
44	GB/T 20758—2006	牛肝和牛肉中睾酮、表睾酮、孕酮残留量的测定　液相色谱-串联质谱法
45	GB/T 20759—2006	畜禽肉中十六种磺胺类药物残留量的测定　液相色谱-串联质谱法
46	GB/T 20760—2006	牛肌肉、肝、肾中的α-群勃龙、β-群勃龙残留量的测定　液相色谱-紫外检测法和液相色谱-串联质谱法
47	GB/T 20762—2006	畜禽肉中林可霉素、竹桃霉素、红霉素、替米考星、泰乐菌素、克林霉素、螺旋霉素、吉它霉素、交沙霉素残留量的测定　液相色谱-串联质谱法
48	GB/T 20763—2006	猪肾和肌肉组织中乙酰丙嗪、氯丙嗪、氟哌啶醇、丙酰二甲氨基丙吩噻嗪、甲苯噻嗪、阿扎哌垄阿扎哌醇、咔唑心安残留量的测定　液相色谱-串联质谱法
49	GB/T 20764—2006	可食动物肌肉中土霉素、四环素、金霉素、强力霉素残留量的测定　液相色谱-紫外检测法
50	GB/T 20765—2006	猪肝脏、肾脏、肌肉组织中维吉尼霉素 M_1 残留量的测定　液相色谱-串联质谱法
51	GB/T 20766—2006	牛猪肝肾和肌肉组织中玉米赤霉醇、玉米赤霉酮、己烯雌酚、己烷雌酚、双烯雌酚残留量的测定　液相色谱-串联质谱法
52	GB/T 20796—2006	肉与肉制品中甲萘威残留量的测定
53	GB/T 20797—2006	肉与肉制品中喹乙醇残留量的测定
54	GB/T 20798—2006	肉与肉制品中2，4-滴残留量的测定
55	GB/T 21324—2007	食用动物肌肉和肝脏中苯并咪唑类药物残留量检测方法
56	GB/T 19480—2009	肉与肉制品术语
57	GB 2707—2005	鲜（冻）畜肉卫生标准
58	GB 2726—2005	熟肉制品卫生标准
59	GB 2730—2005	腌腊肉制品卫生标准

5. 乳制品

表16-53　乳制品检验方法标准

序号	标准编号	标准名称
1	GB 4789.1—2010	食品安全国家标准　食品微生物学检验　总则
2	GB 4789.2—2010	食品安全国家标准　食品微生物学检验　菌落总数测定
3	GB 4789.3—2010	食品安全国家标准　食品微生物学检验　大肠菌群计数
4	GB 4789.4—2010	食品安全国家标准　食品微生物学检验　沙门氏菌检验
5	GB/T 4789.5—2003	食品卫生微生物学检验　志贺氏菌检验
6	GB 4789.10—2010	食品安全国家标准　食品微生物学检验 金黄色葡萄球菌检验
7	GB/T 4789.11—2003	食品卫生微生物学检验　溶血性链球菌检验
8	GB 4789.15—2010	食品安全国家标准　食品微生物学检验　霉菌和酵母计数
9	GB 4789.18—2010	食品安全国家标准　食品微生物学检验　乳与乳制品检验
10	GB/T 4789.27—2008	食品卫生微生物学检验　鲜乳中抗生素残留检验
11	GB 4789.30—2010	食品安全国家标准　食品微生物学检验　单核细胞增生李斯特氏菌检验
12	GB 4789.35—2010	食品安全国家标准　食品微生物学检验　乳酸菌检验
13	GB 4789.40—2010	食品安全国家标准　食品微生物学检验　阪崎肠杆菌检验
14	GB/T 5413.2—1997	婴幼儿配方食品和乳粉　乳清蛋白的测定
15	GB 5413.3—2010	食品安全国家标准　婴幼儿食品和乳品中脂肪的测定
16	GB 5413.5—2010	食品安全国家标准　婴幼儿食品和乳品中乳糖、蔗糖的测定
17	GB 5413.6—2010	食品安全国家标准　婴幼儿食品和乳品中不溶性膳食纤维的测定
18	GB 5413.9—2010	食品安全国家标准　婴幼儿食品和乳品中维生素A、D、E的测定
19	GB 5413.10—2010	食品安全国家标准　婴幼儿食品和乳品中维生素K_1的测定
20	GB 5413.11—2010	食品安全国家标准　婴幼儿食品和乳品中维生素B_1的测定
21	GB 5413.12—2010	食品安全国家标准　婴幼儿食品和乳品中维生素B_2的测定
22	GB 5413.13—2010	食品安全国家标准　婴幼儿食品和乳品中维生素B_6的测定
23	GB 5413.14—2010	食品安全国家标准　婴幼儿食品和乳品中维生素B_{12}的测定
24	GB 5413.15—2010	食品安全国家标准　婴幼儿食品和乳品中烟酸和烟酰胺的测定
25	GB 5413.16—2010	食品安全国家标准　婴幼儿食品和乳品中叶酸（叶酸盐活性）的测定
26	GB 5413.17—2010	食品安全国家标准　婴幼儿食品和乳品中泛酸的测定
27	GB 5413.18—2010	食品安全国家标准　婴幼儿食品和乳品中维生素C的测定
28	GB 5413.19—2010	食品安全国家标准　婴幼儿食品和乳品中游离生物素的测定
29	GB/T 5413.20—1997	婴幼儿配方食品和乳粉　胆碱的测定
30	GB 5413.21—2010	食品安全国家标准　婴幼儿食品和乳品中钙、铁、锌、钠、钾、镁、铜和锰的测定
31	GB 5413.22—2010	食品安全国家标准　婴幼儿食品和乳品中磷的测定
32	GB 5413.23—2010	食品安全国家标准　婴幼儿食品和乳品中碘的测定

续表

序号	标准编号	标准名称
33	GB 5413.24—2010	食品安全国家标准　婴幼儿食品和乳品中氯的测定
34	GB 5413.25—2010	食品安全国家标准　婴幼儿食品和乳品中肌醇的测定
35	GB 5413.26—2010	食品安全国家标准　婴幼儿食品和乳品中牛磺酸的测定
36	GB 5413.27—2010	食品安全国家标准　婴幼儿食品和乳品中脂肪酸的测定
37	GB 5413.29—2010	食品安全国家标准　婴幼儿食品和乳品中溶解性的测定
38	GB 5413.30—2010	食品安全国家标准　乳和乳制品杂质度的测定
39	GB/T 5413.31—1997	婴幼儿配方食品和乳粉　脲酶的定性检验
40	GB 5413.33—2010	食品安全国家标准　生乳相对密度的测定
41	GB 5413.34—2010	食品安全国家标准　乳和乳制品酸度的测定
42	GB 5413.35—2010	食品安全国家标准　婴幼儿食品和乳品中β-胡萝卜素的测定
43	GB 5413.36—2010	食品安全国家标准　婴幼儿食品和乳品中反式脂肪酸的测定
44	GB 5413.37—2010	食品安全国家标准　乳和乳制品中黄曲霉毒素 M_1 的测定
45	GB 5413.38—2010	食品安全国家标准　生乳冰点的测定
46	GB 5413.39—2010	食品安全国家标准　乳和乳制品中非脂乳固体的测定
47	GB 21703—2010	食品安全国家标准　乳和乳制品中苯甲酸和山梨酸的测定
48	GB/T 21704—2008	乳与乳制品中非蛋白氮含量的测定
49	GB/T 22031—2008	食品安全国家标准　干酪及加工干酪制品中添加的柠檬酸盐的测定
50	GB/T 22035—2008	乳及乳制品中植物油的检验　气相色谱法
51	GB/T 22388—2008	原料乳与乳制品中三聚氰胺检测方法
52	GB/T 22400—2008	原料乳中三聚氰胺快速检测　液相色谱法
53	GB/T 22965—2008	牛奶和奶粉中12种β-兴奋剂残留量的测定　液相色谱-串联质谱法
54	GB/T 22966—2008	牛奶和奶粉中16种磺胺类药物残留量的测定　液相色谱-串联质谱法
55	GB/T 22967—2008	牛奶和奶粉中β-雌二醇残留量的测定　气相色谱-负化学电离质谱法
56	GB/T 22968—2008	牛奶和奶粉中伊维菌素、阿维菌素、多拉菌素和乙酰氨基阿维菌素残留量的测定　液相色谱-串联质谱法
57	GB/T 22969—2008	奶粉和牛奶中链霉素、双氢链霉素和卡那霉素残留量的测定　液相色谱-串联质谱法
58	GB/T 22971—2008	牛奶和奶粉中安乃近代谢物残留量的测定　液相色谱-串联质谱法
59	GB/T 22972—2008	牛奶和奶粉中噻苯达唑、阿苯达唑、芬苯达唑、奥芬达唑、苯硫氨酯残留量的测定　液相色谱-串联质谱法
60	GB/T 22973—2008	牛奶和奶粉中醋酸美仑孕酮、醋酸氯地孕酮和醋酸甲地孕酮残留量的测定　液相色谱-串联质谱法
61	GB/T 22974—2008	牛奶和奶粉中氮氨菲啶残留量的测定　液相色谱-串联质谱法
62	GB/T 22975—2008	牛奶和奶粉中阿莫西林、氨苄西林、哌拉西林、青霉素G、青霉素V、苯唑西林、氯唑西林、萘夫西林和双氯西林残留量的测定　液相色谱-串联质谱法
63	GB/T 22976—2008	牛奶和奶粉中α-群勃龙、β-群勃龙、19-乙烯去甲睾酮和epi-19-80乙烯去甲睾酮残留量的测定　液相色谱-串联质谱法

续表

序号	标准编号	标准名称
64	GB/T 22977—2008	牛奶和奶粉中保泰松残留量的测定　液相色谱-串联质谱法
65	GB/T 22978—2008	牛奶和奶粉中地塞米松残留量的测定　液相色谱-串联质谱法
66	GB/T 22979—2008	牛奶和奶粉中啶酰菌胺残留量的测定　气相色谱-质谱法
67	GB/T 22980—2008	牛奶和奶粉中氟胺烟酸残留量的测定　液相色谱-紫外检测法
68	GB/T 22981—2008	牛奶和奶粉中杆菌肽残留量的测定　液相色谱-串联质谱法
69	GB/T 22982—2008	牛奶和奶粉中甲硝唑、洛硝哒唑、二甲硝唑及其代谢物残留量的测定　液相色谱-串联质谱法
70	GB/T 22983—2008	牛奶和奶粉中六种聚醚类抗生素残留量的测定　液相色谱-串联质谱法
71	GB/T 22984—2008	牛奶和奶粉中卡巴氧和喹乙醇代谢物残留量的测定　液相色谱-串联质谱法
72	GB/T 22985—2008	牛奶和奶粉中恩诺沙星、达氟沙星、环丙沙星、沙拉沙星、奥比沙星、二氟沙星和麻保沙星残留量的测定　液相色谱-串联质谱法
73	GB/T 22986—2008	牛奶和奶粉中氢化泼尼松残留量的测定　液相色谱-串联质谱法
74	GB/T 22987—2008	牛奶和奶粉中呋喃它酮、呋喃西林、呋喃妥因和呋喃唑酮代谢物残留量的测定　液相色谱-串联质谱法
75	GB/T 22988—2008	牛奶和奶粉中螺旋霉素、吡利霉素、竹桃霉素、替米卡星、红霉素、泰乐菌素残留量的测定　液相色谱-串联质谱法
76	GB/T 22989—2008	牛奶和奶粉中头孢匹林、头孢氨苄、头孢洛宁、头孢喹肟残留量的测定　液相色谱-串联质谱法
77	GB/T 22990—2008	牛奶和奶粉中土霉素、四环素、金霉素、强力霉素残留量的测定　液相色谱-紫外检测法
78	GB/T 22991—2008	牛奶和奶粉中维吉尼霉素残留量的测定　液相色谱-串联质谱法
79	GB/T 22992—2008	牛奶和奶粉中玉米赤霉醇、玉米赤霉酮、己烯雌酚、己烷雌酚、双烯雌酚残留量的测定　液相色谱-串联质谱法
80	GB/T 22993—2008	牛奶和奶粉中八种镇定剂残留量的测定　液相色谱-串联质谱法
81	GB/T 22994—2008	牛奶和奶粉中左旋咪唑残留量的测定　液相色谱-串联质谱法
82	GB/T 23209—2008	奶粉中叶黄素的测定　液相色谱-紫外检测法
83	GB/T 23212—2008	牛奶和奶粉中黄曲霉毒素 B_1、B_2、G_1、G_2、M_1、M_2 的测定　液相色谱-荧光检测法
84	GB 12693—2010	食品安全国家标准　乳制品良好生产规范
85	GB 23790—2010	食品安全国家标准　粉状婴幼儿配方食品良好生产规范
86	GB/T 22570—2008	辅食营养补充品通用标准

6. 饮料

表 16-54　饮料检验方法标准

序号	标准编号	标准名称
1	GB/T 5009.139—2003	饮料中咖啡因的测定

续表

序号	标准编号	标准名称
2	GB/T 5009.140—2003	饮料中乙酰磺胺酸钾的测定
3	GB/T 5009.183—2003	植物蛋白饮料中脲酶的定性测定
4	GB/T 5009.186—2003	乳酸菌饮料中脲酶的定性测定
5	GB/T 19416—2003	山楂汁及其饮料中果汁含量的测定
6	GB/T 21917—2008	饮料中乙基麦芽酚的测定方法
7	GB/T 21914—2008	茶饮料中乙酸苄酯的测定　气相色谱法
8	GB/T 12143—2008	饮料通用分析方法
9	GB/T 19182—2003	咖啡　咖啡因含量的测定　高效液相色谱法
10	GB/T 8538—2008	饮用天然矿泉水检验方法
11	SN/T 0447—1995	出口饮料中铅、铜、镉的测定
12	SN 0589—1996	出口饮料中棒曲霉素的检验方法
13	SN/T 0744—1999	出口饮料中维生素 C 和咖啡因检验方法
14	SN/T 0869—2000	进出口饮料中维生素 C 的测定方法
15	SN/T 1363—2004	出口红景天饮料检验规程
16	SN/T 1607—2005	进出口饮料中菌落总数、大肠菌群、粪大肠菌群、大肠杆菌计数方法 疏水栅格滤膜法
17	SN/T 1859—2007	饮料中棒曲霉素和 5-羟甲基糠醛的测定方法 液相色谱-质谱法和气相色谱-质谱法
18	SN/T 1984—2007	进出口可乐饮料中有机磷、有机氯农药残留量检测方法 气相色谱法
19	SN/T 0936—2000	进出口酸枣汁检验规程
20	SN/T 1511.1—2005	进出口果汁中乳酸含量检验方法

7. 方便食品

表 16-55　方便食品检验方法标准

序号	标准编号	标准名称
1	GB/T 25005—2010	感官分析方便面感官评价方法
2	DB33/T 412—2003	出口方便面汤料检验规程

8. 饼干

表 16-56　饼干检验方法标准

序号	标准编号	标准名称
1	GB/T 4789.24—2003	食品卫生微生物学检验　糖果、糕点、蜜饯检验
2	GB 5009.3—2010	食品安全国家标准　食品中水分的测定
3	GB/T 5009.6—2003	食品中脂肪的测定
4	GB/T 5009.56—2003	糕点卫生标准的分析方法
5	GB/T 10786—2006	罐头食品的检验方法

9. 罐头

表 16-57 罐头检验方法标准

序号	标准编号	标准名称
1	GB/T 4789.26—2003	食品卫生微生物学检验 罐头食品商业无菌的检验
2	GB/T 10786—2006	罐头食品的检验方法
3	GB/T 21916—2008	水果罐头中合成着色剂的测定 高效液相色谱法
4	QB/T 3599—1999	罐头食品的感官检验
5	QB/T 1007—1990	罐头食品净重和固形物含量的测定

10. 冷冻饮品

表 16-58 冷冻饮品检验方法标准

序号	标准编号	标准名称
1	GB/T 4789.21—2003	食品卫生微生物学检验 冷冻饮品、饮料检验
2	SB/T 10008—1992	冷冻饮品的检验规则、标志、包装、运输及贮存
3	SB/T 10009—2008	冷冻饮品检验方法
4	GB/T 5009.50—2003	冷饮食品卫生标准的分析方法

11. 速冻食品

表 16-59 速冻食品检验方法标准

序号	标准编号	标准名称
1	GB/T 10470—2008	速冻水果和蔬菜 矿物杂质测定方法
2	GB/T 10471—2008	速冻水果和蔬菜 净重测定方法

12. 薯类和膨化食品

表 16-60 薯类和膨化食品检验方法标准

序号	标准编号	标准名称
1	GB/T 5009.3—2010	食品安全国家标准 食品中水分的测定
2	GB/T 5009.6—2003	食品中脂肪的测定
3	GB/T 5009.11—2003	食品中总砷及无机砷的测定
4	GB 5009.12—2010	食品安全国家标准 食品中铅的测定
5	GB/T 5009.22—2003	食品中黄曲霉毒素 B_1 的测定
6	GB/T 5009.56—2003	糕点卫生标准的分析方法
7	GB/T 5009.37—2003	食用植物油卫生标准的分析方法
8	GB/T 12457—2008	食品中氯化钠的测定
9	SN/T 0626.6—1997	出口速冻蔬菜检验规程 油炸薯芋类

13. 糖果制品

表 16－61　糖果制品检验方法标准

序号	标准编号	标准名称
1	GB 5009.3－2003	食品安全国家标准　食品中水分的测定
2	GB/T 4789.24－2003	食品卫生微生物学检验　糖果、糕点、蜜饯检验
3	GB/T 19343－2003	巧克力及巧克力制品
4	SB/T 10018－2008	糖果　硬质糖果
5	SB/T 10019－2008	糖果　酥质糖果
6	SB/T 10021－2008	糖果　凝胶糖果
7	SB/T 10022－2008	糖果　奶糖糖果
8	SB/T 10347－2008	糖果　压片糖果

14. 茶叶及相关制品

表 16－62　茶叶及相关制品检验方法标准

序号	标准编号	标准名称
1	GB/T 14487—2008	茶叶感官审评术语
2	GB/T 23776—2009	茶叶感官审评方法
3	GB/T 8302—2002	茶　取样
4	GB/T 8303—2002	茶　磨碎试样的制备及其干物质含量测定
5	GB/T 8304—2002	茶　水分测定
6	GB/T 8305—2002	茶　水浸出物测定
7	GB/T 8306—2002	茶　总灰分测定
8	GB/T 8307—2002	茶　水溶性灰分和水不溶性灰分测定
9	GB/T 8308—2002	茶　酸不溶性灰分测定
10	GB/T 8309—2002	茶　水溶性灰分碱度测定
11	GB/T 8310—2002	茶　粗纤维测定
12	GB/T 8311—2002	茶　粉末和碎茶含量测定
13	GB/T 8312—2002	茶　咖啡碱测定
14	GB/T 8313—2008	茶叶中茶多酚和儿茶素类含量的检测方法
15	GB/T 8314—2002	茶　游离氨基酸总量测定
16	GB/T 23205—2008	茶叶中 448 种农药及相关化学品残留量的测定　液相色谱-串联质谱法
17	GB/T 23204—2008	茶叶中 519 种农药及相关化学品残留量的测定　气相色谱-质谱法
18	GB/T 23193—2008	茶叶中茶氨酸的测定　高效液相色谱法
19	GB/T 23199—2008	茶叶中稀土元素的测定　电感耦合等离子体发射光谱法和电感耦合等离子体质谱法
20	GB/T 22290—2008	茶叶中稀土元素的测定　电感耦合等离子体质谱法

续表

序号	标准编号	标准名称
21	GB/T 21728—2008	砖茶含氟量的检测方法
22	GB/T 21729—2008	茶叶中硒含量的检测方法
23	GB/T 21727—2008	固态速溶茶　儿茶素类含量的检测方法
24	GB/T 18798.3—2008	固态速溶茶　第 3 部分：水分测定
25	GB/T 18798.2—2008	固态速溶茶　第 2 部分：总灰分测定
26	GB/T 18798.1—2008	固态速溶茶　第 1 部分：取样
27	GB/T 23376—2009	茶叶中农药多残留测定　气相色谱/质谱法
28	GB/T 23379—2009	水果、蔬菜及茶叶中吡虫啉残留的测定　高效液相色谱法
29	GB/T 5009.176—2003	茶叶、水果、食用植物油中三氯杀螨醇残留量的测定
30	GB/T 5009.57—2003	茶叶卫生标准的分析方法
31	GB/T 18625—2002	茶中有机磷及氨基甲酸酯农药残留量的简易检验方法　酶抑制法
32	SN/T 0926—2000	进出口茶叶中硒的检验方法　荧光光度法
33	SN/T 0925—2000	进出口茶叶总灰分测定方法
34	SN/T 0924—2000	进出口茶叶重量鉴定方法
35	SN/T 0923—2000	进出口茶叶酸不溶灰分测定方法
36	SN/T 0922—2000	进出口茶叶水溶性灰分碱度测定方法
37	SN/T 0921—2000	进出口茶叶水溶性灰分和水不溶性灰分测定方法
38	SN/T 0920—2000	进出口茶叶水浸出物测定方法
39	SN/T 0919—2000	进出口茶叶水分测定方法
40	SN/T 0918—2000	进出口茶叶抽样方法
41	SN/T 0917—2010	进出口茶叶品质感官审评方法
42	SN/T 0916—2000	进出口茶叶磨碎试样干物质含量的测定方法
43	SN/T 0915—2000	进出口茶叶咖啡碱测定方法
44	SN/T 0914—2000	进出口茶叶粉末和碎茶含量测定方法
45	SN/T 0913—2000	进出口茶叶粗纤维测定方法
46	SN/T 0912—2000	进出口茶叶包装检验方法
47	SN/T 0797—1999	出口保健茶检验通则
48	SN/T 1950—2007	进出口茶叶中多种有机磷农药残留量的检测方法　气相色谱法
49	SN/T 1747—2006	出口茶叶中多种氨基甲酸酯类农药残留量的检验方法　气相色谱法
50	SN/T 1591—2005	进出口茶叶中 9 种有机杂环类农药残留量的检验方法
51	SN/T 1594—2005	进出口茶叶中噻嗪酮残留量检验方法　气相色谱法
52	SN/T 2056—2008	进出口茶叶中铅、砷、镉、铜、铁含量的测定　电感耦合等离子体原子发射光谱法
53	SN/T 1541—2005	出口茶叶中二硫代氨基甲酸酯总残留量检验方法
54	SN 0339—1995	出口茶叶中黄曲霉毒素 B_1 检验方法

续表

序号	标准编号	标准名称
55	SN 0147—1992	出口茶叶中六六六、滴滴涕残留量检验方法
56	SN/T 0348.2—1995	出口茶叶中三氯杀螨醇残留量检验方法　液相色谱法
57	SN/T 1852—2006	出口茶皂素中皂甙含量的测定
58	SN/T 2072—2008	进出口茶叶中三氯杀螨砜残留量的测定
59	SN 0497—1995	出口茶叶中多种有机氯农药残留量检验方法
60	SN/T 1774—2006	进出口茶叶中八氯二丙醚残留量检测方法　气相色谱法
61	SB/T 10157—1993	茶叶感官审评方法
62	NY/T 787—2004	茶叶感官审评通用方法
63	NY/T 838—2004	茶叶中氟含量测定方法
64	GB 19965—2005	砖茶含氟量
65	NY 659—2003	茶叶中铬、镉、汞、砷及氟化物限量
66	NY 660—2003	茶叶中甲萘威、丁硫克百威、多菌灵、残杀威和抗蚜威的最大残留限量
67	NY 661—2003	茶叶中氟氯氰菊酯和氟氰戊菊酯的最大残留限量

15. 酒类

表 16-63　酒类检验方法标准

序号	标准编号	标准名称
1	GB/T 10346—2006	白酒检验规则和标志、包装、运输、贮存
2	GB/T 10345—2007	白酒分析方法
3	GB/T 23545—2009	白酒中锰的测定　电感耦合等离子体原子发射光谱法
4	QB/T 4257—2011	酿酒大曲通用分析方法
5	SN 0048—1992	出口白酒检验规程
6	GB/T 15038—2006	葡萄酒、果酒通用分析方法
7	GB/T 23206—2008	果蔬汁、果酒中512种农药及相关化学品残留量的测定液相色谱串联质谱法
8	GB/T 19426—2006	蜂蜜、果汁和果酒中497种农药及相关化学品残留量的测定气相色谱 质谱法
9	GB/T 4928—2008	啤酒分析方法
10	QB/T 3770.2—1999	压缩啤酒花及颗粒啤酒花取样和试验方法
11	SN 0167—1992	出口啤酒花中六六六、滴滴涕残留量检验方法
12	SN/T 0857—2000	进出口啤酒中二氧化硫的测定方法　分光光度法
13	SN 0047—1992	出口黄酒检验规程
14	GB/T 394.2—2008	酒精通用分析方法
15	SN 0166—1992	出口酒中六六六、滴滴涕残留量检验方法
16	SN/T 2230—2008	进出口食品中腐霉利残留量的检测方法　气相色谱-质谱法

续表

序号	标准编号	标准名称
17	SN 0285—1993	出口酒类中氨基甲酸乙酯残留量检验方法
18	SN/T 1026—2001	出口配制酒检验规程
19	GB/T 5009.49—2008	发酵酒及其配制酒卫生标准的分析方法
20	GB/T 5009.48—2003	蒸馏酒与配制酒卫生标准的分析方法
21	GB 2757—2012	食品安全国家标准　蒸馏酒及其配制酒

16. 蔬菜制品

表 16-64　蔬菜制品检验方法标准

序号	标准编号	标准名称
1	GB/T 5009.54—2003	酱腌菜卫生标准的分析方法
2	SB/T 10213—1994	酱腌菜理化检验方法
3	SB/T 10214—1994	酱腌菜检验规则
4	SN/T 0301—1993	出口盐渍菜检验规程
5	SN/T 0864—2000	进出口酸黄瓜中铝的测定方法
6	SN/T 1073—2002	出口瓶装酱菜检验规程
7	GB/T 15672—2009	食用菌中总糖含量的测定
8	GB/T 15673—2009	食用菌中粗蛋白含量的测定
9	GB/T 15674—2009	食用菌中粗脂肪含量的测定
10	NY/T 1257—2006	食用菌中荧光物质的检测
11	SN/T 0631—1997	出口脱水蘑菇检验规程
12	SN/T 0632—1997	出口干香菇检验规程
13	NY/T 1207—2006	辐照香辛料及脱水蔬菜热释光鉴定方法
14	SN/T 0230.1—1993	出口脱水蔬菜检验规程
15	SN/T 0230.2—1993	出口脱水大蒜制品检验规程
16	SN/T 0231—1993	出口辣椒干检验规程
17	SN/T 0634—1997	出口干制葫芦条检验规程
18	GB/T 5009.38—2003	蔬菜、水果卫生标准的分析方法
19	SN 0144—1992	出口蔬菜及蔬菜制品中敌敌畏、二嗪磷和马拉硫磷残留量的检验方法
20	SN 0198—1993	出口蔬菜中复硝盐残留量检验方法
21	SN 0217—1993	出口蔬菜中氯菊酯、氯氰菊酯、氰戊菊酯、溴氰菊酯残留量检验方法
22	SN 0345—1995	出口蔬菜中杀虫双残留量检验方法
23	SN 0346—1995	出口蔬菜中 α-萘乙酸残留量检验方法
24	SN/T 0627—1997	出口莼菜检验规规程
25	SN/T 0628—1997	出口水煮笋检验规程

续表

序号	标准编号	标准名称
26	SN/T 0630—1997	出口冬菜检验规程
27	SN/T 0877—2000	进出口发菜检验规程
28	SN/T 1006—2001	进出口薇菜干检验规程
29	SN/T 1122—2002	进出境加工蔬菜检疫规程
30	SN/T 1387—2004	出口山蜇菜检验规程
31	SN/T 2095—2008	进出口蔬菜中氟啶脲残留量检测方法　高效液相色谱法
32	DB33/T 415—2003	出口水煮山露检验规程
33	DB33/T 422—2003	出口水煮混合蔬菜检验规程
34	DB33/T 508—2004	出口低盐即食蔬菜检验规程

17. 水果制品

表 16-65　水果制品检验方法标准

序号	标准编号	标准名称
1	GB/T 4789.24—2003	食品卫生微生物学检验　糖果、糕点、蜜饯检验
2	GB/T 5009.38—2003	蔬菜、水果卫生标准的分析方法
3	GB/T 5009.86—2003	蔬菜、水果及其制品中总抗坏血酸的测定（荧光法和 2，4-二硝基苯肼法）
4	GB/T 5009.126—2003	植物性食品中三唑酮残留量的测定
5	GB/T 5009.185—2003	苹果和山楂制品中展青霉素的测定
6	GB/T 10782—2006	蜜饯通则
7	GB/T 15402—1994	水果、蔬菜及其制品　钠、钾含量的测定
8	GB/T 15664—2009	水果、蔬菜及其制品　甲酸含量的测定　重量法
9	GB/T 15667—1995	水果、蔬菜及其制品　氯化物含量的测定
10	GB/T 21916—2008	水果罐头中合成着色剂的测定　高效液相色谱法
11	NY/T 1435—2007	水果、蔬菜及其制品中二氧化硫总量的测定
12	NY/T 1600—2008	水果、蔬菜及其制品中单宁含量的测定　分光光度法
13	NY/T 1653—2008	蔬菜、水果及制品中矿质元素的测定　电感耦合等离子体发射光谱法
14	SN/T 0976—2000	进出口油炸水果蔬菜脆片检验规程
15	SN/T 2534—2010	进出口水果和蔬菜制品中展青霉素含量检测方法　液相色谱-质谱/质谱法与高效液相色谱法
16	SN/T 0886—2000	进出口果脯检验规程

18. 炒货食品及坚果制品

表 16-66　炒货食品及坚果制品检验方法标准

序号	标准编号	标准名称
1	QB/T 1733.1—1993	花生制品的试验方法、检验规则和标志、包装、运输、贮存要求

续表

序号	标准编号	标准名称
2	GB/T 5009.174—2003	花生、大豆中异丙甲草胺残留量的测定
3	GB/T 5009.172—2003	大豆、花生、豆油、花生油中的氟乐灵残留量的测定
4	GB/T 5009.180—2003	稻谷、花生仁中恶草酮残留量的测定

19. 蛋制品

表 16-67 蛋制品检验方法标准

序号	标准编号	标准名称
1	GB/T 4789.19—2003	食品卫生微生物学检验 蛋与蛋制品检验
2	GB/T 5009.47—2003	蛋与蛋制品卫生标准的分析方法
3	GB/T 20362—2006	鸡蛋中氯羟吡啶残留量的检测方法 高效液相色谱法
4	GB/T 25879—2010	鸡蛋蛋清中溶菌酶的测测定 分光光度法

20. 可可及焙炒咖啡制品

表 16-68 可可及焙炒咖啡制品检验方法标准

序号	标准编号	标准名称
1	GB/T 19182—2003	咖啡 咖啡因含量的测定 高效液相色谱法
2	GB/T 15033—2009	生咖啡 嗅觉和肉眼检验以及杂质和缺陷的测定

21. 食糖

表 16-69 食糖检验方法标准

序号	标准编号	标准名称
1	GB/T 5009.55—2003	食糖卫生标准的分析方法
2	QB/T 2343.2—1997	赤砂糖试验方法

22. 水产制品

表 16-70 水产制品检验方法标准

序号	标准编号	标准名称
1	GB 4789.2—2010	食品安全国家标准 食品微生物学检验 菌落总数测定
2	GB 4789.3—2010	食品安全国家标准 食品微生物学检验 大肠菌群计数
3	GB 4789.4—2010	食品安全国家标准 食品微生物学检验 沙门氏菌检验
4	GB/T 4789.7—2008	食品卫生微生物学检验 副溶血性弧菌检验
5	GB 4789.10—2010	食品安全国家标准 食品微生物学检验 金黄色葡萄球菌检验
6	GB 4789.30—2010	食品安全国家标准 食品微生物学检验 单核细胞增生李斯特氏菌检验

续表

序号	标准编号	标准名称
7	GB/T 009.45—2003	水产品卫生标准的分析方法
8	GB/T 19857—2005	水产品中孔雀石绿和结晶紫残留量的测定
9	GB/T 20361—2006	水产品中孔雀石绿和结晶紫残留量的测定　高效液相色谱荧光检测法
10	GB/T 20752—2006	猪肉、牛肉、鸡肉、猪肝和水产品中硝基呋喃类代谢物残留量的测定　液相色谱-串联质谱法
11	GB/T 20756—2006	可食动物肌肉、肝脏和水产品中氯霉素、甲砜霉素和氟苯尼考残留量的测定　液相色谱-串联质谱法
12	GB/T 22331—2008	水产品中多氯联苯残留量的测定　气相色谱法
13	GB/T 23217—2008	水产品中河豚毒素的测定　液相色谱-荧光检测法
14	SB/T 10387—2004	畜禽肉和水产品中呋喃唑酮的测定
15	SC/T 3011—2001	水产品中盐分的测定
16	SC/T 3015—2002	水产品中土霉素、四环素、金霉素残留量的测定
17	SC/T 3018—2004	水产品中氯霉素残留量的测定　气相色谱法
18	SC/T 3019—2004	水产品中喹乙醇残留量的测定　液相色谱法
19	SC/T 3020—2004	水产品中己烯雌酚残留量的测定　酶联免疫法
20	SC/T 3021—2004	水产品中孔雀石绿残留量的测定　液相色谱法
21	SC/T 3022—2004	水产品中呋喃唑酮残留量的测定　液相色谱法
22	SC/T 3025—2006	水产品中甲醛的测定
23	SC/T 3028—2006	水产品中恶喹酸残留量的测定　液相色谱法
24	SC/T 3029—2006	水产品中甲基睾酮残留量的测定　液相色谱法
25	SC/T 3030—2006	水产品中五氯苯酚及其钠盐残留量的测定　气相色谱法
26	SC/T 3031—2006	水产品中挥发酚残留量的测定　分光光度法
27	SC/T 3032—2007	水产品中挥发性盐基氮的测定
28	SC/T 3036—2006	水产品中硝基苯残留量的测定　气相色谱法
29	SC/T 3039—2008	水产品中硫丹残留量的测定　气相色谱法
30	SC/T 3040—2008	水产品中三氯杀螨醇残留量测定　气相色谱法
31	SC/T 3041—2008	水产品中苯并（a）芘的测定　高效液相色谱法
32	SC/T 3042—2008	水产品中 16 种多环芳烃的测定　气相色谱-质谱法
33	GB 2733—2005	鲜、冻动物性水产品卫生标准
34	GB 10132—2005	鱼糜制品卫生标准
35	GB 10133—2005	水产调味品卫生标准
36	GB 10136—2005	腌制生食动物性水产品卫生标准
37	GB 10138—2005	盐渍鱼卫生标准
38	GB 10144—2005	动物性水产干制品卫生标准
39	GB 19643—2005	藻类制品卫生标准

23. 淀粉及淀粉制品

表 16-71　淀粉及淀粉制品检验方法标准

序号	标准编号	标准名称
1	GB/T 22427.1—2008	淀粉灰分测定
2	GB/T 22427.2—2008	淀粉水分测定
3	GB/T 22427.3—2008	淀粉总脂肪测定
4	GB/T 22427.4—2008	淀粉斑点测定
5	GB/T 22427.5—2008	淀粉细度测定
6	GB/T 22427.6—2008	淀粉白度测定
7	GB/T 22427.7—2008	淀粉粘度测定
8	GB/T 22427.8—2008	淀粉及其衍生物硫酸化灰分测定
9	GB/T 22427.9—2008	淀粉及其衍生物酸度测定
10	GB/T 22427.10—2008	淀粉及其衍生物氮含量测定
11	GB/T 22427.11—2008	淀粉及其衍生物磷总含量测定
12	GB/T 22427.12—2008	淀粉及其衍生物氯化物含量测定
13	GB/T 22427.13—2008	淀粉及其衍生物二氧化硫含量的测定
14	GB/T 5009.53—2003	淀粉类制品卫生标准的分析方法
15	GB/T 24853—2010	小麦、黑麦及其粉类和淀粉糊化特性测定　快速粘度仪法
16	GB/T 20373—2006	变性淀粉中乙酰基含量的测定　酶法
17	GB/T 20374—2006	变性淀粉　氧化淀粉羧基含量的测定
18	GB/T 20375—2006	变性淀粉　羧甲基淀粉中羧甲基含量的测定
19	GB/T 20376—2006	变性淀粉中羟丙基含量的测定　质子核磁共振波谱法
20	GB/T 20377—2006	变性淀粉　乙酰化二淀粉己二酸酯中己二酸含量的测定 气相色谱法
21	GB/T 20380.1—2006	淀粉及其制品　重金属含量　第 1 部分：原子吸收光谱法测定砷含量（ISO 11212-1：1997，IDT）
22	GB/T 20380.2—2006	淀粉及其制品　重金属含量　第 2 部分：原子吸收光谱法测定汞含量（ISO 11212-2：1997，IDT）
23	GB/T 20380.3—2006	淀粉及其制品　重金属含量　第 3 部分：电热原子吸收光谱法测定铅含量（ISO 11212-3：1997，IDT）
24	GB/T 20380.4—2006	淀粉及其制品　重金属含量　第 4 部分：电热原子吸收光谱法测定镉含量（ISO 11212-4：1997，IDT）
25	GB/T 14490—2008	粮油检验　谷物及淀粉糊化特性测定　粘度仪法
26	NY 861—2004	粮食（含谷物、豆类、薯类）及制品中铅、镉、铬、汞、硒、砷、铜、锌等八种元素限量
27	SN/T 0394—1995	出口淀粉检验规程
28	SN/T 0927—2000	进出口粉丝（条）检验规程

24. 糕点产品

表 16－72 糕点产品检验方法标准

序号	标准编号	标准名称
1	GB/T 4789.24—2003	食品卫生微生物学检验 糖果、糕点、蜜饯检验
2	GB/T 5009.56—2003	糕点卫生标准的分析方法
3	GB/T 23780—2009	糕点质量检验方法

25. 豆制品

表 16－73 豆制品检验方法标准

序号	标准编号	标准名称
1	GB/T 4789.23—2003	食品卫生微生物学检验 冷食菜、豆制品检验
2	GB/T 5009.51—2003	非发酵性豆制品及面筋卫生标准的分析方法
3	GB/T 5009.52—2003	发酵性豆制品卫生标准的分析方法
4	GB/T 5009.96—2003	谷物和大豆中赭曲霉毒素 A 的测定
5	GB/T 15403—1994	大豆制品甲酚红指数的测定
6	GB/T 15665—1995	豆类 配糖氢氰酸含量的测定
7	GB/T 15666—1995	豆类实验方法
8	GB/T 21498—2008	大豆制品中胰蛋白酶抑制剂活性的测定
9	GB/T 22510—2008	谷物、豆类及副产品 灰分含量的测定
10	SB/T 10229—1994	豆制品理化检验方法

26. 蜂产品

表 16－74 蜂产品检验方法标准

序号	标准编号	标准名称
1	GB/T 5009.95—2003	蜂蜜中四环素族抗生素残留量的测定
2	GB/T 18932.1—2002	蜂蜜中碳-4 植物糖含量测定方法 稳定碳同位素比率法
3	GB/T 18932.2—2002	蜂蜜中高果糖淀粉糖浆测定方法 薄层色谱法
4	GB/T 18932.3—2002	蜂蜜中链霉素残留量的测定方法 液相色谱法
5	GB/T 18932.4—2002	蜂蜜中土霉素、四环素、金霉素、强力霉素残留量的测定方法 液相色谱法
6	GB/T 18932.5—2002	蜂蜜中磺胺醋酰、磺胺吡啶、磺胺甲基嘧啶、磺胺甲氧哒嗪、磺胺对甲氧嘧啶、磺胺氯哒嗪、磺胺甲基异噁唑、磺胺二甲氧嘧啶残留量的测定方法 液相色谱法
7	GB/T 18932.6—2002	蜂蜜中甘油含量的测定方法 紫外分光光度法
8	GB/T 18932.7—2002	蜂蜜中苯酚残留量的测定方法 液相色谱法
9	GB/T 18932.8—2002	蜂蜜中红霉素残留量的测定方法 杯碟法
10	GB/T 18932.9—2002	蜂蜜中青霉素残留量的测定方法 杯碟法
11	GB/T 18932.10—2002	蜂蜜中溴螨酯、4，4′-二溴二苯甲酮残留量的测定方法 气相色谱-质谱法

续表

序号	标准编号	标准名称
12	GB/T 18932.11—2002	蜂蜜中钾、磷、铁、钙、锌、铝、钠、镁、硼、锰、铜、钡、钛、钒、镍、钴、铬含量的测定方法　电感耦合等离子体原子发射光谱（ICP-AES）法
13	GB/T 18932.12—2002	蜂蜜中钾、钠、钙、镁、锌、铁、铜、锰、铬、铅、镉含量的测定方法　原子吸收光谱法
14	GB/T 18932.13—2003	蜂蜜中苯酚残留量的测定方法　高效液相色谱-荧光检测法
15	GB/T 18932.14—2003	蜂蜜中苯甲醛残留量的测定方法　液相色谱-荧光检测法
16	GB/T 18932.15—2003	蜂蜜电导率测定方法
17	GB/T 18932.16—2003	蜂蜜中淀粉酶值的测定方法　分光光度法
18	GB/T 18932.17—2003	蜂蜜中 16 种磺胺残留量的测定方法　液相色谱-串联质谱法
19	GB/T 18932.18—2003	蜂蜜中羟甲基糠醛含量的测定方法　液相色谱-紫外检测法
20	GB/T 18932.19—2003	蜂蜜中氯霉素残留量的测定方法　液相色谱-串联质谱法
21	GB/T 18932.20—2003	蜂蜜中氯霉素残留量的测定方法　气相色谱-质谱法
22	GB/T 18932.21—2003	蜂蜜中氯霉素残留量的测定方法　酶联免疫法
23	GB/T 18932.22—2003	蜂蜜中果糖、葡萄糖、蔗糖、麦芽糖含量的测定方法　液相色谱示差折光检测法
24	GB/T 18932.23—2003	蜂蜜中土霉素、四环素、金霉素、强力霉素残留量的测定方法　液相色谱-串联质谱法
25	GB/T 18932.24—2005	蜂蜜中呋喃它酮、呋喃西林、呋喃妥因和呋喃唑酮代谢物残留量的测定方法　液相色谱-串联质谱法
26	GB/T 18932.25—2005	蜂蜜中青霉素 G、青霉素 V、乙氧萘青霉素、苯唑青霉素、邻氯青霉素、双氯青霉素残留量的测定方法　液相色谱-串联质谱法
27	GB/T 18932.26—2005	蜂蜜中甲硝哒唑、洛硝哒唑、二甲硝咪唑残留量的测定方法　液相色谱法
28	GB/T 18932.27—2005	蜂蜜中泰乐菌素残留量测定方法　酶联免疫法
29	GB/T 18932.28—2005	蜂蜜中四环素族抗生素残留量测定方法　酶联免疫法
30	GB/T 19426—2006	蜂蜜、果汁和果酒中 497 种农药及相关化学品残留量的测定　气相色谱-质谱法
31	GB/T 19427—2003	蜂胶中芦丁、杨梅酮、槲皮素、莰菲醇、芹菜素、松属素、苛因、高良姜素含量的测定方法　液相色谱-串联质谱检测法和液相色谱-紫外检测法
32	GB/T 20574—2006	蜂胶中总黄酮含量的测定方法　分光光度比色法
33	GB/T 20744—2006	蜂蜜中甲硝唑、洛硝哒唑、二甲硝咪唑残留量的测定　液相色谱-串联质谱法
34	GB/T 20757—2006	蜂蜜中十四种喹诺酮类药物残留量的测定　液相色谱-串联质谱法
35	GB/T 20771—2008	蜂蜜中 486 种农药及相关化学品残留量的测定　液相色谱-串联质谱法
36	GB/T 21164—2007	蜂王浆中链霉素、双氢链霉素残留量测定　液相色谱法

续表

序号	标准编号	标准名称
37	GB/T 21167—2007	蜂王浆中硝基呋喃类代谢物残留量的测定　液相色谱-串联质谱法
38	GB/T 21168—2007	蜂蜜中泰乐菌素残留量的测定　液相色谱-串联质谱法
39	GB/T 21169—2007	蜂蜜中双甲脒及其代谢物残留量测定　液相色谱法
40	GB/T 21533—2008	蜂蜜中淀粉糖浆的测定离子色谱法
41	GB/T 22940—2008	蜂蜜中氨苯砜残留量的测定　液相色谱-串联质谱法
42	GB/T 22941—2008	蜂蜜中林可霉素、红霉素、螺旋霉素、替米考星、泰乐菌素、交沙霉素、吉他霉素、竹桃霉素残留量的测定　液相色谱-串联质谱法
43	GB/T 22942—2008	蜂蜜中头孢唑啉、头孢匹林、头孢氨苄、头孢洛宁、头孢喹肟残留量的测定　液相色谱-串联质谱法
44	GB/T 22943—2008	蜂蜜中三甲氧苄氨嘧啶残留量的测定　液相色谱-串联质谱法
45	GB/T 22944—2008	蜂蜜中克伦特罗残留量的测定　液相色谱-串联质谱法
46	GB/T 22945—2008	蜂王浆中链霉素、双氢链霉素和卡那霉素残留量的测定　液相色谱-串联质谱法
47	GB/T 22946—2008	蜂王浆和蜂王浆冻干粉中林可霉素、红霉素、替米考星、泰乐菌素、螺旋霉素、克林霉素、吉他霉素、交沙霉素残留量的测定　液相色谱-串联质谱法
48	GB/T 22947—2008	蜂王浆中十八种磺胺类药物残留量的测定　液相色谱-串联质谱法
49	GB/T 22948—2008	蜂王浆中三甲氧苄氨嘧啶残留量的测定　液相色谱-串联质谱法
50	GB/T 22949—2008	蜂王浆及冻干粉中硝基咪唑类药物残留量的测定　液相色谱-串联质谱法
51	GB/T 22995—2008	蜂蜜中链霉素、双氢链霉素和卡那霉素残留量的测定　液相色谱-串联质谱法
52	GB/T 23192—2008	蜂蜜中淀粉粒的测定方法 显微镜计数法
53	GB/T 23194—2008	蜂蜜中植物花粉的测定方法
54	GB/T 23195—2008	蜂花粉中过氧化氢酶的测定方法　紫外分光光度法
55	GB/T 23196—2008	蜂胶中阿魏酸含量的测定方法　液相色谱-紫外检测法
56	GB/T 23405—2009	蜂产品中环己烷氨基磺酸钠的测定　液相色谱-质谱/质谱法
57	GB/T 23407—2009	蜂王浆中硝基咪唑类药物及其代谢物残留量的测定　液相色谱-质谱质谱法
58	GB/T 23408—2009	蜂蜜中大环内酯类药物残留量测定　液相色谱-质谱/质谱法
59	GB/T 23409—2009	蜂王浆中土霉素、四环素、金霉素、强力霉素残留量的测定　液相色谱-质谱/质谱法
60	GB/T 23410—2009	蜂蜜中硝基咪唑类药物及其代谢物残留量的测定　液相色谱-质谱/质谱法
61	GB/T 23411—2009	蜂王浆中 17 种喹诺酮类药物残留量的测定　液相色谱-质谱/质谱法
62	GB/T 23412—2009	蜂蜜中 19 种喹诺酮类药物残留量的测定方法　液相色谱-质谱/质谱法

续表

序号	标准编号	标准名称
63	GB/T 23869—2009	花粉中总汞的测定方法
64	GB/T 23870—2009	蜂胶中铅的测定　微波消解-石墨炉原子吸收分光光度法
65	GB/T 24313—2009	蜂蜡中石蜡的测定　气相色谱-质谱法
66	GB 14891. 2—1994	辐照花粉卫生标准
67	GB/T 20573—2006	蜜蜂产品术语

27. 特殊膳食食品

表 16-75　特殊膳食食品检验方法标准

序号	标准编号	标准名称
1	GB 14880—1994	食品营养强化剂使用卫生标准
2	GB 13432—2004	预包装特殊膳食用食品标签通则
3	GB 2760—2011	食品安全国家标准　食品添加剂使用标准

28. 其他类食品检验方法标准

其他类食品涉及的检验方法标准主要是按 GB 14880—2012《食品安全国家标准　食品营养强化剂使用标准》、GB 2760—2011《食品安全国家标准　食品添加剂使用标准》、GB 7718—2011《食品安全国家标准　预包装食品标签通则》和备案有效的企业标准所涉及的项目进行检验。

参考文献

[1] 周才琼主编．食品标准与法规［M］．北京：中国农业大学出版社，2009：196-212.

[2] 艾志录，鲁茂林主编．食品标准与法规［M］．南京：东南大学出版社，2006.

[3] 国家标准化管理委员会农轻和地方部．食品标准化［M］．北京：中国标准出版社，2006.

[4] 张水华，余以刚主编．食品标准与法规［M］．北京：中国轻工业出版社，2010.

[5] 唐明浩主编．食品药品安全与监管政策研究报告［M］．北京：社会科学文献出版社，2008.

[6] 樊永祥，严卫星．中国食品安全标准体系建立研究［J］．食品药品安全与监管政策研究报告，2011：36-40.

[7] 钱玲玲，霍增辉，盛敏等．中国食品安全标准的现状、问题与对策［J］．企业技术开发，2006，25（5）：93-95.

[8] 国家质量监督检验检疫总局产品质量监督司编．食品质量安全市场准入审查指南 食用植物油、其他粮食加工品、食用油脂制品、食用动物油脂、调味料、肉制品、乳制品、婴幼儿配方乳粉、婴幼儿及其他配方谷粉、饮料、方便食品、罐头食品分册［M］．北京：中国标准出版社，2006.

[9] 国家质量监督检验检疫总局产品质量监督司编．食品质量安全市场准入审查指南 蜂花粉及蜂产品制品、速冻食品、薯类食品、巧克力及巧克力制品、含茶制品和代用茶、白酒、其他酒、蔬菜制品分册［M］．北京：中国标准出版社，2006.

[10] 国家质量监督检验检疫总局产品质量监督司编．食品质量安全市场准入审查指南 糕点、豆制品、蜂产品、果冻、挂面、鸡精调味料、酱类分册［M］．北京：中国标准出版社，2006.

[11] 国家质量监督检验检疫总局产品质量监督司编．食品质量安全市场准入审查指南 方便面、饼干、膨化食品、速冻米面食品、糖、味精分册［M］．北京：中国标准出版社，2006.

[12] 国家质量监督检验检疫总局产品质量监督司编．食品质量安全市场准入审查指南 水果制品、炒货食品及坚果制品、蛋制品、其他豆制品、其他水产加工品、淀粉糖、糖分册［M］．北京：中国标准出版社，2006.

[13] 中国标准在线服务网：http：//www.standards.net.cn/std/indexpage/index.jsp.

[14] 食品伙伴网：http：//www.foodmate.net/.

[15] 国家标准查询网：http：//www.gbtcn.net/.

第17章 食品添加剂标准

17.1 标准概述

目前，我国食品添加剂标准还很不完善。我国已发布允许使用的食品添加剂产品有2 332个，而有效的食品添加剂标准（包括国家标准、行业标准、卫生部指定标准）到目前为止有465个。单体食品添加剂生产使用的原辅材料都是工业原料或农副产品，缺少相应的国家标准。根据《食品安全法》规定，食品添加剂标准列入国家食品安全标准，由国务院卫生行政部门根据《食品安全法》的要求，成立食品安全标准审评委员会，承担食品添加剂相关国家食品安全标准的审查等工作。目前，食品添加剂标准主要分为食品添加剂通用标准、食品添加剂产品质量标准和食品添加剂产品检验标准。食品添加剂生产规范目前还没有制定相关标准，企业的生产要求按国家质检总局发布的《食品添加剂生产许可审查通则》(2010版）执行。

17.2 标准体系

17.2.1 食品添加剂通用标准

17.2.1.1 食品添加剂新产品评估标准

食品添加剂新品种在被允许使用前，需要对其安全性进行评估。只有通过安全性评估，符合安全要求的食品添加剂才允许在食品中使用。食品添加剂的安全评估按照GB 15193.1—2003《食品安全性毒理学评价程序》要求进行。该标准规定，食品安全性毒理学评价试验分为四个阶段：第一阶段为急性毒性试验；第二阶段为遗传毒性试验，传统致畸试验，30天喂养试验；第三阶段为亚慢性毒性试验；第四阶段为慢性毒性试验(包括致癌试验)。

食品添加剂新品种选择毒性试验的原则是：（1）凡属毒理学资料比较完整，世界卫生组织已公布日容许量或不需规定日容许量者，要求进行急性毒性试验和两项致突变试验，首选Ames试验和骨髓细胞微核试验。但生产工艺、成品的纯度和杂质来源不同者，进行第一、第二阶段毒性试验后，根据试验结果考虑是否进行下一阶段试验。(2）凡属有一个国际组织或国家批准使用，但世界卫生组织未公布日容许量，或资料不完整者，在进行第一、第二阶段毒性试验后作初步评价，以决定是否需要进行进一步的毒性试验。（3）对于由动、植物或微生物制取的单一组分、高纯度的添加剂，凡属新品种需先进行第一、第二、第三阶段毒性试验，凡属国外有一个国际组织或国家已批准使用的，则进行第一、第二阶段毒性试验，经初步评价后，决定是否需要进行进一步试验。

食品用香料新品种选择毒性试验的原则：（1）凡属世界卫生组织（WHO）已建议批准使用或已制定日容许量者，以及香料生产者协会（FEMA)、欧洲理事会（COE）和国际香料工业协会（IOFI）四个国际组织中的两个或两个以上允许使用的，参照国外资料或规定进行评价。(2）凡属资料不全或只有一个国际组织批准的，先进行急性毒性试验和本程序所规定的致突变试验中的一项，经初步评价后，再决定是否需要进行进一步试验。(3) 凡属尚无资料可查，国际组织未允许使用的，先进行第一、第二阶段毒性试验，经初步评价后，决定是否需进行进一步试验。(4) 凡属用动、植物可食部分提取的单一高纯度天然香料，如其化学结构及有关资料并未提示具有不安全性的，一般不要求进行毒性试验。

17.2.1.2 食品添加剂使用标准

GB 2760—2011《食品安全国家标准 食品添加剂使用标准》历经 GBn 50—77、GB 2760—1981、GB 2760—1986、GB 2760—1996、GB 2760—2007 等多次修订，现行的 GB 2760—2011 版包括了 2007 年至 2010 年卫生部第 4 号公告的食品添加剂规定。

GB 2760—2011 规定了食品添加剂的使用原则、允许使用的食品添加剂品种、使用范围及最大使用量或残留量等。

1. 食品添加剂的使用原则

(1) 食品添加剂使用时应符合以下基本要求：

1) 不应对人体产生任何健康危害；

2) 不应掩盖食品腐败变质；

3) 不应掩盖食品本身或加工过程中的质量缺陷或以掺杂、掺假、伪造为目的而使用食品添加剂；

4) 不应降低食品本身的营养价值；

5) 在达到预期目的前提下尽可能降低在食品中的使用量。

(2) 可使用食品添加剂的情况：

1) 保持或提高食品本身的营养价值；

2) 作为某些特殊膳食用食品的必要配料或成分；

3) 提高食品的质量和稳定性，改进其感官特性；

4) 便于食品的生产、加工、包装、运输或者贮藏。

(3) 食品添加剂带入原则，在下列情况下食品添加剂可以通过食品配料（含食品添加剂）带入食品中：

1) 根据本标准，食品配料中允许使用该食品添加剂；

2) 食品配料中该添加剂的用量不应超过允许的最大使用量；

3) 应在正常生产工艺条件下使用这些配料，并且食品中该添加剂的含量不应超过由配料带入的水平；

4) 由配料带入食品中的该添加剂的含量应明显低于直接将其添加到该食品中通常所需要的水平。

2. 允许使用的食品添加剂品种、使用范围及最大使用量或残留量

GB 2760—2011 的附录 A 中制定了食品添加剂的使用规定。附录 A 的表 A.1 中以汉语拼音的顺序排列了允许使用的食品添加剂品种以及这些添加剂相对应允许使用的食品范围以及最大使用量或残留量。同时规定具有同一功能的食品添加剂（相同色泽着色剂、防腐剂、抗氧化剂）在混合使用时，各自用量占其最大使用量的比例之和不应超过 1。

在附录 A 的表 A.2 中规定了 77 种可在各类食品中按生产需要适量使用的食品添加剂。

在附录 A 的表 A.3 中规定了表 A.2 所例外的食品类别，这些食品类别使用添加剂时

应符合表 A.1 的规定。同时，这些食品类别不得使用表 A.1 规定的其上级食品类别中允许使用的食品添加剂。

营养强化剂按照 GB 14880—2012 和相关规定执行。

3. 食品分类系统

GB 2760—2011《食品安全国家标准　食品添加剂使用标准》在附录 F 中制定了食品分类系统。该食品分类系统用于界定食品添加剂的使用范围，只适用于《食品添加剂使用标准》。该食品分类系统将食品分为 16 大类，每一个大类下有亚类，亚类下又有次亚类，次亚类下分小类等。如允许某一食品添加剂应用于某一食品类别时，则允许其应用于该类别下的所有类别食品，另有规定的除外。

4. 食品用香料使用规定

GB 2760—2011 的附录 B 中规定了食品用香料使用规定。

5. 食品工业用加工助剂使用规定

GB 2760—2011 的附录 C 中规定了食品工业用加工助剂使用规定。

6. 胶基糖果中基础剂物质及其配料名单

GB 2760—2011 的附录 D 中规定了胶基糖果中基础剂物质及其配料名单。

胶基糖果中基础剂物质（简称胶基）及其配料应由符合表 D.1 胶基及其配料允许使用的物质名单中所列的各项物质配合制成。各成分用量在本标准中有规定者按规定执行，未规定者按生产需要适量使用。

17.2.1.3 食品营养强化剂使用卫生标准

GB 14880—2012《食品安全国家标准　食品营养强化剂使用标准》规定了食品营养强化的主要目的、使用营养强化剂的要求、可强化食品类别的选择要求以及营养强化剂的使用规定。食品营养强化剂是为了增加食品的营养成分（价值）而加入到食品中的天然或人工合成的营养素和其他营养成分。食品营养强化剂属于食品添加剂，它的生产使用要符合食品添加剂的相关规定。食品营养强化剂主要分维生素类、矿物质类和其他类。

17.2.2 产品质量标准

食品添加剂产品标准是为了保障食品安全，对食品添加剂生产过程中各种要素和控制指标所规定的统一的技术要求，是企业组织和指导食品添加剂生产、检验食品添加剂质量、监管部门进行食品添加剂质量安全监管的基本技术依据。《食品安全法》颁布实施后，食品添加剂产品标准纳入国家食品安全标准管理。今后，食品添加剂产品只制定食品安全国家标准，不再制定行业标准和地方标准。食品添加剂生产企业也不需制定企业标准，全部执行国家食品安全标准。食品添加剂国家安全标准既是食品安全标准，也是产品质量标准。食品添加剂国家安全标准中规定了生产该食品添加剂所必需的原料、工艺、质量要求、安全指标以及检验方法。到目前为止，具有有效国家、行业标准的食品添加剂产品标准共有 465 个。2010 年 11 月，卫生部指定了 14 种食品添加剂产品标准按照《中华人民共和国药典》(2010 年版）相关质量要求和检验方法执行。2011 年 3 月和 7 月，卫生部又分别指定 58 个和 27 个食品添加剂产品标准。

卫生部指定的 14 种食品添加剂产品标准按照《中华人民共和国药典》（2010 年版）标准目录见表 17-1。

表 17-1 卫生部指定的 14 种食品添加剂对应《中华人民共和国药典》标准目录

序号	食品添加剂	《中华人民共和国药典》中的相应品种
1	胆钙化醇	维生素 D_3
2	$d-\alpha$ 醋酸生育酚	维生素 E
3	植物甲萘醌	维生素 K_1
4	氰钴胺	维生素 B_{12}
5	烟酰胺	烟酰胺
6	泛酸钙	泛酸钙
7	硫酸镁	硫酸镁
8	氧化镁	氧化镁
9	硫酸亚铁	硫酸亚铁
10	富马酸亚铁	富马酸亚铁
11	氧化锌	氧化锌
12	柠檬酸锌	枸橼酸锌
13	碘化钠	碘化钠
14	碘化钾	碘化钾

卫生部分别指定的 58 个和 27 个食品添加剂产品标准目录见表 17-2 和表 17-3。

表 17-2 卫生部指定的 58 个食品添加剂产品标准目录

序号	标准名称	序号	标准名称
1	*D*-甘露糖醇	20	聚甘油脂肪酸酯
2	羟丙基甲基纤维素（HPMC）	21	刺云实胶
3	氢化松香甘油酯	22	柠檬酸一钠
4	乳酸脂肪酸甘油酯	23	巴西棕榈蜡
5	松香季戊四醇酯	24	蜂蜡
6	乙二胺四乙酸二钠	25	乳糖醇
7	乙酰化单、双甘油脂肪酸酯	26	5′胞苷酸二钠
8	乙氧基喹	27	*d*-核糖
9	硬脂酸钙	28	3-环己基丙酸烯丙酯
10	硬脂酸镁	29	辛酸乙酯
11	硬脂酰乳酸钙	30	棕榈酸乙酯
12	硬脂酰乳酸钠	31	甲酸香茅酯
13	月桂酸	32	甲酸香叶酯
14	羟基硬脂精（氧化硬脂精）	33	乙酸香叶酯
15	偶氮甲酰胺	34	乙酸橙花酯
16	抗坏血酸棕榈酸酯	35	己醛
17	硫代二丙酸二月桂酯	36	正癸醛（癸醛）
18	微晶纤维素	37	乙酸丙酯
19	丙二醇脂肪酸酯	38	乙酸 2-甲基丁酯

续表

序号	标准名称	序号	标准名称
39	异丁酸乙酯	49	2，6-二甲基-5-庚烯醛
40	异戊酸 3-己烯酯	50	2-甲基-4-戊烯酸
41	2-甲基丁酸 3-己烯酯	51	芳樟醇
42	2-甲基丁酸 2-甲基丁酯	52	乙酸松油酯
43	γ-己内酯	53	二氢香芹醇
44	γ-庚内酯	54	*d*-香芹酮
45	γ-癸内酯	55	*l*-香芹酮
46	δ-癸内酯	56	α-紫罗兰酮
47	γ-十二内酯	57	罗望子多糖胶
48	δ-十二内酯	58	左旋肉碱

表 17-3　卫生部指定的 27 个食品添加剂产品标准目录

序号	标准名称	序号	标准名称
1	亚硝酸钾	15	二甲基二碳酸盐
2	铵磷脂	16	乳化硅油
3	二氧化硫	17	肌醇
4	喹啉黄	18	苯氧乙酸烯丙酯
5	辣椒橙	19	二氢-β-紫罗兰酮
6	阿力甜	20	二氢香豆素
7	乙酸钠	21	氧化芳樟醇
8	硬脂酸（十八烷酸）	22	*L*-硒-甲基硒代半胱氨酸
9	聚甘油蓖麻醇酯	23	冰乙酸（低压羰基化法）
10	5′肌苷酸二钠	24	番茄红素（合成）
11	琥珀酸单甘油酯	25	富马酸一钠
12	对羟基苯甲酸甲酯钠	26	硅酸钙
13	5′尿苷酸二钠	27	乙二胺四乙酸二钠
14	5′腺苷酸		

17.2.3　生产规范（管理与控制）

食品添加剂产品生产工艺繁多，有化学合成、有菌种发酵、也有食品加工。但作为加入到食品中的物质，食品添加剂直接关系到食品安全，它的生产加工过程也要符合基本卫生要求和相关生产管理规定。目前，我国还没有制定专门针对食品添加剂生产管理的国家标准。根据《食品安全法》规定，对食品添加剂的生产实施工业产品生产许可证，国家质检总局制定了《食品添加剂生产许可审查通则》（2010 版）[以下简称《审查通则》（2010 版）]，对食品添加剂生产加工过程中人员要求；企业生产场所、环境、厂房及设施要求；生产设备和检验设备要求；质量管理要求等作出具体规定，用以规范添加剂企业的生产行为，保证食品添加剂产品质量安全和使用安全。

17.2.3.1 人员要求

《审查通则》(2010 版)规定食品添加剂生产企业应配备满足食品添加剂生产需要的专职或兼职的食品添加剂生产相关管理、生产及检验等人员，并明确管理、生产和检验等人员的岗位职责。这些人员应能依照规定的职责、权限独立开展工作，保证食品添加剂产品质量安全。

食品添加剂生产经营人员每年应当进行健康检查，取得健康证明后方可参加工作。患有痢疾、伤寒、甲型病毒性肝炎、戊型病毒性肝炎等消化道传染病，以及患有活动性肺结核、化脓性或者渗出性皮肤病等有碍食品安全的疾病人员，不得从事直接入口的食品工作，应调整到其他不影响食品安全的工作岗位。从事食品添加剂的包装、复合食品添加剂及食品用香精生产的人员，进入生产场所前应当洗净双手，穿戴清洁的工作衣、帽，头发不得露于帽外，不得佩戴首饰。

食品添加剂企业负责人应当了解相关法律、法规及质量安全管理知识。企业质量管理负责人应当了解相关法律法规，掌握质量安全管理知识、食品及食品添加剂专业技术知识和相关的安全标准。专业技术人员应具有相应的教育背景、从事相关产品生产的经历，熟悉与所生产产品相适应的食品和食品添加剂相关质量安全标准，具备与所生产产品相适应的专业技术知识和食品添加剂质量安全知识，能处理生产过程中出现的质量问题。

企业操作人员应当掌握本职岗位的作业指导书、操作规程或配方等工艺文件的相关要求。具有实际操作能力，在生产现场能够按照作业指导书、操作规程、产品配方等工艺文件正确熟练地操作本岗位的生产设备。

企业检验人员具有与工作相适应的质量安全知识和检验技能，并具有检验资格。能够独立熟练地操作检验所需的各类仪器设备，完成相应的检验任务。

企业应当对相关从业人员进行法律法规、食品安全、卫生管理、专业技术等方面的定期培训。企业应制定人员培训与考核制度，明确考核要求，对培训活动及其效果进行必要的考评，并应保留培训记录，建立人员培训档案。从事生产、检验等相关工作的人员应当经过岗位培训并考核合格，持证上岗。

17.2.3.2 企业生产场所、环境、厂房及设施要求

《审查通则》(2010 版)对食品添加剂生产企业的生产场所及其周边环境卫生作了相关的规定，食品添加剂是直接加入到食品中，要求生产环境必须保持清洁卫生，因此在生产厂房选址时应充分考虑生产区域周围的污染情况，生产区域周围环境(25m 内)不能有粉尘、有害气体、放射性物质和其他扩散性污染源，应远离一些粉尘较大、化工产品、气味较大、放射性物质等生产厂家，应远离垃圾场、公用厕所及昆虫大量孳生的潜在场所。

食品添加剂生产企业的厂区内外环境应保持整洁，厂区的地面、路面及运输等不应对产品的生产造成污染。企业生产厂区非绿化的地面、路面应采用混凝土、沥青或其他硬质材料铺设，应当便于清除积水。厂区要合理布局，划分生产区和生活区。建筑物、设备布局与工艺流程三者衔接合理，既能保证生产的连续性且能防止交叉污染。动力、供暖、空调机房、给排水系统和废水、废气、废渣处理系统及其他辅助建筑和设施的设置应不影响生产场所卫生，不对周围环境造成污染。

企业厂区内应有整洁的生产环境，厂区内垃圾应单独存放，并远离生产区，有害有毒

的原料应与生产车间保持一定的距离，排污沟渠合理设置，车间内的排污沟应有盖板，不应造成对产品的污染。

企业的生产、行政、生活辅助区的总体布局应合理，不会互相干扰，不得妨碍正常生产，不会对产品安全造成影响。卫生间、食堂、浴室等不能设立在生产区域。厂区各种设施标志清晰，如：生产车间、原辅料仓库、危险品仓库、成品仓库、化验室等。

企业应根据产品特点和工艺要求设置原、辅料库，生产厂房，包装场所，成品库，检验室，危险品仓库等生产用房。生产用房的总使用面积应与所生产品种和生产规模相一致，最小不应少于 $150m^2$。

食品添加剂生产各生产环节应做到无交叉，无污染。有微生物指标要求的产品应设立物流、人流通道，物流应设立有脱包间。食品添加剂不得与食品使用同一设备进行生产。有的食品添加剂与同一化工产品前期生产在同一设备中进行，但在后序生产中二者应分开进行，避免产生交叉污染或产品与产品之间的混杂。

食品添加剂生产企业的生产场所应清洁卫生，能满足国家有关规定的卫生要求。可能产生有害气体、粉尘和污水污染源的生产场所必须单独设置，不得对最终产品有影响。生产场所应定期打扫，清洁卫生应有记录，设备要定期维护，不得出现脏乱差和跑冒滴漏现象。

产品的包装场所墙壁和屋顶应当采用防潮、防腐蚀、防毒、防渗和不易脱落的无毒材料，地面应平整防滑、耐磨、无毒、耐腐蚀、不渗水、便于清洗。

需要清洗的工作区地面应有一定坡度，在最低处应设有地漏，防止地面积水。浴室及厕所的设置不得对生产区域产生不良影响。生产区域应与浴室、厕所、厨房等设施保持一定距离，避免生产区域受到污染。

企业库房应当整洁、地面平整，保持清洁和干燥。库房通风、温度、湿度和防火防鼠等设施条件应满足物品存放的要求。企业的仓库包括原辅料和成品仓库等。对有毒化学原料应做到专人、专放、专管。

库房内原、辅材料，半成品，成品及包装材料等各类材料和产品应分区域、离地、离墙存放。不同贮存区域应有明确标识，帐、物相符。有毒、有害物品必须另行单独存放，并明确标识，以保证成品（半成品）及原料不会混放，免受污染，保证质量安全。对一些特殊原料应设立专用仓库（如易燃品、危险品）。物品进出必须有记录。并要求企业按先进先出的原则出入库，防止原辅料、成品（半成品）存放时间过长，影响生产和使用。

企业生产有微生物指标的食品添加剂产品，应设有专用内包装或灌装场所，具有空气消毒或净化设施。采用空气净化装置的生产车间，其空气进风口应远离排风口，距地面 2.0m 以上，附近不得有污染源。避免空气受到污染。生产车间和包装车间应设更衣室，配备相应的更衣设施、非手动式流水洗手、干手、消毒等设施。生产车间应设置有效的防尘、防鼠、防蚊蝇、防昆虫和其他动物进入的设施。在封闭式设备中完成生产过程的除外。

企业生产车间内照明度应满足生产加工要求。对照明有特殊要求的生产部门可根据产品的特点另行规定，如避光要求等。位于工作台和裸露产品上方的照明设备应加防护罩。

17.2.3.3　生产设备和检验设备要求

企业必须具备满足生产工艺需要的生产设备，并应能正常运转。生产设备应当保持清洁，根据工艺需要进行清洗消毒，定期维修、保养，发现问题及时处理。生产设备及管线等采取有效措施杜绝跑、冒、滴、漏。文明生产、安全生产，避免对产品造成污染。

企业必须具有与所生产的产品相适应的、能满足检验标准规定方法或检验需求的检验设备、试验设备、计量设备和试剂。

用于生产和检验的仪器、仪表、量具、衡器等，其适用范围和精密度应符合生产和检验要求，应有合格标志和检定证明。

17.2.3.4 质量管理要求

企业应制定有效的质量安全管理制度。质量安全管理制度明确企业各有关部门、人员的质量职责和相应的考核办法。食品添加剂生产企业应当建立原材料采购、生产过程控制、产品出厂检验和销售等质量管理制度并且确保该制度能有效运行。为了企业生产管理工作的顺利开展，制度中还应明确与产品相关的所有部门和人员的质量职责权限及相互关系，要求各部门间的联络接口明确，工作流程清晰，规定相应的职能考核办法，明确考核的组织部门、考核的频次、考核的内容、考核工作的程序、考核结果的评价等，保证考核办法的合理性和可操作性。

企业应具备生产过程中所需的各种工艺规程、作业指导书等工艺文件，企业的各种工艺文件应当符合卫生部门对生产工艺的有关规定。由于单体食品添加剂生产大多为化学反应，有的品种具有多种途径的生产工艺，而只有用经过国务院卫生行政部门安全评价的工艺生产的才是食品添加剂，因此确定企业工艺文件内容是否符合卫生部门对生产工艺的相关规定非常重要。各企业应该根据自身实际生产能力、技术情况等，以卫生部门规定的相关工艺为基本要求，制定符合企业实际生产情况的工艺文件作为企业开展正常生产的主要依据，工艺文件应包括各种工艺生产规程、作业流程、作业指导书等文件。并具备所执行的现行有效的国家标准或行业标准以及引用的其他标准的文本。

企业应当制定原、辅材料采购管理制度。生产食品添加剂所需的原辅材料品种很多，不同的产品有不同的要求。有的需要食品原料，有的是化工原料，也有的甚至是有毒或危险化学品。食品添加剂生产企业应当根据生产的品种所需的原料不同，制定相应的原、辅材料采购管理制度。原辅材料采购管理制度的最终目的是严格控制原辅材料的品质，满足所生产产品的质量要求。采购质量控制一般包括采购文件控制、对供方评价及控制、采购产品验证控制等。企业应在采购管理制度中体现上述控制要求。原辅材料采购管理制度应做到内容全面，切实可行。

企业应制定供方评价准则，并对供方进行评价，在合格供方采购，以满足产品质量需要。供方评价的目的是企业在采购前选择合格的供方。通过建立供方评价准则，可以实施供方控制，确保所采购产品的质量满足生产加工需要。企业应综合考虑相关法律法规、生产工艺、经济等要求，建立合理有效、符合相关法律法规规定的供方评价准则。

企业应依照国家标准、行业标准对原、辅材料进行检验验收。对实施生产许可管理的原、辅材料和包装，应当查验供货者的生产许可证明。原、辅料验收是实行原料控制的重要手段之一，企业应查验原、辅材料的合格证明文件，并根据采购管理制度中的验收要求开展原、辅材料的验收工作。对于法律法规规定必须取得生产许可证的原、辅材料和包装材料，企业在采购之前应当查验供方相关的生产许可证明，确认供方的许可证明在有效期内且涵盖所采购产品。原、辅材料验收时应核对相关产品的合格证明文件，对无法提供合格证明文件的原、辅材料，企业应按照食品安全标准进行检验。不得采购或者使用不符合食品安全标准的食品原料、食品添加剂、食品相关产品等原、辅材料。

原、辅材料的进货验收应当有记录。记录内容应包括原、辅材料的名称，规格，数量，供货者名称及联系方式，进货日期等。制定原、辅材料的进货验收记录，记录产品生产所需的原、辅材料来源和相关信息，是产品质量追溯的重要依据。企业在开展进货验收时，应如实记录原、辅材料的名称，规格，数量，供货者名称及联系方式，进货日期等内容。原、辅材料的进货验收记录保存期限不得少于 2 年；产品保质期超过 2 年的，保存期限应当不短于产品保质期。

生产用水应能满足生产工艺要求。根据产品生产工艺的不同，各种产品甚至同一产品的不同生产环节，对生产用水的水质要求也可能不同，应根据不同要求采用规定要求的水质。例如，复合食品添加剂和食品用香精的生产用水水质应符合生活饮用水水质卫生规范。

企业应对生产中的重要工序或产品关键特性进行质量控制，并应在生产工艺流程图上标出关键的质量控制点。在生产过程中，各个重要的生产工序均会对所生产产品的质量起到较大的影响。企业应根据产品工艺特点对生产中的重要工序进行质量控制，制定相应的关键质量控制点，并且在一定时期内和一定条件下，对需要控制的产品质量特性、关键部位、薄弱环节等要素进行特殊的管理，使该过程处于受控状态，从而保证产品达到规定的质量安全要求。企业在其生产工艺流程图上应明确标出关键的质量控制点，让操作人员一目了然。

企业应制定关键质量控制点的操作控制程序，并依据程序实施质量控制。企业针对产品的关键特性制定了关键质量控制点之后，必须配套制定各关键点的操作流程。操作控制程序应能保证操作人员可以正确理解操作要求，依据程序实施质量控制。

企业应制定产品质量检验制度。产品质量检验制度中应明确规定负责监督执行检验工作的相关部门及其职能范围，产品质量检验应该涵盖原辅材料、生产过程、出厂检验等内容，根据国家标准、行业标准或引用的其他标准来规定相应的抽样方式、检验频次、检验方法、检验项目、判定依据、检验报告等。

企业应按规定开展产品生产过程中的质量检验工作，并做好各项检验记录。过程检验是一个重要环节，企业应当按照质量检验管理制度的相关规定开展生产过程中关键控制点的质量检验工作。生产过程中的质量检验可以帮助企业实时跟踪产品生产情况。生产过程中做好关键控制点质量检验，有利于对偏离关键控制限值的情况进行及时纠偏。企业做好过程检验的相关记录，对产品的检验状态进行标识，是防止不合格品出现的重要手段之一。

企业应当按国家标准或行业标准的要求，对出厂的产品进行批批检验，确保每批次产品经检验合格后出厂销售。出厂检验项目与产品安全标准及有关规定的项目应保持一致，每批产品的检验都必须做好检验记录，检验合格并且由相关负责人审核确认记录后，该批次产品方可作为合格品加贴上合格标志，然后出厂销售。

企业应建立产品检验档案，对检验产品名称、规格、数量、生产日期、生产批号、检验结果等内容按规定进行记录，检验原始记录的保存期限不得少于产品保质期，并不得少于 2 年。

企业应对生产的每批产品留存样品，产品留样是产品质量追溯的重要手段，产品的留样为及时处理产品质量问题提供了实物依据。因此，留存样品必须是逐一批次留取、按贮藏条件等产品特性进行妥善保存的，其保存期限不得少于产品保质期，以便在保质期内进行产品质量追溯。

企业应当建立销售管理制度，并对出厂销售产品的名称、规格、数量、生产日期、生产批号、购货者名称及联系方式、销售日期等内容进行记录，保证销售的产品可追溯性。食品添加剂主要是供应食品生产企业的，是作为食品生产的原辅材料使用的。为了保证食品安全以及快速可溯源性，食品添加剂生产企业对于成品销售应建立相应的销售管理制度，以确保企业全面掌握产品流向，一旦发生质量问题，可以快速启动不合格产品召回机制。

企业应当制定不合格产品召回制度，发现其产品不符合相关标准，应当立即停止生产，召回已经上市销售的产品，通知相关生产经营者和消费者停止使用，并向有关部门报告。召回制度中应明确规定召回的程序、措施、范围、时限以及对召回产品的处理等内容，保证最大限度对已售出的不符合相关标准的产品或明确对食品安全有危害的产品实施有效召回，控制危害的扩大化。

企业应当对召回的产品采取补救、无害化处理、销毁等措施，并对召回和处理的产品的名称、规格、数量、生产日期、生产批号、购货者名称、召回原因及召回通知情况进行记录，以作为备查依据。

17.2.4 检验标准

食品添加剂的主要检验项目为感官指标、理化指标和微生物指标。食品添加剂根据不同产品的特性，按照每一个产品标准明确规定的质量指标和检验方法开展检验工作。食品添加剂产品的个性质量指标的检验方法一般在产品标准中单独制定。部分食品添加剂的质量指标的检验方法直接引用食品的检验方法。部分食品添加剂质量指标采用通用检验方法标准。

与部分食品添加剂和香料香精产品质量相关的通用检验方法标准目录见表17-4。

表17-4 部分食品添加剂和香料香精产品通用检验方法标准

序号	标准编号	标准名称
1	GB/T 5009.74—2003	食品添加剂中重金属限量试验
2	GB/T 5009.75—2003	食品添加剂中铅的测定
3	GB/T 5009.76—2003	食品添加剂中砷的测定
4	GB/T 11538—2008	精油　毛细管柱气相色谱分析　通用法
5	GB/T 11539—2008	香料　填充柱气相色谱分析　通用法
6	GB/T 11540—2008	香料　相对密度的测定
7	GB/T 14454.2—2008	香料　香气评定法
8	GB/T 14454.4—2008	香料　折光指数的测定
9	GB/T 14454.5—2008	香料　旋光度的测定
10	GB/T 14454.6—2008	香料　蒸发后残留物含量的评估
11	GB/T 14454.7—2008	香料　冻点的测定
12	GB/T 14455.3—2008	香料　乙醇中溶解（混）度的评估
13	GB/T 14455.5—2008	香料　酸值或含酸量的测定
14	GB/T 14455.6—2008	香料　酯值或含酯量的测定
15	GB/T 14457.2—1993	单离及合成香料　沸程测定法
16	GB/T 14457.3—2008	香料　熔点测定法

食品添加剂中微生物指标的来源是由于这些食品添加剂是由食品原料制成，或以微生物的代谢产物为原料加工提纯而获得的。产品保持了食品的特性，对这些食品添加剂的质量安全控制就参照食品安全的控制要求，相应的控制指标也参照食品的指标。食品添加剂中微生物的检验项目主要为菌落总数、大肠菌群、致病菌（包括沙门氏菌、志贺氏菌、金黄色葡萄球菌等）、霉菌、酵母等。食品添加剂中的微生物指标检验均参照食品中微生物的检验方法标准。

第 18 章 食品相关产品标准

18.1 标准概述

食品包装与食品直接接触材料中的某些化学成分可能迁移到食品中而被摄入人体，影响到人类健康。因此，对食品接触材料的安全卫生质量的控制，是保证食品安全的一项重要内容，广受国内外关注。欧美等经济发达国家和地区已对食品安全建立了较为全面而严密的法规体系和市场准入制度。欧盟对食品接触材料的立法经过了三十多年的发展，至今仍不断修订和完善。欧盟法规对食品接触材料的法规和政策分为三个层次：第一层次为适用于所有食品接触材料的“框架法规”；第二层次是针对某类材料的“特定措施”；第三层次是针对某些特定物质的“单独措施”。此外，欧洲理事会专门为食品接触材料和制品发布了一系列“政策综述”，通常包括决议和技术文件。决议包含对某类食品接触材料的规范；技术文件主要是关于决议的使用指南，以及生产时允许使用的化学物质及其限量指标清单，各种材料及产品的良好生产规程（GMP）、检测方法及测试条件指南等。

我国历来重视食品包装材料及容器的质量和安全，根据食品包装材料和容器的自身特点，相继制定、修改并颁布实施了一系列国家标准。食品包装标准就是对食品的包装材料、包装方式、包装标志及技术要求等的规定。目前，我国食品用包装材料和容器国家标准可以分为以下几类：第一类，食品包装材料和容器的基础标准；第二类，食品包装材料和容器的产品标准；第三类，食品包装用材料和容器的卫生标准；第四类，食品包装材料和容器卫生标准的分析方法；第五类，食品包装标签标识标准；第六类，食品包装生产企业良好操作规范标准；第七类，食品包装材料的安全评价与管理标准。

18.2 标准体系

18.2.1 原辅材料质量标准

我国现行的食品包装材料、容器、工具等制品原辅材料的质量标准见表 18 - 1。

表 18 - 1 食品包装材料、容器质量标准

分类	标准名称	标准编号
树脂	食品容器、包装材料用聚氯乙烯树脂卫生标准	GB 4803—1994
	食品包装用聚乙烯树脂卫生标准	GB 9691—1988
	食品包装用聚苯乙烯树脂卫生标准	GB 9692—1988
	食品包装用聚丙烯树脂卫生标准	GB 9693—1988
	食品容器及包装材料用聚对苯二甲酸乙二醇酯树脂卫生标准	GB 13114—1991
	食品容器及包装材料用不饱和聚酯树脂及其玻璃钢制品卫生标准	GB 13115—1991
	食品容器及包装材料用聚碳酸酯树脂卫生标准	GB 13116—1991
	食品包装用聚氯乙烯瓶盖垫片及粒料卫生标准	GB 14944—1994
	食品容器、包装材料用偏氯乙烯-氯乙烯共聚树脂卫生标准	GB 15204—1994
	食品包装材料用尼龙 6 树脂卫生标准	GB 16331—1996
添加剂	食品容器、包装材料用添加剂使用卫生标准	GB 9685—2008

GB 9685—2008《食品容器、包装材料用添加剂使用卫生标准》是一个非常重要的标准，适用于所有的食品容器、包装材料用添加剂的生产、经营和使用者。本标准规定了食品容器、包装材料用添加剂的使用原则、允许使用的添加剂品种、使用范围、最大使用量、特定迁移量或最大残留量及其他限制性要求。标准中规定允许使用的添加剂品种有959种，并以附录的形式列出了允许使用的添加剂名单、CAS号、使用范围、最大使用量、特定迁移量或最大残留量及其他限制性要求。

18.2.2 产品质量标准

18.2.2.1 食品用包装材料、容器、工具等制品产品质量标准

产品标准是对产品结构、规格、质量、检验方法所做的规定要求。产品标准是判定产品合格与否的主要依据之一。食品包装标准就是为保证食品包装的使用价值，对食品包装必须达到的一些或全部要求所做的规定。

(1) 食品用包装材料、容器、工具等制品卫生标准

我国很早以前就开始对食品包装材料、容器工具等制品标准的研究工作，20 世纪80年代至90年代颁布了一系列食品容器、包装材料及加工助剂的国家强制性卫生标准，作为对各类食品容器、包装材料进行管理的法规依据。在现有的几十个卫生标准中，涉及塑料类、食品包装用原纸、复合食品包装袋、陶瓷容器、金属（包括不锈钢、铝制）、玻璃、橡胶、搪瓷、植物纤维、胶原蛋白肠衣、硅藻土、涂料、添加剂等。

食品包装材料、容器、工具等制品卫生标准中主要规定了蒸发残渣（乙酸、乙醇、正己烷）、高锰酸钾消耗量、重金属（铅、镉、锑、锌）、脱色试验、残留单体（氯乙烯单体、乙醛）等指标，一般以各种液体来浸泡样品，然后测定这些液体的有关成分的迁移量。溶剂的选择以食品容器、包装材料接触食品的种类而定，按照不同物理状态下，一般用化学物质，如蒸馏水（代表中性食品）、4% 乙（醋）酸（代表酸性食品）、8%～60%乙醇（代表含有酒精的食品）、正己烷（代表油脂食品）。

(2) 食品用包装材料、容器工具等制品产品标准

目前，我国制定了一些食品包装有关的产品标准，涵盖了塑料、纸、金属、玻璃、陶瓷、橡胶等各种材质，涵盖了包装材料、容器、工具等各种产品类型，大多数产品均有了相应的产品标准。但是随着社会的发展，很多新材料的出现以及新工艺的应用，需要制定更加完善、更加适合我国国情的食品包装、容器、工具等制品的产品标准。下面对现有的一些产品标准按产品分类进行汇总，详见表 18-2。

表 18-2 部分食品相关产品标准

序号	产品种类		卫生标准	产品品种	产品标准
1	食品用塑料制品	食品包装用聚苯乙烯成型品	食品包装用聚苯乙烯成型品卫生标准（GB 9689—1988）	双向拉伸聚苯乙烯（BOPS）片材	双向拉伸聚苯乙烯（BOPS）片材（GB/T 16719—2008）
				高抗冲聚苯乙烯挤出板材	高抗冲聚苯乙烯挤出板材（QB/T 1869—1993）
				组合式防伪瓶盖	组合式防伪瓶盖（BB/T 0048—2007）

续表

序号	产品种类		卫生标准	产品品种	产品标准
1	食品用塑料制品	食品包装用聚苯乙烯成型品	食品包装用聚苯乙烯成型品卫生标准（GB 9689—1988）	塑料一次性餐饮具	塑料一次性餐饮具通用技术要求（GB 18006.1—2009）
				双层口杯	双层口杯（QB/T 2933—2008）
				其他聚苯乙烯成型品	—
		食品容器、包装材料用聚碳酸酯成型品	食品容器、包装材料用聚碳酸酯成型品卫生标准（GB 14942—1994）	聚碳酸酯（PC）饮用水罐	聚碳酸酯（PC）饮用水罐（QB 2460—1999）
				组合式防伪瓶盖	组合式防伪瓶盖（BB/T 0048—2007）
				双层口杯	双层口杯（QB/T 2933—2008）
				其他聚碳酸酯（PC）成型品	—
		食品包装用聚氯乙烯成型品	食品包装用聚氯乙烯成型品卫生标准（GB 9681—1988）	塑料购物袋	塑料购物袋（GB/T 21661—2008）
				食品包装用聚氯乙烯硬片、膜	食品包装用聚氯乙烯硬片、膜（GB/T 15267—1994）
				组合式防伪瓶盖	组合式防伪瓶盖（BB/T 0048—2007）
				双层口杯	双层口杯（QB/T 2933—2008）
				塑料一次性餐饮具	塑料一次性餐饮具通用技术要求（GB 18006.1—2009）
				食品包装用聚氯乙烯（PVC）瓶盖垫片	食品包装用聚氯乙烯瓶盖垫片及粒料卫生标准（GB 14944—1994）
				其他食品包装用聚氯乙烯（PVC）成型品	—
		食品容器及包装材料用玻璃钢成型品	食品容器及包装材料用玻璃钢制品卫生标准（GB 13115—1991）	双层口杯	双层口杯（QB/T 2933—2008）
				塑料一次性餐饮具	塑料一次性餐饮具通用技术要求（GB 18006.1—2009）
				其他不饱和聚酯（玻璃钢）成型品	—

续表

序号	产品种类		卫生标准	产品品种	产品标准
1	食品用塑料制品	食品包装用聚乙烯成型品	食品包装用聚乙烯成型品卫生标准（GB 9687—1988）	聚乙烯自粘保鲜膜	食品用塑料自粘保鲜膜（GB 10457—2009）
				包装用聚乙烯吹塑薄膜	包装用聚乙烯吹塑薄膜（GB/T 4456—2008）
				液体包装用聚乙烯吹塑薄膜	液体包装用聚乙烯吹塑薄膜（QB/T 1231—1991）
				单向拉伸高密度聚乙烯薄膜（袋）	单向拉伸高密度聚乙烯薄膜（QB/T 1128—1991）
				未拉伸聚乙烯	未拉伸聚乙烯、聚丙烯薄膜（QB/T 1125—2000）
				聚乙烯气垫薄膜	聚乙烯气垫薄膜（QB/T 1259—1991）
				包装用降解聚乙烯薄膜	包装用降解聚乙烯薄膜（QB/T 2461—1999）
				液态奶共挤包装膜、袋	液态奶共挤包装膜、袋（BB/T 0052—2009）
				聚乙烯挤出板材	聚乙烯（PE）挤出板材（QB/T 2490—2000）
				塑料购物袋	塑料购物袋（GB/T 21661—2008）
				塑料编织袋	塑料编织袋（GB/T 8946—1998）
				复合塑料编织袋	复合塑料编织袋（GB/T 8947—1998）
				双层口杯	双层口杯（QB/T 2933—2008）
				软塑折叠包装容器	软塑折叠包装容器（BB/T 0013—2011）
				聚乙烯吹塑桶	聚乙烯吹塑容器（GB/T 13508—2011）
				聚烯烃注塑包装桶	聚烯烃注塑包装桶（QB/T 2818—2006）
				塑料防盗瓶盖	30/25mm 塑料防盗瓶盖（BB/T 0025—2004） 包装容器　塑料防盗瓶盖（GB/T 17876—2010）

续表

序号	产品种类		卫生标准	产品品种	产品标准
1	食品用塑料制品	食品包装用聚乙烯成型品	食品包装用聚乙烯成型品卫生标准（GB 9687—1988）	组合式防伪瓶盖	组合式防伪瓶盖（BB/T 0048—2007）
				塑料一次性餐饮具	塑料一次性餐饮具通用技术要求（GB 18006.1—2009）
				塑料菜板	塑料菜板（QB/T 1870—1993）
				商品零售包装袋	商品零售包装袋（BB/T 0039—2006）
				夹链自封袋	夹链自封袋（BB/T 0014—2011）
				聚乙烯热收缩薄膜	聚乙烯热收缩薄膜（GB/T 13519—1992）
				聚乙烯自粘保鲜膜	食品用塑料自粘保鲜膜（GB 10457—2009）
		食品包装用聚丙烯成型品	食品包装用聚丙烯成型品卫生标准（GB 9688—1988）	聚丙烯吹塑薄膜	聚丙烯吹塑薄膜（QB/T 1956—1994）
				普通用途双向拉伸聚丙烯（BOPP）薄膜	普通用途双向拉伸聚丙烯（BOPP）薄膜（GB/T 10003—2008）
				双向拉伸聚丙烯珠光薄膜	双向拉伸聚丙烯珠光薄膜（BB/T 0002—2008）
				未拉伸聚丙烯薄膜	未拉伸聚乙烯、聚丙烯薄膜（QB/T 1125—2000）
				聚烯烃热收缩薄膜	包装材料　聚烯烃热收缩薄膜（GB/T 19787—2005）
				包装用镀铝薄膜	包装用镀铝薄膜（BB/T 0030—2004）
				塑料购物袋	塑料购物袋（GB/T 21661—2008）
				聚丙烯（PP）挤出片材	聚丙烯（PP）挤出片材（QB/T 2471—2000）
				塑料编织袋	塑料编织袋（GB/T 8946—1998）
				复合塑料编织袋	复合塑料编织袋（GB/T 8947—1998）

续表

序号	产品种类		卫生标准	产品品种	产品标准
1	食品用塑料制品	食品包装用聚丙烯成型品	食品包装用聚丙烯成型品卫生标准（GB 9688—1988）	软塑折叠包装容器	软塑折叠包装容器（BB/T 0013—2011）
				聚烯烃注塑包装桶	聚烯烃注塑包装桶（QB/T 2818—2006）
				塑料防盗瓶盖	30/25mm 塑料防盗瓶盖（BB/T 0025—2004）包装容器塑料防盗瓶盖（GB/T 17876—2010）
				组合式防伪瓶盖	组合式防伪瓶盖（BB/T 0048—2007）
				塑料菜板	塑料菜板（QB/T 1870—1993）
				塑料一次性餐饮具	塑料一次性餐饮具（GB 18006.1—2009）
				双层口杯	双层口杯（QB/T 2933—2008）
				饮用吸管	聚丙烯饮用吸管（GB/T 24693—2009）
		食品容器及包装材料用聚对苯二甲酸乙二醇酯成型品	食品容器及包装材料用聚对苯二甲酸乙二醇酯成型品卫生标准（GB 13113—1991）	包装用双向拉伸聚酯薄膜	包装用双向拉伸聚酯薄膜（GB/T 16958—2008）
				聚酯（PET）无汽饮料瓶	聚酯（PET）无汽饮料瓶（QB 2357—1998）
				聚对苯二甲酸乙二醇酯（PET）碳酸饮料瓶	聚对苯二甲酸乙二醇酯（PET）碳酸饮料瓶（QB/T 1868—2004）
				热灌装用聚对苯二甲酸乙二醇脂（PET）瓶	热灌装用聚对苯二甲酸乙二醇脂（PET）瓶（QB/T 2665—2004）
				组合式防伪瓶盖	组合式防伪瓶盖（BB/T 0048—2007）
				塑料一次性餐饮具	塑料一次性餐饮具（GB 18006.1—2009）
				双层口杯	双层口杯（QB/T 2933—2008）
				改性聚乙烯醇涂布双向拉伸薄膜	改性聚乙烯醇涂布双向拉伸薄膜（GB/T 26691—2011）
				其他聚对苯二甲酸乙二醇酯（PET）成型品	—
				包装用双向拉伸聚酯薄膜	包装用双向拉伸聚酯薄膜（GB/T 16958—2008）

续表

序号	产品种类		卫生标准	产品品种	产品标准
1	食品用塑料制品	食品容器、包装材料用三聚氰胺-甲醛成型品	食品容器、包装材料用三聚氰胺-甲醛成型品卫生标准（GB 9690—2009）	密胺塑料餐具	密胺塑料餐具（QB/T 1999—1994）
				其他三聚氰胺-甲醛成型品	—
		食品包装材料用尼龙成型品	食品包装材料用尼龙成型品卫生标准（GB 16332—1996）	双向拉伸聚酰胺（尼龙）薄膜	双向拉伸聚酰胺（尼龙）薄膜（GB/T 20218—2006）
				组合式防伪瓶盖	组合式防伪瓶盖（BB/T 0048—2007）
				双层口杯	双层口杯（QB/T 2933—2008）
				改性聚乙烯醇涂布双向拉伸薄膜	改性聚乙烯醇涂布双向拉伸薄膜（GB/T 26691—2011）
		食品容器、包装材料用橡胶改性的丙烯腈-丁二烯-苯乙烯成型品	食品容器、包装材料用橡胶改性的丙烯腈-丁二烯-苯乙烯成型品卫生标准（GB 17326—1998）	组合式防伪瓶盖	组合式防伪瓶盖（BB/T 0048—2007）
				双层口杯	双层口杯（QB/T 2933—2008）
				塑料一次性餐饮具	塑料一次性餐饮具（GB 18006.1—2009）
				其他橡胶改性的丙烯腈-丁二烯-苯乙烯（ABS）成型品	—
		食品容器、包装材料用丙烯腈-苯乙烯成型品	食品容器、包装材料用丙烯腈-苯乙烯成型品卫生标准（GB 17327—1998）	组合式防伪瓶盖	组合式防伪瓶盖（BB/T 0048—2007）
				双层口杯	双层口杯（QB/T 2933—2008）
				塑料一次性餐饮具	塑料一次性餐饮具（GB 18006.1—2009）
				其他丙烯腈-苯乙烯（AS）成型品	—
2	复合食品包装制品	复合食品包装袋	复合食品包装袋卫生标准（GB 9683—1988）	包装用塑料复合膜、袋（干法复合、挤出复合）	包装用塑料复合膜、袋（干法复合、挤出复合）（GB/T 10004—2008）
				双向拉伸尼龙（BOPA）/低密度聚乙烯（LDPE）复合膜、袋	双向拉伸尼龙（BOPA）/低密度聚乙烯（LDPE）复合膜、袋（QB/T 1871—1993）
				榨菜包装用复合膜、袋	榨菜包装用复合膜、袋（QB 2197—1996）

续表

序号	产品种类		卫生标准	产品品种	产品标准
2	复合食品包装制品	复合食品包装袋	复合食品包装袋卫生标准（GB 9683—1988）	液体食品无菌包装用纸基复合材料	液体食品无菌包装用纸基复合材料（GB/T 18192—2008）
				液体食品无菌包装用复合袋	液体食品无菌包装用复合袋（GB 18454—2001）
				液体食品保鲜包装用纸基复合材料（屋顶包）	液体食品保鲜包装用纸基复合材料（GB/T 18706—2008）
				液体食品复合软包装材料	液体食品复合软包装材料（QB/T 3531—1999）
				液体食品包装用塑料复合膜、袋	液体食品包装用塑料复合膜、袋（GB 19741—2005）
				包装用多层共挤阻隔薄膜	包装用多层共挤阻隔薄膜通则（BB/T 0041—2007）
				钢塑复合桶	钢塑复合桶（QB 1233—1991）
				其他多层复合膜袋	包装用复合膜袋通则（GB/T 21302—2007）
3	食品用纸制品	食品包装用原纸	食品包装用原纸卫生标准（GB 11680—1989）	非热封型茶叶滤纸	非热封型茶叶滤纸（QB/T 1458—2005）
				热封型茶叶滤纸	热封型茶叶滤纸（QB/T 2595—2003）
				鸡皮纸	鸡皮纸（QB/T 1016—2006）
				食品羊皮纸	食品羊皮纸（QB/T 1710—2010）
				半透明纸	半透明纸（QB/T 2691—2005）
				玻璃纸	玻璃纸（QB 1013—2005）
				食品包装纸	食品包装纸（QB/T 1014—2010）
				牛皮纸	牛皮纸（GB/T 22865—2008）
				单面涂布白纸板	单面涂布白纸板（QB/T 1011—1991）
				纸袋纸	纸袋纸（GB/T 7968—1996）
				瓦楞原纸	瓦楞芯（原）纸（GB/T 13023—2008）
				箱纸板	箱纸板（GB/T 13024—2003）
				食品包装用玻璃纸	食品包装用玻璃纸（GB/T 24695—2009）

续表

序号	产品种类		卫生标准	产品品种	产品标准
3	食品用纸制品	食品包装用原纸	食品包装用原纸卫生标准（GB 11680—1989）	食品包装用羊皮纸	食品包装用羊皮纸（GB/T 24696—2009）
				纸杯原纸	纸杯原纸（QB/T 4032—2010）
				餐盒原纸	餐盒原纸（QB/T 4033—2010）
				商品零售包装袋	商品零售包装袋（BB/T 0039—2006）
				圆柱形复合罐	圆柱形复合罐（GB/T 10440—2008）
				纸杯	纸杯（QB 2294—2006） 纸杯（GB/T 27590—2011）
				纸碗	纸碗（GB/T 27591—2011）
				纸餐盒	纸餐盒（QB/T 2341—1997） 纸餐盒（GB/T 27589—2011）
				餐用纸制品	餐用纸制品（QB/T 2898—2007）
				包装容器　纸桶	包装容器　纸桶（GB/T 14187—2008）
				纸基平托盘	纸基平托盘（GB/T 19450—2004）
4	食品用橡胶制品	食品用橡胶制品	食品用橡胶制品卫生标准（GB 4806.1—1994）	食品容器橡胶垫片	食品容器橡胶垫片（HG/T 2944—2011）
				食品容器橡胶垫圈	食品容器橡胶垫圈（HG/T 2945—2011）
				铝背水壶橡胶密封垫片	铝背水壶橡胶密封垫片（HG/T 2947—2011）
		橡胶奶嘴	橡胶奶嘴卫生标准（GB 4806.2—1994）	橡胶奶头	橡胶奶头（HG/T 2946—2011）
5	食品用金属制品	铝制食具容器	铝制食具容器卫生标准（GB 11333—1989）	铝及铝合金箔	铝及铝合金箔（GB/T 3198—2010）
				包装容器　铝易开盖铝两片罐	包装容器　铝易开盖铝两片罐（GB/T 9106.1—2009）
				铝易开盖三片罐	铝易开盖三片罐（GB/T 17590—2008）
				铝压力锅安全及性能要求	铝压力锅安全及性能要求（GB 13623—2003）
				包装容器　铝质饮水瓶	包装容器　铝质饮水瓶（BB/T 0055—2010）

续表

序号	产品种类		卫生标准	产品品种	产品标准
5	食品用金属制品	不锈钢食具容器	食品安全国家标准 不锈钢制品（GB 9684—2011）	铝防伪瓶盖	铝防伪瓶盖（BB/T 0034—2006）
				铝背水壶	铝背水壶（QB/T 1921—1993）
				铝锅	铝锅（QB/T 1957—1994）
				铝壶	铝壶（QB/T 1691—1993）
				蜂蜜包装钢桶	蜂蜜包装钢桶（GH/T 1015—1999）
				包装容器　钢桶	包装容器　钢桶　第 1 部分：通用技术要求（GB/T 325.1—2008）
				包装容器　钢提桶	包装容器　钢提桶（GB 13252—2008）
				包装容器　方桶	包装容器　方桶（GB/T 17343—1998）
				包装容器　工业用薄钢板圆罐	包装容器　工业用薄钢板圆罐（GB/T 15170—2007）
				包装容器　方罐与扁圆罐	包装容器　方罐与扁圆罐（BB/T 0019—2000）
				包装装潢镀锡（铬）薄钢板制罐产品	包装装潢镀锡（铬）薄钢板制罐产品（QB/T 1878—1993）
				镀锡薄钢板圆形罐头容器	镀锡薄钢板圆形罐头容器技术条件（GB/T 14251—1993）
				镀锡（铬）薄钢板圆形全开式易拉盖	镀锡（铬）薄钢板圆形全开式易拉盖（QB/T 2466—1999）
				冠形瓶盖	冠形瓶盖（GB/T 13521—1992）
				爪式旋开盖	爪式旋开盖（QB/T 1499—2000）
				不锈钢餐具	不锈钢餐具（GB/T 15067.2—1994）
				不锈钢器皿　杯	不锈钢器皿　杯（QB/T 1622.8—1992）
				不锈钢器皿　盘	不锈钢器皿　盘（QB/T 1622.9—1992）
				不锈钢器皿　盒	不锈钢器皿　盒（QB/T 1622.11—1992）
				不锈钢真空保温容器	不锈钢真空保温容器（QB/T 2332—1997）

续表

序号	产品种类		卫生标准	产品品种	产品标准
5	食品用金属制品	不锈钢食具容器	食品安全国家标准 不锈钢制品（GB 9684—2011）	不锈钢厨具	不锈钢厨具（QB/T 2174—2006）
				不锈钢器皿 盆	不锈钢器皿 盆（QB/T 1622.10—1992）
				不锈钢器皿 锅	不锈钢器皿 锅（QB/T 1622.5—1992）
				不锈钢器皿 复底锅	不锈钢器皿 复底锅（QB/T 1622.6—1992）
				不锈钢器皿 壶	不锈钢器皿 壶（QB/T 1622.7—1992）
				不锈钢压力锅	不锈钢压力锅（GB 15066—2004）
				食品工业用不锈钢薄壁容器	食品工业用不锈钢薄壁容器（QB/T 2681—2004）
				镀锡薄钢板圆形罐头容器技术条件	镀锡薄钢板圆形罐头容器技术条件（GB/T 14251—1993）
				涂覆镀锡（或镀铬）薄钢板	涂覆镀锡（或镀铬）薄钢板（QB/T 2763—2006）
				食品工业用不锈钢薄壁容器	食品工业用不锈钢薄壁容器（QB/T 2681—2004）
6	食品用陶瓷制品	陶瓷食具容器	陶瓷食具容器卫生标准（GB 13121—1991）	普通陶瓷包装 坛类	普通陶瓷包装 坛类（QB/T 3732.3—1999）
				普通陶瓷 缸类	普通陶瓷 缸类（QB/T 1222—1991）
				食用青瓷包装容器	青瓷器系列标准 食用青瓷包装容器（GB/T 10813.4—1989）
				其他包装用陶瓷器	—
		食品接触陶瓷制品	与食品接触的陶瓷制品铅、镉溶出量允许极限（GB 12651—2003）	日用瓷器（细瓷、炻器、普瓷）	日用瓷器（GB/T 3532—2009）
				骨质瓷器	骨质瓷器（GB/T 13522—2008）
				釉下（中）彩日用瓷器	釉下（中）彩日用瓷器（GB/T 10811—2002）
				玲珑日用瓷器	玲珑日用瓷器（GB/T 10812—2002）

续表

序号	产品种类		卫生标准	产品品种	产品标准
6	食品用陶瓷制品	食品接触陶瓷制品	与食品接触的陶瓷制品铅、镉溶出量允许极限（GB 12651—2003）	建白日用细瓷器	建白日用细瓷器（GB/T 10814—2009）
				粤彩瓷器	—
				日用青瓷器	—
				日用精陶器	日用精陶器（GB/T 10815—2002）
				紫砂陶器	紫砂陶器（GB/T 10816—2008）
				其他食品用瓷器及陶器	—
			陶瓷烹调器铅、镉溶出量允许极限和检测方法（GB 8058—2003）	普通陶瓷烹调器	普通陶瓷烹调器（QB/T 2579—2002）
				精细陶瓷烹调器	精细陶瓷烹调器（QB/T 2580—2002）
				其他陶瓷烹调器	—
7	食品用搪瓷制品	搪瓷食具容器	搪瓷食具容器卫生标准（GB 4804—1984）	接触食物搪瓷制品	接触食物搪瓷制品（GB/T 13484—2011）
8	食品用植物纤维制品	植物纤维类食品容器	植物纤维类食品容器卫生标准（GB 19305—2003）	植物纤维一次性筷子	植物纤维一次性筷子（GB/T 24398—2009）
9	食品用玻璃制品	包装玻璃容器	包装玻璃容器铅、镉、砷、锑溶出允许限量（GB 19778—2005）	碳酸饮料玻璃瓶	碳酸饮料玻璃瓶（QB 2142—1995）
				包装容器　葡萄酒瓶	包装容器　葡萄酒瓶（BB/T 0018—2000）
				啤酒瓶	啤酒瓶（GB 4544—1996）
				啤酒桶	啤酒桶（GB 17714—1999）
				啤酒计量杯	啤酒计量杯（QB 2437—1999）
				500mL 冠形瓶口白酒瓶	500mL 冠形瓶口白酒瓶（QB/T 3562—1999）
				500mL 罐头瓶	500mL 罐头瓶（QB/T 3563—1999）
				微波炉用玻璃托盘	微波炉用玻璃托盘（QB/T2297—1997）
				机吹玻璃杯	—

续表

序号	产品种类		卫生标准	产品品种	产品标准
9	食品用玻璃制品	包装玻璃容器	包装玻璃容器铅、镉、砷、锑溶出允许限量（GB 19778—2005）	机压玻璃杯	—
				人工吹制玻璃杯	—
				耐热玻璃器具	耐热玻璃器具的安全与卫生要求（GB 17762—1999）
10	食品用竹、木制品	食品用木制品	—	一次性木筷	一次性筷子　第1部分：木筷（GB 19790.1—2005）
				酒类及其他食品包装用软木塞	酒类及其他食品包装用软木塞（GB/T 23778—2009）
		食品用竹制品	—	一次性竹筷	一次性筷子　第2部分：竹筷（GB 19790.2—2005）
11	食品用涂料	食品罐头内壁环氧酚醛涂料	食品罐头内壁环氧酚醛涂料卫生标准（GB 4805—1994）	—	—
		食品容器过氯乙烯内壁涂料	食品容器过氯乙烯内壁涂料卫生标准（GB 7105—1986）	—	—
		食品容器漆酚涂料	食品容器漆酚涂料卫生标准（GB 9680—1988）	—	—
		食品罐头内壁脱模涂料	食品罐头内壁脱模涂料卫生标准（GB 9682—1988）	—	—
		食品容器内壁聚酰胺环氧树脂涂料	食品容器内壁聚酰胺环氧树脂涂料卫生标准（GB 9686—1988）	—	—
		食品容器有机硅防粘涂料	食品容器有机硅防粘涂料卫生标准（GB 11676—1989）	—	—
		水基改性环氧易拉罐内壁涂料	水基改性环氧易拉罐内壁涂料卫生标准（GB 11677—1989）	—	—
		食品容器内壁聚四氟乙烯涂料	食品容器内壁聚四氟乙烯涂料卫生标准（GB 11678—1989）	—	—

从以上标准可以看出，食品包装相关的产品标准有国家标准［包括：国家强制性标准（GB）和国家推荐性标准（GB/T）］和行业标准［主要包括：包装行业标准（BB）、轻工行业标准（QB）、化工行业标准（HG）］。产品标准的主要内容包括：产品分类、原材料要求、技术要求、检验方法、标签标识、包装、贮存、运输等方面的要求。产品标准的技术要求一般规定产品的外观、使用性能、物理机械性能和卫生要求。

18.2.2.2 洗涤剂和消毒剂质量标准

洗涤剂和消毒剂产品质量标准，详见表 18-3。

表 18-3 洗涤剂和消毒剂产品质量标准

序号	标准编号	标准名称
1	GB 9985—2000	手洗餐具用洗涤剂及第 1 号修改单、第 2 号修改单
2	GB 14930.1—1994	食品工具、设备用洗涤剂卫生标准
3	GB 14930.2—2012	食品安全国家标准 消毒剂
4	GB/T 24691—2009	果蔬清洗剂

食品工具、设备用洗涤剂的主要性能指标包括外观、气味、稳定性、理化指标（包括：总活性物质含量、pH、去污力、荧光性物质、甲醇、甲醛、重金属、砷等）和微生物指标（菌落总数、大肠菌群）。

18.2.2.3 食品加工用设备产品质量标准

食品加工用设备生产产品质量标准主要包括：家用和类似用途电器的安全通用要求和针对某种产品的特殊要求，主要是 GB 4706 系列标准；还有 GB 16798—1997《食品机械安全卫生》、GB 10644—2008《电热食品烤炉》、GB 12073—1989《乳品设备安全卫生》、GB 17988—2004《食具消毒柜安全和卫生要求》、GB 5083—1999《生产设备安全卫生设计总则》、GB 22748—2008《食品加工机械 立式和面机 安全和卫生要求》、GB 22749—2008《食品加工机械 切片机 安全和卫生要求》等安全卫生标准。详见表 18-4。

表 18-4 食品加工用设备产品质量标准

序号	标准编号	标准名称
1	GB 4706.1—2005	家用和类似用途电器的安全 第 1 部分：通用要求
2	GB 4706.11—2008	家用和类似用途电器的安全 快热式电热水器的特殊要求
3	GB 4706.12—2006	家用和类似用途电器的安全 储水式电热水器的特殊要求
4	GB 4706.14—2008	家用和类似用途电器的安全 烤架、面包片烘烤器及类似用途便携式烹饪器具的特殊要求
5	GB 4706.19—2008	家用和类似用途电器的安全 液体加热器具的特殊要求
6	GB 4706.21—2008	家用和类似用途电器的安全 微波炉、包括组合型微波炉的特殊要求
7	GB 4706.30—2008	家用和类似用途电器的安全 厨房机械的特殊要求
8	GB 4706.33—2008	家用和类似用途电器的安全 商用电深油炸锅的特殊要求
9	GB 4706.34—2008	家用和类似用途电器的安全 商用电强制对流烤炉、蒸汽饮具和蒸汽对流炉的特殊要求
10	GB 4706.35—2008	家用和类似用途电器的安全 商用电煮锅的特殊要求

续表

序号	标准编号	标　准　名　称
11	GB 4706.36—1997	家用和类似用途电器的安全　商用电开水器和液体加热器的特殊要求
12	GB 4706.37—2008	家用和类似用途电器的安全　商用单双面电热铛的特殊要求
13	GB 4706.38—2008	家用和类似用途电器的安全　商用电动饮食加工机械的特殊要求
14	GB 4706.39—2008	家用和类似用途电器的安全　商用电烤炉和烤面包炉的特殊要求
15	GB 4706.40—2008	家用和类似用途电器的安全　商用多用途电平锅的特殊要求
16	GB 4706.51—2008	家用和类似用途电器的安全　商用电热食品和陶瓷餐具保温器的特殊要求
17	GB 4706.52—2008	家用和类似用途电器的安全　商用电炉灶、烤箱、灶和灶单元的特殊要求
18	GB 15066—2004	不锈钢压力锅
19	GB 13623—2003	铝压力锅安全及性能要求
20	GB 16798—1997	食品机械安全卫生
21	GB/T 19063—2009	液体食品包装设备验收规范
22	GB 10644—2008	电热食品烤炉
23	GB 12073—1989	乳品设备安全卫生
24	GB 17988—2008	食具消毒柜安全和卫生要求
25	QB 2138.2—1996	家用和类似用途电器的安全　食具消毒柜的特殊要求
26	GB 5083—1999	生产设备安全卫生设计总则
27	GB 22747—2008	食品加工机械　基本概念　卫生要求
28	GB 22748—2008	食品加工机械　立式和面机　安全和卫生要求
29	GB 22749—2008	食品加工机械　切片机　安全和卫生要求
30	GB 23242—2009	食品加工机械　食物切碎机和搅拌机　安全和卫生要求
31	SC/T 6027—2007	食品加工机械　（鱼类）剥皮、去皮、去膜机械的安全和卫生要求
32	SB/T 223—2007	食品机械通用技术条件　机械加工技术要求
33	SB/T 222—2007	食品机械通用技术条件　基本技术要求
34	SB/T 224—2007	食品机械通用技术条件　装配技术要求
35	SB/T 227—2007	食品机械通用技术条件　电气装置技术要求
36	SB/T 228—2007	食品机械通用技术条件　表面涂漆
37	SB/T 225—2007	食品机械通用技术条件　铸件技术要求
38	SB/T 226—2007	食品机械通用技术条件　焊接、铆接件技术要求
39	SB/T 229—2007	食品机械通用技术条件　产品包装技术要求
40	SB/T 230—2007	食品机械通用技术条件　产品检验规则
41	SB/T 231—2007	食品机械通用技术条件　产品的标志、运输与贮存
42	SB/T 10291.1—1997	食品机械术语　第1部分：饮食机械术语
43	SB/T 10291.2—1997	食品机械术语　第2部分：糕点加工机械术语
44	GB 15179—1994	食品机械润滑脂
45	GB/T 12494—1990	食品机械专用白油
46	GB/T 15069—2008	罐头食品机械术语

续表

序号	标准编号	标　准　名　称
47	SB/T 10084—2009	食品机械型号编制方法
48	GB/T 10645—2008	电热食品烤炉型号编制方法
49	GB/T 10646—2008	电热食品烤炉型式与主要参数
50	GB/T 11918—2001	工业用插头插座和耦合器　第 1 部分：通用要求
51	GB/T 14048.1—2006	低压开关设备和控制设备　第 1 部分：总则
52	GB 1002—2008	家用和类似用途单相插头插座　型式、基本参数和尺寸
53	GB 1003—2008	家用和类似用途三相插头插座　型式、基本参数和尺寸
54	GB 10963.1—2005	电气附件　家用及类似场所用过电流保护器　第 1 部分：用于交流的断路器
55	GB 10963.2—2008	家用及类似场所用过电流保护器　第 2 部分：用于交流和直流的断路器
56	GB 12350—2009	小功率电动机的安全要求
57	GB 13140.1—2008	家用和类似用途低压电路用的连接器件　第 1 部分：通用要求
58	GB 13539.1—2008	低压熔断器　第 1 部分：基本要求
59	GB13539.3—2008	低压熔断器　第 3 部分：非熟练人员使用的熔断器的补充要求
60	GB 14048.4—2010	低压开关设备和控制设备　第 4-1 部分：接触器和电动机起动器
61	GB 14536.10—2008	家用和类似用途电自动控制器　温度敏感控制器的特殊要求
62	GB 14536.1—2008	家用和类似用途电自动控制器　第 1 部分：通用要求
63	GB 14536.3—2008	家用和类似用途电自动控制器　电动机热保护器的特殊要求
64	GB 14536.8—2010	家用和类似用途电自动控制器　定时器和定时开关的特殊要求
65	GB 14711—2006	中小型旋转电机安全要求
66	GB 15092.1—2010	器具开关　第 1 部分：通用要求
67	GB 15092.2—1994	器具开关　第 2 部分：软线开关的特殊要求
68	GB 16915.1—2003	家用和类似用途固定式电气装置的开关　第 1 部分：通用要求
69	GB 16916.1—2003/XG1—2010	家用和类似用途的不带过电流保护的剩余电流动作断路器（RCCB）第 1 部分：一般规则/国家标准第 1 号修改单
70	GB 16917.1—2003/XG1—2010	家用和类似用途的带过电流保护的剩余电流动作断路器（RCBO）第 1 部分：一般规则/国家标准第 1 号修改单
71	GB 17465.1—2009	家用和类似用途器具耦合器　第 1 部分：通用要求
72	GB 191—2008	包装储运图示标志
73	GB 2099.1—2008	家用和类似用途插头插座　第 1 部分：通用要求
74	GB 2099.2—1997	家用和类似用途插头插座　第 2 部分：器具插座的特殊要求
75	GB 5013.1—2008	额定电压 450/750V 及以下橡皮绝缘软电缆　第 1 部分　一般要求
76	GB 5013.2—2008	额定电压 450/750V 及以下橡皮绝缘软电缆　第 2 部分：试验方法
77	GB/T 5023.1—2008	额定电压 450/750V 及以下聚氯乙烯绝缘电缆　第 1 部分：一般要求
78	GB/T 5023.3—2008	额定电压 450/750V 及以下聚氯乙烯绝缘电缆　第 3 部分：固定布线用无护套电缆
79	GB/Z 6829—2008	剩余电流动作保护器的一般要求
80	GB 9364.1—1997	小型熔断器　第 1 部分：小型熔断器定义和小型熔断体通用要求

续表

序号	标准编号	标 准 名 称
81	GB 9364.2—1997	小型熔断器 第 2 部分：管状熔断体
82	GB 9364.3—1997	小型熔断器 第 3 部分：超小型熔断体
83	GB 9816—2008	热熔断体的要求和应用导则

18.2.3 生产规范（管理与控制）

18.2.3.1 食品包装容器及材料术语、分类标准

GB/T 23508—2009《食品包装容器及材料 术语》和 GB/T 23509—2009《食品包装容器及材料 分类》是专门针对与食品直接接触的以及预期与食品直接接触的食品包装容器及材料。GB/T 23508—2009 规定了食品包装容器及材料基础术语、食品包装容器术语、食品包装材料术语、食品包装辅助材料和辅助物术语、质量安全和检验术语及其定义；GB/T 23509—2009 规定了食品包装容器及材料的类别、名称，涵盖了塑料包装容器及材料、纸包装容器及材料、玻璃包装容器及材料、陶瓷包装容器及材料、金属包装容器及材料、复合包装容器及材料、其他包装容器及材料、食品包装辅助材料等。

包装的术语标准是 6 个分标准组成的系列标准，见表 18－5。

表 18－5 包装术语标准

序号	标准编号	标 准 名 称
1	GB/T 4122.1—2008	包装术语 第 1 部分：基础
2	GB/T 4122.2—2010	包装术语 第 2 部分：机械
3	GB/T 4122.3—2010	包装术语 第 3 部分：防护
4	GB/T 4122.4—2010	包装术语 第 4 部分：材料与容器
5	GB/T 4122.5—2010	包装术语 第 5 部分：检验与试验
6	GB/T 4122.6—2010	包装术语 第 6 部分：印刷

18.2.3.2 包装、标志、标签、运输、贮存标准

食品包装是提高食品作为商品的竞争能力和促进销售的重要手段，现代包装设计已成为企业营销战略的重要组成部分。企业竞争的最终目的是使自己的产品为广大消费者所接受，而产品的包装包含了企业名称、企业标志、商标、品牌特色以及产品性能、成分容量等商品说明信息，因而包装形象比其他广告宣传媒体更直接、更生动、更广泛的面对消费者。因此，食品包装的标志、标签等标准非常重要。

《食品用包装、容器、工具等制品生产许可通则》（2006 年）对食品包装的产品使用说明书或产品标签做了规定：产品使用说明书或产品标签的内容应包括产品使用方法、使用注意事项、用途、产品使用环境、使用温度、使用的原辅材料类型等文字、图示及警示内容。

GB/T 18455—2010《包装回收标志》，规定了可回收利用的包装容器和包装组分的材料识别标志及其标示要求，适用于可回收利用的纸、塑料、铝、铁等包装容器或包装组分。

GB 21660—2008《塑料购物袋的环保、安全和标识通用技术要求》规定，塑料购物

袋的最小厚度应不小于0.025mm，应有环保声明、警告语和安全性说明，直接接触食品的塑料购物袋应标有“食品用”字样。该标准还规定，塑料购物袋需要明确袋的名称、标准编号、规格、公称承重等；塑料购物袋的标识要用醒目的颜色，应不易褪色或脱落；标识应位于塑料购物袋的明显处，塑料购物袋还应明确标识生产厂家名称等信息。

GB 23350 — 2009《限制商品过度包装要求　食品和化妆品》，对食品和化妆品销售包装的空隙率、层数和成本等3个指标做出了强制性规定。分别是包装层数3层以下、包装空隙率不得大于60%、初始包装之外的所有包装成本总和不得超过商品销售价格的20%。同时，针对饮料酒、糕点、粮食、保健食品、化妆品等过度包装现象较为严重的商品，标准指标要求进行了相应调整。该标准的发布实施为治理商品过度包装工作提供了技术依据。

食品用包装、容器、工具等制品对于产品的防护、预防变质或污染、延长保存期等至关重要，因此，对食品、食品包装的运输和贮存也制定了一些相关标准。

常用的食品包装标签、标志、运输和贮存标准见表18-6。

表18-6　食品包装标签、标志、运输和贮存标准

序号	标准编号	标 准 名 称
1	GB/T 191—2008	包装储运图示标志
2	GB/T 18455—2010	包装回收标志
3	GB/T 6388—1986	运输包装收发货标志
4	GB 23350— 2009	限制商品过度包装要求　食品和化妆品
5	GB/T 3302—2009	日用陶瓷器包装、标志、运输、贮存规则
6	GB/T 17306—2008	包装　消费者的需求
7	GB/T 19142—2008	出口商品包装通则
8	GB 7718—2011	食品安全国家标准预包装食品标签通则
9	GB 13432—2004	预包装特殊膳食用食品标签通则
10	GB 10344—2005	预包装饮料酒标签通则
11	NY/T 658—2002	绿色食品包装通用准则
12	NY/T 1056—2006	绿色食品贮藏运输准则
13	SB/T 10447—2007	水果和蔬菜　气调贮藏原则与技术
14	SB/T 10448—2007	热带水果和蔬菜包装与运输操作规程
15	QB/T3600—1999	罐头食品的包装、标志、运输和贮存
16	ZB X 08001—1987	食用淀粉包装、标志、运输，贮存标准
17	QB/T 1733.1—1993	花生制品的试验方法、检验规则和标志、包装运输贮存
18	SB 116—1982	冰蛋品的包装、标志、运输、保管
19	GJB 4122—2000	军用食品包装贮运要求

18.2.3.3　生产企业良好操作规范标准

GB/T 23887—2009《食品包装容器及材料生产企业通用良好操作规范》适用于食品包装容器及材料生产企业，规定了食品包装容器及材料生产企业的厂区环境、厂房和设施、设备、人员、生产加工过程和控制、卫生管理、质量管理、文件和记录、投诉处理和产品召回、产品信息和宣传引导等方面的基本要求。

18.2.4 检验标准

18.2.4.1 食品包装材料、容器、工具等制品检验标准

（1）卫生性能分析方法标准

我国针对不同材料和成型品的卫生标准，制定了相应的检验方法标准，多数方法标准列入了 GB/T 5009—2003 系列标准。2009 年我国发布了与食品接触高分子材料的食品模拟物中有毒有害物质的测定方法系列标准 GB/T 23296.1～23296.26—2009。

不同材料和成型品卫生性能的分析方法标准见表 18－7。

表 18－7 食品包装材料、容器、工具等制品卫生性能分析方法标准

分类	标准名称	标准编号
塑料	聚氯乙烯树脂残留氯乙烯单体含量的测定 气相色谱法	GB/T 4615—2008
	食品包装用聚乙烯树脂卫生标准的分析方法	GB/T 5009.58—2003
	食品包装用聚苯乙烯树脂卫生标准的分析方法	GB/T 5009.59—2003
	食品包装用聚乙烯、聚苯乙烯、聚丙烯成型品卫生标准的分析方法	GB/T 5009.60—2003
	食品包装用三聚氰胺成型品卫生标准的分析方法	GB/T 5009.61—2003
	食品包装用聚氯乙烯成型品卫生标准的分析方法	GB/T 5009.67—2003
	食品包装用聚丙烯树脂卫生标准的分析方法	GB/T 5009.71—2003
	食品容器及包装材料用不饱和聚酯树脂及其玻璃钢制品卫生标准分析方法	GB/T 5009.98—2003
	食品容器及包装材料用聚碳酸酯树脂卫生标准的分析方法	GB/T 5009.99—2003
	食品包装用发泡聚苯乙烯成型品卫生标准的分析方法	GB/T 5009.100—2003
	食品容器及包装材料用聚酯树脂及其成型品中锑的测定	GB/T 5009.101—2003
	食品容器、包装材料用聚氯乙烯树脂及成型品中残留 1，1-二氯乙烷的测定	GB/T 5009.122—2003
	尼龙 6 树脂及成型品中己内酰胺的测定	GB/T 5009.125—2003
	食品包装用聚酯树脂及其成型品中锗的测定	GB/T 5009.127—2003
	食品包装用苯乙烯－丙烯腈共聚物和橡胶改性的丙烯腈-丁二烯－苯乙烯树脂及其成型品中残留丙烯腈单体的测定	GB/T 5009.152—2003
	食品用包装材料及其制品的浸泡试验方法通则	GB/T 5009.156—2003
	食品包装用树脂及其制品的预试验	GB/T 5009.166—2003
	食品包装材料中甲醛的测定	GB/T 5009.178—2003
	食品包装用聚氯乙烯膜中己二酸二（2-乙基）己酯迁移量的测定	GB/T 20499—2006
	食品包装材料中全氟辛烷磺酰基化合物（PFOS）的测定 高效液相色谱-串联质谱法	GB/T 23243—2009
	食品接触材料 塑料中受限物质 塑料中物质向食品及食品模拟物特定迁移试验和含量测定方法以及食品模拟物暴露条件选择的指南	GB/T 23296.1—2009
	食品接触材料 高分子材料 食品模拟物中 1，3-丁二烯的测定 气相色谱法	GB/T 23296.2—2009
	食品接触材料 塑料中 1，3-丁二烯含量的测定 气相色谱法	GB/T 23296.3—2009
	食品接触材料 高分子材料 食品模拟物中 1-辛烯和四氢呋喃的测定 气相色谱法	GB/T 23296.4—2009

续表

分类	标 准 名 称	标准编号
	食品接触材料 高分子材料 食品模拟物中 2-（N，N-二甲基氨基）乙醇的测定 气相色谱法	GB/T 23296.5—2009
	食品接触材料 高分子材料 食品模拟物中 4-甲基-1-戊烯的测定 气相色谱法	GB/T 23296.6—2009
	食品接触材料 塑料中表氯醇含量的测定 高效液相色谱法	GB/T 23296.7—2009
	食品接触材料 高分子材料 食品模拟物中丙烯腈的测定 气相色谱法	GB/T 23296.8—2009
	食品接触材料 高分子材料 食品模拟物中丙烯酰胺的测定 高效液相色谱法	GB/T 23296.9—2009
	食品接触材料 高分子材料 食品模拟物中对苯二甲酸的测定 高效液相色谱法	GB/T 23296.10—2009
	食品接触材料 塑料中环氧乙烷和环氧丙烷含量的测定 气相色谱法	GB/T 23296.11—2009
	食品接触材料 高分子材料 食品模拟物中 11-氨基十一酸的测定 高效液相色谱法	GB/T 23296.12—2009
	食品接触材料 塑料中氯乙烯单体的测定 气相色谱法	GB/T 23296.13—2009
	食品接触材料 高分子材料 食品模拟物中氯乙烯的测定 气相色谱法	GB/T 23296.14—2009
	食品接触材料 高分子材料 食品模拟物中 2，4，6-三氨基-1，3，5-三嗪（三聚氰胺）的测定 高效液相色谱法	GB/T 23296.15—2009
塑料	食品接触材料 高分子材料 食品模拟物中 2，2-二（4-羟基苯基）丙烷（双酚 A）的测定 高效液相色谱法	GB/T 23296.16—2009
	食品接触材料 高分子材料 食品模拟物中乙二胺与己二胺的测定 气相色谱法	GB/T 23296.17—2009
	食品接触材料 高分子材料 食品模拟物中乙二醇与二甘醇的测定 气相色谱法	GB/T 23296.18—2009
	食品接触材料 高分子材料 食品模拟物中乙酸乙烯酯的测定 气相色谱法	GB/T 23296.19—2009
	食品接触材料 高分子材料 食品模拟物中己内酰胺及己内酰胺盐的测定 气相色谱法	GB/T 23296.20—2009
	食品接触材料 高分子材料 食品模拟物中顺丁烯二酸及顺丁烯二酸酐的测定 高效液相色谱法	GB/T 23296.21—2009
	食品接触材料 塑料中异氰酸酯含量的测定 高效液相色谱法	GB/T 23296.22—2009
	食品接触材料 高分子材料 食品模拟物中 1，1，1-三甲醇丙烷的测定 气相色谱法	GB/T 23296.23—2009
	食品接触材料 高分子材料 食品模拟物中 1，2-苯二酚、1，3-苯二酚、1，4-苯二酚、4，4′-二羟二苯甲酮、4，4′-二羟联苯的测定 高效液相色谱法	GB/T 23296.24—2009
	食品接触材料 高分子材料 食品模拟物中 1，3-苯二甲胺的测定 高效液相色谱法	GB/T 23296.25—2009
	食品接触材料 高分子材料 食品模拟物中甲醛和六亚甲基四胺的测定 分光光度法	GB/T 23296.26—2009

续表

分类	标 准 名 称	标准编号
纸	食品包装用原纸卫生标准的分析方法	GB/T 5009.78—2003
玻璃	玻璃容器铅、镉溶出量的测定方法	GB/T 21170—2007
陶瓷	陶瓷烹调器铅、镉溶出量允许极限和检测方法	GB 8058—2003
	日用陶瓷器铅、镉溶出量的测定方法	GB/T 3534—2002
	陶瓷制食具容器卫生标准的分析方法	GB/T 5009.62—2003
橡胶	食品用橡胶垫片（圈）卫生标准的分析方法	GB/T 5009.64—2003
	食品用高压锅密封圈卫生标准的分析方法	GB/T 5009.65—2003
	橡胶奶嘴卫生标准的分析方法	GB/T 5009.66—2003
	食品用橡胶管卫生检验方法	GB/T 5009.79—2003
金属	铝制食具容器卫生标准的分析方法	GB/T 5009.72—2003
	不锈钢食具容器卫生标准的分析方法	GB/T 5009.81—2003
搪瓷	搪瓷制食具容器卫生标准的分析方法	GB/T 5009.63—2003
复合	复合食品包装袋中二氨基甲苯的测定	GB/T 5009.119—2003
植物纤维类	植物纤维类食品容器卫生标准中蒸发残渣的分析方法	GB/T 5009.203—2003
涂料	食品容器内壁过氯乙烯涂料卫生标准的分析方法	GB/T 5009.68—2003
	食品罐头内壁环氧酚醛涂料卫生标准的分析方法	GB/T 5009.69—2003
	食品容器内壁聚酰胺环氧树脂涂料卫生标准的分析方法	GB/T 5009.70—2003
	食品容器内壁聚四氟乙烯涂料卫生标准的分析方法	GB/T 5009.80—2003
其他相关标准	食品卫生微生物学检验 大肠菌群的快速检测	GB/T 4789.32—2002
	食品安全国家标准 食品微生物学检验 大肠菌群计数	GB 4789.3—2010
	食品安全国家标准 食品微生物学检验 沙门氏菌检验	GB 4789.4—2010
	食品安全国家标准 食品微生物学检验 志贺氏菌检验	GB/T 4789.5—2012
	食品安全国家标准 食品微生物学检验 金黄色葡萄球菌检验	GB 4789.10—2010
	食品卫生微生物学检验 溶血性链球菌检验	GB/T 4789.11—2003
	食品安全国家标准 食品微生物学检验 霉菌和酵母计数	GB 4789.15—2010

由以上标准可以看出，有的标准规定了卫生标准中列出的多个检验项目的检测方法，如 GB/T 5009.60—2003《食品包装用聚乙烯，聚苯乙烯，聚丙烯成型品卫生标准的分析方法》，规定了 3 种材质的成型品中蒸发残渣、高锰酸钾消耗量、重金属、脱色试验 4 个项目的检验方法；有的标准针对不同材料中存在的特定有毒有害物质，制定了单个项目的检验方法标准，如 GB/T 20499—2006《食品包装用聚氯乙烯膜中己二酸二（2 -乙基）己酯迁移量的测定》；有的标准针对塑料食品接触材料的食品模拟物中有害物质的检测，如 GB/T 23296.15—2009《食品接触材料 高分子材料 食品模拟物中 2，4，6 -三氨基- 1，3，5 -三嗪（三聚氰胺）的测定 高效液相色谱法》、GB/T 23296.16—2009《食品接触

材料　高分子材料　食品模拟物中 2，2-二（4-羟基苯基）丙烷（双酚 A）的测定　高效液相色谱法》。

卫生指标的检验包括以下几个方面。

1）蒸发残渣

蒸发残渣是指产品在使用过程中对包装内容物析出残渣的可能性。

原理：试样经用各种溶液浸泡后，蒸发残渣即表示在不同浸泡液中的溶出量。4 种溶液为模拟接触水、酸、酒、油不同性质食品的情况。

分析步骤：取各浸泡液 200mL，分次置于预先在 100℃±5℃干燥至恒量的 50mL 玻璃蒸发皿或恒量过的小瓶浓缩器（为回收正己烷用）中，在水浴上蒸干，于 100℃±5℃干燥 2h，在干燥器中冷却 0.5h 后称量，再于 100℃±5℃干燥，取出，在干燥器中冷却 0.5h，称量。同时进行空白试验。

2）高锰酸钾消耗量

高锰酸钾消耗量是指在 1L 浸泡液中的还原性物质被氧化时所消耗高锰酸钾的质量，产品以规定浸泡液浸泡后，测定其高锰酸钾消耗量，表征可溶出有机物的情况（如低相对分子质量聚合体、助剂等）。浸泡液一般用水。

原理：试样经用浸泡液浸泡后，测定其高锰酸钾消耗量，表示可溶出有机物质的含量。

分析步骤：①浸泡。取样品用浸泡液，浸泡液按接触面积每平方厘米加 2mL，在容器中则加入浸泡液至 2/3～4/5 容积为准。②锥形瓶的处理。取 100mL 水，放入 250mL 锥形瓶中，加入 5mL 硫酸（1+2），5mL 高锰酸钾溶液，煮沸 5min，倒去，用水冲洗备用。③滴定。准确吸取 100mL 浸泡液（有残渣则需过滤）于上述处理过的 250mL 锥形瓶中，加 5mL 硫酸（1+2）及 10.0mL 高锰酸钾标准滴定溶液（0.01mol/L），再加玻璃珠 2 粒，准确煮沸 5min 后，趁热加入 10.0mL 草酸标准滴定溶液（0.01mol/L），再以高锰酸钾标准滴定溶液（0.01mol/L）滴定至微红色，记取 2 次高锰酸钾溶液滴定量。另取 100mL 水，按上法同样做试剂空白试验。

3）重金属溶出量

重金属溶出量是考核从制品析出到浸泡液中的重金属（如铅、镉等）含量。

原料：用 4%乙酸浸泡制品，浸泡液中重金属（以铅计）与硫化钠作用，在酸性溶液中形成黄棕色硫化铅，与标准比较不得更深，即表示重金属含量符合标准。

4）脱色试验

脱色试验是主要反映产品表面在实际使用过程中的脱色情况。脱色试验一般分为擦拭和浸泡液两种，检测方法是目测法。

擦拭：取洗净待测食具一个，用沾有冷餐油、乙醇（65%）的棉花，在接触食品部位的小面积内，用力往返擦拭 100 次，棉花上不得染有颜色。

浸泡液：将样品取印刷面积大的部位，按接触面积每平方厘米加 2mL 浸泡液，一般浸泡液为 200mL。如果是纸餐具类产品采用容器内浸泡，在容器内则加入浸泡液至 2/3～4/5 容积为准。4 种浸泡液也不得染有颜色。

5）氯乙烯和偏氯乙烯

聚氯乙烯、聚偏二氯乙烯树脂和成型品中往往含有一定量的氯乙烯单体或偏氯乙烯单体，检测方法是顶空-气相色谱法。

原理：根据气体有关定律，将试样放入密封平衡瓶中，用溶剂溶解。在一定温度下，氯乙烯单体扩散，达到平衡时，取液上气体注入气相色谱仪中测定。本方法最低检出限为0.2 mg/kg。

6）聚酯成型品中锑溶出量

聚酯成型品中的锑元素主要来自于PET树脂原料。PET树脂在合成时一般用到含锑的催化剂，所以PET树脂中可能有一定量的锑元素残留。检测方法是4%乙酸浸泡-原子吸收光谱法。按GB/T 5009.101—2003《食品容器及包装材料用聚酯树脂及其成型品中锑的测定》进行测定。

7）聚酯成型品中乙醛含量

在室温下，乙醛是一种挥发性气体，含量很低也会影响食品的味道。该项目的测定是考核在常温下从产品挥发到空气（氮气）中乙醛的含量。检测方法是顶空法-气相色谱法和粉碎法-气相色谱法。

8）聚碳酸酯成型品中游离酚迁移量

酚是芳烃的羟基衍生物，羟基（—OH）跟苯基（—C_6H_5）直接相连的有机化合物，苯酚是组成最简单的酚。双酚A，又称为二酚基丙烷（BPA），是由苯酚、丙酮在酸性介质中合成的，是聚碳酸酯的单体。游离酚含量是指迁移到浸泡液（水）中游离酚含量。检测方法是水浸泡-分光光度法。

9）复合膜中溶剂残留量

复合膜中溶剂残留量检测指标包括：溶剂残留总量和苯系溶剂残留量两种。经常检测的项目有：乙醇、丙醇、异丙醇、丁醇、丙酮、丁酮、甲基异丁基酮、乙酸乙酯、乙酸异丙酯、乙酸丙酯、乙酸丁酯、丙二醇甲醚、苯、甲苯、邻二甲苯、对二甲苯、间二甲苯、二甲基甲酰胺等。目前没有检测方法标准，一般按GB/T 10004—2008中规定的顶空-气相色谱仪法检测。

10）复合膜中甲苯二胺

复合膜中的黏合剂在使用过程中分解的产物，具有一定的毒性。甲苯二胺按GB/T 5009.119—2003《复合食品包装袋中二氨基甲苯的测定》规定的沸水浸提-三氟乙酸酐衍生化-气相色谱法进行测试。

11）纸中铅含量

试样消解：干灰化法。称取1.00g～5.00g试样于坩埚中，先小火在可调式电热板上炭化至无烟，移入马弗炉500℃灰化6h～8h时，冷却。若个别试样灰化不彻底，则加1mL混合酸在可调式电炉上小火加热，反复多次直到消化完全，冷却，用硝酸（0.5mol/L）将灰分溶解，用滴管将试样消化液洗入或过滤入（视消化后试样的盐分而定）10mL～25mL容量瓶中，用水少量多次洗涤瓷坩埚，洗液合并于容量瓶中并定容至刻度，混合备用；同时作试剂空白。

检验按GB 5009.12—2010《食品安全国家标准　食品中铅的测定》进行操作。

12）纸中砷含量

试样消解：干灰化法。称取1g～2.5g（精确至小数点后第2位）于50mL～100mL坩埚中，同时做两份试剂空白。加150g/L硝酸镁10mL混匀，低热蒸干，将氧化镁1g仔细覆盖在干渣上，于电炉上灰化至无黑烟，移入550℃高温炉灰化4h。取出放冷，小心加入盐酸（1+1）10mL以中和氧化镁并溶解灰分，转入25mL容量瓶或比色管中，向容量瓶或比色管中加入50g/L硫脲2.5mL，另用硫酸（1+9）分次涮洗坩埚后转出合并，直至25mL刻度，混匀备测。

检测按GB/T 5009.11—2003《食品中总砷及无机砷的测定》的氢化物原子荧光光度法进行测定。

13）荧光性物质

采用反射光度计和紫外分析仪都可以检验荧光性物质，但考虑到国内反射光度计测定荧光白度的准确性较低，所以采用紫外分析仪检验荧光性物质。按GB/T 5009.78—2003《食品包装用纸卫生标准的分析方法》的规定进行检验。

测定方法：从试样中随机取5张100cm^{2}的纸样，置于365nm和254nm紫外灯下观察，任何一张纸样中最大荧光面积不得大于5cm^2。

14）微生物

微生物指标主要包括：大肠菌群、致病菌（包括沙门氏菌、志贺氏菌、金黄色葡萄球菌、溶血链链球菌）。以无菌操作称取试样25g，剪碎，制作不同浓度的菌悬液，然后根据相关食品卫生标准进行培养、检测。2010年国家对食品微生物检测系列方法标准GB/T 4789进行了部分修订，转化为食品安全标准。

15）玻璃包装铅、镉、砷、锑溶出量

试样清洗：从第一次冲洗起整个清洗过程应在20min～25min内完成。所有开口试样在贮存和运输过程中出现的任何包装碎屑或污物都应清除。用室温的蒸馏水对每个试样至少彻底冲洗两次后注入蒸馏水放置。在试样即将进行前排空试样，再次用蒸馏水冲洗，然后用实验用水（不含有重金属，其电导率在25℃±1℃时不超过0.1mS/m）再冲洗一次。让试样完全排干。

试样浸泡：将清洗好的试样按下面条件进行浸泡。耐热玻璃容器在98℃±1℃加热120min±2min；一般玻璃容器在22℃±2℃浸泡24h。

样品检验：铅和镉按GB/T 5009.62—2003进行测试；砷按GB/T 5009.11—2003进行测试；锑按GB/T 5009.63—2003进行测试。

16）陶瓷容器铅、镉溶出量

试样清洗：先将试样用浸润过微碱性洗涤剂的软布揩拭表面后，用自来水刷洗干净，再用水冲洗，晾干后备用。

试样浸泡：加入沸乙酸（4%）至距上口边缘1cm处（边缘有花彩者则要浸过花面），加上玻璃盖，在不低于20℃的室温下浸泡24h。不能盛装液体的扁平器皿的浸泡液体积，以器皿表面积每平方厘米加2mL计算。即将器皿划分为若干简单的几何图形，计算出总面积。如将整个器皿放入浸泡液中时，则按两面计算，加入浸泡液的体积应再乘以2。

样品检验：铅、镉按GB/T 5009.62—2003进行操作。

17）不锈钢容器铅、铬、镍、镉、砷溶出量

试样清洗：用肥皂刷洗试样表面污物，用自来水冲洗干净，再用蒸馏水冲洗，晾干备用。

试样浸泡：浸泡条件均为煮沸30min，再室温放置24h。

器形规则，便于测量计算表面积的食具容器，每批取两件成品，计算浸泡面积并注入水测量容器容积（以容积的2/3～4/5为宜）。记下面积、容积，把水倾去，滴干。

器形不规则、容积较大或难以测量计算表面积的制品，可采取原材料或取同批制品中有代表性制品裁割一定面积板块作为试样，浸泡面积以总面积计，总面积不要小于$50cm^2$。每批取样3块，分别放入合适体积的烧杯中，加浸泡液的量按每平方厘米如2mL计。如果两面都在浸泡液中，总面积应乘以2。把煮沸的4%乙酸倒入成品容器或盛有样品的烧杯中，加玻璃盖，小火煮沸0.5h，取下，补充4%乙酸至原体积，室温放置24h，将以上试样浸泡液倒入洁净玻璃瓶中供分析用。

在煮沸过程中因蒸发损失的4%乙酸浸泡液应随时补加，容器的4%乙酸浸泡液中金属含量经结果计算亦折为每平方厘米2mL浸泡液计。

样品检验：铅、铬、镍的检测按标准GB/T 5009.81—2003的规定进行操作。

镉的测定按GB/T 5009.62—2003的规定进行操作。

砷的测定按GB/T 5009.11—2003的规定进行操作。

（2）物理性能检测方法标准

1）食品用塑料包装、容器、工具等制品物理性能检测方法标准见表18-8。

表18-8　食品用塑料包装、容器、工具等制品物理性能检测方法标准

序号	标准编号	标准名称
1	GB/T 1033.1—2008	塑料　非泡沫塑料密度的测定　第1部分：浸渍法、液体比重瓶法和滴定法
2	GB/T 1034—2008	塑料　吸水性的测定
3	GB/T 1037—1988	塑料薄膜和片材透水蒸气性试验方法　杯式法
4	GB/T 1038—2000	塑料薄膜和薄片气体透过性试验方法　压差法
5	GB/T 1040.1—2006	塑料　拉伸性能的测定　第1部分：总则
6	GB/T 1040.2—2006	塑料　拉伸性能的测定　第2部分：模塑和挤塑塑料的试验条件
7	GB/T 1040.3—2006	塑料　拉伸性能的测定　第3部分：薄膜和薄片的试验条件
8	GB/T 1040.4—2006	塑料　拉伸性能的测定　第4部分：各向同性和正交各向异性纤维增强复合材料的试验条件
9	GB/T 1040.5—2008	塑料　拉伸性能的测定　第5部分：单向纤维增强复合材料的试验条件
10	GB/T 1446—2005	纤维增强塑料性能试验方法总则
11	GB/T 1449—2005	纤维增强塑料弯曲性能试验方法
12	GB/T 1633—2000	热塑性塑料维卡软化温度（VST）的测定
13	GB/T 1842—2008	塑料　聚乙烯环境应力开裂试验方法
14	GB/T 2410—2008	透明塑料透光率和雾度的测定
15	GB/T 2411—2008	塑料和硬橡胶使用硬度计测定压痕硬度（邵氏硬度）
16	GB/T 2546.2—2003	塑料聚丙烯模塑和挤出材料　第2部分：试样制备和性能测定
17	GB/T 2547—2008	塑料　取样方法
18	GB/T 2918—1998	塑料试样状态调节和试验的标准环境
19	GB/T 3682—2000	热塑性塑料熔体质量流动速率和熔体体积流动速率的测定

续表

序号	标准编号	标 准 名 称
20	GB/T 3854—2005	增强塑料巴克尔硬度试验方法
21	GB/T 5566—2003	橡胶或塑料软管　耐压扁试验方法
22	GB/T 6040—2002	红外光谱分析方法通则
23	GB/T 6342—1996	泡沫塑料与橡胶　线性尺寸的测定
24	GB/T 6672—2001	塑料薄膜和薄片厚度测定　机械测量法
25	GB/T 6673—2001	塑料薄膜和薄片长度和宽度的测定
26	GB/T 6981—2003	硬包装容器透湿度实验方法
27	GB/T 6982—2003	软包装容器透湿度实验方法
28	GB/T 8804.1—2003	热塑性塑料管材　拉伸性能测定　第 1 部分：实验方法总则
29	GB 8807—1988	塑料镜面光泽试验方法
30	GB 8808—1988	软质复合塑料材料剥离试验方法
31	GB 8809—1988	塑料薄膜抗摆锤冲击试验方法
32	GB 9639.1—2008	塑料薄膜和薄片 抗冲击性能试验方法 自由落镖法　第 1 部分：梯级法
33	GB/T 9345.1—2008	塑料　灰分的测定　第 1 部分：通用方法
34	GB/T 10006—1988	塑料薄膜和薄片摩擦系数测定方法
35	GB/T 12000—2003	塑料暴露于湿热、水喷雾和盐雾中影响的测定
36	GB/T 12027—2004	塑料　薄膜和薄片　加热尺寸变化率试验方法
37	GB/T 14190—2008	纤维级聚酯切片（PET）试验方法
38	GB/T 14216—2008	塑料　膜和片润湿张力的测定
39	GB/T 15047—1994	塑料扭转刚性试验方法
40	GB/T 15171—1994	软包装件密封性能试验方法
41	GB/T 15717—1995	真空金属镀层厚度测试方法 电阻法
42	GB/T 16928—1997	包装材料试验方法　透湿率
43	GB/T 16578.2—2009	塑料　薄膜和薄片　耐撕裂性能的测定　第 2 部分：埃莱门多夫（Elmendor）法
44	GB/T 20220—2006	塑料　薄膜和薄片 样品平均厚度卷平均厚度及单位质量面积的测定
45	GB/T 21662—2008	塑料　购物袋的快速检测方法与评价

食品用塑料包装主要性能指标主要包括如下几点。

①阻隔性能。主要指标有水蒸气透过量、气体透过量，是表征塑料薄膜阻隔性能的重要物理量，对袋装食品的保鲜、保质有重要的影响。水蒸气透过量按 GB/T 1037—1988 规定进行，气体透过量按 GB/T 1038—2000 规定进行。

②力学性能。主要指标包括拉伸强度、断裂伸长率、直角撕裂强度、热合强度、抗摆锤冲击强度、落标冲击强度等。这几个指标的检测试验环境及试样的预处理有特殊的要求，应按 GB/T 2918—1998 规定的标准环境正常偏差范围进行状态调解，并在此条件下进行试验。环境湿度：23℃±2℃；相对湿度：50%±5%；预处理：不少于 4h。

③物理性能。主要包括雾度、透光率，测定按 GB/T 2410—2008 规定进行。

④规格尺寸。主要包括厚度偏差、宽度偏差、长度偏差、容积偏差、高度偏差等。

2）食品用纸包装、容器、工具等制品物理性能检测方法标准见表 18－9。

表 18－9　食品用纸包装、容器、工具等制品物理性能检测方法标准

序号	标准编号	标准名称
1	GB/T 450—2008	纸和纸板试样的采取及试样纵横向、正反面的测定
2	GB/T 451.1—2002	纸和纸板尺寸及偏斜度的测定
3	GB/T 451.2—2002	纸和纸板定量的测定法
4	GB/T 451.3—2002	纸和纸板厚度的测定
5	GB/T 454—2002	纸耐破度的测定
6	GB/T 455—2002	纸和纸板撕裂度的测定
7	GB/T 456—2002	纸和纸板平滑度的测定法（别克法）
8	GB/T 457—2008	纸和纸板　耐折度的测定
9	GB/T 462—2008	纸、纸板和纸浆　分析试样水分的测定
10	GB/T 465.2—2008	纸和纸板　浸水后抗张强度的测定
11	GB/T 1539—2007	纸板　耐破度的测定
12	GB/T 1540—2002	纸和纸板吸水性的测定　可勃法
13	GB/T 1541—2007	纸和纸板　尘埃度的测定
14	GB/T 1545—2008	纸、纸板和纸浆　水抽提液酸度或碱度的测定
15	GB/T 2679.1—1993	纸透明度的测定法
16	GB/T 2679.2—1995	纸和纸板透湿度与折痕湿度的测定（盘式法）
17	GB/T 2679.3—1996	纸和纸板挺度的测定
18	GB/T 2679.8—1995	纸和纸板环压强度的测定方法
19	GB/T 2679.10—1993	纸和纸板短距压缩强度测定法
20	GB/T 4857.5—1992	包装　运输包装件　跌落试验方法
21	GB/T 7974—2002	纸、纸板和纸浆亮度（白度）的测定　漫射/垂直法
22	GB/T 7975—2005	纸和纸板　颜色的测定（漫反射法）
23	GB/T 8941—2007	纸和纸板镜面光泽度的测定（20°、45°、75°）
24	GB/T 10340—2008	纸和纸板过滤速度的测定
25	GB/T 12914—2008	纸和纸板抗张强度的测定
26	GB/T 22364—2008	纸和纸板弯曲挺度的测定

食品用纸包装主要物理性能指标主要包括：

①定量。定量是按规定的试验方法，测定纸和纸板单位面积的质量，以 g/m^2 表示。按 GB/T 451.2—2002《纸和纸板定量的测定》规定的检验方法进行检验。

②抗张强度。抗张强度是在标准试验方法规定的条件下，单位宽度的纸或纸板断裂前所能承受的最大张力，以 kN/m 表示。按 GB/T 12914—2008《纸和纸板　抗张强度的测定》规定的检验方法进行检验。有恒速加荷法和恒速拉伸法两种方法，仲裁时应采用恒速拉伸法。抗张指数由抗张强度除以定量而求得，单位为 N·m/g。裂断长是假设把任何一定宽度的纸或纸板一端挂起来，计算因其自重而断裂时的最大长度，单位

为 km。

③尘埃度。尘埃度是每平方米面积的纸和纸板上，具有一定面积的杂质的个数，或每平方米面积的纸和纸板上杂质的等值面积（mm^2）。按 GB/T 1541—2007《纸和纸板　尘埃度的测定》规定的检验方法进行检验。

3）其他食品包装、容器和工具等制品检测方法标准见表 18-10。

表 18-10　食品用玻璃、陶瓷、搪瓷包装、容器检验方法标准

分类	标准名称	标准编号
玻璃	玻璃容器　用重量法测定容量的试验方法	GB/T 20858—2007
	玻璃容器　抗热震性和热震耐久性试验方法	GB/T 4547—2007
	玻璃容器　内表面耐水侵蚀性能测试方法及分级	GB/T 4548—1995
	玻璃容器　耐内压力试验方法	GB/T 4546—2008
	玻璃容器　耐垂直负荷试验方法	GB/T 22934—2008
陶瓷	日用陶瓷白度测定方法	QB/T 1503—2011
	陶瓷制品 45°镜向光泽度试验方法	GB/T 3295—1996
	日用陶瓷器热稳定性测定方法	GB/T 3298—2008
	日用陶瓷器吸水率测定方法	GB/T 3299—2011
	日用陶瓷器变形检验方法	GB/T 3300—2008
	日用陶瓷器容积、口径误差、高度误差、重量误差、缺陷尺寸的测定方法	GB/T 3301—1999
	日用陶瓷颜料色度测定方法	GB/T 4739—1995
	陶瓷材料抗弯强度试验方法	GB/T 4741—1999
搪瓷	搪瓷耐碱性能测试方法	GB/T 9988—1988
	搪瓷耐室温柠檬酸侵蚀试验方法	GB/T 9989—2005
	搪瓷光泽测试方法	GB/T 11420—1989

18.2.4.2　餐具洗涤剂检验标准

餐具洗涤剂检验标准见表 18-11。

表 18-11　餐具洗涤剂检验标准

序号	标准编号	标准名称
1	GB/T 4789.2—2010	食品安全国家标准　食品卫生微生物学检验　菌落总数测定
2	GB/T 4789.3—2010	食品安全国家标准　食品卫生微生物学检验　大肠菌群测定
3	GB/T 6367—1997	表面活性剂　已知钙硬度水的制备
4	GB/T 6368—2008	表面活性剂　水溶液 pH 值的测定　电位法
5	GB/T 15818—2006	表面活性剂生物降解度试验方法
6	GB/T 24692—2009	表面活性剂　家庭机洗餐具用洗涤剂　性能比较试验导则

餐具洗涤剂理化检验、卫生检验项目见表 18-12。

表 18-12 餐具洗涤剂理化、卫生检验项目（GB 9985—2000）

序号	项目	指标要求	备注
1	总活性物含量，%	15	餐具洗涤剂配方中所用表面活性剂的生物降解度应不低于90%；防腐剂、色素、香精应符合有关规定
2	pH（25℃，1%溶液）	4.0～10.5	
3	去污力	不小于标准餐具洗涤剂	
4	荧光增白剂	不得检出	
5	甲醇，mg/g	≤1	
6	甲醛，mg/g	≤0.1	
7	砷（1%溶液中以砷计），mg/kg	≤0.05	
8	重金属（1%溶液中以铅计），mg/kg	≤1	
9	菌落总数，个/g	≤1000	
10	大肠菌群，个/100g	≤3	

（1）总活性物含量

在一般情况下，总活性物含量按GB/T 13173—2008《表面活性剂 洗涤剂试验方法》。当餐具洗涤剂产品配方中含有不完全溶于乙醇的表面活性剂组分时，则按“三氯甲烷萃取法”测定。若产品配方中含有尿素，乙醇萃取法的总活性物含量应将尿素扣除；三氯甲烷萃取法则应对定量后的萃取物进行尿素测定并给予扣除。

方法一：乙醇萃取法，按GB 13173—2008中7规定进行。

方法二：尿素含量测定，按GB 9985—2000附录A中A2规定进行。

（2）pH的测定

按GB/T 6368的规定进行。

（3）去污力的测定

按GB 9985—2000附录B规定进行。

（4）荧光增白剂的限量试验

按GB 9985—2000附录C规定进行。

（5）甲醇含量的测定（对于液体产品）

按GB 9985—2000附录D规定进行。

（6）甲醛含量的测定（对于液体产品）

按GB 9985—2000附录E规定进行。

（7）砷的测定

按GB 9985—2000附录F规定进行。

（8）重金属限量试验

按GB 9985—2000附录G规定进行。

（9）微生物检验

菌落总数和大肠菌群分别按GB 4789.2—2010和GB 4789.3—2010规定进行。

18.2.4.3 食品加工机械检验标准

（1）压力锅

压力锅主要性能指标包括：安全性能（合盖安全性、工作压力、密封性、安全压力、耐热压、开盖安全性、防堵安全性、耐内压力、泄压压力、破坏压力等）、使用性能（复合底、使用说明书、压力锅与手接触部位、组件、手柄、塑料件耐煮性、密封圈耐酸性、密封圈耐油性、标志、抛光、钢制件处理、容积、氧化膜)、材质、与食品接触安全要求等。

不锈钢压力锅、铝压力锅与食品接触安全要求、材质主要指标要求分别见表 18－13 和表 8－14。

表 18－13　不锈钢压力锅与食品接触安全要求

<table>
<tr><th colspan="4">项目名称</th><th>标准值</th></tr>
<tr><td rowspan="11">与食品接触安全要求</td><td rowspan="5">与食品接触部位</td><td rowspan="5">不锈钢</td><td>铅</td><td>≤1.0mg/L</td></tr>
<tr><td>铬</td><td>≤0.5mg/L</td></tr>
<tr><td>镍</td><td>≤3.0mg/L</td></tr>
<tr><td>镉</td><td>≤0.02mg/L</td></tr>
<tr><td>砷</td><td>≤0.04mg/L</td></tr>
<tr><td rowspan="6">密封圈</td><td colspan="2">感官</td><td>浸泡液不应有着色，无异嗅、无异味</td></tr>
<tr><td rowspan="2">蒸发残渣</td><td>水浸泡液</td><td>≤50mg/L</td></tr>
<tr><td>正己烷浸泡液</td><td>≤500mg/L</td></tr>
<tr><td colspan="2">高锰酸钾消耗量</td><td>≤40mg/L</td></tr>
<tr><td colspan="2">锌</td><td>≤100mg/L</td></tr>
<tr><td colspan="2">重金属</td><td>≤1.0mg/L</td></tr>
<tr><td rowspan="7">不锈钢材质</td><td colspan="3">碳</td><td>≤0.15%</td></tr>
<tr><td colspan="3">硅</td><td>≤1.00%</td></tr>
<tr><td colspan="3">锰</td><td>≤2.00%</td></tr>
<tr><td colspan="3">磷</td><td>≤0.045%</td></tr>
<tr><td colspan="3">硫</td><td>≤0.030%</td></tr>
<tr><td colspan="3">镍</td><td>8.00%～10.50%</td></tr>
<tr><td colspan="3">铬</td><td>17.00%～20.00%</td></tr>
</table>

表 18－14　铝压力锅与食品接触安全要求

<table>
<tr><th colspan="4">项目名称</th><th>标准值</th></tr>
<tr><td rowspan="13">与食品接触部位</td><td rowspan="5">铝及铝合金</td><td colspan="2">感官</td><td>浸泡液应无色、无异味</td></tr>
<tr><td colspan="2">锌</td><td>≤1mg/L</td></tr>
<tr><td colspan="2">铅</td><td>≤0.2mg/L</td></tr>
<tr><td colspan="2">镉</td><td>≤0.02mg/L</td></tr>
<tr><td colspan="2">砷</td><td>≤0.04mg/L</td></tr>
<tr><td rowspan="8">聚四氟乙烯涂层</td><td colspan="2">感官</td><td>浸泡液应无色、无异嗅，涂膜无脱落现象</td></tr>
<tr><td rowspan="3">蒸发残渣</td><td>蒸馏水</td><td>≤30mg/L</td></tr>
<tr><td>正己烷</td><td>≤30mg/L</td></tr>
<tr><td>4%乙酸</td><td>≤60mg/L</td></tr>
<tr><td colspan="2">高锰酸钾消耗量</td><td>≤10mg/L</td></tr>
<tr><td colspan="2">铬</td><td>≤0.01mg/L</td></tr>
<tr><td colspan="2">氟</td><td>≤0.2mg/L</td></tr>
</table>

续表

项目名称			标准值
密封圈	感官		浸泡液不应有着色，无异嗅、无异味
	蒸发残渣	水浸泡液	≤50mg/L
		正己烷浸泡液	≤500mg/L
	高锰酸钾消耗量		≤40mg/L
	锌		≤100mg/L
	重金属		≤1.0mg/L

不锈钢压力锅与食品接触安全要求的检验按照GB/T 5009.81—2003《不锈钢食具容器卫生标准的分析方法》。

铝压力锅与食品接触安全要求的检验按照GB/T 5009.72—2003《铝制食具容器卫生标准的分析方法》。

（2）商用电热食品加工设备

商用电热食品加工设备（电烤箱、电烘炉、焗炉、电灶台、电磁灶、烧烤架、电炸锅、炸薯条机、电饼铛、蒸饭箱、热风炉、蒸汽发生器、电煮锅、开水器、加热器等）主要性能指标包括：电气强度、接地电阻、标志、输入功率和电流、工作温度下泄漏电流、工作温度下电气强度、静水压力试验等。商用电热食品加工设备的试验要求依据标准见表18-15。

表18-15　商用电热食品加工设备依据标准

序号	产品型式类别	依据标准
1	电烤箱、分层烘炉、电焗炉、电灶台、电磁灶	GB 4706.1—2005 GB 4706.52—2008
2	卧式旋转烤炉、立式旋转烤炉、羊肉串烤箱、烧烤架、多士炉	GB 4706.1—2005 GB 4706.39—2008
3	固定式电炸锅、西式电炸炉、炸薯条机、烧烤架、油水分离炸炉	GB 4706.1—2005 GB 4706.33—2008
4	电饼铛、电扒炉、滚动烤肠机	GB 4706.1—2005 GB 4706.37—2008
5	箱式热风炉、旋转热风炉、蒸饭箱、蒸汽发生器	GB 4706.1—2005 GB 4706.34—2008
6	多用烹饪平底锅、爆谷机	GB 4706.1—2005 GB 4706.40—2008
7	固定式电煮锅、夹层式煮锅、煮浆锅	GB 4706.1—2005 GB 4706.35—2008
8	储水式开水机、沸腾式开水器、饮料加热器	GB 4706.1—2005 GB 4706.36—1997

（3）工业电烤炉

工业电烤炉（包括隧道炉、热风炉、摇篮炉、旋转炉）主要性能指标包括：外观、机械安全防护、接地电阻、冷态电气强度、工作温度下泄漏电流、工作温度下电气强度、输入功率、标志等。产品的安全卫生检验应符合相关标准的规定。工业电烤炉的检验要求依据标准见表 18－16。

表 18－16 工业电烤炉依据标准

序号	产品型式类别	依据标准
1	隧道炉、热风炉、摇篮炉、旋转炉	GB/T 10644—2008

第19章 化妆品标准

19.1 标准概述

我国现行的化妆品标准分为原辅材料质量标准、产品质量标准和检验标准等多类，这些标准从各个方面规范着化妆品的质量。

我国化妆品领域现在基本形成以国家标准为主体，行业标准配套协调的标准布局；以及以卫生安全标准及规范为根本，以通用性检验方法标准为基础，以检验方法标准及产品标准为支撑的标准体系框架。以卫生安全标准及规范为根本，即严格控制化妆品生产中涉及卫生安全的各项要素，强制执行，把握化妆品质量的第一道关卡；以通用性检验方法标准为基础，即采用适用面广、普及性强的检测方法控制关系到化妆品质量的基本理化性质；以检验方法标准及产品标准为支撑，即采用专用标准，针对不同类别、不同组成的化妆品，进行更进一步的质量与安全控制。

由于我国化妆品行业发展迅猛，新产品层出不穷，因此，在数量上，我国化妆品标准存在不足，难以满足行业发展的需要。意识到这一不足，标准化工作者已在近年加速了化妆品标准制修订工作，发布实施了一批质量高、适用性强的化妆品标准。因此，在标准质量上，我国化妆品标准时效性强、适用性好，能够满足使用需要。化妆品标准体系基本上实现了结构合理、层次分明、科学适用。

19.2 标准体系

19.2.1 原辅材料质量标准

19.2.1.1 有关化妆品原材料的规定

《化妆品卫生监督条例》规定生产化妆品所需的原料、辅料以及直接接触化妆品的容器和包装材料必须符合国家卫生标准。化妆品新原料是指在国内首次使用于化妆品生产的天然或人工原料。使用化妆品新原料生产化妆品，必须经国务院卫生行政部门批准。

《化妆品生产企业卫生规范》（2007年版）规定原料必须符合国家有关标准和要求。企业应建立所使用原料的档案，有相应的检验报告或品质保证证明材料。需要检验检疫的进口原料应向供应商索取检验检疫证明。原料及包装材料的采购、验收、检验、储存、使用等应有相应的规章制度，并由专人负责。生产用水的水质应达到《生活饮用水卫生标准》(GB 5749—2006）的要求（pH除外）。各种原料应按待检、合格、不合格分别存放；不合格的原料应按有关规定及时处理，有处理记录。经验收或检验合格的原料，应按不同品种和批次分开存放，并有品名［INCI名（如有必须标注）或中文化学名称］、供应商名称、规格、批号或生产日期和有效期、入库日期等中文标识或信息；原料名称用代号或编码标识的，必须有相应的INCI名（如有必须标注）或中文化学名称。对有温度、相对湿度或其他特殊要求的原料应按规定条件储存，定期监测，做好记录。库存的原料应按照先进先出的原则，有详细的入、出库记录，并定期检查和盘点。包装材料中直接接触化妆品的容器和辅料必须无毒、无害、无污染。原料、包装材料和成品应分库（区）存放。易燃、易爆品和有毒化学品应当单独存放，并严格执行国家有关规定。

目前，国内专门针对化妆品原料的标准很少，有 QB/T 2488—2006《化妆品用芦荟汁、粉》等。

19.2.1.2 有关化妆品原料使用标准及规范

GB 7916—1987《化妆品卫生标准》对化妆品原料的使用规定为：禁止使用该标准表 2 中所列物质为化妆品组分；凡以表 3 至表 6 中所列物质为化妆品组分的，必须符合相关规定；凡使用表 3 至表 6 中所列物质为化妆品组分时，具有同类作用的物质，其用量与表中规定限量之比的总和不得大于 1。《GB 7916—1987〈化妆品卫生标准〉第一号修改单》表 4 中明确"化妆品组分中限用防腐剂"中第 33 号物质"吡啶硫酮锌"作为去头屑洗发产品使用，化妆品中最大允许浓度为 1.5%。

《化妆品卫生规范》(2007 年版）中相关规定如下：

(1) 禁止使用该规范表 2（1)、表 2（2）中所列物质为化妆品组分。

(2) 凡以表 3 中所列物质为化妆品组分的，必须符合表中所作规定，包括使用范围、最大允许使用浓度、其他限制和要求以及标签上必须标印的使用条件和注意事项。

(3) 化妆品中所用防腐剂必须是表 4 中所列物质，并必须符合表中的规定，包括最大允许使用浓度、使用范围和限制条件以及标签上必须标印的使用条件和注意事项。

(4) 化妆品中所用防晒剂必须是表 5 中所列物质，并必须符合表中的规定，包括最大允许使用浓度以及标签上必须标印的使用条件和注意事项。

(5) 化妆品中所用着色剂必须是表 6 中所列物质，并必须符合表中的规定，包括允许使用范围、其他限制和要求。

(6) 化妆品中所用染发剂必须是表 7 中所列物质，并必须符合表中的规定，包括最大允许使用浓度、其他限制和要求以及标签上必须标印的使用条件和注意事项。

19.2.1.3 《国际化妆品原料标准中文名称目录》(2010 年版)

2010 年 12 月 14 日，国家食品药品监督管理局发布《关于印发国际化妆品原料标准中文名称目录（2010 年版）的通知》(国食药监许［2010］479 号)。生产企业在化妆品标签说明书上进行化妆品成分标识时，凡标识《国际化妆品原料标准中文名称目录》(以下简称《目录》）中已有的原料，应当使用《目录》中规定的标准中文名称；从 2011 年 4 月 1 日起，生产企业在申报化妆品行政许可时，申报材料中涉及的化妆品原料名称属《目录》中已有的原料，应提供《目录》中规定的标准中文名称；《目录》未对收录的原料进行安全性评价，生产企业应严格按照相关法规规章、标准规范的有关规定使用原料，并对所使用原料的安全性负责；对《目录》中收录和未收录的化妆品新原料，应当按照《化妆品卫生监督条例》及相关规定经批准后方可使用。

19.2.2 产品质量标准

19.2.2.1 化妆品安全限量标准

1.《化妆品卫生规范》

现行的《化妆品卫生规范》(2007 年版）由卫生部制定，是在 1999 版和 2002 版基础上修订完成的，于 2007 年 7 月 1 日开始实施。

《化妆品卫生规范》分总则、毒理学试验方法、卫生化学检验方法、微生物检验方法以及人体安全性和功效评价检验方法共 5 个部分。总则部分对化妆品的定义、规范范围、卫生要求（包括一般要求、原料要求、终产品要求等方面)、包装要求等进行了阐述。

2.《化妆品卫生标准》(GB 7916—1987)

于 1987 年 10 月 1 日实施。主要分以下几部分。

(1) 化妆品卫生标准

1) 一般要求

产品外观良好，不得有异臭；化妆品不得对皮肤和黏膜产生刺激和损伤；化妆品必须无感染性，使用安全。

2) 对化妆品原料的规定

①禁用物质 359 种，这些组分中有的对皮肤或黏膜刺激性强或有变态反应性、光毒性，有些为致癌物，有些对人体有强烈的生物活性，另外还包括毒性中药。

②限用物质 57 种。这些物质虽允许使用作化妆品原料，但是按规定有一个允许使用的最大浓度，以及允许使用范围和限制使用条件，以及按规定应在标签上标识说明的内容。

③限用防腐剂 66 种。防腐剂为微生物生长抑制剂，本标准规定了在化妆品中最大允许使用浓度。

④限用紫外线吸收剂共 36 种。这些原料用在防晒化妆品中，以保护皮肤不受射线的侵害。

⑤暂用着色剂 67 种。限用不在于用量多少，主要限制在不同产品使用的部位，如有的不准用于口腔及嘴唇部化妆品中，有的不准用于眼部等。

3) 对化妆品产品的规定

①有毒物质限量

汞≤1mg/kg（含有机汞防腐剂的眼部化妆品除外），铅≤40mg/kg（含乙酸铅的染发剂除外），砷≤10mg/kg，甲醇≤0.2%。

②微生物学质量

对眼部、口唇、口腔黏膜用化妆品及婴儿和儿童用化妆品细菌总数不得大于 500 个/mL 或 500 个/g；其他化妆品细菌总数不得大于 1000 个/mL 或 1000 个/g；每克或每毫升化妆品中不得检出致病菌，如粪大肠菌群，绿脓杆菌和金黄色葡萄球菌。

4) 对包装材料的规定

化妆品包装材料必须无毒、清洁。

3. 化妆品卫生检验方法标准

GB 7916—1987《化妆品卫生标准》涉及的检验方法标准有：GB/T 7917.1～7917.4—1987《化妆品卫生化学标准检验方法》系列，GB/T 7918.1～7918.5—1987《化妆品微生物标准检验方法》系列，GB 7919—1987《化妆品安全性评价程序和方法》，通过对化妆品的卫生化学、微生物学和毒理学 3 个方面的检测和控制，确保化妆品的安全。

19.2.2.2 化妆品产品标准

根据 GB/T 18670—2002《化妆品分类》，化妆品分类主要按产品功能、使用部位来分。主要分为清洁类化妆品、护理类化妆品、美容/修饰类化妆品；也可根据使用部位分为皮肤用、毛发用、指甲用、口唇用等。常见化妆品产品标准汇总详见表 19-1。

表 19-1　常见化妆品产品标准汇总

产品类别	标准编号	标准名称
发用类	QB/T 1974—2004	洗发液（膏）
	QB/T 1862—1993	发油
	QB/T 1975—2004	护发素
	QB/T 2835—2006	免洗护发素
	QB/T 2284—2011	发乳
	QB/T 4077—2010	焗油膏（发膜）
	QB/T 4076—2010	发蜡
	QB 1643—1998	发用摩丝
	QB 1644—1998	定型发胶
	QB/T 2873—2007	发用啫喱（水）
	QB/T 1978—2004	染发剂
	QB/T 2285—1997	头发用冷烫液
	QB/T 4126—2010	发用漂浅剂
皮肤类	QB/T 1645—2004	洗面奶（膏）
	QB/T 2872—2007	面膜
	QB/T 1858.1—2006	花露水
	QB/T 1859—2004	香粉、爽身粉、痱子粉
	QB 1994—2004	沐浴剂
	QB 2654—2004	洗手液
	QB/T 2744.1—2005	浴盐　第 1 部分：足浴盐
	QB/T 2744.2—2005	浴盐　第 2 部分：沐浴盐
	QB/T 2485—2008	香皂
	QB/T 2286—1997	润肤乳液
	QB/T 1857—2004	润肤膏霜
	QB/T 2660—2004	化妆水
	QB/T 2874—2007	护肤啫喱
	GB/T 26516—2011	按摩精油
	QB/T 4079—2010	按摩基础油、按摩油
	QB/T 1976—2004	化妆粉块
	QB/T 1858—2004	香水、古龙水
口唇齿类	GB 8372—2008	牙膏
	QB 2966—2008	功效型牙膏
	GB/T 26513—2011	润唇膏
	QB/T 1977—2004	唇膏
指甲类	QB/T 2287—1997	指甲油

（1）发用类化妆品标准

1）《洗发液（膏）》QB/T 1974—2004

本标准适用于以表面活性剂或脂肪酸盐类为主体复配而成的、具有清洁人的头皮和头发、并保持其美观作用的洗发液（膏）。标准技术要求规定了卫生指标中：微生物指标包括菌落总数、霉菌和酵母菌总数、粪大肠菌群、金黄色葡萄球菌、绿脓杆菌；有毒物质限量包括铅、汞、砷。感官、理化指标中感官指标包括外观、色泽、香气；理化指标包括耐热、耐寒、pH、泡沫、有效物、活性物含量。

2）《发油》QB/T 1862—2011

本标准适用于以矿物油、有机硅氧烷、动植物油脂、合成油脂及其他保湿成分等配制成的具有滋润、保护和美化头发用的发用产品。标准技术要求规定了产品卫生指标应符合《化妆品卫生规范》有关规定要求。理化、感官指标中：理化指标包括耐寒、相对密度、pH；感官指标包括清晰度、色泽、香气。喷雾罐装发油除应符合气雾剂类产品有关规定外，其余指标包括耐寒、喷出率（气压式）、起喷次数（泵式）、内压力。

3）《护发素》QB/T 1975—2004

本标准适用于以由抗静电剂、柔软剂和各种护发剂配制而成的乳状产品，用于漂洗头发、使头发有光泽且易于梳理的漂洗型护发素。标准技术要求规定了卫生指标中：微生物指标包括菌落总数、霉菌和酵母菌总数、粪大肠菌群、金黄色葡萄球菌、绿脓杆菌；有毒物质限量包括铅、汞、砷。感官、理化指标中：感官指标包括外观、色泽、香气；理化指标包括耐热、耐寒、pH、总固体。

4）《免洗护发素》QB/T 2835—2006

本标准适用于由抗静电剂、柔软剂和护发剂等配制而成的，可用于滋润、保护头发，使头发易于梳理的免洗型乳状护发素。标准技术要求规定了感官、理化、卫生指标中：感官指标包括外观、色泽、香气；理化指标包括 pH、耐热、耐寒；卫生指标包括菌落总数、霉菌和酵母菌总数、粪大肠菌群、金黄色葡萄球菌、绿脓杆菌、铅、汞、砷。

5）《发乳》QB/T 2284—2011

本标准适用于发乳产品。标准技术要求规定了产品卫生指标应符合《化妆品卫生规范》有关规定要求。感官指标、理化指标中：感官指标包括色泽、香气、膏体结构；理化指标包括 pH、耐寒、耐热。

6）《焗油膏（发膜）》QB/T 4077—2010

本标准适用于以抗静电剂或柔软剂和各种护发剂配制而成的凝胶状或乳膏状产品，能深度滋养、修护头发，改善发质、使头发有光泽且易于梳理的发用产品。不适用于永久性、涂染型暂时性染发剂类的焗油膏（发膜）。标准技术要求规定了感官、理化、卫生指标中：感官指标外观、色泽、香气；理化指标包括 pH、总固体、耐热、耐冷；卫生指标包括菌落总数、霉菌和酵母菌总数、粪大肠菌群、金黄色葡萄球菌、铜绿假单胞菌、铅、汞、砷。

7）《发蜡》QB/T4076—2010

本标准适用于蜡或/和油、脂、水等配制而成的发蜡产品。标准技术要求规定了感官、理化、卫生指标中：感官指标包括外观、色泽、香气；理化指标包括 pH、起喷次数（泵式）、喷出率（气雾罐式）、泄漏试验（气雾罐式）、内压力（气雾罐式）、耐热、耐寒；卫生指标包括菌落总数、霉菌和酵母菌总数、粪大肠菌群、金黄色葡萄球菌、铜绿假单胞菌、铅、汞、砷。

8)《发用摩丝》QB 1643—1998

本标准适用于以丙丁烷或含有二甲醚的混合气体为抛射剂，以高分子聚合物等为原料配制的，用于固定发型或保护、修饰、美化发型的摩丝。标准技术要求规定了发用摩丝所用原料应符合《化妆品卫生规范》要求。感官、理化和卫生指标中：感官指标包括外观、香气；理化指标包括 pH、耐热性能、耐寒性能、喷出率、泄漏试验、内压力；卫生指标包括汞、铅、砷、甲醇。

9)《定型发胶》QB 1644—1998

本标准适用于以高分子聚合物等原料配制而成为固定修饰、美化发型的液体喷发胶。标准技术要求规定了感官、理化及卫生指标中：感官指标包括色泽、香气；理化指标包括喷出率、泄漏试验、内压力（气压式）、起喷次数（泵式）；卫生指标包括甲醇、汞、砷、铅、菌落总数（泵式）、绿脓杆菌（泵式）、金黄色葡萄球菌（泵式）、粪大肠杆菌（泵式）。

10)《发用啫喱（水）》QB/T 2873—2007

本标准适用于以高分子聚合物为主要原料配制而成、对头发起到定型和护理作用的凝胶或液体状发用啫喱（水）。标准技术要求规定了感官、理化、卫生指标中：感官指标包括外观、香气；理化指标包括 pH、耐热、耐寒、起喷次数（泵式）；卫生指标包括菌落总数、霉菌和酵母菌总数、粪大肠菌群、金黄色葡萄球菌、铜绿假单胞菌、铅、汞、砷、甲醇。

11)《染发剂》QB/T 1978—2004

本标准适用于能使头发改变颜色的氧化型和非氧化型染发剂。标准技术要求规定了卫生、化学指标中：有毒物质限量包括铅、汞、砷；限用物质包括对苯二胺。感官、理化指标中：感官指标包括外观、香气；理化指标包括 pH、氧化剂含量、耐热、耐寒、染色能力。

12)《头发用冷烫液》QB/T 2285—1997

本标准适用于完全以巯基乙酸为还原剂，添加各种乳化剂、芳香剂等辅料配制而成的化学卷发剂系美发用化妆品。冷烫液由卷发剂和定型剂两部分组成。标准技术要求规定了卷发剂中：感官理化指标包括外观、气味、pH、游离氨含量、巯基乙酸含量。定型剂中感官、理化指标中双氧水（溶液）指标包括外观、含量、pH；溴酸钠（溶液）指标包括外观、含量、pH；过硼酸钠（固体）指标包括外观、含量、稳定度。产品卫生指标符合《化妆品卫生规范》中巯基乙酸浓度的规定。

13)《发用漂浅剂》QB/T 4126—2010

本标准适用于以过硫化物为主体复配而成，漂剂为粉状或湿润粉状的，具有漂浅头发功能的发用产品。标准技术要求规定了有毒物质限量包括铅、汞、砷，感官指标包括外观、色泽，理化指标包括 pH、过氧化氢含量、漂剂中过硫化物总量、耐热、耐寒、漂染能力。

(2) 皮肤用化妆品标准

1)《洗面奶（膏）》QB/T 1645—2004

本标准适用于以清洁面部皮肤为主要目的，同时兼有保护皮肤作用的洗面奶（膏）。标准技术要求规定了卫生指标中：微生物指标包括菌落总数、霉菌和酵母菌总数、粪大肠菌群、金黄色葡萄球菌、绿脓杆菌；有毒物质限量包括铅、汞、砷。感官、理化指标中：感官指标包括色泽、香气、质感；理化指标包括耐热、耐寒、pH、离心分离。

2）《面膜》QB/T 2872—2007

本标准适用于涂或敷于人体皮肤表面，经过一段时间后揭离、擦洗或保留，起到集中护理或清洁作用的产品。标准技术要求规定了感官、理化、卫生指标，感官指标包括外观、香气，理化指标包括 pH、耐热、耐寒，卫生指标包括菌落总数、霉菌和酵母菌总数、粪大肠菌群、金黄色葡萄球菌、铜绿假单胞菌、铅、汞、砷、甲醇。

3）《花露水》QB/T 1858.1—2006

本标准适用于由乙醇、水、香精和（或）添加剂等成分配制而成的产品。标准技术要求规定了感官、理化、卫生指标中：感官指标包括色泽、香气、清晰度；理化指标包括相对密度、浊度、色泽稳定性；卫生指标包括甲醇、铅、砷、汞。产品中使用的乙醇应是食用级乙醇。

4）《香粉、爽身粉、痱子粉》QB/T 1859—2004

本标准适用于以粉体原料为基质，添加其他辅料成分配制而成的香粉、爽身粉、痱子粉。标准技术要求规定了卫生指标中：微生物指标包括菌落总数、霉菌和酵母菌总数、粪大肠菌群、金黄色葡萄球菌、绿脓杆菌；有毒物质限量包括铅、汞、砷。感官、理化指标中：感官指标包括色泽、香气、粉体；理化指标包括细目（120 目）、pH。

5）《沐浴剂》QB 1994—2004

本标准适用于各类以表面活性剂和调理剂调制而成的用于清洁和滋润皮肤的洗涤产品（香皂除外）。标准技术要求规定了感官指标包括外观、气味、稳定性；理化性能包括总活性物、pH、甲醇、砷、重金属、汞；微生物指标包括菌落总数、粪大肠菌群。

6）《洗手液》QB 2654—2004

本标准适用于主要以表面活性剂和调理剂配制而成的，具有清洁功能的洗手液产品（不适用于非水洗型产品）。标准技术要求规定了感官指标包括外观、气味、稳定性；理化性能包括总活性物、pH、甲醇、甲醛、砷、重金属、汞；微生物指标包括菌落总数、粪大肠菌群。

7）《浴盐　第 1 部分：足浴盐》QB/T 2744.1—2005

本部分适用于以盐为主要原料，添加一定量的辅料和添加剂经加工生产的足浴盐系列产品。标准技术要求规定了感官指标包括色泽、香气；理化指标包括总氯、水分、pH、汞、砷、铅。

8）《浴盐　第 2 部分：沐浴盐》QB/T 2744.2—2005

本部分适用于以盐为主要原料，添加一定量的辅料和添加剂经加工生产的沐浴盐系列固体产品。标准技术要求规定了感官指标包括色泽、香气；理化指标包括总氯、水分、pH、汞、砷、铅。

9）《润肤乳液》QB/T 2286—1997

本标准适用于滋润人体皮肤的具有流动性的水包油乳化型化妆品。标准技术要求规定了产品卫生指标应符合《化妆品卫生规范》有关规定要求。感官指标、理化指标中：感官指标包括色泽、香气、结构；理化指标包括 pH、耐热、耐寒、离心考验。外观要求，应符合 QB/T 1685 的规定。

10）《润肤膏霜》QB/T 1857—2004

本标准适用于滋润人体皮肤的具有一定稠度的乳化型膏霜。标准技术要求规定了卫生指标中：微生物指标包括菌落总数、霉菌和酵母菌总数、粪大肠菌群、金黄色葡萄球菌、绿脓杆菌；有毒物质限量包括铅、汞、砷。感官、理化指标中：感官指标包括外观、香气；理化指标包括耐热、耐寒、pH。

11）《化妆水》QB/T 2660—2004

本标准适用于补充皮肤所需水分、保护皮肤的水剂型护肤品。标准技术要求规定了卫生指标中：微生物指标包括菌落总数、霉菌和酵母菌总数、粪大肠菌群、金黄色葡萄球菌、绿脓杆菌；有毒物质限量包括铅、汞、砷、甲醇。感官、理化指标中感官指标包括外观、香气；理化指标包括耐热、耐寒、pH、相对密度。

12）《护肤啫喱》QB/T 2874—2007

本标准适用于以护理人体皮肤为主要目的的护肤啫喱，其配方中主要使用高分子聚合物为凝胶剂。标准技术要求规定了感官、理化、卫生指标中：感官指标包括外观、香气；理化指标包括 pH、耐热、耐寒；卫生指标包括菌落总数、霉菌和酵母菌总数、粪大肠菌群、金黄色葡萄球菌、铜绿假单胞菌、铅、汞、砷、甲醇。

13）《按摩精油》GB/T 26516—2011

本标准适用于需要经过按摩基础油稀释后方可用于人体皮肤按摩和护理的按摩精油产品。标准技术要求规定了感官、理化、卫生指标中：感官指标包括色泽、香气；理化指标包括相对密度、折光指数、酸值；卫生指标包括菌落总数、霉菌和酵母菌总数、粪大肠菌群、铜绿假单胞菌、金黄色葡萄球菌、铅、砷、汞。

14）《按摩基础油、按摩油》QB/T 4079—2010

本标准适用于按摩基础油、按摩油产品，不适用儿童按摩产品和眼部按摩产品。标准技术要求规定了感官、理化指标中包括外观、气味、酸值、过氧化值、皂化值；卫生指标中包括菌落总数、霉菌和酵母菌总数、粪大肠菌群、铜绿假单胞菌、金黄色葡萄球菌、铅、砷、汞。

15）《化妆粉块》QB/T 1976—2004

本标准适用于以粉质为主体经压制成型的胭脂、眼影、粉饼等。标准技术要求规定了卫生指标中：微生物指标包括菌落总数、霉菌和酵母菌总数、粪大肠菌群、金黄色葡萄球菌、绿脓杆菌；有毒物质限量包括铅、汞、砷。感官、理化指标中：感官指标包括外观、香气、块型；理化指标包括涂擦性能、跌落试验、pH、疏水性。

16）《香水、古龙水》QB/T 1858—2004

本标准适用于卫生化妆用的香水和古龙水。标准技术要求规定了感官、理化、卫生指标中：感官指标包括色泽、香气、清晰度，理化指标包括相对密度、浊度、色泽稳定性；卫生指标包括甲醇。

17）《香皂》QB/T 2485—2008

本标准适用于碾制工艺、冷却成型工艺生产的脂肪酸钠皂，及以脂肪酸钠为主，添加其他表面活性剂、功能性添加剂、助剂制成的块状香皂、药皂、水晶皂等。标准技术要求规定了感官指标包括包装外观、皂体外观、气味；理化性能包括干钠皂、总有效物含量、水分和挥发物、总游离碱、游离苛性碱、氯化物、总五氧化二磷、透明度。

(3) 指甲类化妆品标准

《指甲油》QB/T 2287—1997

本标准适用于修饰美容指甲用的一种黏稠液体。标准技术要求规定了产品中有毒物质汞、砷、铅含量应符合《化妆品卫生规范》要求。物理指标包括色泽、干燥时间、牢固度、净含量允差。

(4) 口唇齿类化妆品标准

1)《润唇膏》GB/T 26513—2011

本标准适用于棒状润唇膏。标准技术要求规定了感官、理化、卫生指标中：感官指标包括外观、色泽、香气；理化指标包括耐热、耐寒、过氧化值；卫生指标包括汞、砷、铅、菌落总数、霉菌和酵母菌、粪大肠菌群、铜绿假单胞菌、金黄色葡萄球菌。

2)《唇膏》QB/T 1977—2004

本标准适用于油、脂、蜡、色素等主要成分复配而成的护唇用品。标准技术要求规定了卫生指标中微生物指标包括菌落总数、霉菌和酵母菌总数、粪大肠菌群、金黄色葡萄球菌、绿脓杆菌；有毒物质限量包括铅、汞、砷。感官、理化指标中：感官指标包括外观、色泽、香气；理化指标包括耐热、耐寒。

3)《牙膏》GB 8372—2008

本标准适用于清洁及护理口腔的各种牙膏。标准技术要求规定了卫生标准中：微生物指标包括菌落总数、霉菌与酵母菌总数、粪大肠菌群、铜绿假单胞菌、金黄色葡萄球菌；有毒物质限量包括铅、砷。感官、理化指标中：感官指标包括膏体；理化指标包括 pH、稳定性、过硬颗粒、可溶氟或游离氟量、总氟量。

4)《功效型牙膏》QB 2966—2008

本标准适用于在牙膏中通过添加功效成分，使牙膏具有辅助预防、防止和减轻口腔问题的功能或对牙齿状况具有一定的改善作用，并且宣传其功效的、在包装盒上标注其功效作用的牙膏产品。执行本标准的牙膏首先必须符合 GB 8372 的要求。标准技术要求规定了卫生指标按 GB 8372 的规定执行。感官、理化按 GB 8372 的规定执行。功效成分包括功效作用（产品宣称功效）评价、安全性评价、功效成分。

5)《牙粉》QB/T 2932—2008

本标准适用于口腔内应用的牙粉。标准技术要求规定了感官、理化、卫生指标中：感官指标包括外形、香型；理化指标包括细度（325 目）、105℃挥发物、pH（10%悬浮液）、过硬颗粒；卫生指标包括砷含量、重金属、菌落总数、霉菌与酵母菌总数、粪大肠菌群、铜绿假单胞菌、金黄色葡萄球菌。

6)《口腔清洁护理液》QB/T 2945—2008

本标准适用于口腔内应用的漱口水及口腔喷雾剂等各类口腔清洁和护理用液体产品。标准技术要求规定了感官、理化、卫生指标中：感官指标包括香型、味觉、澄清度；理化指标包括稳定性、pH、游离氟或可溶氟含量、氟离子含量；卫生指标包括菌落总数、霉菌与酵母菌总数、粪大肠菌群、铜绿假单胞菌、金黄色葡萄球菌、重金属、砷、甲醇。

7)《牙齿增白啫喱》QB/T 4159—2010

本标准适用于以过氧化氢为主要活性成分，使用高分子聚合物为凝胶剂，非药用的用于以牙齿增白为主要目的啫喱产品。本标准不适用于结合牙刷使用，具有牙齿增白作用的牙膏类产品。标准技术要求规定了感官、理化指标中：感官指标包括外观、气味；理化指标包括 pH、过氧化物含量，卫生指标包括菌落总数、霉菌与酵母菌总数、粪大肠菌群、铜绿假单胞菌、金黄色葡萄球菌、重金属、砷含量。

19.2.3 生产规范（管理与控制）

19.2.3.1 企业环境卫生的相关规定

1. 厂区卫生相关规定

(1)《化妆品卫生监督条例》规定生产企业应当建在清洁区域内，与有毒、有害场所保持符合卫生要求的间距。生产企业厂房的建筑应当坚固、清洁。生产企业应当设有与产品品种、数量相适应的化妆品原料、加工、包装、储存等厂房或场所。

(2)《化妆品产品生产许可证换（发）证实施细则》规定企业必须具有满足生产工艺需要的生产设施和工作场所，且维护完好。要有清洁、明亮的生产车间，要有合理的人流、物流走向，防止交叉污染。生产车间要注意空气净化，没有空气净化设施的车间，要安置紫外线灯进行消毒、灭菌。生产车间要有良好的通风设施及采光照明。对于文明生产还有相关规定如下。

①厂区环境清洁，无污染源。车间、仓库、办公室布局合理。厂区与住宅及公共场所隔离。

②厂区各种标识醒目，道路平坦，注意绿化。

③仓库要通风、防鼠、防尘、防虫、有防潮设施，定期清洁，保持清洁。

④原料、包装及成品应分库分类存放，并有明确标识。危险品应隔离存放，严格管理，确保安全。

(3)《化妆品生产企业卫生规范》（2007年版）规定化妆品生产企业应建于环境卫生整洁的区域，周围30m内不得有可能对产品安全性造成影响的污染源；生产过程中可能产生有毒有害因素的生产车间，应与居民区之间有不少于30m的卫生防护距离。厂区规划应符合卫生要求，生产区、非生产区设置应能保证生产连续性且不得有交叉污染。生产厂房和设施的设计和构造应最大限度保证对产品的保护，便于进行有效清洁和维护；保证产品、原料和包装材料的转移不致产生混淆。生产厂房的建筑结构宜选择钢筋混凝土或钢架结构等，以具备适当的灵活性；不宜选择易漏水、积水、长霉的建筑结构。屋顶房梁、管道应尽量避免暴露在外。生产企业应具备与其生产工艺、生产能力相适应的生产、仓储、检验、辅助设施等使用场地。

2. 加工车间卫生规定

(1)《化妆品卫生监督条例》规定生产车间内天花板、墙壁、地面应当采用光洁建筑材料，应当具有良好的采光（或照明），并应当具有防止和消除鼠害和其他有害昆虫及其孳生条件的设施和措施。生产车间应当有适合产品特点的相应的生产设施，工艺规程应当符合卫生要求。

(2)《化妆品产品生产许可证换（发）证实施细则》规定生产车间应符合下列要求。

①车间应清洁明亮，通道宽敞，以适应生产需求。

②车间设备、设施清洁，无跑冒滴漏，无尘土，保持良好运行状态。

③车间内物品码放整齐，物品与生产线、通道之间要有明显标记。

④车间内严禁吸烟、用膳及进行其他有碍生产的活动。

⑤车间内要配备流动水洗手及消毒设施。

(3)《化妆品生产企业卫生规范》(2007年版)对生产车间的规定如下。

①生产车间布局应满足生产工艺和卫生要求，防止交叉污染。制作间、半成品储存间、灌装间、清洁容器储存间、更衣室及其缓冲区空气应根据生产工艺的需要经过净化或消毒处理，保持良好的通风和适宜的温度、湿度。

②生产工艺流程应做到上下衔接，人流、物流分开，避免交叉。原料及包装材料、产品和人员的流动路线应当明确划定。生产车间的物流通道应宽敞，采用无阻拦设计。

③生产车间的地面、墙壁、天花板和门、窗的设计和建造应便于保洁。动力、供暖、空气净化及空调机房、给排水系统和废水、废气、废渣的处理系统等辅助建筑物和设施应不影响生产车间卫生。

④生产车间更衣室应配备衣柜、鞋架等设施，换鞋柜宜采用阻拦式设计。衣柜、鞋柜采用坚固、无毒、防霉和便于清洁消毒的材料。更衣室应配备非手接触式流动水洗手及消毒设施。生产企业应根据需要设置二次更衣室。

⑤生产眼部用护肤类、婴儿和儿童用护肤类化妆品的半成品储存间、灌装间、清洁容器储存间应达到30万级洁净要求；其他护肤类化妆品的半成品储存间、灌装间、清洁容器储存间宜达到30万级洁净要求。净化车间的洁净度指标应符合国家有关标准、规范的规定。

⑥采用消毒处理的其他车间，应有机械通风或自然通风，并配备必要的消毒设施。其空气和物表消毒应采取安全、有效的方法。生产车间工作面混合照度不得小于200lx，检验场所工作面混合照度不得小于500lx。

3. 库房卫生规定

《化妆品生产企业卫生规范》(2007年版)规定仓库内应有货物架或垫仓板，库存的货物码放应离地、离墙10cm以上，离顶50cm以上，并留出通道。仓库地面应平整，有通风、防尘、防潮、防鼠、防虫等设施，并定期清洁，保持卫生。

4. 企业环保措施规定

(1)《化妆品产品生产许可证换(发)证实施细则》对于企业环保的规定如下。

①企业卫生状况良好，对粉类产品、染发剂、烫发液能采取防尘、防有害气体等措施，保护职工身体健康。

②企业排放废水、废气、废渣必须达到国家有关环保要求，并提供环保部门的证明。

③生产中应防止噪声污染，有严重噪声的生产车间与居民区应有适当的防护距离及防护措施。

④企业应制定并实施安全生产制度。生产设备、设施的危险部位要有安全装置。气雾剂产品应严格执行《易燃气雾剂企业安全管理规定》。

(2)《化妆品生产企业卫生规范》(2007年版)规定化妆品企业生产过程中产生粉尘或者使用易燃、易爆等危险品的，应使用单独生产车间和专用生产设备，落实相应卫生、安全措施，并符合国家有关法律法规规定。产生粉尘的生产车间应有除尘和粉尘回收设施。生产含挥发性有机溶剂的化妆品(如香水、指甲油等)的车间，应配备相应防爆设施。

19.2.3.2　生产加工的规定

1. 有关化妆品生产设备与机械的规定

(1)《化妆品产品生产许可证换（发）证实施细则》规定化妆品企业必须具备以下设备工装。

①企业必须具有适合产品特点、能保证产品质量的生产设备及工艺装备。按 6 大单元化妆品生产应必备的设备，并配备相应的灌装、成型、包装设备。

②生产设备、工具、容器，使用前后应当彻底清洗、消毒。

凡接触化妆品原料和半成品的设备、工具、管道必须用无毒、无害、抗腐蚀材质制作，内壁光滑无脱落，便于清洁和消毒。

③企业的固定设备和管路的安装应当防止滴漏，污染化妆品容器及半成品、成品，应具备完善的设备管理制度（设备日常管理制度、设备维修保养制度、检修制度），并能认真实施。

必须具备以下测量器具。

①企业应具备以下常规检测仪器，并根据企业生产的具体产品标准配备相关的检测仪器，如：分析天平、恒温培养箱、冰箱、恒温水浴锅、温度计、酸度计、微生物检测所必备的高压消毒锅、恒温培养箱、放大镜等。

②企业的检测仪器、计量器具的性能。精确度能满足生产需要和达到检定规程的要求，并按检定规程定期进行检定和校准，应有周期性检定合格证。

③企业应建立检测仪器、计量器具的管理制度，并有执行情况记录。

(2)《化妆品生产企业卫生规范》(2007 年版）对企业设备规定如下。

①生产企业应具备与产品特点、工艺、产量相适应、保证产品卫生质量的生产设备。

②凡接触化妆品原料和半成品的设备、管道应当用无毒、无害、抗腐蚀材料制作，内壁应光滑无脱落，便于清洁和消毒。

③提倡化妆品生产企业采用自动化、管道化、密闭化方式生产。

④根据产品生产工艺需要应配备水质处理设备，生产用水水质及水量应当满足生产工艺要求。

⑤生产过程中取用原料的工具和容器应按用途区分，不得混用，应采用塑料或不锈钢等无毒材质制成。

2. 有关化妆品生产加工过程质量安全控制的规定

(1) 生产过程质量控制的规定

《化妆品产品生产许可证换（发）证实施细则》规定如下。

①企业应制定工艺管理制度及考核办法。企业职工应严格按工艺操作规程进行生产操作。

②企业职工应严格按工艺操作规程进行质量控制，并在工艺流程图上标出质量控制点。

③企业应对生产的产品进行每批留样管理，留样的保存期应不得低于该产品的保质期。

④企业应有独立的质量检验机构，并有检验室和检验人员。企业应制定质量检验管理制度。

⑤企业在生产过程中要按规定对半成品进行质量检验及控制，认真做好检验记录。检

验不合格的产品可按规定进行返工，返工后要进行重新检验。

⑥企业应按产品标准对出厂产品进行检验，此工作也可与半成品检验结合，对检验合格的产品应有批量检验合格证。

（2）生产过程卫生要求的规定

《化妆品卫生监督条例》规定生产化妆品所需的原料、辅料以及直接接触化妆品的容器和包装材料必须符合国家卫生标准。

《化妆品生产企业卫生规范》（2007年版）规定如下。

①化妆品生产过程应当遵循企业卫生管理体系的相关规定，制定相应的标准操作规程，按规程进行生产，并做好记录。

②生产操作应在规定的功能区内进行，应合理衔接与传递各功能区之间的物料或物品，并采取有效措施，防止操作或传递过程中的污染和混淆。

③生产中应定期监测生产用水中pH、电导率、微生物等指标。水质处理设备应定期维护并有记录；停用后重新启用的应进行相应处理并监测合格。

④产品的原料应当严格按照相应的产品配方进行称量、记录与核实。称量记录应明确记载配料日期、责任人、产品批号、批量和原料名称及配比量。

⑤生产设备、容器、工具等在使用前后应进行清洗和消毒，生产车间的地面和墙裙应保持清洁。车间的顶面、门窗、纱窗及通风排气网罩等应定期进行清洁。

⑥生产过程中半成品储存间、灌装间、清洁容器储存间和更衣室空气中细菌菌落总数应不大于1000 cfu/m^3；灌装间工作台表面细菌菌落总数应不大于20 cfu/m^2，工人手表面细菌菌落总数应不大于300 cfu/只手，并不得检出致病菌。采样方法、检验方法参照GB 15979—2002《一次性使用卫生用品卫生标准》。

⑦生产车间各功能区内不得存放与化妆品生产无关的物品，不得擅自改变功能区用途。化妆品生产过程中的不合格产品及废弃物应分别设固定存放区域或专用容器收集并及时处理。

⑧进入灌装间的操作人员、半成品储存容器和包装材料不应造成对成品的二次污染。半成品储存容器应经过严格的清洗和消毒，通过传递口至灌装环节。存放容器或辅料的外包装未经处理不得进入灌装车间。

⑨化妆品生产过程中的各项原始记录（包括原料和成品进出库记录、产品配方、称量记录、批生产记录、批号管理、批包装记录、岗位操作记录及工艺规程中各个关键控制点监控记录等）应妥善保存，保存期应比产品的保质期延长6个月，各项记录应当完整并有可追溯性。

⑩生产过程中应对原料、半成品和成品进行卫生质量监控。生产企业应具有微生物项目（包括：菌落总数、粪大肠菌群、金黄色葡萄球菌、铜绿假单胞菌、霉菌和酵母菌等）检验的能力。

⑪成品的卫生要求应符合《化妆品卫生规范》的规定。每批化妆品投放市场前必须进行卫生质量检验，合格后方可出厂。

⑫产品的标识标签必须符合国家有关规定。

（3）成品储存与出入库卫生要求

《化妆品生产企业卫生规范》（2007年版）规定如下。

①产品储存应有管理制度，内容包括与产品卫生质量有关的储存要求，规定产品必需的储存条件，确保储存安全。

②未经自检的成品入库，应有明显的待检标志；经检验的成品，应根据检验结果，分别注上合格品或不合格品的标志，分开储存；不合格品应储存在指定区域，隔离封存，及时处理。

③成品储存的条件应符合产品标准的规定，成品应按品种分批堆放。

④成品入库应有记录，内容包括：生产批号、半成品及成品检验结果编号。

⑤产品出库须做到先进先出。出库前，应核对产品的生产批号和检验结果是否相符。出库应有完整记录，包括收货单位和地址、发货日期、品名、规格、数量、批号等，并对运输车辆的卫生状况进行确认。

⑥定期将出库记录、销售记录按品名和数量进行汇总，记录至少应保存至超过化妆品有效期半年。

⑦不合格品运出仓库进行处理应有完整记录，包括品名、规格、批号、数量、处理方式、处理人。

⑧仓库应设立退货区用于储存退货产品，退货产品应明显标记并有完整记录，内容包括：退货单位、品名、规格、数量、批号、日期、退货原因，并保存备查。

⑨退货经检验后，方可纳入到合格品或不合格品区，不合格产品应及时处理并做好记录。

(4) 卫生管理

《化妆品生产企业卫生规范》(2007 年版) 规定如下。

①生产企业应建立与企业规模和产品类别相适应的卫生管理组织架构，设有独立的质量管理部门。质量管理部门负责制定和修订企业各项卫生管理制度，组织协调从业人员的培训和定期体检以及产品的质量检验工作。

②质量管理部门应由经过培训和考核、且具有化妆品生产经验和质量管理经验的人员负责。质量管理部门和车间等有关部门应配备专职的卫生管理人员，按照管理范围，做好监督、检查、考核等工作。

③生产企业应设置专职的化妆品卫生管理员。

化妆品卫生管理员应掌握国家有关卫生法规、标准和规范性文件对化妆品生产的卫生要求，熟悉产品生产过程中的污染因素和控制措施，有从事化妆品卫生管理工作的经验，参加过相关专业培训，身体健康并具有从业人员健康合格证明。

④化妆品卫生管理员承担本单位化妆品生产活动卫生管理的职能，主要职责包括：组织从业人员进行卫生法律和卫生知识培训，组织从业人员进行健康检查；制定化妆品卫生管理制度及岗位责任制度；检查化妆品生产过程的卫生状况并记录；建立化妆品卫生管理档案；对化妆品卫生检验工作进行管理等。

⑤生产企业的质量管理部门应由企业负责人直接领导，设立与生产能力相适应的卫生质量检验室，负责化妆品生产全过程的质量管理和检验。质量管理部门应配备一定数量的质量管理和检验人员。质量检验室的场所、仪器、设备等硬件设施至少应满足化妆品微生物的检验要求。

⑥质量管理部门必须设立与化妆品生产规模、品种、保存要求相适应的留样室或留样

柜。每批产品均应有留样，并保存至产品保质期后6个月。

⑦生产企业应按国家相关规定或企业卫生质量标准和检验方法对生产的化妆品进行检验，并有健全的检验制度。

⑧企业应建立化妆品不良反应监测报告制度，并指定专门机构或人员负责管理。

⑨发现任何涉及化妆品卫生质量和化妆品不良反应的投诉应按最初了解的情况进行详细记录，并进行调查。

⑩对产品卫生质量问题或不良反应投诉的处理，应详细记录所有的结论和采取的措施，并作为对相应批次产品记录的补充。

⑪化妆品生产出现重大卫生质量问题或售出产品出现重大不良反应时，应及时向当地卫生行政部门报告。

⑫发现化妆品卫生质量问题或缺陷，可能对人体造成健康危害时，化妆品生产企业应该迅速、及时采取召回行动。

⑬化妆品生产企业应制定化妆品退货和召回的书面程序，并有记录，包括品名、批号、规格、数量、退货和召回单位及地址、召回原因、处理意见和日期。

⑭化妆品生产企业应有涉及生产管理和质量管理全过程的各项制度和文件记录，同时建立文件的起草、修订审查、批准、撤销、印制及保管的管理制度。

3. 有关化妆品加工工艺流程的规定

(1)《化妆品卫生监督条例》规定生产车间应当有适合产品特点的相应的生产设施，工艺规程应当符合卫生要求。

(2)《化妆品产品生产许可证换（发）证实施细则》规定化妆品企业应具有所生产的各种产品工艺文件及明细表，并与实际工艺文件名称相符。化妆品企业的工艺文件应正确、完整一致，有签署，更改手续正确完备。企业应制定工艺管理制度及考核办法。企业职工应严格按工艺操作规程进行生产操作。企业职工应严格按工艺操作规程进行质量控制，并在工艺流程图上标出质量控制点。

4. 企业人员卫生及管理的规定

(1)《化妆品卫生监督条例》规定生产企业必须具有能对所生产的化妆品进行微生物检验的仪器设备和检验人员。直接从事化妆品生产的人员，必须每年进行健康检查，取得健康证后方可从事化妆品的生产活动。凡患有手癣、指甲癣、手部湿疹、发生于手部的银屑病或者鳞屑、渗出性皮肤病以及患有痢疾、伤寒、病毒性肝炎、活动性肺结核等传染病的人员，不得直接从事化妆品生产活动。

(2)《化妆品产品生产许可证换（发）证实施细则》规定企业的领导中应有人负责企业质量工作。企业应设置相应的质量管理机构或人员负责质量工作，且职权明确。对相关人员应有如下要求。

质量负责人应具有一定的质量管理知识，熟悉产品质量法规，明确所承担的产品质量责任；负责企业质量方针目标的制定及管理，定期向职工进行质量意识教育；有一定的化妆品专业知识及组织领导能力。

企业技术人员中工程技术人员（含技术员及以上技术职称或中专以上理工科毕业的）占企业职工数3%以上。应具有一定的质量管理知识，掌握分管范围内的（如原料性质、配方设计、产品标准、工艺要求、检验方法等）专业技术知识。生产操作工人直接从事化妆品生产的人员，必须取得健康合格证；上岗前应经过化妆品生产知识的培训，熟悉并掌握本岗位“应知应会”的知识。生产人员进入车间前必须穿戴工作服、帽、鞋。工作服应当盖住外衣，头发不得露于帽外，并洗净、消毒双手。直接与化妆品原料和半成品接触得人员不得染指甲、留长指甲，不得手部有外伤。

(3)《化妆品生产企业卫生规范》(2007 年版) 对人员资质要求如下。

①生产企业的管理者应熟悉化妆品有关卫生法规、标准和规范性文件，能按照卫生部门的有关规定依法生产，认真组织、实施化妆品生产有关的卫生规范和要求。直接从事化妆品生产的人员应经过化妆品生产卫生知识培训并经考核合格，身体健康并具有从业人员健康证明。

②从事卫生质量检验工作的人员应掌握微生物学的有关基础知识，掌握《化妆品卫生规范》及本企业的产品质量标准，熟悉化妆品的生产工艺和质量保证体系知识，了解化妆品卫生有关法律法规知识，上岗前应经卫生检验专业培训并通过省级卫生行政部门考核。

③从业人员每年培训应不得少于 1 次，并有培训考核记录。内容包括相关法律法规知识、卫生知识、质量知识、化妆品基本知识、安全培训等。

(4)《化妆品生产企业卫生规范》(2007 年版) 对个人卫生规定如下。

1) 健康检查要求

①从业人员应按《化妆品卫生监督条例》的规定，每年至少进行一次健康检查，必要时接受临时检查。新参加或临时参加工作的人员，应经健康检查，取得健康证明后方可参加工作。对患有痢疾、伤寒、病毒性肝炎、活动性肺结核从业人员的管理，按《中华人民共和国传染病防治法》有关规定执行。凡患有手癣、指甲癣、手部湿疹、发生于手部的银屑病或者鳞屑、渗出性皮肤病者，不得直接从事化妆品生产活动，在治疗后经原体检单位检查证明痊愈，方可恢复原工作。

②应按规定开展从事有职业危害因素作业的人员健康监护。

③应建立从业人员健康档案。

2) 从业人员个人卫生要求

①从业人员应勤洗头、勤洗澡、勤换衣服、勤剪指甲，保持良好个人卫生。生产人员进入车间前必须洗净、消毒双手，穿戴整洁的工作衣裤、帽、鞋，头发不得露于帽外。

②生产人员遇到下列情况应洗手：进入车间生产前；操作时间过长，操作一些容易污染的产品时；接触与产品生产无关的物品后；上卫生间后；感觉手脏时。

③直接从事化妆品生产的人员不得戴首饰、手表以及染指甲、留长指甲，不得化浓妆、喷洒香水。

④禁止在生产场所吸烟、进食及进行其他有碍化妆品卫生的活动。操作人员手部有外伤时不得接触化妆品和原料。不得穿戴制作间、灌装间、半成品储存间、清洁容器储存间的工作衣裤、帽和鞋进入非生产场所，不得将个人生活用品带入生产车间。

⑤临时进入化妆品生产区的非操作人员，应符合现场操作人员卫生要求。

3) 从业人员工作服管理

①工作服应有清洗保洁制度，定期进行更换，保持清洁。

②每名从业人员应有两套或以上工作服。

4) 从事职业危害因素的作业防护应符合国家相关法规和标准。生产操作过程中接触气溶胶、粉尘、挥发性刺激物的工序应戴口罩。

5. 化妆品检验的规定

(1) 有关法律的规定

《产品质量法》第十二条规定："产品质量应当检验合格，不得以不合格产品冒充合格产品。"

《化妆品卫生监督条例》第十一条规定："生产企业在化妆品投放市场前，必须按照国家《化妆品卫生标准》对产品进行卫生质量检验，对质量合格的产品应当附有合格标记。未经检验或者不符合卫生标准的产品不得出厂。"

《化妆品生产企业卫生规范》(2007 年版) 第四十四条规定："成品的卫生要求应符合《化妆品卫生规范》的规定。每批化妆品投放市场前必须进行卫生质量检验，合格后方可出厂。"

(2) 化妆品生产企业检验方式的规定

《化妆品产品企业生产条件审查办法》规定：企业应按规定对采购或委托加工的原辅材料、包装进行质量检验或验证，并有记录。企业应有独立的质量检验机构，并有检验室和检验人员。企业应制定质量检验管理制度。

①化妆品生产过程中检验方式的规定

企业在生产过程中要按规定对半成品进行质量检验及控制，认真做好检验记录。

检验不合格的产品可按规定进行返工，返工后要进行重新检验。

②化妆品出厂检验的规定

企业应按产品标准对出厂产品进行检验，此工作也可与半成品检验结合，对检验合格的产品应有批量检验合格证。每批化妆品投放市场前必须进行卫生质量检验，合格后方可出厂。

③化妆品半成品分装企业检验方式的规定

企业应根据正式批准的采购或委托加工的合同进行运作，并按规定对半成品、包装进行质量检验或验证，并有记录。

④化妆品半成品生产过程中检验方式的规定

企业在分装过程中要按规定对半成品进行质量检验，认真做好检验记录。

检验半成品不合格，应退回供方，并做好记录。

半成品经检验合格后方可进行灌装。

⑤化妆品半成品分装企业出厂检验的规定

企业应按产品标准对出厂产品进行检验，此工作也可与半成品检验结合，对检验合格的产品应有检验合格证。

(3) 化妆品生产加工企业和化妆品半成品分装企业检验仪器与设备的要求

1) 有关化妆品生产加工企业检验仪器与设备的规定

①有关法律法规的规定

《计量法》第九条规定：县级以上人民政府计量行政部门对社会公用计量标准器具，部门和企业、事业单位使用的最高计量标准器具，以及用于贸易结算、安全防护、医疗卫生、环境监测方面的列入强制检定目录的工作计量器具，实行强制检定。未按照规定申请检定或者检定不合格的，不得使用。

《计量法实施细则》第十一条规定：使用实行强制检定的计量标准的单位和个人，应当向主持考核该项计量标准的有关人民政府计量行政部门申请周期检定。使用实行强制检定的工作计量器具的单位和个人，应当向当地县（市）级人民政府计量行政部门指定的计量检定机构申请周期检定。当地不能检定的，向上一级人民政府计量行政部门指定的计量检定机构申请周期检定。第二十五条规定：任何单位和个人不准在工作岗位上使用无检定合格印、证或者超过检定周期以及经检定不合格的计量器具。在教学示范中使用计量器具不受此限。

《化妆品生产企业卫生规范》（2007年版）规定：生产过程中应对原料、半成品和成品进行卫生质量监控。生产企业应具有微生物项目（包括：菌落总数、粪大肠菌群、金黄色葡萄球菌、铜绿假单胞菌、霉菌和酵母菌等）检验的能力。

《化妆品产品企业生产条件审查办法》规定：相关产品中的甲醇、对苯二胺、铅、汞、砷、致病菌物质（非常规检验项目）含量的检测可委托有合法地位及能力的单位进行，并有相关委托证明。

《化妆品生产企业卫生规范》（2007年版）第五十五条规定：生产企业的质量管理部门应由企业负责人直接领导，设立与生产能力相适应的卫生质量检验室，负责化妆品生产全过程的质量管理和检验。质量管理部门应配备一定数量的质量管理和检验人员。质量检验室的场所、仪器、设备等硬件设施至少应满足化妆品微生物的检验要求。

②有关化妆品生产加工企业检验仪器与设备的配备具体要求。

化妆品生产加工企业应具备分析天平、恒温培养箱、冰箱、恒温水浴锅、温度计、酸度计、微生物检测所必备的高压消毒锅、恒温培养箱、放大镜等常规检测仪器，并根据企业生产的具体产品标准配备相关的检测仪器。

企业的检测仪器、计量器具的精确度能满足生产需要和达到检定规程的要求。

③有关化妆品生产加工企业检验仪器与设备的管理要求。

企业的检测仪器、计量器具应按检定规程的规定定期进行检定和校准，应有周期性检定合格证。

企业应建立检测仪器、计量器具的管理制度，并有执行情况记录。

企业应有计量管理人员。

2）化妆品半成品分装企业检验仪器与设备的规定

有关法律法规的规定同有关化妆品生产加工企业检验仪器与设备的规定①。

企业应具备分析天平、恒温干燥箱、冰箱、恒温水浴锅、温度计、酸度计、微生物检测所必备的高压消毒锅、恒温培养箱、放大镜等常规检测仪器，并根据企业生产的具体产品标准配备相关的检测仪器；企业的检测仪器、计量器具按检定规程定期进行检定和校准，应有周期性检定合格证。

（4）有关化妆品生产加工企业和化妆品半成品分装企业检验机构的规定

1）有关化妆品生产加工企业检验机构的规定

《化妆品生产企业卫生规范》（2007年版）第四十二条规定：生产过程中应对原料、半成品和成品进行卫生质量监控。生产企业应具有微生物项目（包括：菌落总数、粪大肠菌群、金黄色葡萄球菌、铜绿假单胞菌、霉菌和酵母菌等）检验的能力。第五十六条规定：生产企业应按国家相关规定或企业卫生质量标准和检验方法对生产的化妆品进行检验，并有健全的检验制度。检验原始记录应齐全，并应妥善保存至超过产品保质期后半年。检验用的仪器、设备应按期检定，及时维修，以保证检验数据的准确。第六十一条规定：从事卫生质量检验工作的人员应掌握微生物学的有关基础知识，掌握《化妆品卫生规范》及本企业的产品质量标准，熟悉化妆品的生产工艺和质量保证体系知识，了解化妆品卫生有关法律法规知识，上岗前应经卫生检验专业培训并通过省级卫生行政部门考核。

①企业应有独立的质量检验机构，并有检验室和检验人员。

②企业应制定质量检验管理制度。

③相关产品中的甲醇、对苯二胺、铅、汞、砷、致病菌物质（非常规检验项目）含量的检测，可委托有合法资质及能力的单位进行，并有相关委托证明。

2）化妆品半成品分装企业检验机构的规定

①企业应制定质量检验管理制度。

②相关产品中的甲醇、对苯二胺、铅、汞、砷、致病菌物质（非常规检验项目）含量的检测，可委托有合法资质及能力的单位进行，并有相关委托证明。

19.2.4 检验标准

19.2.4.1 《化妆品卫生规范》

（1）毒理学试验方法部分规定了化妆品原料及其产品安全性评价的毒理学检测要求。对普通化妆品、特殊化妆品检测项目根据产品的类别、使用部位和使用方法的不同规定了相应的检测项目，同时规定了急性经口毒性试验、急性经皮毒性试验、皮肤刺激性/腐蚀性试验、皮肤变态反应试验等16项试验测定方法。

（2）卫生化学检验方法规定了化妆品原料禁、限用原料的卫生化学检测方法的相关要求。包括以下项目的检测：汞、砷、铅、甲醇、游离氢氧化物、pH、镉、锶、总氟、总硒、硼酸和硼酸盐、二硫化硒、甲醛、巯基乙酸、苯酚、氢醌、性激素、防晒剂、防腐剂、氧化型染发剂中染料、氮芥、斑蝥素、羟基酸、去屑剂、抗生素、甲硝唑、维生素 D_2、维生素 D_3、可溶性锌盐、化妆品抗 UVA 能力仪器测定等27种检测方法。

（3）微生物检验方法规定了化妆品微生物学检验的基本要求。包括菌落总数、粪大肠菌群、铜绿假单胞菌、金黄色葡萄球菌、霉菌和酵母菌5个方面。

（4）人体安全性和功效评价检验方法规范了化妆品安全性和功效评价的人体检验项目和要求。包括人体皮肤斑贴试验、人体试用试验安全性评价和防晒化妆品防晒效果人体试验。其中防晒化妆品防晒效果人体试验包括防晒化妆品防晒指数（SPF）测定方法、防晒化妆品防水性能测定方法和防晒化妆品长波紫外线防护指数（PFA）测定方法。

19.2.4.2 化妆品检验国家标准

我国颁布了多项化妆品检验的国家标准，涉及产品卫生、性能和诊断等多个方面，见表19-2。

表19-2 化妆品检验国家标准

序号	标准编号	标准名称
1	GB/T 13531.1—2008	化妆品通用检验方法 pH值的测定

续表

序号	标准编号	标 准 名 称
2	GB/T 13531.3—1995	化妆品通用检验方法 浊度的测定
3	GB/T 13531.4—1995	化妆品通用检验方法 相对密度的测定
4	GB/T 22728—2008	化妆品中丁基羟基茴香醚（BHA）和二丁基羟基甲苯（BHT）的测定 高效液相色谱法
5	GB/T 24404—2009	化妆品中需氧嗜温性细菌的检测和计数法
6	GB/T 24800.1—2009	化妆品中九种四环素类抗生素的测定高效液相色谱法
7	GB/T 24800.2—2009	化妆品中四十一种糖皮质激素的测定 液相色谱/串联质谱法和薄层层析法
8	GB/T 24800.3—2009	化妆品中螺内酯、过氧苯甲酰和维甲酸的测定高效液相色谱法
9	GB/T 24800.4—2009	化妆品中氯噻酮和吩噻嗪的测定 高效液相色谱法
10	GB/T 24800.5—2009	化妆品中呋喃妥因和呋喃唑酮的测定 高效液相色谱法
11	GB/T 24800.6—2009	化妆品中二十一种磺胺的测定高效液相色谱法
12	GB/T 24800.7—2009	化妆品中马钱子碱和士的宁的测定 高效液相色谱法
13	GB/T 24800.8—2009	化妆品中甲氨嘌呤的测定 高效液相色谱法
14	GB/T 24800.9—2009	化妆品中柠檬醛、肉桂醇、茴香醇、肉桂醛和香豆素的测定 气相色谱法
15	GB/T 24800.10—2009	化妆品中十九种香料的测定气相色谱-质谱法
16	GB/T 24800.11—2009	化妆品中防腐剂苯甲醇的测定 气相色谱法
17	GB/T 24800.12—2009	化妆品中对苯二胺、邻苯二胺和间苯二胺的测定
18	GB/T 24800.13—2009	化妆品中亚硝酸盐的测定离子色谱法
19	GB/T 7917.1—1987	化妆品卫生化学标准检验方法 汞
20	GB/T 7917.2—1987	化妆品卫生化学标准检验方法 砷
21	GB/T 7917.3—1987	化妆品卫生化学标准检验方法 铅
22	GB/T 7917.4—1987	化妆品卫生化学标准检验方法 甲醇
23	GB/T 7918.1—1987	化妆品微生物标准检验方法 总则
24	GB/T 7918.2—1987	化妆品微生物标准检验方法 细菌总数测定
25	GB/T 7918.3—1987	化妆品微生物标准检验方法 粪大肠菌群
26	GB/T 7918.4—1987	化妆品微生物标准检验方法 绿脓杆菌
27	GB/T 7918.5—1987	化妆品微生物标准检验方法 金黄色葡萄球菌
28	GB 17149.1—1997	化妆品皮肤病诊断标准及处理原则 总则
29	GB 17149.2—1997	化妆品接触性皮炎诊断标准及处理原则
30	GB 17149.3—1997	化妆品痤疮诊断标准及处理原则
31	GB 17149.4—1997	化妆品毛发损害 诊断标准及处理原则
32	GB 17149.5—1997	化妆品甲损害 诊断标准及处理原则
33	GB 17149.6—1997	化妆品光感性皮炎 诊断标准及处理原则
34	GB 17149.7—1997	化妆品皮肤色素异常 诊断标准及处理原则

19.2.4.3 轻工行业标准

轻工行业标准见表19－3。

表19－3 化妆品检验轻工行业标准

序号	标准编号	标准名称
1	QB/T 1863—1993	染发剂中对苯二胺的测定　气相色谱法
2	QB/T 1864—1993	电位溶出法测定化妆品中铅
3	QB/T 2186—1995	氨气敏电极法测定水解蛋白液含氮量
4	QB/T 2333—1997	防晒化妆品中紫外线吸收剂定量测定　高效液相色谱法
5	QB/T 2334—1997	化妆品中紫外线吸收剂定性测定　紫外分光光度计法
6	QB/T 2407—1998	化妆品中 D-泛醇含量的测定
7	QB/T 2408—1998	化妆品中维生素E的测定
8	QB/T 2409—1998	化妆品中氨基酸含量的测定
9	QB/T 2470—2000	化妆品通用试验方法　滴定分析（容量分析）用标准溶液的制备
10	QB/T 2789—2006	化妆品通用试验方法　色泽三刺激值和色差 ΔE^* 的测定（原GB/T 13531.2—1992）
11	QB/T 4078—2010	发用产品中吡硫翁锌（ZPT）的测定　自动滴定仪法
12	QB/T 4127—2010	化妆品中吡罗克酮乙醇胺盐（OCT）的测定　高效液相色谱法
13	QB/T 4128—2010	化妆品中氯咪巴唑（甘宝素）的测定　高效液相色谱法

19.2.4.4 出入境检验检疫标准

出入境检验检疫标准见表19－4。

表19－4 化妆品出入境检验检疫标准

序号	标准编号	标准名称
1	SN/T 1032—2002	进出口化妆品中紫外线吸收剂的测定　液相色谱法
2	SN/T 1475—2004	化妆品中熊果苷的检测方法 液相色谱法
3	SN/T 1478—2004	化妆品中二氧化钛含量的检测方法 ICP－AES法
4	SN/T 1495—2004	化妆品中酞酸酯的检测方法 气相色谱法
5	SN/T 1496—2004	化妆品中生育酚及 α-生育酚乙酸酯检测方法 高效液相色谱法
6	SN/T 1498—2004	化妆品中抗坏血酸磷酸酯镁的检测方法 液相色谱法
7	SN/T 1499—2004	化妆品中曲酸的检测方法 液相色谱法
8	SN/T 1500—2004	化妆品中甘草酸二钾的检测方法 液相色谱法
9	SN/T 1780—2006	进出口化妆品中氯丁醇的测定　气相色谱法
10	SN/T 1781—2006	进出口化妆品中咖啡因的测定　液相色谱法
11	SN/T 1782—2006	进出口化妆品中尿囊素的测定　液相色谱法
12	SN/T 1783—2006	进出口化妆品中黄樟素和6－甲基香豆素的测定　气相色谱法
13	SN/T 1784—2006	进出口化妆品中二噁烷残留量的测定　气相色谱串联质谱法
14	SN/T 1785—2006	进出口化妆品中没食子酸丙酯的测定　液相色谱法
15	SN/T 1786—2006	进出口化妆品中三氯生和三氯卡班的测定　液相色谱法
16	SN/T 1949—2007	进出口食品、化妆品检验规程 编写基本规则

续表

序号	标准编号	标准名称
17	SN/T 2051—2008	食品、化妆品和饲料中牛羊猪源性成分检测方法 实时 PCR 法
18	SN/T 2098—2008	食品和化妆品中的菌落计数检测方法 螺旋平板法
19	SN/T 2103—2008	进出口化妆品中 8-甲氧基补骨脂素和 5-甲氧基补骨脂素的测定 液相色谱法
20	SN/T 2104—2008	进出口化妆品中双香豆素和环香豆素的 测定液相色谱法
21	SN/T 2105—2008	化妆品中柠檬黄和桔黄等水溶性色素的测定方法
22	SN/T 2106—2008	进出口化妆品中甲基异噻唑酮及其氯代物的测定 液相色谱法
23	SN/T 2107—2008	进出口化妆品中一乙醇胺、二乙醇胺、三乙醇胺的测定方法
24	SN/T 2108—2008	进出口化妆品中巴比妥类的测定方法
25	SN/T 2109—2008	进出口化妆品中奎宁及其盐的测定方法
26	SN/T 2110—2008	进出口染发剂中 2-氨基-4-硝基苯酚和 2-氨基-5-硝基苯酚的测定方法
27	SN/T 2111—2008	化妆品中 8-羟基喹啉及其硫酸盐的测定方法
28	SN/T 2192—2008	进出口化妆品实验室化学分析制样规范
29	SN/T 2206.1—2008	化妆品微生物检验方法 第 1 部分：沙门氏菌
30	SN/T 2206.2—2009	化妆品微生物检验方法 第 2 部分：需氧芽孢杆菌和蜡样芽孢杆菌
31	SN/T 2206.3—2009	化妆品微生物检验方法 第 3 部分：肺炎克雷伯氏菌
32	SN/T 2206.4—2009	化妆品中微生物检验方法 第 4 部分：链球菌
33	SN/T 2206.5—2009	化妆品中微生物检验方法 第 5 部分：肠球菌
34	SN/T 2206.6—2010	化妆品中微生物检验方法 第 6 部分：破伤风梭菌
35	SN/T 2206.7—2010	化妆品中微生物检验方法 第 7 部分：蛋白免疫印迹法检测疯牛病病原
36	SN/T 2285—2009	化妆品体外替代试验实验室规范
37	SN/T 2286—2009	进出口化妆品检验检疫规程
38	SN/T 2288—2009	进出口化妆品中铍、镉、铊、铬、砷、碲、钕、铅的检测方法 电感耦合等离子体质谱法
39	SN/T 2289—2009	进出口化妆品中氯霉素、甲砜霉素、氟甲砜霉素的测定 液相色谱-质谱/质谱法
40	SN/T 2290—2009	进出口化妆品中乙酰水杨酸的检测方法
41	SN/T 2291—2009	进出口化妆品中氢溴酸右美沙芬的测定 液相色谱法
42	SN/T 2292—2009	化妆品级滑石中铅、镉的检测方法 石墨炉原子吸收光谱法
43	SN/T 2328—2009	化妆品急性毒性的角质细胞试验
44	SN/T 2329—2009	化妆品眼刺激性/腐蚀性的鸡胚绒毛尿囊膜试验
45	SN/T 2330—2009	化妆品胚胎和发育毒性的小鼠胚胎干细胞试验
46	SN/T 2393—2009	进出口洗涤用品和化妆品中全氟辛烷磺酸的测定 液相色谱-质谱/质谱法
47	SN/T 2533—2010	进出口化妆品中糖皮质激素类与孕激素类检测方法

续表

序号	标准编号	标准名称
48	SN/T 2649.1—2010	进出口化妆品中石棉的测定　第1部分：X射线衍射光谱-扫描电子显微镜法
49	SN/T 2649.2—2010	进出口化妆品中石棉的测定　第2部分：X射线衍射-偏光显微镜法

19.2.4.5 国家食品药品监督管理局发布的化妆品检验的方法规范

国家食品药品监督管理局发布的化妆品检验的方法规范见表19－5。

表19－5　国家食药局发布的化妆品检验方法规范

序号	方法规范
1	化妆品中二苯酮-2的检测方法
2	化妆品中二噁烷的检测方法
3	化妆品中二氧化钛的检测方法
4	化妆品中二乙氨羟苯甲酰基苯甲酸己酯的检测方法
5	化妆品中二乙基己基丁酰胺基三嗪酮的检测方法
6	化妆品中亚苄基樟脑磺酸的检测方法
7	化妆品中氧化锌的检测方法
8	化妆品中丙烯酰胺的检测方法
9	化妆品中甲醛的检测方法
10	化妆品中挥发性有机溶剂的检测方法
11	化妆品中钕等15种稀土元素的检测方法
12	化妆品中邻苯二甲酸酯类物质的检测方法
13	化妆品中三氯卡班的检测方法
14	化妆品中苯氧异丙醇的检测方法
15	化妆品中奎宁的检测方法
16	化妆品中6-甲基香豆素的检测方法
17	化妆品中苯甲醇的检测方法
18	化妆品中苯甲酸及其盐的检测方法
19	化妆品中氢化可的松等7种禁限用物质的检测方法
20	化妆品中水杨酸的检测方法
21	化妆品中酮麝香的检测方法
22	化妆品中巯基乙酸的检测方法
23	化妆品中8种邻苯二甲酸酯的检测方法
24	化妆品中4-氨基偶氮苯和联苯胺的检测方法
25	化妆品中苯并正［a］芘的检测方法
26	化妆品中4-氨基联苯及其盐的检测方法
27	化妆品中间苯二酚的检测方法
28	化妆品中32种禁限用染料成分的检测方法

续表

序号	方 法 规 范
29	化妆品中苯扎氯铵的检测方法
30	化妆品中羟基喹啉的检测方法
31	化妆品中过氧化氢的检测方法
32	化妆品中苄索氯铵、劳拉氯铵和西他氯铵的检测方法
33	化妆品中颜料橙 5 等 5 种禁用着色剂检测方法
34	化妆品中呋喃香豆素类（三甲沙林、8 - 甲氧基补骨脂素、5 - 甲氧基补骨脂素）利欧前胡内酯的检测方法
35	化妆品中补骨脂特征成分补骨脂素、异补骨脂素、新补骨脂异黄酮和补骨脂二氢黄酮的检测方法

职业素养和人员管理篇

第 20 章　食品生产监管工作人员职业素养和人员管理概述

20.1　食品生产监管工作人员职业素养和人员管理的重要性

食品生产加工环节质量安全监督管理，是质量技术监督部门依据国家法律、法规，对食品、食品添加剂和食品相关产品生产企业行使行政许可、监督检查、检验检测、行政执法等综合性监督管理工作的一项重要职能，能否科学、公正、廉洁、高效地开展工作，切实履行好这项职能，直接关系到党和政府的形象，关系到社会经济的健康发展，关系到人民群众的切身利益。

实际工作中，国家的法律、法规，各级政府的方针、政策，国家质检总局和地方各级质量技术监督部门的制度、措施，最终都要通过各级质量技术监督部门的食品生产监管工作人员去进行贯彻、落实。这其中，最基层、最关键的岗位是食品生产许可证审查员、食品检验人和食品生产监管员，他们是否具备良好的职业素养，对质监部门切实履行好食品安全监管职能至关重要。

就食品生产许可证审查员、食品检验人和食品生产监管员而言，职业素养是其监管工作内在的规范和要求，是在监管工作过程中表现出来的综合品质，主要包含思想政治素养、职业道德素养、职业技能素养等方面。近年来，食品安全事件屡屡发生，一些质量技术监督部门的工作人员由于在食品安全监管工作中失职、渎职而被追责，质量技术监督部门的形象也因而受到影响，这与有关人员职业素养不高有着极大的关系。因此，对食品生产许可证审查员、食品检验人和食品生产监管员大力开展职业培训，努力提高其政治素养、道德素养、业务素养，就具有极为重要的意义。

20.2　食品生产监管工作人员职业素养基本要求

20.2.1　思想政治素养

（1）具有坚定的政治立场、方向，自觉接受中国共产党的领导，在政治上和党中央保持高度一致；认真贯彻执行党的路线、方针、政策，深入贯彻落实科学发展观；政治水平和觉悟较高，政治敏锐性和感悟力较强。

（2）具有对国家和人民高度负责的责任感和使命感，为国家和人民服务的思想品德，始终保持“人民公仆”的本色，为政清廉，奉公守法，自觉接受社会监督。

（3）具有勤于学习、敢于实践、开拓创新、不断进取的精神境界，善于从国家大局和质检中心工作去认识、分析和解决食品安全监管工作中的问题。

20.2.2　职业道德素养

（1）具有良好的敬业精神，在食品安全监管工作中兢兢业业、甘于奉献、勇于负责。

（2）具有准确的角色定位，对自身的地位、作用和责任的特殊性和重要性有足够的认识，激发自身高度的荣誉感、责任感和成就感。

（3）具有优良的工作作风，求实、严谨、公正、严明。

（4）具备职业良心，自觉对自己的道德行为进行有效的选择、监督和评价。

20.2.3 职业技能素养

（1）熟悉和掌握国家有关法律、法规、食品安全监管基本业务知识，精通本岗位的专业知识和技能。

（2）具有较强的组织能力、创新能力、调查研究和分析判断能力、处理和解决问题的能力。

（3）具有较强的语言和文字表达能力、现代办公设备操作能力。

20.3 食品生产监管工作人员管理基本要求

20.3.1 岗位资质

各级质量技术监督部门应当根据食品生产监督管理工作需要，制定食品生产许可证审查员、食品检验人和食品生产监管员的岗位要求，建立岗位资格、资质制度。

20.3.2 职业培训

各级质量技术监督部门应当制定计划，对食品生产许可证审查员、食品检验人和食品生产监管员开展职业培训，包括食品相关法律、法规、标准、技术，以及职业道德和行为规范等内容，以提高其职业素养。

20.3.3 日常管理

各级质量技术监督部门应当建立制度，加强对食品生产许可证审查员、食品检验人和食品生产监管员的日常管理、评价考核。

第21章 食品生产许可证审查员职业素养和人员管理

21.1 食品生产许可证审查员职业素养和人员管理的重要性

食品生产许可是质量技术监督部门依据法律、法规，履行法定职责，保障食品安全而设定的一种行政许可制度。《食品安全法》规定："国家对食品生产经营实行许可制度。从事食品生产、食品流通、餐饮服务，应当依法取得食品生产许可、食品流通许可、餐饮服务许可"。"县级以上质量监督、工商行政管理、食品药品监督管理部门应当依照行政许可法的规定，审核申请人提交的本法第二十七条第一项至第四项规定要求的相关资料，必要时对申请人的生产经营场所进行现场核查；对符合规定条件的，决定准予许可；对不符合规定条件的，决定不予许可并书面说明理由"。相对于食品流通、餐饮服务，食品生产对生产场所、设施设备、工艺流程、技术人员、管理人员、管理制度等的要求更高、专业性更强；生产的食品销售范围更广，涉及面更宽，食品安全的影响面更大；加之食品生产处于食品流通、餐饮服务的上游，食品生产的安全直接影响到食品流通、餐饮服务的安全。正是基于以上考虑，国家质检总局在《食品生产许可管理办法》中规定，除了对食品生产企业提交的申请材料进行审查外，还要对其生产场所进行现场核查。

为保证食品生产许可规范性，严格把好食品生产许可关，需要一支掌握食品生产加工相关法律、法规、标准和技术规范，并具备良好职业道德的食品生产许可证审查员队伍。加强审查员队伍建设，实行统一教材、集中培训、公开考试、持证上岗、注册管理、继续教育的审查员资格管理制度，是保障食品生产加工环节质量安全的重要保证。

21.2 食品生产许可证审查员职业素养要求

21.2.1 职业能力

21.2.1.1 掌握食品生产许可相关的法律、法规

食品生产许可证审查员应当了解和掌握《行政许可法》、《食品安全法》、《工业产品生产许可证管理条例》、《食品生产许可管理办法》等与食品生产许可相关的法律、法规和规定。

21.2.1.2 掌握食品生产许可的内容和要求

食品生产许可证审查员应当熟悉和掌握食品生产许可的内容和要求，包括：食品生产许可的发证范围、依据、条件、程序、期限等。

21.2.1.3 掌握《食品生产许可审查通则》和各类食品生产许可证审查细则

食品生产许可证审查员应当充分理解和掌握《食品生产许可审查通则》的有关内容，熟练掌握审查工作、生产许可检验工作的程序及要点；充分理解和掌握各类食品生产许可证审查细则的有关内容，熟悉所审查产品的生产工艺、场所要求、必备生产设备、产品相关标准、原辅料要求、产品检验要求等。

21.2.1.4 掌握食品生产许可核查人员管理相关规定

食品生产许可证审查员应当明确知悉自身工作职责、行为规范以及有关培训与注册等

相关管理规定。

21.2.2 职业道德

21.2.2.1 按规定取得和使用证书

食品生产许可证审查员不得以虚假材料等不正当手段骗取资格证书，不得出租出借证书供他人使用。

21.2.2.2 服从日常管理和派遣

食品生产许可证审查员应当遵守国家质检总局、省、自治区、直辖市质量技术监督局质量监督部门的管理，不得无故不服从派遣。

21.2.2.3 遵守审查程序、时限和要求

食品生产许可证审查员应当按规定的程序、时限和要求从事企业现场核查，现场核查时向被核查企业出示相关证件。

21.2.2.4 严格开展审查工作

食品生产许可证审查员应当严格按照食品生产许可的规定，严格审查，公开、公平、公正开展工作。

21.2.2.5 严格保守商业秘密

食品生产许可证审查员应当严格保守申请人的商业秘密，严禁将企业的信息资料提供给第三方以获取不当利益。需要公开的信息按照正常程序进行公示。

21.2.2.6 严格遵守纪律要求

食品生产许可证审查员从事审查工作，不得刁难企业，不得索取、收受企业的财物，不得向企业推销生产设备、检测设备，不得从事生产许可有偿咨询或以任何形式参加其他中介机构组织开展的食品生产许可有偿咨询服务，不得谋取其他不当利益。

21.3 食品生产许可证审查员管理

21.3.1 职业资质

21.3.1.1 资质要求

食品生产许可证审查员实行资质管理，经过培训、考核和注册取得核查人员资质后，方可从事食品生产许可证现场核查工作。食品生产许可证审查员分为国家高级注册审查员和国家注册审查员。

国家质检总局负责审核发布食品生产许可证审查员有关管理制度。

21.3.1.2 考前培训、考试与注册

国家质检总局对食品生产许可证审查员实行统一培训教材、统一组织命题、统一考试时间、统一颁发证书、统一注册管理，审核发布有关管理制度，制定考前培训教材，审定考试试卷，监督指导考试和注册工作的实施。

全国工业产品生产许可证审查中心受国家质检总局委托，承担食品生产许可证审查员的培训、考试和注册的日常管理工作。

各省、自治区、直辖市质量技术监督局承担本辖区食品生产许可证审查员的具体培训、统一考试的具体考务和考场监考、注册申请。国家质检总局选派人员对各地考试组织工作进行监督指导。

21.3.1.3 注册审查员证书

食品生产许可证审查员经培训、考核合格并注册后，统一发给由全国工业产品生产许

可证办公室用印的《全国食品生产许可证注册审查员证书》。

原经全国工业产品生产许可证办公室培训、考核，获得《全国工业产品生产许可证注册高级审查员证书》和《全国工业产品生产许可证注册审查员证书》的审查员，须参加有关食品企业审查细则的培训后，方可持原证书参加食品生产许可证审查工作。

21.3.2 职业培训

21.3.2.1 培训的必要性

为保证食品生产许可证审查员的职业能力，必须在审查员获得证书前进行相应的业务培训。在审查员获得证书后，随着食品工业的发展和食品安全监管工作的深入，食品安全法律、法规、标准、技术规范会发生变化，出现新的食品生产技术、工艺，发现新的食品安全问题，因此也有必要对食品生产许可证审查员进行继续教育。

21.3.2.2 培训的时间

审查员3年累计至少参加45小时食品生产许可等相关知识的培训。

21.3.2.3 培训的内容

1. 食品生产许可制度

(1) 食品生产许可制度基础：食品质量安全的概念，食品生产加工企业的概念，食品生产许可中涉及的国家产业政策。

(2) 食品生产许可制度的适用范围：食品生产许可制度适用地域、适用产品、适用主体。

(3) 食品生产许可制度的基本内容：食品生产许可证制度，食品强制检验制度，食品生产许可标志制度。

(4) 食品生产许可制度的法律依据：《产品质量法》、《标准化法》、《行政许可法》、《食品安全法》、《食品安全法实施条例》、《工业产品生产许可证管理条例》、《消费者权益保护法》、《乳品质量安全监督管理条例》。

(5) 影响食品质量安全的因素：生物性污染、化学性污染、物理性污染。

(6) 各级管理机构的职责：国家质检总局以及省级、市（地）级、县级质量技术监督局职责。

(7) 检验机构的资格与职责：发证检验机构、委托检验机构、监督检验机构的职责。

2. 食品生产许可证的内容和要求

(1) 发证工作程序：食品生产许可发证工作环节、时限要求。

(2) 申请人主体规定：申请人分别为独立法人机构、非法人独立机构的规定。

(3) 申请材料的审查：申请材料的完整性、准确性、有效性。

(4) 企业现场核查：首次会议、现场核查的程序和方法，包括查看现场、调阅相关资料、询问有关人员等；审查组内部会议，作出初步核查意见；与申请者沟通，确定核查结论；末次会议。

(5) 产品抽检：发证检验的抽样方法，抽样单的填写，样品的封存与送样要求。

(6) “QS”标志的使用：标志的含义，标志的使用要求。

3.《食品生产许可审查通则》

(1) 适用范围：对申请人生产许可规定条件的审查工作，包括审核资料、核查现场和检验食品。

（2）使用要求：与《食品生产许可管理办法》、相应食品生产许可审查细则结合使用，依照规定使用相应格式文书，不得缺失。

（3）审查工作程序及要点：申请受理、组成审查组、制定审查计划、审核申请资料、实施现场核查、形成初步审查意见和判定结果、与申请人交流沟通、填写审查记录表、判定原则及决定、形成审查结论、报告和通知、意见反馈。

（4）生产许可检验工作程序及要点：通知检验事项、样品抽取、选择检验机构、样品送达、样品接收、实施检验、检验结果送达、许可检验复检、食品生产许可证附页。

（5）已设立食品企业、食品生产许可证延续换证：已设立食品企业、食品生产许可证延续换证的审查和许可检验规定。

4.《食品生产许可证审查细则》

（1）食品生产许可证发证范围：申请单元的划分、产品种类。

（2）产品生产工艺：按实施细则划分的各类产品的生产工艺。

（3）生产场所要求：按实施细则划分的各类产品的生产场所要求。

（4）必备生产设备：按实施细则划分的各类产品的必备生产设备。

（5）产品相关标准：按实施细则划分的各类产品的相关标准。

（6）原辅料要求：按实施细则划分的各类产品的原辅料要求。

5. 食品质量安全检验

发证检验、监督检验、出厂检验、进货检验、检验批次的相关规定。

6. 食品质量安全监督

（1）食品质量安全监督的形式：监督检查、抽样检验、年度审查等。

（2）无证生产销售的查处：无证产品的定义、无证生产销售的法律责任、无证查处的相关规定。

（3）委托生产标识方法：获得食品生产许可证的企业委托获得食品生产许可证的企业生产食品的标识方法、未获得食品生产许可证的企业委托获得食品生产许可证的企业生产食品的标识方法。

7. 核查人员管理

核查人员的培训与注册、核查人员行为规范、核查组长职责、核查人员职责。

21.3.3 日常管理

各级质量技术监督部门应当按照国家质检总局的有关规定，建立食品生产许可证审查员日常管理制度，对本单位选派的审查员加强日常管理。日常管理应包括以下内容：

（1）选派要求：选择、派出食品生产许可证审查员的规则，包括原则、方法、依据和程序等。

（2）职责要求：食品生产许可证审查员的具体职责，包括审查的对象、内容、时限等。

（3）质量要求：食品生产许可证审查员审查工作的具体要求，包括工作的程序、规范和记录要求等。

（4）纪律要求：食品生产许可证审查员在审查工作中应当遵守的纪律。

（5）考核要求：对食品生产许可证审查员审查工作的考核要求，包括考核的内容、办法、等级、奖惩等。

第22章　食品检验人职业素养和人员管理

22.1　食品检验人职业素养和人员管理的重要性

对食品的抽样检验，是包括质量技术监督部门在内的各食品安全监督管理部门依法履行食品质量安全监管职责、保障食品安全的一项重要手段。食品检验数据和结论，是发现食品质量安全问题，判定食品符合标准与否的重要依据，其是否客观、准确、公正，直接影响到各食品安全监督管理部门的监管工作是否客观、准确、公正。一旦食品检验过程出现失误，甚至虚假行为，将会对食品安全造成重要影响，威胁到广大人民群众的身体健康和生命安全；也可能会给合法经营企业造成不良影响，妨碍市场经济秩序正常运行。食品检验数据和结论是食品检验人工作的结果。由于食品检验过程自身的特点，食品检验环节的失误或弄虚作假不易被发现。一些食品检验人或由于工作能力不够、工作责任心不强，造成检验数据、结论错误，或由于追求自身、检验机构的不当利益，出具虚假检验数据、结论，因此强化食品检验人的职业能力、职业道德就显得十分重要。《食品安全法》一方面赋予检验人相对独立的检验权，规定食品检验由食品检验机构指定的检验人独立进行。同时，对检验人的检验工作提出要求，检验人应当依照有关法律、法规的规定，并依照食品安全标准和检验规范对食品进行检验，尊重科学，恪守职业道德，保证出具的检验数据和结论客观、公正，不得出具虚假的检验报告。另一方面，强化了责任，食品检验实行食品检验机构与检验人负责制。食品检验报告应当加盖食品检验机构公章，并有检验人的签名或者盖章。食品检验机构和检验人对出具的食品检验报告负责。

22.2　食品检验人职业素养要求

22.2.1　职业能力

22.2.1.1　熟悉相关法律、法规、规章和规范性文件

1. 有关法律

食品检验人应当熟悉和掌握《食品安全法》、《产品质量法》、《标准化法》、《计量法》、《农产品质量安全法》、《进出境动植物检疫法》、《国境卫生检疫法》、《动物防疫法》、《进出口商品检验法》等法律。

2. 有关法规

食品检验人应当熟悉和掌握《食品安全法实施条例》、《病原微生物实验室生物安全管理条例》、《认证认可条例》、《国务院关于加强食品等产品安全监督管理的特别规定》、《进出口商品检验法实施条例》、《进出境动植物检疫法实施条例》、《标准化法实施条例》、《乳品质量安全监督管理条例》、《农药管理条例》、《兽药管理条例》、《农业转基因生物安全管理条例》等法规。

3. 有关部门规章

食品检验人应当熟悉和掌握《食品生产加工企业质量安全监督管理实施细则（试行）》、《生产许可证管理条例实施办法》、《食品添加剂卫生管理办法》、《定量包装商品计量监督管理办法》、《食品标识管理规定》、《转基因食品卫生管理办法》、《生鲜乳生产收购

管理办法》、《农产品产地安全管理办法》、《农产品包装和标识管理办法》等部门规章。

4. 有关规范性文件

食品检验人应当熟悉和掌握《食品检验机构资质认定条件》、《食品检验工作规范》、《食品检验机构资质认定评审准则》、《食品生产许可审查通则》以及各类食品审查细则中有关产品检验的内容。

22.2.1.2 熟练掌握检验知识和技能

食品检验人应当具备与食品检验活动相适应的检验能力和水平，熟练掌握有关食品安全标准、检验方法原理，掌握检验操作技能、标准操作程序、质量控制要求、实验室安全与防护知识、计量和数据处理知识等，包括具备下列一项或多项检验能力。

（1）能对某类或多类食品相关食品安全标准所规定的检验项目进行检验，包括物理、化学与全部微生物项目，也包括对食品中添加剂与营养强化剂的检验；

（2）能对某类或多类食品添加剂相关食品安全标准所规定的检验项目进行检验，包括物理、化学与全部微生物项目；

（3）能对某类或多类食品相关产品的食品安全标准所规定的检验项目进行检验，包括物理、化学与全部微生物项目；

（4）能对食品中污染物、农药残留、兽药残留等通用类食品安全标准或相关规定要求的检验项目进行检验；

（5）能对食品安全事故致病因子进行鉴定；

（6）能为食品安全风险评估和行政许可进行食品安全性毒理学评价；

（7）能开展《食品安全法》规定的其他检验活动。

22.2.2 职业道德

22.2.2.1 依法开展检验工作

食品检验人应当按照法律法规规定，依法开展检验工作，在许可或者认定的检验范围内检验，不超范围检验。

22.2.2.2 严格遵守检验规范

食品检验人应当严格依照食品安全标准、检验规范和程序的规定，开展检验工作，保证出具的检验数据和结论客观、公正、准确。

22.2.2.3 严格遵守纪律要求

食品检验人不得与其食品检验活动所涉及的委托人存在利益关系，不得参与任何影响检验判断的独立性和公正性的活动，不得出具虚假或者不实数据和结果的检验报告。

22.3 食品检验人管理

22.3.1 职业资格

22.3.1.1 一般要求

食品检验人应当是所在食品检验机构正式聘用人员，只能在一个食品检验机构中执业。

食品检验人不得是法律法规规定禁止从事食品检验工作的人员，如：违反《食品安全法》规定，受到刑事处罚或者开除处分的食品检验机构人员，自刑罚执行完毕或者处分决定作出之日起 10 年内不得从事食品检验工作。

食品检验人应当接受《食品安全法》及其相关法律法规、质量管理和有关专业技术培训、考核，并持有培训考核合格证明。从事食品检验活动的人员应当持证上岗。

22.3.1.2 特殊要求

1. 法人

独立法人食品检验机构的最高管理者应当由法定代表人担任，非独立法人食品检验机构的最高管理者应当由其法人机构的法定代表人或其授权人员担任。

2. 技术负责人

应具备中级以上（含中级）专业技术职称或同等能力，负责某一领域技术工作和所需资源供应以保证实验室工作质量，熟悉《食品安全法》及其相关法律法规，熟悉食品安全标准、检验方法原理，掌握检验操作技能、标准操作程序、实验室质量控制的手段、方法及对结果的评价、熟悉实验室安全与防护知识、计量和数据处理知识等。

3. 质量负责人

应具备中级以上（含中级）专业技术职称或同等能力，熟悉《食品安全法》及其相关法律法规，熟悉食品安全标准、检验方法原理，掌握检验操作技能、标准操作程序、实验室质量控制的手段、方法及对结果的评价、熟悉实验室安全与防护知识、计量和数据处理知识等。质量负责人的地位不能太低，必须能与最高管理者直接接触和沟通。

4. 授权签字人

应具备本科以上学历，从事食品检测工作3年以上的工作经历，中级以上（含中级）专业技术职称或同等能力，具有相应的职责权利、熟悉或掌握检测技术及实验室体系管理程序、熟悉或掌握所承担签字领域的食品安全标准、熟悉检测报告审核签发程序、对检测结果做出相应评价的判断能力、熟悉《实验室资质认定评审准则》及其相关的法律法规技术文件的要求。

5. 内审员

应具备中级以上（含中级）专业技术职称或同等能力，具备食品检测工作经历、具备相应的职责权利、熟悉或掌握检测技术及实验室体系管理程序、熟悉《实验室资质认定评审准则》及其相关的法律法规技术文件的要求，经相应的培训并获得资格。

6. 感官评价人员

感官评价员的选择和培训要慎重（如使用内部评价员有可能对结果产生偏差）。感官评价员候选人的招聘、选择、培训和监督参见ISO 8586的相关规定。推荐的选择和培训的程序如下。

(1) 招聘、人员的初筛和开始测试

基本感官功能应被确认。相关的颜色、特殊污点/气味的检测、描述产品特性的个人能力也应被确认。应考虑感官评价员个人特点和习惯可能会对实验造成的影响。

(2) 培训的基本原则和方法

1) 覆盖的范围应包括感官的使用、对检测程序的熟悉程度和了解。

2) 食品和香水等外部因素的影响。

3) 感官评价员应知道与测试有关的产品的类型。感官评价员的安全应给予特殊考虑。另外，应记录和重视感官评价员的膳食、健康和伦理观念。任何时候，感官评价员应报告其所遭受病痛的影响。

4) 为确保所有的感官评价员为完成要求的任务进行足够的培训，选择和培训计划应文件化。在达到规定的能力级别和其他相关培训后，感官评价员才能被允许参加检测。如可能，客观测量，如重复性，可用作能力的评估指标。

（3）特殊目的选择

完成测试程序的能力应确认。这些可通过改变样品成分的浓度、记录测试的结果，分析复制的样品、或者通过测试一个类型产品的描述分析来实现。

（4）为保证满意结果而对个人进行的监督

1）应保持对每一个感官分析人员的综合培训记录。应监督培训后的个人表现。结果及其数据和产品评估，应成为个人行为记录的一部分。为了更好地完成这一目的，记录系统应简单易懂。

2）任何疲劳影响所产生的结果也应被监督。

（5）健康因素

可能影响感官评价员的如健康和相关因素，应该被记录并考虑将感官评价员从检验工作中撤走。这些因素包括过敏反应、感冒、胃痛、牙痛、怀孕、某种药物和精神压力。

（6）必要的再培训

应建立再培训相关程序和准则。如果一个感官评价员不能如期完成一个检验，或他/她的结果超出可接受的限度，可以考虑进行再培训。

7. 化学检验员

实验室人员应接受有关化学安全和防护、救护知识的培训。关键检测人员（熟悉各项检测方法、程序、目的和结果评价的人员）应掌握化学分析测量不确定度评价的方法。

8. 微生物检测人员

（1）有颜色视觉障碍的人员不能执行某些涉及辨色的试验。

（2）实验室人员应熟悉生物检测安全操作知识和消毒知识。

（3）实验室应对在培人员实施有效监督。

（4）实验室应对新员工进行检测技能的培训，对新员工的检测技能进行确认。

9. 生物安全管理人员

（1）实验室管理层应对所有员工、来访者、合同方、社区和环境的安全负责。

（2）应制定明确的准入政策并主动告知所有员工、来访者、合同方可能面临的风险。

（3）应尊重员工的个人权利和隐私。

（4）应为员工提供持续培训及继续教育的机会，保证员工可以胜任所分配的工作。

（5）应为员工提供必要的免疫计划、定期的健康检查和医疗保障。

（6）应保证实验室设施、设备、个体防护装备、材料等符合国家有关的安全要求，并定期检查、维护、更新，确保不降低其设计性能。

（7）应为员工提供符合要求的适用防护用品和器材。

（8）应为员工提供符合要求的适用实验物品和器材。

（9）应保证员工不疲劳工作和不从事风险不可控制的或国家禁止的工作。

10. 生物安全检测人员

（1）应充分认识和理解所从事工作的风险。

（2）应自觉遵守实验室的管理规定和要求。

（3）在身体状态许可的情况下，应接受实验室的免疫计划和其他的健康管理规定。

（4）应按规定正确使用设施、设备和个体防护装备。

（5）应主动报告可能不适于从事特定任务的个人状态。

（6）不应因人事、经济等任何压力而违反管理规定。

（7）有责任和义务避免因个人原因造成生物安全事件或事故。

（8）如果怀疑个人受到感染，应立即报告。

（9）应主动识别任何危险和不符合规定的工作，并立即报告。

11. 动物试验检验人员

从事动物试验的检验人员应当取得《动物实验从业人员岗位证书》；从事特殊检验项目（辐射、基因检测）的人员应当符合相关法律法规的规定要求。

12. 监督人员

应具备中级以上（含中级）专业技术职称或同等能力，具备3年以上食品检测工作经历、熟悉实验室体系管理程序，熟悉各项检测方法、程序、目的和结果评价的人员，应握化学分析测量不确定度评价的方法，经相应的培训并获得资格。

13. 抽样人员

应熟悉抽样产品的抽样规程、熟悉产品的特性及储存方式，准确填写所需的各种信息，必要时需记录并监控采样地点的环境状况如空气污染度和温度等。经相应的培训并获得资格。

22.3.2　职业培训

22.3.2.1　培训计划

食品检验机构应当制定和实施培训计划，并对培训效果进行评价。

22.3.2.2　培训内容

1. 法律、法规、检测技能的培训

实验室应对所有员工进行法律、法规、检测技能的培训和实验室管理体系的培训，并对培训效果进行相应的评价。

2. 新标准、新方法的培训

实验室应及时对新标准、新方法进行培训，并使检测人员及时获得相关的检测信息，同时对新方法进行相应的确认。

3. 其他培训

实验室还应对有关人员开展其他针对性的培训，包括：新上岗人员和较长期离岗或下岗人员的再上岗培训；实验室管理体系培训；安全知识及技能培训；实验室设施、设备（包括个体防护装备）的安全使用培训；应急措施与现场救治培训；实验室内审员培训；微生物常规仪器设备的应用、清洁、维护等方面的培训；计量和数据处理知识培训等。

22.3.3　日常管理

人员的能力和水平是确保实验室各项活动有效开展的最重要的因素。配备足够数量的人员，确保各类人员的能力和资格，并进行适时的培训和考核，对专门人员进行授权，保留关键岗位人员的工作描述，建立和维持技术人员技术档案是确保检验工作质量的关键条件。

食品检验机构应当建立食品检验人日常管理制度，加强对本机构有关人员的管理。日常管理制度应包括以下内容。

（1）任职资格要求。具体规定检验机构各类人员任职资格要求，包括中心主任、技术负责人、质量负责人、业务负责人、内审员、监督员、检验报告授权批准人员、特殊设备操作人员、检验人员等。

（2）工作职责要求。具体规定检验机构各工作岗位的职责。

（3）培训考核要求。具体制定人员培训管理程序、人员考核管理程序、实验室内务管理程序和实验室安全管理程序等。

（4）工作纪律要求。具体规定检验机构各岗位人员在工作中应当遵守的行为规范和纪律要求。

第23章　食品生产监管员职业素养和人员管理

23.1　食品生产监管员职业素养和人员管理的重要性

食品生产监管员承担食品、食品添加剂以及食品相关产品的日常监督管理职责，是监督企业落实食品质量安全主体责任，查处食品安全违法违规行为，保障食品安全的最基层、最主要的力量。在日常监管工作中，食品生产监管员需要全面掌握有关食品、食品添加剂以及食品相关产品的法律、法规、规章和规范性文件，掌握相关标准和产品生产场所、生产工艺、生产设备设施的要求，全面、有效地开展监督检查、监督抽查、应急处置、查处违法行为、建立企业信用档案等一系列监管工作。提高食品生产监管员职业素养，打造一支纪律严明、业务精通、作风优良的食品安全监管员队伍，是各级质量技术监督部门履行好食品生产加工环节监管职责的基本前提。

23.2　食品生产监管员职业素养要求

23.2.1　职业能力

23.2.1.1　掌握有关法律、法规、规章和规范性文件

1. 有关法律

食品生产监管员应当熟悉和掌握《产品质量法》、《标准化法》、《行政许可法》、《食品安全法》、《行政处罚法》、《行政强制法》等法律以及《刑法》中有关生产、销售伪劣商品罪的内容。

2. 有关法规

食品生产监管员应当熟悉和掌握《国务院关于加强食品等产品安全监督管理的特别规定》、《食品安全法实施条例》、《工业产品生产许可证管理条例》、《乳品质量安全监督管理条例》等法规。

3. 有关部门规章

食品生产监管员应当熟悉和掌握《食品生产许可管理办法》、《食品添加剂生产监督管理规定》、《食品生产加工企业质量安全监督管理实施细则（试行）》、《食品召回管理规定》、《食品标识管理规定》、《产品质量监督抽查管理办法》、《质量技术监督行政处罚程序规定》等部门规章。

4. 有关规范性文件

食品生产监管员应当熟悉和掌握《食品生产加工企业落实质量安全主体责任监督检查规定》、《产品质量监督抽查实施规范》、《关于加强食品安全风险信息管理工作方案（试行）》等有关规范性文件。

23.2.1.2　掌握相关标准和生产技术要求

食品生产监管员应当熟悉和掌握《预包装食品标签通则》、《食品添加剂使用标准》、《营养强化剂使用标准》等通用标准，熟悉和掌握所监管的食品、食品添加剂以及食品相

关产品的生产工艺、场所要求、必备生产设备设施、产品相关标准、原辅料要求、产品检验要求等，了解并善于发现各类产品易发生的质量安全问题，特别是易滥用的食品添加剂和非法添加的非食用物质。

23.2.1.3 掌握食品、食品添加剂和食品相关产品各项监管工作的内容和要求

1. 生产许可的内容和要求

食品生产监管员应当熟悉和掌握食品生产许可、工业产品生产许可制度的基本内容，包括相关产业政策，许可的适用范围、许可产品类别的划分、许可的条件和程序、生产许可证的有效期限，以及许可标志的使用和编号规则等。

2. 监督检查的内容和要求

食品生产监管员应当熟悉和掌握对企业监督检查的规定，包括监督检查计划的制定，监督检查的方法、程序、结果处理和工作要求，准确把握对企业资质的一致性、进货查验记录制度、生产过程控制制度、出厂检验记录制度、不合格品管理制度、标识标注内容、标准执行、不安全食品召回制度、从业人员健康和培训、委托加工食品、消费者投诉受理制度、收集食品安全风险监测和评估信息、处置食品安全事故等监督检查内容的各项详细要求并作出判定，及时发现和处置企业在执行有关法律法规和标准等方面存在的问题。

3. 监督抽查的内容和要求

食品生产监管员应当熟悉和掌握监督抽查的程序、内容和要求，严格按照规范完成制定抽样计划，实施抽样、封样、送样、留样，检验结果异议复检，检验结果处理等工作。

4. 风险信息管理的内容和要求

食品生产监管员应当熟悉和掌握国家质检总局关于加强食品安全风险信息管理的有关规定，包括风险信息监测制度、信息筛查和报送制度、风险信息研判制度、风险信息处置制度、风险信息通报和报告制度、风险信息公开制度、企业报告制度、信息举报奖励制度等内容和要求，通过日常监管、风险监测、监督检查、群众举报、行业反映、媒体报道等方法，及时发现、收集、报告食品、食品添加剂、食品相关产品风险信息，主动开展调查、检查和检验活动，查明事实，有效处置，同时举一反三，对同种类和近似产品开展监督检查和抽样检验，切实防范系统性和区域性食品质量安全风险。

5. 应急处置的内容和要求

食品生产监管员应当熟悉和掌握各级政府以及本部门食品安全突发事件应急反应预案，包括预案的适用范围、工作原则、事件分级、工作职责、应急处置方法和程序等，及时妥善处置食品安全突发事件。

6. 行政执法的内容和要求

食品生产监管员应当熟悉和掌握日常监管与行政执法的衔接办法和有关要求，在监管中发现食品、食品添加剂、食品相关产品生产企业涉嫌违反国家法律、法规，需要依法追究行政责任的，根据职能规定，及时将案件线索及相关材料移交质监部门稽查机构，或根据工作需要一同参加案件的调查取证工作。参加案件调查取证工作的食品生产监管员必须取得“中国质量技术监督行政执法”证件，具备行政执法资格。

7. 建立企业食品安全信用档案内容和要求

食品生产监管员应当熟悉和掌握建立企业食品安全信用档案内容和要求，建立所监管企业的信用档案，记录许可颁发、日常监督检查结果、违法行为查处等情况。根据食品安

全信用档案记录，对有不良信用记录的企业增加监督检查频次。

8. 监管食品生产加工小作坊的内容和要求

食品生产监管员应当熟悉和掌握地方性法规、各级政府、上级部门和本单位有关食品生产加工小作坊监督管理的规定，依法对小作坊实施监督管理。

23.2.2 职业道德

23.2.2.1 服从组织指挥

食品生产监管员应当服从组织的统一指挥，严格按照要求开展食品生产监管工作，积极主动，不推诿塞责。

23.2.2.2 严格开展监管

食品生产监管员应当严格依照国家法律、法规及有关规定，认真履行监督检查、监督抽查等日常监督管理各项职责，依法查处企业违法行为，不滥用职权、玩忽职守、徇私舞弊。

23.2.2.3 及时处置风险

食品生产监管员应当主动收集、报告食品安全风险信息，报告食品安全事故，并按照要求开展认真处置工作，不瞒报、谎报。

23.2.2.4 严守工作纪律

食品生产监管员在开展食品安全监管工作中，不得妨碍企业正常的生产活动，不得擅自向外透露企业的商业秘密，不得索取或者收受企业的财物，不得谋取其他不当利益。

23.3 食品生产监管员管理

23.3.1 职业资格

各级质量技术监督部门应当根据食品生产监督管理工作的需要，以职业能力、职业道德为主要内容，建立食品生产监管员职业资格制度，对食品生产监管员实行岗前培训，考核上岗。

23.3.2 职业培训

23.3.2.1 基本要求

各级质量技术监督部门应当将对食品生产监管员的培训纳入年度监督工作计划，按照“分级分类培训”的原则，通过制作发放专业培训教材、课件，举办培训班，开展演练等方式，每年对食品生产监管员进行法律、法规、标准和专业技术培训，树立科学监管理念，提高科学监管能力和服务水平，促进严格执法、公正执法、文明执法，要将参加岗位培训情况作为食品生产监管员年度考核的内容之一，实现食品生产监管员岗位培训规范化、制度化。

23.3.2.2 时间要求

各级食品生产监管员每人每年接受不少于40小时的食品安全集中专业培训。

23.3.2.3 培训内容

1. 相关法律、法规、规章和规范性文件

应当对食品生产监管员进行与食品、食品添加剂以及食品相关产品有关的法律、法规、规章和规范性文件等内容的培训，包括：《产品质量法》、《食品安全法》等法律，《国务院关于加强食品等产品安全监督管理的特别规定》、《食品安全法实施条例》等法规，《食品生产许可管理办法》、《食品添加剂生产监督管理规定》等部门规章，《食品生产加工企业落实质量安全主体责任监督检查规定》等有关规范性文件。

2. 相关标准和技术要求

应当对食品生产监管员进行相关标准和技术要求的培训，包括：《预包装食品标签通则》、《食品添加剂使用标准》、《营养强化剂使用卫生标准》等通用标准，与食品、食品添加剂以及食品相关产品有关的生产工艺、场所要求、必备生产设备设施、产品相关标准、原辅料要求、产品检验要求，生产加工环节的各质量安全控制要点、各种易发的食品安全问题等。

3. 各项监管工作内容

应当对食品生产监管员进行与食品、食品添加剂以及食品相关产品监管有关的各项监管工作的培训，包括生产许可、监督检查、监督抽查、风险信息管理、应急处置、行政执法、建立信用档案等工作内容、方法、程序和要求的学习，以及应急演练等实际操作练习。

4. 工作纪律和岗位职责

应当对食品生产监管员进行监督管理工作纪律的培训，包括法律、法规和规定中的相关内容；应当进行岗位职责的培训，包括食品生产监管员的监管区域、监管对象、监管内容、监管要求和监管责任。

23.3.3 日常管理

各级质量技术监督部门应当建立食品生产监管员日常管理制度，对食品生产监管员履行监督管理职责的规范性、有效性等情况进行评价考核。日常管理制度应包括以下内容。

（1）职责要求。食品生产监管员的具体职责，包括监管的具体区域、对象、内容、时间、频次等。

（2）质量要求。食品生产监管员各项监管工作的具体要求，包括工作的程序、规范和记录要求等。

（3）纪律要求。食品生产监管员在监管工作中应当遵守的行为规范和纪律要求。

（4）考核要求。对食品生产监管员各项监管工作的考核要求，包括考核的内容、办法、等级、奖惩等。